《广东省“十三五”环境保护战略研究》

编 委 会

主　编：张永波　王明旭　张宏锋　赵卉卉　向　男

编　委：廖程浩　余香英　王春霖　张　晖　刘剑筠

朱倩如　杨柳林　唐喜斌　甘云霞　蒋婧媛

吴锦泽　梁龙妮　宋佩珊　刘　畅　熊津晶

赵秀颖　崔建鑫　刘志阳　韩　昊

广东省“十三五”环境保护战略研究

Study on Environmental Protection Strategy for the 13th Five-year of Guangdong Province

张永波　王明旭　张宏锋　赵卉卉　向　男　等著

中国环境出版社·北京

图书在版编目（CIP）数据

广东省“十三五”环境保护战略研究/张永波等著. —北京：中国环境出版社，2017.8
ISBN 978-7-5111-3212-3

Ⅰ. ①广… Ⅱ. ①张… Ⅲ. ①区域环境—环境保护战略—研究—广东 Ⅳ. ①X321.65

中国版本图书馆 CIP 数据核字（2017）第 128744 号

出 版 人 王新程
责任编辑 陈金华 郑中海
责任校对 尹 芳
封面设计 彭 杉

出版发行 中国环境出版社
（100062 北京市东城区广渠门内大街 16 号）
网 址：http://www.cesp.com.cn
电子邮箱：bjgl@cesp.com.cn
联系电话：010-67112765（编辑管理部）
010-67113412（教材图书出版中心）
发行热线：010-67125803，010-67113405（传真）
印 刷 北京中科印刷有限公司
经 销 各地新华书店
版 次 2017 年 8 月第 1 版
印 次 2017 年 8 月第 1 次印刷
开 本 787×1092 1/16
印 张 20.5
字 数 450 千字
定 价 70.00 元

前言

一直以来，广东省把环境保护放在事关经济社会发展全局的战略位置，大力推进生态文明建设，不断推动绿色发展，全省经济保持中高速增长的同时，环境质量明显改善。随着经济发展步入新常态，环境保护形势正在发生深刻变化，党的十八大把生态文明建设纳入“五位一体”的总体布局，环境保护战略地位得到进一步加强；生态文明建设领域改革创新提速，为环境保护工作释放重大制度红利；新《环境保护法》全面实施，为环境执法提供了有力武器。与此同时，以雾霾天气、水体黑臭、土壤重金属污染为代表的一系列突出环境问题成为全社会共同关注的热点，实现环境质量全面改善的难度加大；在经济下行压力加大的背景下，全面实现产业转型升级任务较为艰巨；污染治理进入攻坚阶段，环保投入不足的矛盾日益突出，这些新形势对环境保护工作提出了更高的要求与标准。站在新的历史起点上，围绕“全省率先全面建成小康社会，迈上率先基本实现社会主义现代化新征程”的总体目标要求，统筹谋划“十三五”广东省环境保护战略，对于建设生态文明示范省和美丽广东，具有重大意义。

《广东省“十三五”环境保护战略研究》以邓小平理论、“三个代表”重要思想、科学发展观为指导，深入贯彻习近平总书记系列重要讲话精神，紧紧围绕“五位一体”总体布局和“四个全面”战略布局，牢牢把握“三个定位、两个率先”目标，遵循“环境优先、绿色发展，以人为本、和谐共生，依法监管、社会共治，深化改革、增强活力”的原则，提出“十三五”期间广东省环境保护战略，具有较强的科学性、前瞻性和可操作性。该研究系统分析评估环保规划的实施成效及问题，准确分析判断环境保护未来面临的压力与挑战，合理设定及测算“十三五”环保规划目标指标，强化环境保护对国土空间开发和重大产业布局的空间优化引导作用，系统地提出水、大气、土壤与重金属、固体废物、农业农村等重点领域的污染减排治理战略及分区域质量改善路线图，研究提出建设现代化环境治理能力与体系，建立完善系统的生态环境保护制度体系的机制政策创新手段。

目前，以此研究为基础而编制的《广东省“十三五”环境保护规划》已正式印发实施，成为指导全省“十三五”期间环境保护工作的纲领性文件，相关研究成果同时也在地市“十三五”环境保护规划的编制中得到广泛应用，对促进区域环境与经济协调发展具有重要意义，也能为我国经济发达地区的环境保护战略研究提供重要的参考和借鉴。

作　者

2017年2月于广州

目 录

第 1 章
"十二五" 环境保护工作回顾

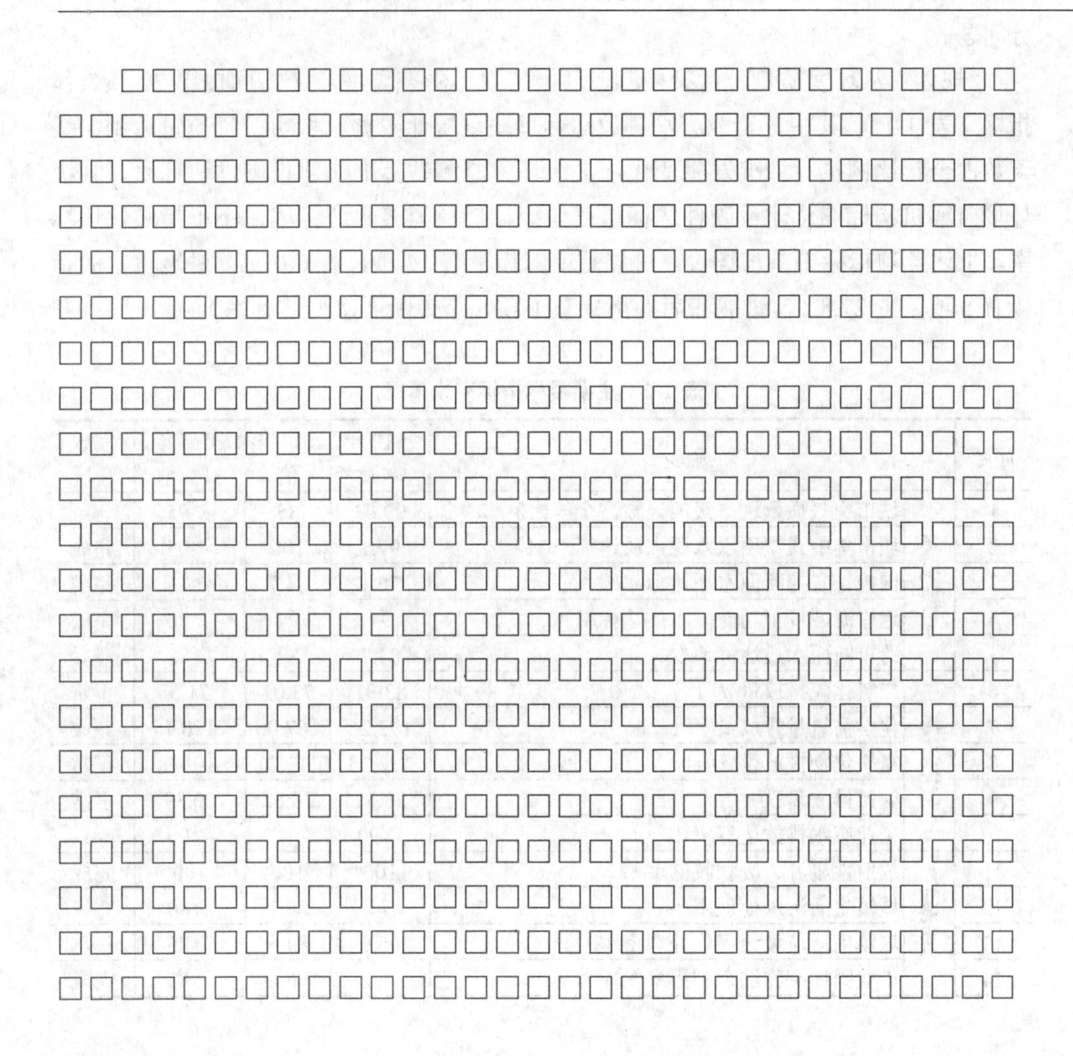

目前环境保护规划的地位和作用日益突出，目标约束性、政策导向性功能不断增强，环境保护规划实施评估机制也不断完善，实施环保规划评估对掌握环保规划实施进展、总结规划实施经验、分析规划实施存在的问题具有重要作用。为系统评估广东省环境保护和生态建设“十二五”规划的实施效果，本章根据环保规划内容分析评估了规划目标指标、重点任务及工程措施等方面的完成情况，梳理了目前规划实施过程中存在的主要问题，为“十三五”环保战略的制定提供依据。

1.1 目标指标完成情况

广东省高度重视环境保护工作，根据《〈广东省环境保护和生态建设“十二五”规划〉主要目标和任务分工方案》和《广东省“十三五”环境保护规划》（以下简称《规划》）要求各地区、各部门加大环境保护力度，严格落实环境保护目标责任制，以主要污染物排放总量控制为抓手，以环境质量改善为落脚点，综合运用考核导向、市场推动和行政手段。《规划》实施总体进展良好，部分指标超额完成，但也存在部分问题。

《规划》从环境质量、污染控制、环境建设、生态环境 4 个方面提出 22 项具体指标（表 1-1），其中，工业废水排放达标率缺乏统计数据，城市空气质量达到二级天数占全年比例执行标准发生变化，县级环境监测站标准化建设硬件达标率、县级环境监察机构标准化建设硬件达标率目前统计口径为验收达标率，不单指硬件达标率，上述 4 项指标不参与评价。进展超前的指标有 12 项，占 66.7%；进展正常的指标有 5 项，占 27.8%，进展滞后的指标有 1 项（跨市断面水质达标率）。

表 1-1　主要目标指标完成情况

序号	指标		2010 年基数	2014 年值	2015 年目标值	完成情况
1	环境质量	城市空气质量达二级的天数占全年比例/%[①]	99.02	85	≥95	—
2		城市集中式饮用水水源水质达标率/%	97.1	100	≥95	完成
3		国控、省控断面水质达标率/%	70.1	84.7	≥75	完成
4		近岸海域环境功能区水质达标率/%	97	94	≥90	完成
5		跨市断面水质达标率/%	84.7	82	≥88	滞后
6	污染控制	二氧化硫排放量/万 t	83.91	73.01	71.5	正常
7		化学需氧量排放量/万 t	193.26	167.06	170.1	完成
8		氮氧化物排放量/万 t	132.33	112.21	109.9	正常
9		氨氮排放量/万 t	23.52	20.82	20.39	正常
10		工业废水排放达标率/%[②]	≥90	—	≥90	—
11	环境建设	放射性废源、废物收储率/%	100	100	100	完成
12		城镇生活污水处理率/%	73	89.1	≥80	完成
13		城镇生活垃圾无害化处理率/%	65.5	84.6	≥85	正常
14		工业固体废物综合利用率/%	90.2	86.4	≥85	完成

序号		指标	2010年基数	2014年值	2015年目标值	完成情况
15	环境建设	重点监管单位危险废物安全处置率/%	100	100	100	完成
16		重点工业企业用水重复利用率/%	65	80.3	≥65	完成
17		县级环境监测站标准化建设硬件达标率/%[③]	21.9	72.4	≥85	—
18		县级环境监察机构标准化建设硬件达标率/%[③]	10.1	37	≥70	—
19	生态环境	森林覆盖率/%	57	58.69	58	完成
20		森林蓄积量/亿 m^3	4.38	5.47	5.51	正常
21		自然保护区陆域面积占全省陆地面积比例/%	6.8	7.4	≥7	完成
22		城市人均公园绿地面积/m^2	12.27	15.94	≥13	完成

① 2010年值执行《环境空气质量标准》(GB 3095—1996)，2014年值执行《环境空气质量标准》(GB 3095—2012)。
② 环境统计中已无该项指标的统计，该项指标不参与评价。
③ 2014年值为验收达标率，不单指硬件达标率，该项指标不参与评价。

1.2 重点任务落实情况

1.2.1 污染排放总量得到持续削减

“十二五”以来，广东省紧紧围绕《广东省“十二五”主要污染物总量减排实施方案》及各年度污染减排工作计划，狠抓工程减排、结构减排和监管减排三大措施的落实。全省新增污水日处理规模509万t，全省67个县（市）和珠三角73个中心镇已全部建成污水处理设施，累计建成污水处理设施426座，配套管网2.2万多km，污水日处理能力达2 248万t；全省共新增脱硫火电机组1 868万kW、脱硝设施投运机组2 956万kW，脱硫和脱硝火电机组总装机容量分别达到5 425万kW和4 977万kW；全省累计淘汰燃煤锅炉5 281台，完成VOCs治理工程3 498项，淘汰“黄标车”和老旧车68.4万辆。截至2014年年底，全省化学需氧量、氨氮、二氧化硫和氮氧化物排放量相比2010年分别下降了13.6%、11.5%、13%和15.2%，化学需氧量指标已超额完成“十二五”减排任务，氨氮、二氧化硫和氮氧化物指标分别完成“十二五”减排任务的86.3%、87.8%和89.7%。

1.2.2 环保优化经济发展作用凸显

坚持“分类指导、分区控制”，制定《广东省主体功能区配套环境政策》和不同区域差别化环保准入指导意见，出台《关于加强环境保护促进粤东西北地区振兴发展的意见》，进一步明确珠三角环境优先、东西两翼在发展中保护、山区保护与发展并重的原则，积极引导石化、电力、钢铁等大型项目布局于环境容量相对较好的沿海地区和东西两翼。严格执行主要污染物排放总量前置审核，2013年7月1日起，全省在火电行业实施大气主要污染物“倍量替代”，其中珠三角地区新上项目实行2倍以上削减量替代，其他地区实行1.5倍削减量替代，从严控制“两高一资”和产能过剩项目建设。积极推进电镀、印染、制革等重污染行业入园进区，从源头预防环境污染和生态破坏，为推动全省重大产业优化布局和优化生态安全格局发挥了重要作用。

1.2.3 环境质量呈现稳中趋好态势

2014 年，全省 78 个集中式饮用水水源水质 100%达标，比 2010 年提高 2.9 个百分点；全省江河水质总体良好，124 个省控断面中，84.7%的水质达到《地表水环境质量标准》（GB 3838—2002）水环境功能区水质标准，比 2010 年提高 14.6 个百分点，77.4%的断面水质优良，比 2010 年提高 6.5 个百分点；在三大重点地区中，珠三角细颗粒物（$PM_{2.5}$）年均浓度为 42 $\mu g/m^3$，相比上年下降 10.6%，比京津冀和长三角地区分别低 54.8%和 30.0%；珠三角年达标天数比例为 81%，相比上年上升 5.3 个百分点，比京津冀和长三角地区分别高 38.2 个百分点和 11.5 个百分点。在 161 个按《环境空气质量标准》（GB 3095—2012）实施空气质量监测的城市中，16 个城市空气质量年均值达标，其中包括深圳、珠海、湛江等 6 个广东城市，广东省成为我国达标城市最多的省份。

1.2.4 环境经济政策不断得到完善

修订完成了《广东省环境保护条例》，首设跨行政区划环境资源审判机构，新增环境事件“双罚制”，逐步实施环境责任终身追究制，成为新《环境保护法》实施后全国首个配套的省级地方性环保法规。全面贯彻落实新《环境保护法》，创新环境执法模式，加强与公安机关联合执法，佛山市区、顺德区、汕头潮阳区积极开展“环保警察”试点。印发实施《广东省排污许可证管理办法》和《广东省排污权有偿使用和交易试点管理办法》，修改完善相关配套制度，建立部门联动协调机制，完成第二批排污权交易，交易二氧化硫 1.29 万 t，交易金额达 2 067 万元。印发实施了《关于推进环境监测服务社会化的指导意见》。公布了广东省第一批开展环境污染责任保险试点企业名单，在中山、肇庆等 12 个地市开展试点，全省近 500 企业投保环境污染责任保险。

1.2.5 环境监管能力得到显著提升

积极推进环境监测及环境监察标准化建设。环境监测方面，全省 127 个环境监测站中有 94 个已完成标准化建设验收，总达标验收率为 74.0%。其中，广东省环境监测中心（一级）已于 2012 年年底通过环境保护部验收，21 个地级以上市（二级）站中已验收 18 个，达标验收率为 85.7%，汕尾、揭阳、云浮 3 个地级市环境监测站尚未完成标准化建设。105 个县区（三级）站中已验收 76 个，达标验收率为 72.4%，而 2010 年县级环境监测达标率仅为 21.9%。环境监察方面，22 个地市级环境监察机构，除汕尾、阳江、清远、潮州、揭阳、云浮 6 个地级以上市外，其余 16 家均已通过标准化建设验收，全省地市级单位达标率为 73%。108 个县区级环境监察机构，40 家通过了标准化建设验收，其中绝大多数位于珠三角地区，全省县区级环境监察机构达标率为 37%，而 2010 年县级环境监察达标率仅为 10.1%，环境监测和监察能力得到显著提升。

1.3 存在的主要问题

1.3.1 结构性与格局性污染问题不容忽视

高消耗、高排放、低产出的产业结构尚未得到根本性改变。六大高耗能行业工业增加值比重为 26.4%，能源消费比重为 75.6%；电力、钢铁、水泥三大行业占全行业工业增加值比重仅为 12.8%，其 SO_2 和 NO_x 排放量分别占工业源排放总量的 44% 和 66%；印染、造纸工业增加值所占比重不到 4%，其 COD 和氨氮排放量分别占工业源排放总量的 43%和 35%。格局性污染问题较为突出。一些大气重污染项目布局在气象扩散条件差的区域和城市上风向。东江、北江、西江、韩江等主要河流沿岸造纸、印染、化工、电镀等重污染企业集聚，部分城市取水口与上游城市排污口犬牙交错。上游跨省界地区高速发展对源头水质带来冲击和影响，汀江（韩江上游福建入境）、寻乌水（东江上游江西入境）、九洲江（广西入境）和武江（北江上游湖南入境）等河流均遭受不同程度的污染。

1.3.2 环境质量与人民群众期待存在差距

以 $PM_{2.5}$ 和臭氧污染为特征的复合污染已成为影响空气质量的首要问题。2014 年，珠三角区域和粤东西北地区 $PM_{2.5}$ 浓度分别为 42 μg/m³ 和 40 μg/m³，均超过 GB 3095—2012 二级标准限值（35 μg/m³）。珠三角地区臭氧浓度自 2005 年以来呈震荡上升趋势，已超过全国平均水平和长三角地区。原来空气质量较好的粤东西北地区空气质量呈下降趋势，尤其粤东潮汕揭地区 PM_{10} 浓度近年来不降反升，臭氧污染水平已逼近珠三角地区。局部区域水环境污染较为严重。全省仍有 15.3%水质断面达不到水环境功能区划要求，8.1%的江段受重度污染，龙岗河、坪山河、深圳河、练江、小东江水质为劣Ⅴ类，“超负荷、零容量”问题突出。城市内河涌污染严重，水体黑臭现象十分突出，广州市纳入监测的 64 条河涌中有 42 条为劣Ⅴ类水质。广东省认定的 40 个产业转移园中有 5 个纳污水体水质受到重度污染。土壤污染不容忽视，韶关大宝山矿、董塘，汕头贵屿，清远龙塘等工矿业废弃场地周边的土壤污染问题十分突出。农村生活污水和垃圾基本未得到有效处理，“脏、乱、差”现象尚未得到根本解决。

1.3.3 基层环境能力建设滞后于监管需求

环境监测标准化建设方面，县级环境监测站标准化建设硬件达标率为 72.4%，尚未达到“十二五”制定的指标要求（85%）；环境监察标准化建设方面，县级环境监察机构标准化建设硬件达标率为 37.0%，与“十二五”制定的指标要求（70%）差距较大，尤其是粤东西北地区县级环境监察机构标准化建设硬件达标率仅为 4.5%，67 个县区级环境监察机构中，只有河源东源县、紫金县和汕头龙湖区 3 家环境监察机构通过了标准化验收。新《环境保护法》实现监管模式转型，强化监管手段，加大处罚力度，然而受编制、财力、人力等因素的制约，县级环保部门监测能力相对落后，监管执法能力严重不足，且珠三角和粤东西北地区差距较大。粤东西北地区水耗、能耗水平较高，污染排放强度较大，污染控制和治理能力较弱，环境监管任务重，难度大，现阶段环境建设能力难以适应新形势下依法监管的要求。

第2章 经济社会发展与环境形势分析

随着经济社会的快速发展，环境与经济形势分析与预测的重要性不断提升，不仅是判断环境形势和加强环境管理的重要渠道，也是优化经济增长方式，促进经济与环境协调发展的重要手段。为研判广东省“十三五”环境与经济发展形势，本章通过采用多种环境经济形势预测分析方法对经济社会发展趋势（宏观经济、人口增长、产业结构、资源消费）、污染排放（化学需氧量、氨氮、二氧化硫、氮氧化物）等进行综合分析，并结合“十三五”经济社会发展背景对环境保护形势做出总体研判，分析环境保护面临的机遇与挑战。

2.1 经济社会发展趋势

2.1.1 宏观经济

2014 年，广东省地区生产总值达到 67 792.24 亿元，位居全国第一，经济总量分别比排名第二的江苏、排名第三的山东高出 4 个百分点和 14 个百分点，年增速为 7.8%，比江苏和山东低 0.9 个百分点。人均 GDP 达到 63 452 元，按平均汇率折算为 10 330 美元，突破万美元大关，比江苏和浙江分别低 21 个百分点和 11 个百分点。根据世界银行 2002 年分类标准，将人均 GDP 超过 1 万美元的国家和地区列为中等发达国家和地区，广东省已迈过中等发达地区的门槛。从经济增速来看，2000—2014 年，广东省经济由快速发展势头转向稳定协调。“十一五”期间，地区生产总值年平均增长 12.4%，而“十二五”前四年，地区生产总值年平均增长 8.6%，下降 3.8 个百分点，如图 2-1 所示。

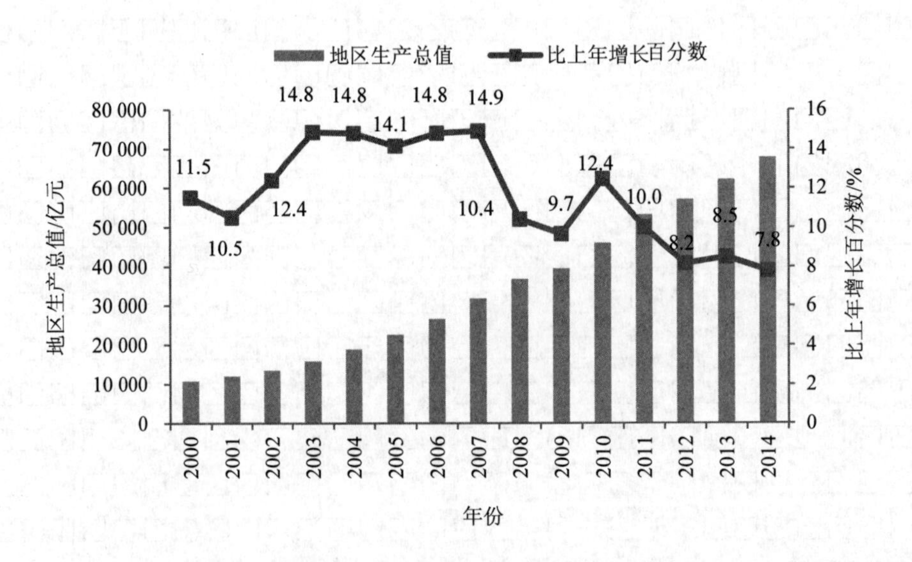

图 2-1 2000—2014 年广东省地区生产总值变化趋势

在全国主动加大结构调整力度、加大淘汰落后产能、加大环境污染治理力度的大背景下，未来广东省经济发展的基本局面不会改变，将维持稳中有进、稳中提质的良好态势。从国际经验来看，经济增长率通常在人均 GDP 达到 10 000 美元以上时下台阶，从高速增长阶段过渡到中速增长阶段。目前广东省人均 GDP 达到 10 330 美元，已突破万美元大关，正处于由高速增长转入中速增长的转折阶段。根据 2015 年广东省政府工作报告，生产总值增长率设置在 7.5%左右，则 2015 年广东省 GDP 预计达到 7.29 万亿元。

考虑经济增长的不确定性因素，对 2015 年后的经济发展分高增长、中增长、低增长三种情景进行测算。低增长情景突出强调了未来广东省经济发展的一些主要挑战风险，比如产业转型和升级步伐缓慢、外贸出口持续萎缩等不利因素，宏观经济增长在 2020 年以前勉强维持在 7%左右，2020 年后下降到 6%；高增长情景突出了未来广东省经济发展机遇大于挑战，2020 年以前 GDP 增速达到 7.5%，2020 年后下降到 6.5%；中增长情景则介于两者之间，2020 年以前 GDP 平均增速为 7.2%，2020 年以后增速将为 6.2%。

按照三种发展情景进行预测，结果如表 2-1 所示，到 2020 年，广东省 GDP 将达到 10.22 万亿～10.46 万亿元，而到 2030 年，广东省 GDP 将达到 18.30 万亿～19.64 万亿元。理论上讲，资源和环境预测均要分析这三种增长情景，但是为简化部分工作量，优先取经济发展的中增长情景。

表 2-1　全省经济发展预测　　单位：万亿元

年份	低增长情景 GDP	中增长情景 GDP	高增长情景 GDP
2020	10.22	10.32	10.46
2030	18.30	18.83	19.64

如图 2-2 所示，2014 年，广东省工业增加值达到 29 565 亿元，相比上年增长 7.8%。从增加值增速来看，2000—2014 年，工业增加值增速有所放缓，“十一五”期间，工业增加值增速为 14.3%，“十二五”前四年，工业增加值增速为 8.5%，下降 5.8 个百分点。从工业增加值所占比重来看，“十一五”末期，工业增加值占 GDP 的比重为 46.6%，而 2014 年工业增加值所占比重下降为 43.6%，降低了 3 个百分点。随着经济的放缓，工业增加值比重也有所下降。

参照国际经验，在经济增长率下台阶后，工业产出比重也将下降。参照“十二五”前四年的增长趋势，2015 年工业增加值预计达到 3.18 万亿元，2015 年后的工业发展分高增长、中增长、低增长三种情景进行测算。结果如表 2-2 所示，2020 年，广东省工业增加值将达到 4.40 万亿～4.83 万亿元，2030 年，广东省工业增加值将达到 7.59 万亿～10.04 万亿元。

表 2-2　全省工业发展预测　　单位：万亿元

年份	低增长情景工业增加值	中增长情景工业增加值	高增长情景工业增加值
2020	4.40	4.61	4.83
2030	7.59	8.73	10.04

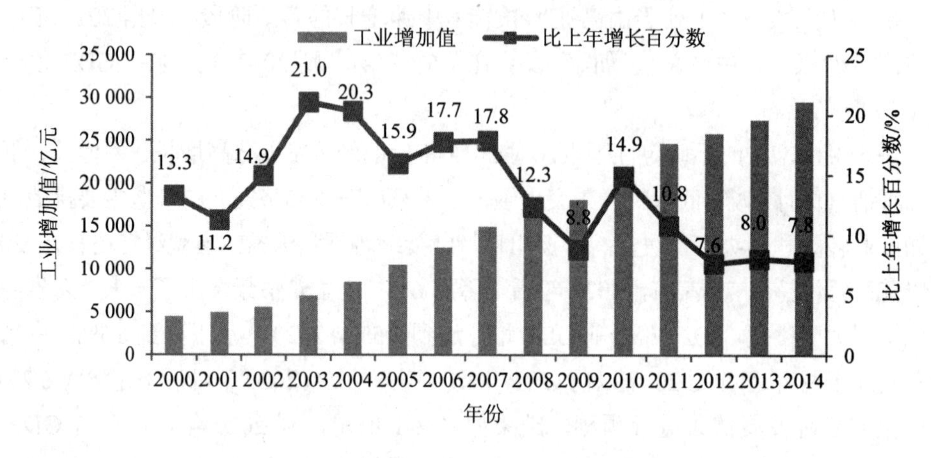

图 2-2　2000—2014 年广东省工业增加值变化趋势

2.1.2　人口增长

如图 2-3 所示，2014 年，全省常住人口为 10 724 万，比上年增长 0.7%。2000—2014 年，广东省常住人口增长经历了由快速到减缓的阶段。2000—2005 年，常住人口年均增长率达到 1.2%；2005—2010 年，常住人口年均增长率达到 2.6%，处于快速发展阶段。而进入“十二五”后，人口增长明显减缓，平均增长率为 0.6%。

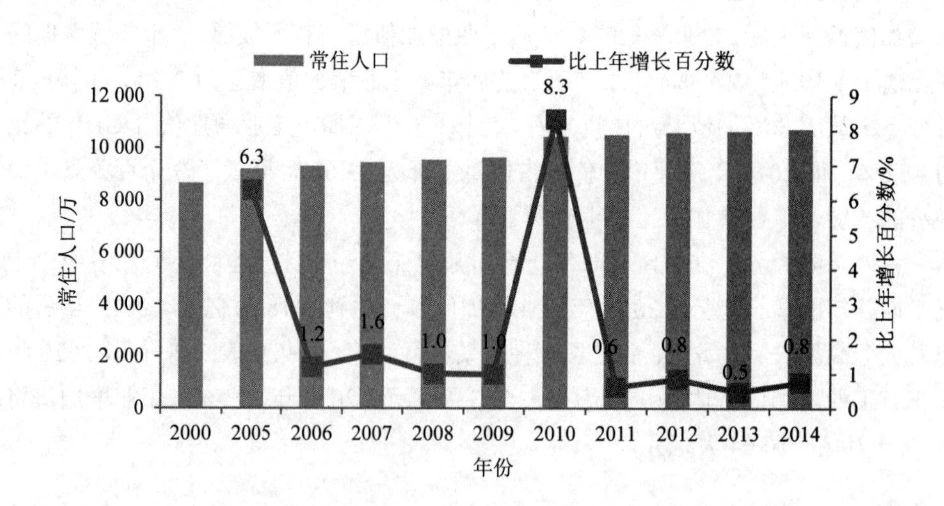

图 2-3　2000—2014 年广东省常住人口变化趋势

如图 2-4 所示，2014 年，全省城镇化率为 68%，比上年提升 0.2 个百分点。从发达国家的城市化历程来看，城市化进程可分为起步、加速和成熟三个阶段，其中城市化从 30%到 70%的过程是城市化的加速阶段，从 70%到 80%的过程是城市化的成熟阶段。2000—2010 年，城镇化率由 55.0%提升到 66.2%，年均提高 1.1 个百分点，2011—2014 年，广东人口城镇化率在较高水平的基础上，增速有所放慢，城镇化率年均提高 0.37 个百分点。与城镇化率的变化趋势相对应，2014 年城镇人口为 7 292 万，比上年增长 1%，2000—2010 年是广东城镇人口发展的加速期，城镇人口年均增长 3.8%，而 2011—2014 年，城镇人口年均增长 1.3%，有所放缓。

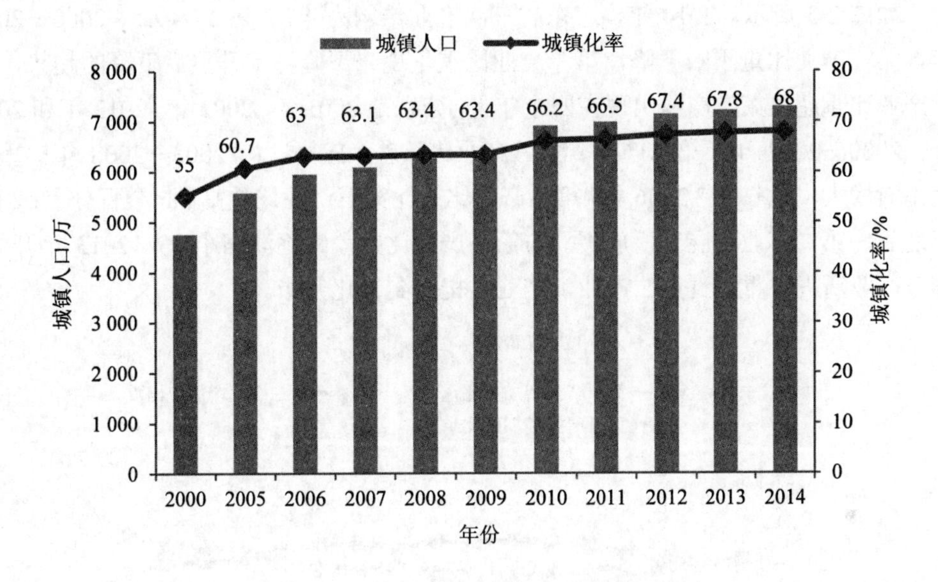

图 2-4　2000—2014 年城镇人口变化趋势

受庞大的人口基数影响，广东省人口总量在未来一段时间内仍将继续保持增长态势，根据“十二五”前四年常住人口发展趋势，预计 2015 年常住人口将达到 10 781 万，同时根据广东省全面建设小康社会的评价指标，2010—2020 年常住人口增长率维持在 0.5%～0.6%，结合常住人口发展趋势，2015—2020 年常住人口增长率取 0.6%，而 2020 年以后，常住人口增长率降为 0.5%。

根据《广东省城镇化发展“十二五”规划》，到 2015 年，城镇化率将达到 70%，根据《广东省新型城镇化规划（2014—2020 年）》，到 2020 年，全省城镇化率将达到 73%左右。由于经济增长率下台阶后，城市化推进速度也会相应变慢，预计在 2030 年，广东省城镇化率将达到 76%，自此城镇化水平基本稳定。

如表 2-3 所示，2010—2015 年城镇化率年均提高 0.76 个百分点，2015—2020 年城镇化率年均提高 0.6 个百分点，2020—2030 年年均提高 0.3 个百分点，城市化进程逐渐放缓。而对于城镇人口，2010—2015 年年均增长 1.8%，2015—2020 年年均增长 1.4%，2020—2030 年年均增长 0.9%，城镇人口增长趋势随着城市化进程的放慢也将有所减缓。

表 2-3 全省人口增长及城镇化率预测

年份	城镇化率/%	常住人口/万	城镇人口/万
2020	73	11 108	8 109
2030	76	11 677	8 874

2.1.3 产业结构

如图 2-5 所示，2014 年，广东省三次产业结构为 4.7∶46.2∶49.1。2000—2014 年，第一产业比重不断下降，第二产业比重呈现先下降再上升然后下降的趋势，第三产业比重超过第二产业出现在四个年份，分别是 2001 年、2002 年、2013 年和 2014 年。2000—2002 年，第二产业、第三产业比重差距较小，而 2003—2008 年比重差距不断增大，尤其是在 2006 年，第二产业比重比第三产业比重高 9.6 个百分点；2008 年之后，第二产业发展有所放缓，与第三产业比重差距逐渐缩小，从 2013 年开始，第三产业所占比重超过第二产业，产业结构得到优化升级。

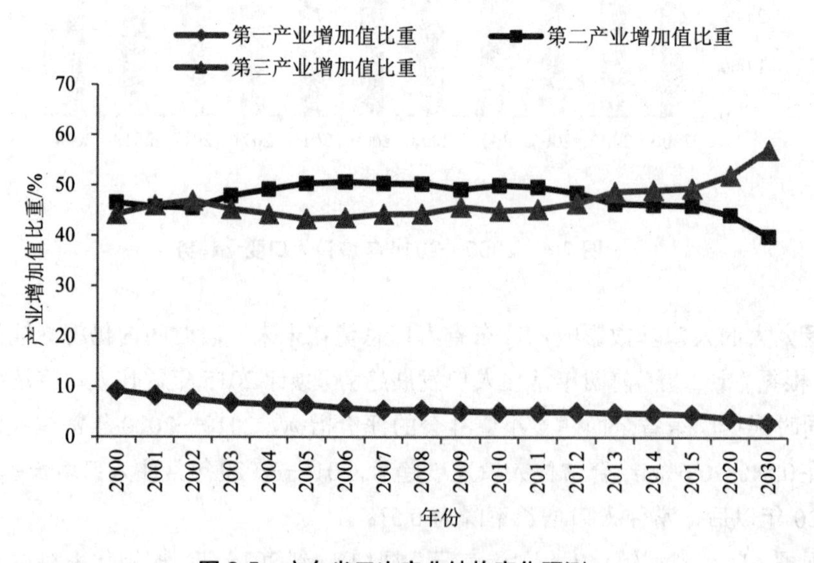

图 2-5 广东省三次产业结构变化预测

根据国际经验，在经济增长下台阶后，产业结构将发生重大变化，工业产出比重将呈现逐步下降趋势，服务业比重则相应上升，由“传统工业主导”转变为“现代服务业主导”。按照“十二五”前四年三大产业的增长趋势，预计到 2015 年，第三产业比重将达到 49.5%。根据《广东省全面建设小康社会总体构想》，到 2020 年广东全面建成小康社会，第三产业比重将超过 50%。按照“十二五”期间第三产业的增长趋势，预计 2020 年第三产业比重将达到 52%，达到小康社会目标值。由于粮食安全、绿色发展、经济稳定的需要，第一产业将保持平稳增长，而第二产业增速将略低于 GDP 增长率，第三产业比重将继续保持超过第二产业的势头，达到发达国家水平。

2.1.4　资源消费

2.1.4.1　能源消费

（1）能源消费呈现低增速、低增量。如图 2-6 所示，2014 年，广东省能源消费总量达到 3.14 亿 t 标煤，同比增长 3.9%。2000—2014 年，广东省能源消费总量总体呈上升趋势，由 0.94 亿 t 标煤增长为 3.14 亿 t 标煤。增长速度总体呈走低趋势，节能降耗总体形势良好。“十一五”期间，能源消费总量平均增速为 8.9%，“十二五”前四年，平均增速为 3.6%，下降 5.3 个百分点。

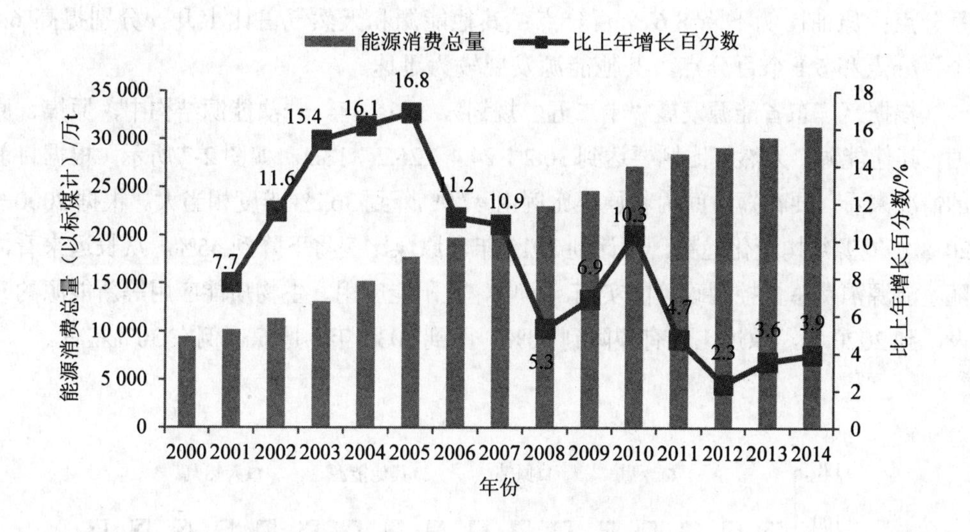

图 2-6　2000—2014 年广东省能源消费总量变化趋势

为完成“十二五”单位 GDP 能耗下降 18%的目标，2015 年广东省单位 GDP 能耗需下降 2.2%以上，按照经济预测结果，2015 年能源消费总量为 3.30 亿 t 标煤，为 2010 年的 1.2 倍。如表 2-4 所示，2020 年和 2030 年能源消费总量根据能源消费弹性系数计算，根据“十二五”前半期能源消费总量增长及生产总值增长情况，2015—2020 年能源消费弹性系数取 0.45，2020—2030 年能源消费弹性系数取 0.40。根据预测，在中情景下，2020 年能源消费总量将达到 3.87 亿 t 标煤，2030 年将达到 4.95 亿 t 标煤，消费总量分别是 2010 年消费总量的 1.4 倍和 1.8 倍。

表 2-4 广东省能源消费总量预测

年份		2015—2020	2020—2030
能源消费弹性系数		0.45	0.40
高增长情景	GDP 增速/%	7.5	6.5
	能源消费增速/%	3.38	2.60
中增长情景	GDP 增速/%	7.2	6.2
	能源消费增速/%	3.24	2.48
低增长情景	GDP 增速/%	7.0	6.0
	能源消费增速/%	3.15	2.40

（2）能源结构呈现清洁化、低碳化。2000 年，广东省一次能源消费结构中，原煤、原油、其他能源、天然气比例为 52.2∶35∶12.6∶0.2，而 2013 年，广东省一次能源结构中原煤、原油、其他能源、天然气比例为 47.9∶26.4∶19.4∶6.3。从一次能源消费结构来看，原煤比例总体呈下降趋势，2013 年相比 2000 年下降 4.3 个百分点；原油比例下降 8.6 个百分点；其他能源和天然气占比上升，分别提高 6.8 个百分点和 6.1 个百分点，其他能源发展较为迅速。

根据《广东省能源发展"十二五"规划》，2015 年，一次能源结构中，原煤、原油、其他能源、天然气比例要达到 36.2∶24.4∶26.2∶13.2。如图 2-7 所示，根据目前的情况来看，要在短时间内将原煤比例由 47.9%降到 36.2%难度相当大。根据 2000—2013 年能源结构变化趋势，预计到 2015 年，原煤比例将下降到 45%。从长远来看，随着能源消费总量控制政策的实施，风电、太阳能应用、生物质能应用等新能源的开发，到 2020 年，原煤比例有望降到 40%，而到 2030 年，原煤比例在 30%左右。

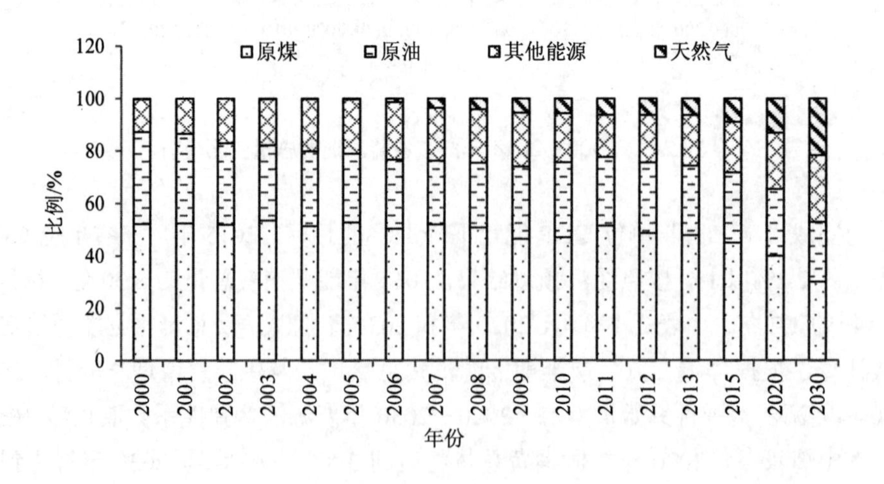

图 2-7 广东省能源结构变化预测

（3）能源强度持续下降，但与发达国家差距明显。2014 年，广东省万元 GDP 能耗为 0.46 t 标煤，以 2010 年为可比价，在 2010 年基础上下降 16.19%，显示广东省节能减排工作取得较好成效。同期，全国万元 GDP 能耗为 0.63 t 标煤，经济总量位于国内前列的江苏、山东、浙江等省份，其万元 GDP 能耗分别为 0.51 t 标煤、0.74 t 标煤、0.50 t 标煤，在国内，广东省能源利用效率处于较高水平。

与发达国家相比，美国万元 GDP 能耗为 0.33 t 标煤，日本万元 GDP 能耗为 0.19 万 t 标煤，与广东省 GDP 较为接近的韩国万元 GDP 能耗为 0.52 t 标煤。广东省与韩国能耗水平相近，但与美国、日本等国家相比，存在一定差距，产业结构还有进一步改善的空间。

如图 2-8 所示，在规划控制情景下，根据地区生产总值和能源消费总量的预测，未来广东省万元 GDP 能耗将呈现继续下降的趋势。到 2015 年，广东省万元 GDP 能耗将达到 0.45 t 标煤；到 2020 年，广东省万元 GDP 能耗将达到 0.38 t 标煤；2030 年，万元 GDP 能耗将达到 0.26 t 标煤。

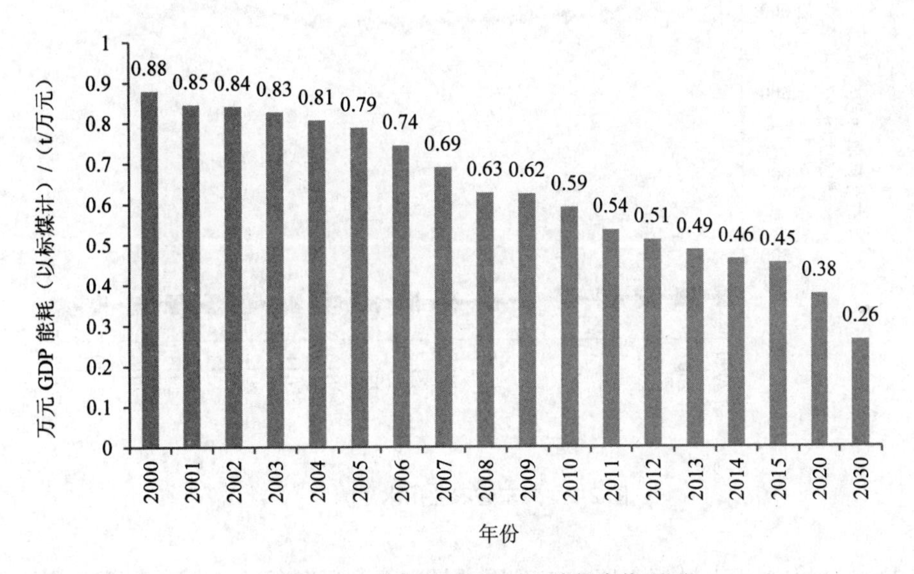

图 2-8 广东省万元 GDP 能耗变化预测

2.1.4.2 用水需求

（1）农业用水总体呈下降趋势。农业用水主要包括种植业和林牧渔业两部分。相比较而言，种植业用水更易量化预测，所以通过种植业用水量的预测，再利用种植业用水占总农业用水的比例来预测农业总用水量。其中，种植业用水量根据有效灌溉面积和单位面积灌溉用水量测算。

2014 年，种植业有效灌溉面积为 2 019 万亩。2000—2014 年，种植业有效灌溉面积总体呈小幅下降趋势，由 2000 年的 2 217 万亩下降到 2014 年的 2 019 万亩，下降幅度为 8.9%。利用趋势回归法对种植业有效灌溉面积进行预测，得 2015 年、

2020 年和 2030 年，广东省农田有效灌溉面积将分别达到 1 893 万亩、1 858 万亩和 1 807 万亩。

2014 年，农田灌溉亩均用水量为 733 m^3，2000—2014 年，农田灌溉亩均用水量变化较为复杂，在 733～827 m^3 波动。参考《广东省节水型社会建设“十二五”规划》，在规划期内亩均用水取值为 770 m^3。则 2015 年、2020 年和 2030 年广东省种植业用水分别达到 146 亿 t、143 亿 t 和 139 亿 t。

根据历年广东省水资源公报，种植业用水在农业用水中所占的比例基本保持在 66%左右，按照此比例推算，2015 年、2020 年和 2030 年农业用水总量将分别达到 221 亿 t、217 亿 t 和 211 亿 t，而 2014 年农业用水为 224.3 亿 t，农业用水总体呈下降趋势（图 2-9）。

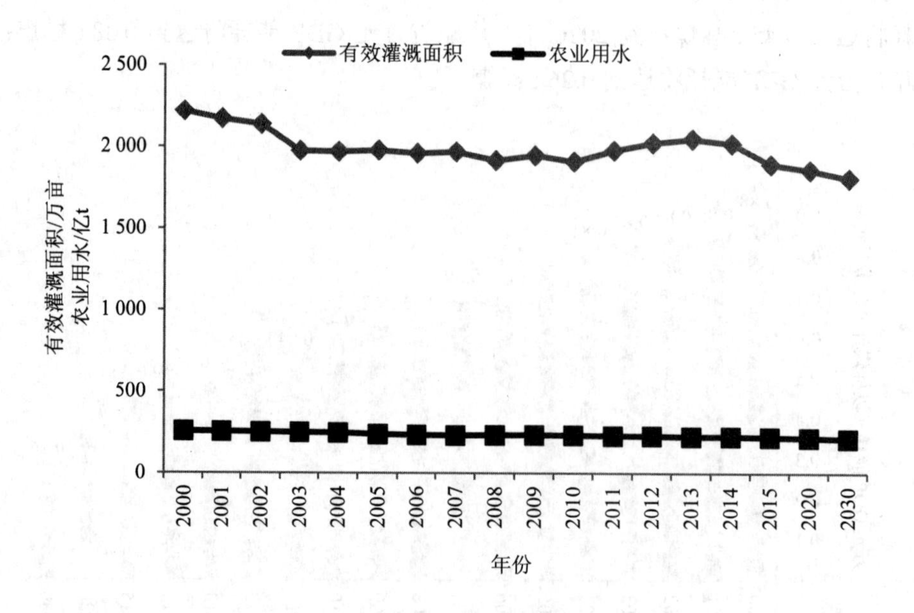

图 2-9　广东省农业用水预测

（2）工业用水先上升后下降。工业用水量主要利用各行业增加值和各行业的单位增加值用水量来测算。2000 —2014 年，万元工业增加值用水量呈下降趋势。2014 年，万元工业增加值用水量为 40 m^3，以 2000 年为可比价计算，2014 年在 2000 年的基础上下降 92%，用水效率明显提高。

根据《广东省节水型社会建设“十二五”规划》，2015 年万元工业增加值用水量要达到 38 m^3，按照此下降趋势，2020 年万元工业增加值用水量将达到 26 m^3，考虑工业技术水平的提高，2030 年万元工业增加值用水量下降幅度有所放缓，预计达到 13 m^3。

根据经济发展预测，在中情景下，2015 年、2020 年和 2030 年全省工业增加值分别达到 3.2 万亿元、4.6 万亿元和 8.7 万亿元。根据万元工业增加值用水量的预测结果，得到 2015 年、2020 年和 2030 年工业用水分别达到 120 亿 t、121 亿 t 和 117 亿 t。2014 年工业用水为 117 亿 t，工业用水量变化趋势较为复杂，呈先上升后下降的趋势（图 2-10）。

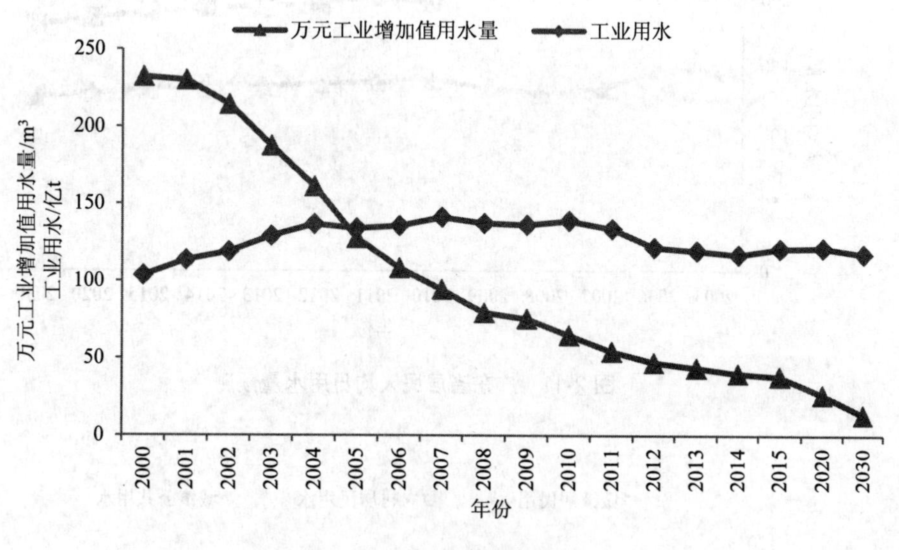

图 2-10　广东省工业用水预测

（3）生活用水、生态用水稳步上升。生活用水包括城镇居民生活用水、农村居民生活用水和城镇公共用水。城镇居民和农村居民生活用水分别按城镇居民、农村居民人口数和城镇居民、农村居民生活用水系数测算，城镇公共用水根据城镇人口和公共用水系数计算。《2014 年广东省水资源公报》显示，2014 年全省城镇居民人均生活用水量为 193 L/d，农村居民人均生活用水量为 137 L/d，城镇公共人均用水量为 103 L/d。总体城镇居民和农村居民人均生活用水量呈下降趋势，而城镇公共人均用水量变化较小（图 2-11）。

根据人口增长预测，到 2015 年、2020 年和 2030 年，广东省城镇人口分别达到 7 547 万、8 109 万和 8 874 万，农村人口分别达到 3 234 万、2 999 万人和 2 802 万（图 2-12）。根据人均日用水量预测，到 2015 年、2020 年和 2030 年，城镇居民生活用水量分别达到 52 亿 t、55 亿 t 和 58 亿 t，农村居民生活用水量分别达到 16 亿 t、14 亿 t 和 13 亿 t。2014 年，城镇居民生活用水量为 51.2 亿 t，而农村居民生活用水量为 17.1 亿 t，城镇居民生活用水逐年增加，农村居民生活用水逐年降低。城镇公共人均用水量取值为 103 L/d，根据城镇人口预测结果，得到 2015 年、2020 年和 2030 年城镇公共用水量分别达到 28 亿 t、30 亿 t 和 33 亿 t。2014 年，城镇公共用水量为 27.8 亿 t，城镇公共用水量总体呈上升趋势。结合城镇居民生活用水、农村居民生活水及城镇公共用水的预测，生活用水量在 2015 年、2020 年和 2030 年分别达到 96 亿 t、100 亿 t 和 105 亿 t，而 2014 年，广东省生活用水量为 96.1 亿 t，生活用水总体呈上升趋势。

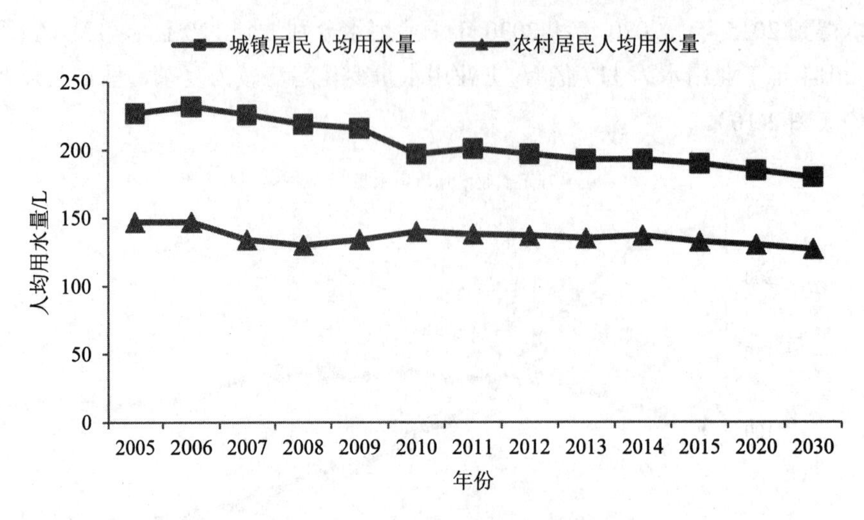

图 2-11 广东省居民人均日用水量预测

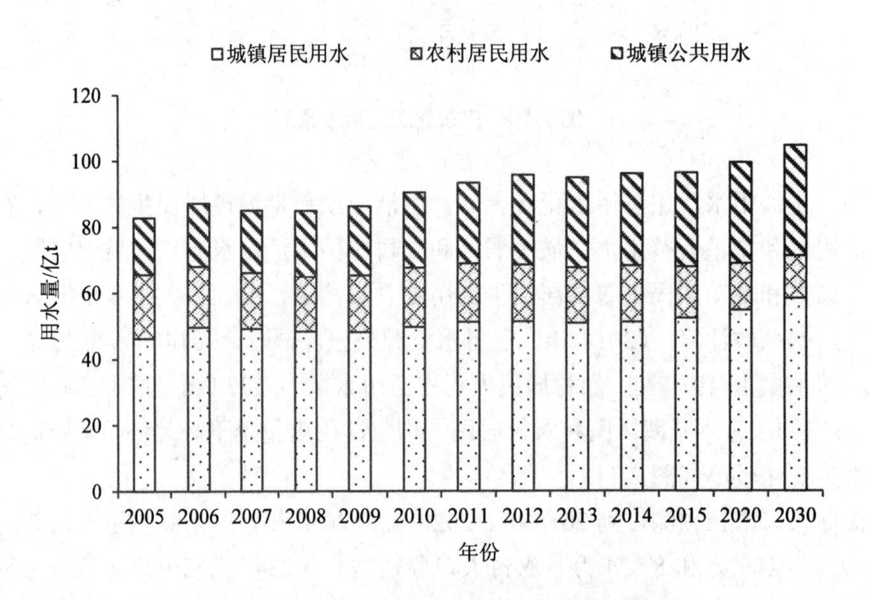

图 2-12 广东省城镇及农村居民生活用水预测

根据历年广东省水资源公报，从 1997 年起，生态用水量占总用水量的比例保持在 1%～2%，取 2015 年生态用水比例为 1.5%，2020 年生态用水比例将有所上升，取 2%，而 2030 年取值为 3%。根据预测，2015 年、2020 年和 2030 年生态用水量分别达到 6.7 亿 t、8.9 亿 t 和 13.4 亿 t，而 2014 年生态用水量为 5.1 亿 t，生态用水总体呈上升趋势。

如图 2-13 所示，根据农业用水、工业用水、生活用水和生态用水的预测结果，广东省用水需求总量在 2015 年、2020 年、2030 年分别达到 445 亿 t、447 亿 t、446 亿 t，而 2014 年广东省总用水量为 442.5 亿 t，规划期内总用水呈先上升后下降的趋势，用水需求有所缓解。规划期内农业用水呈下降趋势，工业用水先增加再下降，生活用水和生态用水逐年增加，总用水呈先增加后下降趋势。2020 年以前，水资源需求的增长来自于工业用水、生活用水和生态用水，2020 年以后，水资源需求的增长都来自于生活用水和生态用水。在用水结构方面，农业用水的比重由 2014 年的 50.7%下降到 2030 年的 47.3%，工业用水比重由 2014 年的 26.4%下降为 2030 年的 26.2%，生活用水比重由 2013 年的 21.7%上升为 2030 年的 23.5%，生态用水比重由 2014 年的 1.2%上升为 2030 年的 3.0%，农业用水和生活用水变化幅度较大。

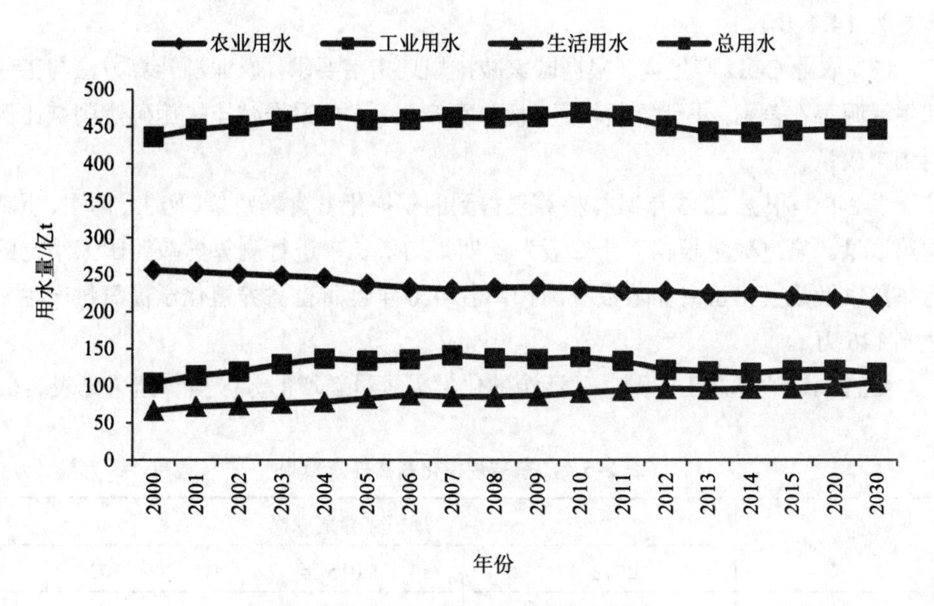

图 2-13　广东省用水总量及结构预测

2.2　污染排放新增预测

2.2.1　水污染物新增量

2.2.1.1　化学需氧量新增量预测

COD 新增量包括工业、城镇生活、农业（计算产生量）3 个部分。

（1）工业 COD 新增量。工业 COD 新增量要分两种方法测算（宏观测算与分行业测算），并进行校核。本研究采用单位 GDP 排放强度法进行测算，即用 GDP 增量乘以 COD 单位 GDP 排放强度为工业 COD 新增量，但是要考虑两个因素：①在计算 GDP 增量时要扣除低 COD 行业对 GDP 增长率的贡献；②要考虑工业 COD 排放强度的年均递减率，即排放强度是逐年下降的。

根据测算，2013 年广东省低 COD 行业对 GDP 增长率的贡献率达 21%，扣除此值后其他行业对 GDP 增长率的贡献为 79%，中情景下，2016—2020 年，GDP 增长率预计为 7.2%。2013 年，工业 COD 排放强度为 0.38kg/万元。根据“十二五”前半期环统数据分析，工业 COD 排放强度年均递减率为 9.8%。按照宏观测算方法，2016 —2020 年 COD 新增量为 5.4 万 t。

（2）城镇生活 COD 新增量。城镇生活 COD 新增量根据新增城镇人口以及人均 COD 产污系数进行计算。根据经济社会发展参数预测，2016—2020 年新增城镇人口 562 万，按照《“十二五”主要污染物总量减排核算细则》，广东省城镇生活 COD 综合系数为每人每天 70 g，则 2016—2020 年广东省城镇生活源 COD 新增量为 14.4 万 t。

（3）农业 COD 产生量。根据国家减排规划指南要求，农业源计算方法与工业源和生活源存在差别，不计算新增量，而计算产生量，再根据减排措施确定削减比例，得到排放量。

表 2-5 是根据 2013 年减排核算表得到的规模化畜禽养殖猪、奶牛、肉牛、蛋鸡、肉鸡数量。畜禽数量根据“十二五”前期年均增长率进行测算。按照国家给定的产污系数以及规模化畜禽养殖数量，计算得 2020 年全省畜禽养殖化学需氧量产生量将达到 146 万 t。

结合上述计算，工业源、生活源的化学需氧量新增的分区核算结果见表 2-6。

表 2-5 广东省规模化畜禽养殖预测 单位：万只（万头）

畜禽种类	规模化养殖规模		
	2013 年	2015 年	2020 年
猪	2 234	2 462	3 143
奶牛	3.38	3.73	4.76
肉牛	1.65	1.82	2.32
蛋鸡	1 251	1 379	1 760
肉鸡	17 398	19 181	24 480

表 2-6 化学需氧量新增预测 单位：万 t

地区	工业源	生活源	农业源	合计
珠三角	2.5	7.0	—	9.5
粤东	1.3	2.2	—	3.5
粤西	1.2	3.1	—	4.3
粤北	0.4	2.1	—	2.5
全省	5.4	14.4	—	19.8

2.2.1.2 氨氮新增量预测

与 COD 新增量类似，氨氮新增量包括工业、城镇生活、农业（计算产生量）三个部分。

（1）工业氨氮新增量。工业氨氮新增量只测算排放氨氮的九大重点行业的新增量，按照国家要求以宏观测算方法为准。宏观测算方法是把九大重点行业当成一个整体来进行计算，采用工业增加值和排放强度分年度逐年进行测算，结果如表 2-7 所示。

表 2-7　氨氮新增预测　　单位：万 t

地区	工业源	生活源	农业源	合计
珠三角	0.19	0.9	—	1.09
粤东	0.08	0.3	—	0.38
粤西	0.09	0.4	—	0.49
粤北	0.04	0.3	—	0.34
全省	0.4	1.9	—	2.3

2013 年，九大氨氮排放重点行业的工业增加值为 5 552 亿元，根据“十二五”前半期增长趋势，预计 2016—2020 年工业增加值增量为 2 570 亿元。2013 年，九大重点行业单位工业增加值氨氮排放强度为 0.18 kg/万元，“十二五”前半期年均递减率为 2.0%。结合单位工业增加值氨氮排放强度下降趋势，2016—2020 年氨氮新增量为 0.4 万 t。

（2）城镇生活氨氮新增量。城镇生活氨氮新增量根据新增城镇人口以及人均氨氮产污系数进行计算。根据经济社会发展参数预测，2016—2020 年新增城镇人口 562 万，按照《“十二五”主要污染物总量减排核算细则》，广东省城镇生活氨氮综合系数为每人每天 9.1 g，则 2016 —2020 年城镇生活源氨氮新增量为 1.9 万 t。

（3）农业氨氮产生量。根据国家减排规划指南要求，农业源计算方法与工业和生活存在差别，不计算新增量，而是计算产生量，再根据减排措施确定对应的削减比例，得到排放量。按照国家给定的产污系数以及规模化畜禽养殖数量，计算得 2020 年全省畜禽养殖氨氮产生量为 6.4 万 t。

2.2.2 大气污染物新增量

2.2.2.1 二氧化硫新增量预测

二氧化硫新增排放通过分行业预测，行业包括电力行业、石化、冶金行业（主要是钢铁行业）、其他行业，预测结果为 2016—2020 年的新增量。预测方法主要是根据各行业能源消费量、燃煤或燃料油的含硫量以及燃料中硫的转化率，预测燃烧过程中二氧化硫产生量，同时根据现阶段二氧化硫去除率（包括燃烧过程去除率和工艺过程去除率）来预计未来年份二氧化硫去除率，或者根据各行业产污系数，或者排污系数、行业增加值，预测工艺过程中二氧化硫排放量。汇总各行业的预测排放量，得到2016—2020年广东省二氧化硫新增量为8.03万t。

电力行业：电力行业新增 SO_2 排放量 $E_{电力SO_2}$ 计算公式为

$$E_{电力SO_2} = M_{电增} \times S \times 1.7 \times (1-\eta) \tag{2-1}$$

式中：$M_{电增}$ —— 2016—2020年电力行业煤炭消费增量，万t；

S —— 燃煤机组的煤炭平均硫分，%；根据《广东省大气污染防治行动方案（2014—2017年）》，火电厂燃煤含硫量要控制在0.7%以下；

η —— 综合脱硫效率，%，根据《广东省大气污染防治行动方案（2014—2017年）》，综合脱硫效率要达到95%以上。

石化行业：采用原油加工新增产量与二氧化硫排放强度进行测算石化行业新增 SO_2 排放量 $E_{石化SO_2}$，公式为

$$E_{石化SO_2} = M_{石化增} \times E_{f石化SO_2} \tag{2-2}$$

式中：$M_{石化增}$ —— 2016—2020年石化行业原油加工新增产能，万t/a；

$E_{f石化SO_2}$ —— 2016—2020年石化行业二氧化硫的排放强度，t/万t，根据"十一五"期间石化行业全口径统计并结合下降比例得出。

钢铁行业：采用新增产能与排放强度进行测算钢铁行业新增 SO_2 排放量 $E_{钢铁SO_2}$，公式为

$$E_{钢铁SO_2} = M_{钢铁增} \times E_{f钢铁SO_2} \tag{2-3}$$

式中：$M_{钢铁增}$ —— 2016—2020年钢铁行业钢铁新增产能，万t/a；

$E_{f钢铁SO_2}$ —— 2016—2020年钢铁二氧化硫的排放强度，t/万t。

根据减排核算表，2013年钢铁行业的二氧化硫的排放强度为15.65 t/万t，预计2016—2020年钢铁企业二氧化硫的排放强度将达到《广东省钢铁产业结构调整方案（2014—2017年）》要求（10 t/万t）。

其他行业：除电力、钢铁、石化行业，其他行业的 SO_2 新增量 $E_{其他SO_2}$ 主要来自燃煤锅炉和工业窑炉等，采用煤炭消费增量和单位煤炭消费量的污染物排放强度法预测 SO_2 新增量，公式为

$$E_{其他SO_2} = M_{其他增} \times E_{f其他SO_2} \quad (2\text{-}4)$$

式中：$M_{其他增}$ —— 2016—2020 年除去电力、钢铁、石化业燃煤新增量，万 t/a；

$E_{f其他SO_2}$ —— 2016—2020 年其他行业的 SO_2 排放强度，t/万 t，根据统计 2010—2013 年其他行业单位煤炭消费量的二氧化硫排放强度与年均下降速度推算得出。

综上，全省 2016—2020 年各行业 SO_2 新增量汇总如表 2-8 所示。

表 2-8　2016—2020 年广东省 SO_2 新增排放量预测结果　　单位：万 t

地区	电力	石化	钢铁	其他	合计
珠三角	1.13	0.26	—	1.56	2.95
粤东	0.82	0.51	—	0.6	1.93
粤西	0.92	0.38	0.76	0.13	2.19
粤北	0.73	0	—	0.23	0.96
全省	3.6	1.15	0.76	2.52	8.03

2.2.2.2　氮氧化物新增量预测

氮氧化物新增量预测按照电力行业、水泥行业、交通运输行业、其他行业分别进行测算，预测结果为 2016—2020 年的新增量。预测方法主要是根据各行业能源消费量、燃煤量或燃气量，结合各行业产污系数，或者排污系数，同时通过现阶段氮氧化物的去除率，拟合未来的去除率，来预测氮氧化物的排放量。汇总各行业的排放量，2016—2020 年广东省氮氧化物新增排放量为 18.36 万 t。

电力行业：电力行业氮氧化物新增量 $E_{燃煤电力NO_x}$ 采用单位燃料排污系数法进行测算，公式如下：

$$E_{燃煤电力NO_x} = M_{电力增} \times E_{f燃煤电力NO_x} \quad (2\text{-}5)$$

式中：$E_{f燃煤电力NO_x}$ —— 电力行业单位燃煤量（标煤）的 NO_x 产污系数，kg/t，根据 2013 年减排核算表统计电力全口径燃烧机组，脱硝效率按 85%得出。

对于新建燃气机组的氮氧化物新增量采用以下公式：

$$E_{燃气电力NO_x} = M_{燃气增} \times E_{f燃气电力NO_x} \quad (2\text{-}6)$$

式中：$M_{燃气增}$ —— 2016—2020 年电力燃气消耗新增量，万 m^3/a，根据"十二五"后三年重要基础设施建设项目推进计划，结合目前燃气电力机组的年运行时间与发电能耗得出；

$E_{f燃气电力NO_x}$ —— 燃气电力的排放强度，根据近几年减排核算表中全口径燃气发电机组统计得出。

水泥行业：水泥行业氮氧化物新增量 $E_{水泥NO_x}$ 根据水泥行业新增产品产量，采用排污系数法进行测算：

$$E_{水泥NO_x} = M_{水泥增} \times E_{f水泥NO_x} \tag{2-7}$$

式中：$M_{水泥增}$ —— 2016—2020 年水泥熟料新增产能，万 t/a，根据《广东省水泥产业结构调整方案（征求意见稿）》设定目标得出；

$E_{f水泥NO_x}$ —— 单位水泥的排放强度，根据污染物产权交易得出，脱硝效率取 60%。

交通行业：交通运输行业氮氧化物新增量测算以道路移动源为主（暂不包括船舶、航空、铁路、农用机械和工程机械等非道路移动源的 NO_x 排放量），分车型与排放标准测算机动车氮氧化物排放量：

$$E_{交通NO_x} = \sum_{i=1}^{n}\sum_{j=1}^{m}\left(A_{i,j} \times F_{i,j} \times 10^{-7}\right) \tag{2-8}$$

式中：$A_{i,j}$ —— 2016—2020 年不同类型机动车增长量（i 表示车型、j 表示燃料类型），辆/a，根据 2010—2013 年各类机动车保有量增速分车型与排放标准预测得出；

$F_{i,j}$ —— 不同类型机动车的 NO_x 排放系数，kg/（辆·a），排放系数取自环保部颁布的《道路机动车大气污染物排放清单编制技术指南（试行）》。

其他行业：其他排放源的氮氧化物新增量按照煤炭消费增量和基准年排放强度测算，公式如下：

$$E_{其他NO_x} = M_{其他增} \times E_{f其他NO_x} \tag{2-9}$$

式中：$M_{其他增}$ —— 2016—2020 年除电力、水泥以外的其他行业的煤炭消费增量，万 t/a，根据 2013 年该部分煤炭消费量占全社会煤炭消费量的比例和 2016—2020 年全社会煤炭消费新增量得出；

$E_{f其他NO_x}$ —— 2016—2020 年其他行业单位的 NO_x 排放强度，根据减排核算表统计并结合近几年下降程度得出。

综上，全省 2016—2020 年各行业 NO_x 新增量汇总见表 2-9。

表 2-9　2016—2020 年广东省氮氧化物新增排放量预测结果　　单位：万 t

地区	电力	水泥	交通	其他	合计
珠三角	3.53	0.06	6.33	0.68	10.06
粤东	1.19	0.36	0.83	0.26	2.64
粤西	1.05	0.92	0.77	0.06	2.80
粤北	0.83	0.27	1.12	0.10	2.32
全省	6.60	1.61	9.05	1.10	18.36

2.2.2.3　颗粒物新增量预测

颗粒物新增量预测按照电力行业烟尘、非电行业烟尘、工业粉尘、机动车颗粒物四部分进行测算，预测结果为 2016—2020 年的新增量。预测方法主要是根据各行业产能、产量或者燃煤量，结合各行业产污系数，或者排污系数，同时通过现阶段颗粒物的去除率，拟合未来的去除率，来预测颗粒物的排放量。汇总各行业的排放量，2016—2020 年广东省颗粒物新增排放量为 3.84 万 t。

（1）烟尘。

电力行业：电力行业烟尘新增排放量根据电力行业煤炭消费增量、单位煤炭消费量、干烟气排放量、烟尘排放浓度，采用排放系数预测，其中烟尘排放质量浓度珠三角地区为 30 mg/m^3，其他地区为 50 mg/m^3。

非电力行业烟尘：非电行业烟尘新增排放量 $E_{非电力PM}$ 根据非电行业煤炭消费量和基准年排放强度进行测算，公式如下。

$$E_{非电力PM} = M_{非电力增} \times E_{f非电力PM} \tag{2-10}$$

式中：$M_{非电力增}$——根据 2016—2020 年煤炭消费量总量预测值扣除电力行业煤炭消费增量得出；

$E_{f非电力PM}$——2016—2020 年非电力的 PM 排放强度，根据环境统计并结合近年来下降趋势得出。

（2）工业粉尘。工业粉尘新增量测算主要包括建材行业工业粉尘新增排放量和冶金行业工业粉尘新增排放量。建材行业的工业粉尘新增量，根据水泥、平板玻璃两个子行业的新增产品产量和单位产品排污系数测算。冶金行业工业粉尘新增排放量预测采用钢铁单位产品产量排污系数法测算工业粉尘新增量。

水泥行业：根据新增产品产量和单位产品排污系数测算水泥行业新增颗粒物排

放量 $E_{水泥PM}$：

$$E_{水泥PM} = M_{水泥增} \times E_{f水泥PM} \tag{2-11}$$

式中：$M_{水泥增}$ —— 2016—2020 年水泥熟料新增产能，万 t/a，根据《广东省水泥产业结构调整方案（征求意见稿）》设定目标得出；

$E_{f水泥PM}$ —— 单位水泥粉尘的排放强度，预计在实施《水泥行业准入条件》后，2016—2020 年广东省水泥行业整体除尘效率将提高到 95%，结合环境统计数据得知目前的水泥熟料生产企业粉尘产污系数。

钢铁行业：根据新增产品产量和单位产品排污系数测算，公式如下。

$$E_{钢铁PM} = M_{钢铁增} \times E_{f钢铁PM} \tag{2-12}$$

式中：$M_{钢铁增}$ —— 2016—2020 年钢材新增产能，万 t/a，根据《广东省钢铁产业结构调整实施方案（征求意见稿）》的设定目标得出；

$E_{f钢铁PM}$ —— 单位钢铁的排放强度，《广东省钢铁产业结构调整实施方案》实施后，2016—2020 年广东省钢铁行业整体除尘效率提高到 95%，结合环境统计数据得知目前的钢铁生产企业粉尘产污系数。

平板玻璃行业：根据新增产品产量和单位产品排污系数测算。

$$E_{平板玻璃PM} = M_{平板玻璃增} \times E_{f平板玻璃PM} \tag{2-13}$$

式中：$M_{平板玻璃增}$ —— 2016—2020 年钢材新增产能，万 t/a，根据《广东省关于化解产能严重过剩矛盾实施方案（征求意见稿）》中平板玻璃的设定目标得出；

$E_{f平板玻璃PM}$ —— 单位平板玻璃的排放强度，根据环境统计计算平板玻璃行业的粉尘处理效率平均为 85%，预计 2016—2020 年此行业的粉尘处理效率提高到 90%，结合目前的平板玻璃生产企业粉尘产污系数得出。

交通行业：交通运输行业颗粒物新增量测算以道路移动源为主（暂不包括船舶、航空、铁路、农用机械和工程机械等非道路移动源的颗粒物排放量），分车型与排放标准测算机动车颗粒物排放量。

$$E_{机动车PM} = \sum_{i=1}^{n}\sum_{j=1}^{m}\left(A_{i,j} \times F_{i,j} \times 10^{-7}\right) \tag{2-14}$$

式中：$A_{i,j}$ —— 2016—2020 年不同类型机动车增长量（i 表示车型、j 表示燃料类型），辆/a，根据 2010—2013 年各类机动车保有量增速分车型与排放标准预测得出；

$F_{i,j}$ —— 不同类型机动车的颗粒物排放系数，kg/（辆·a），排放系数取环保部颁布的《道路机动车大气污染物排放清单编制技术指南（试行）》。

综上，全省 2016—2020 年各行业颗粒物新增量汇总如表 2-10 所示。

表 2-10　2016—2020 年广东省颗粒物新增排放量预测结果　　单位：万 t

地区	电力	非电力	工业	交通	合计
珠三角	0.43	0.41	0.11	0.10	1.05
粤东	0.52	0.16	0.43	0.01	1.12
粤西	0.58	0.03	0.44	0.01	1.06
粤北	0.46	0.06	0.07	0.02	0.61
全省	1.99	0.66	1.05	0.14	3.84

2.2.2.4　挥发性有机物新增量预测

挥发性有机物新增量包括工业挥发性有机物新增排放量、石化和机动车碳氢化合物新增量两部分，预测结果为 2016—2020 年的新增量。预测方法主要包括采用排放强度法估算工业挥发性有机物以及采用环保部颁布的《道路机动车大气污染物排放清单编制技术指南（试行）》方法估算机动车 HC 排放，石化行业根据原油损失率估计挥发性有机物。汇总各行业的预测排放量，2016—2020 年广东省挥发性有机物新增量为 57.32 万 t，如表 2-11 所示。

表 2-11　2016—2020 年广东省挥发性有机物新增排放量预测结果　　单位：万 t

地区	石化	工业	机动车	合计
全省	13.5	42.76	1.21	57.52

石化行业：根据《广东省石油和化工产业“十二五”发展指导意见》，预计 2016—2020 年，原油产加工新增产能 4 500 万 t/a。在“十二五”规划中明确要求重点区域的新建石化企业，原油加工损失率在 4‰以内，预计 2016—2020 年，石化企业的原油加工损失率在 3‰以内，则石化行业将产生 13.5 万 t 挥发性有机物。

工业：根据预测“十三五”工业增加值增长量和现除单位工业增长值工业挥发性有机物排放强度进行测算。经计算 2016—2020 年在不进行任何治理措施的情形下，工业挥发性有机物新增量为 42.76 万 t。

机动车：交通运输行业碳氢化合物新增量测算以道路移动源为主（暂不包括船舶、航空、铁路、农用机械和工程机械等非道路移动源的碳氢化合物排放量），分车型与排放标准测算机动车碳氢化合物排放量，则机动车新增碳氢化合物排放量为 1.21 万 t。

$$E_{\text{机动车HC}} = \sum_{i=1}^{n}\sum_{j=1}^{m}\left(A_{i,j} \times F_{i,j} \times 10^{-7}\right) \tag{2-15}$$

式中：$A_{i,j}$ —— 2016—2020年不同类型机动车增长量（i表示车型、j表示燃料类型），辆/a，根据2010—2013年各类机动车保有量增速分车型与排放标准预测得出；

$F_{i,j}$ —— 不同类型机动车的碳氢化合物排放系数，kg/（辆·a），排放系数取自环保部颁布的《道路机动车大气污染物排放清单编制技术指南（试行）》。

2.3 环境形势预判

"十三五"期间，广东省经济增速从高速增长进入次高速增长的通道，资源环境要素投入呈下降趋势，环境压力呈高位舒缓态势。经济新常态下，广东省环境保护工作机遇与挑战并存。经济发展的动力机制转换，污染物新增量开始回落，能源结构不断优化，然而经济增长下行压力加大，政府企业治污决心和行动出现迟疑，部分地区超常规发展，区域梯度污染转移，环境问题日益复杂多变。总体来看，"十三五"广东处于经济增长的换挡期，环境压力的调整期，也是环境质量改善的决胜期。

2.3.1 机遇

（1）党中央将生态文明建设纳入"五位一体"总体布局，环境保护战略地位进一步凸显。党的十八大、十八届三中和四中全会系统提出了社会主义建设"五位一体"总体布局的顶层设计，对生态文明建设做出总体部署，生态文明建设上升为治国理政方略的空前高度。中共中央、国务院出台了《关于加快推进生态文明建设的意见》，将生态文明建设的顶层设计和总体部署实化细化，将中央有关要求落实到具体政策措施。

《中共中央关于全面深化改革若干重大问题的决定》提出，"完善发展成果考核评价体系，纠正单纯以经济增长速度评定政绩的偏向"，以GDP论英雄的发展模式正在改变，民生改善、社会进步、生态效益等指标和实绩作为重要考核内容，对限制开发区域和生态脆弱的国家扶贫开发工作重点县取消地区生产总值考核，青山绿水就是金山银山的发展理念正在形成。

（2）宏观经济进入增速放缓、提质增效的新常态，能源消耗增幅和主要污染物新增量开始回落。国际经验显示，经济增长通常在人均GDP达到10 000美元以上时下台阶，从高速增长阶段过渡到中速增长阶段。目前广东省人均GDP达到10 330美元，突破10 000美元大关，正处于经济增速换挡期。"十一五"期间，地区生产总值年均增长12.4%，而"十二五"期间，地区生产总值预计年均增长8.4%，"十三五"预计年均增长7.2%，经济增速平稳回落，如表2-12所示。

表 2-12　经济总量变化趋势

指标	“十一五”	“十二五”	“十三五”
GDP 平均增速/%	12.4.	8.4	7.2
期末年经济总量/万亿元	4.05	6.05	8.57
新增量（比上一期末）/万亿元	1.79	2.010	2.52
经济增长率（比上一期末）/%	79.2	49.4	41.6

产业结构不断优化升级，“十三五”期间将延续以第三产业为主导的发展态势。第一产业增加值平稳增长，增长率有所回落；工业生产增速放缓，从增长率来看，工业增加值新增收窄，相比“十二五”降低 1.8 个百分点；第三产业继续保持较快增长，成为推动经济稳定发展的重要力量，“十三五”期末增长率在三大产业中最高，比第二产业增加值高出 12 个百分点，如表 2-13 所示。

表 2-13　产业结构变化趋势

指标	“十一五”	“十二五”	“十三五”
期末年第一产业增加值/万亿元	0.20	0.27	0.32
增加值增长率（比上一期末）/%	40.8	35	18.5
期末年第二产业增加值/万亿元	2.02	2.79	3.79
增加值增长率（比上一期末）/%	78.2	38.1	35.8
期末年工业增加值/万亿元	1.89	2.67	3.54
增加值增长率（比上一期末）/%	79.8	41.3	32.6
期末年第三产业增加值/万亿元	1.82	2.99	4.46
增加值增长率（比上一期末）/%	86.4	64.3	49.2

“十三五”期间，能源消费总量高位缓增，“十一五”“十二五”“十三五”能源消费总量年均增速分别为 8.9%、3.9%、3.3%，能源消费新增量相比上一期末分别新增 0.94 亿 t、0.58 亿 t、0.57 亿 t 标煤，增长比率分别为 52.8%、21.3%、17.3%。“十三五”由于粤东西北工业化进程的加快推进，能源消费新增量相比“十二五”未有明显减少，仅下降 0.01 亿 t，但与“十一五”相比，能源消费新增量收窄明显，能源需求低增速、低增量成为新常态，如表 2-14 所示。

表 2-14　能源总量变化趋势

指标	“十一五”	“十二五”	“十三五”
能源消费总量年均增速/%	8.9	3.9	3.3
期末年能源消费总量（以标煤计）/亿 t	2.72	3.30	3.87
新增量（以标煤计）（比上一期末）/亿 t	0.94	0.58	0.57
增长比率（比上一期末）/%	52.8	21.3	17.3

COD、氨氮、二氧化硫、氮氧化物四种污染物的新增量均随经济增速的放缓呈收窄趋势。从“十三五”增量预测来看，四种污染物新增量占2015年目标值为11.6%～17.4%，均低于“十二五”对应污染物新增量占2010年排放基数的比例，尤其以氮氧化物新增比例下降幅度最大，达到7.2个百分点（表2-15）。从新增量绝对数来看，“十三五”四种污染物的新增量相比“十二五”分别降低23.8%、2.54%、38.1%和46.9%。“十三五”期间，随着经济增速的放缓，环境污染新增量的比率将有所下降，新增量将有不同程度的收窄，环境压力进入调整期，环境质量的改善面临机遇期。

表2-15　污染物新增量变化趋势

指标	“十一五”	“十二五”	“十三五”
COD新增比率（比上一期末）/%	31.1	24.4	17.4
氨氮新增比率（比上一期末）/%	—	15.8	15.2
二氧化硫新增比率（比上一期末）/%	17.3	15.9	11.6
氮氧化物新增比率（比上一期末）/%	—	23.0	15.8

COD、氨氮、二氧化硫排放量与人均GDP关系曲线呈“倒U形”，三项污染物排放指标随着收入的增长先上升到一定水平再下降，其中COD和二氧化硫已呈现明显的下降趋势，而氨氮的下降略有滞后（图2-14）。由于氮氧化物数据仅从2006年开始统计，单从目前的状态来看，氮氧化物指标仍处于与经济的增长保持同步的形态，未实现与经济的分离，但随着“十三五”总量控制措施的继续推进，氮氧化物排放有望实现与经济增长脱钩。

（3）新《环境保护法》全面实施，为环保监管执法提供强有力武器。新《环境保护法》针对监管不力等问题，授予环境保护和其他负有环境保护监督管理职责的部门对违法排污设备的查封、扣押权，对责令限期整改却屡教不改的企业，从责令整改之日起开始按日计算罚款，并且鼓励各地方按照实际设定罚款数额，有效解决违法成本低而守法成本高的问题。为保证监管的有效性，提出协同监管的信用管理措施，譬如对于环境污染企业，供水部门可停止供水，土地管理部门可禁止向其提供土地，银行则不得给予其授信等。

对部分只重经济增长而忽视环境保护的地方政府，新《环境保护法》规定区域审批的措施，即对环境污染严重的地区，可以暂停审批其环境影响报告书，限制其进一步发展；并规定未做规划环评的，不得建设。用限制发展的措施倒逼地方政府解决区域性的环境问题，倒逼相关企业解决其企业内部的环境问题。在新《环境保护法》的实施下，环境执法的有效性得到提高，制裁效果得到强化，对及时解决环境污染和生态破坏等问题意义重大。

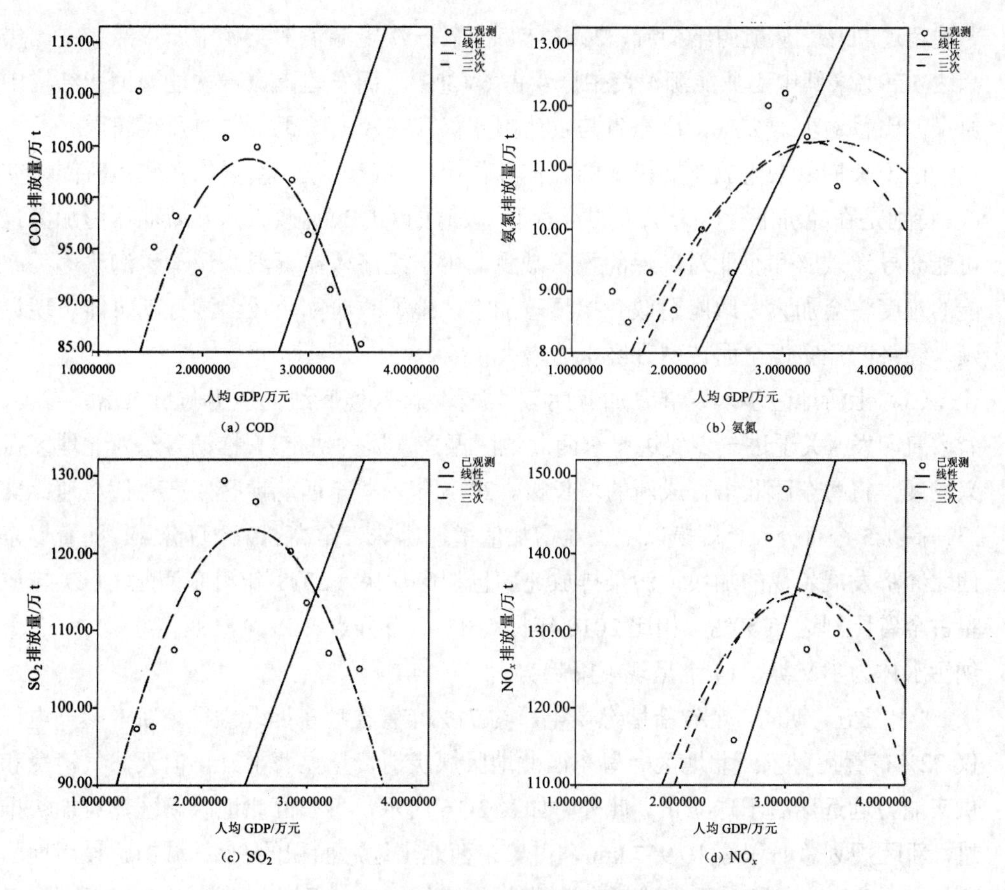

图 2-14 人均 GDP 与四种主要污染物的环境库兹涅茨曲线

2.3.2 挑战

（1）环境治理进入“攻坚期”，改善环境质量难度加大。当前，社会公众高度关注的雾霾天气、水体黑臭、土壤重金属污染等环境问题是污染长期累积到一定程度后在短时间内集中爆发的结果，其污染源成因复杂多样，污染传播扩散时空特征错综复杂，呈现压缩型、复合型等特征，污染治理遭遇“天花板”效应，治理边际成本不断增大。部分新型污染物尚缺乏有效控制手段。要在短时间内集中解决这些突出环境问题、实现环境质量全面改善难度巨大。

随着社会经济发展和人民群众生活水平的提高，群众对环境质量的要求越来越高，环境诉求不断增加。但由于环境问题的复杂性，人民群众关注的环境热点、难点、焦点问题难以得到全面解决，环境改善的滞后性与人民群众对环境质量要求日益提高之间的矛盾将依然突出，部分地区因环境问题引发社会不稳定的潜在因素仍将存在，进一步加大环境质量改善压力。

（2）转型升级处于“阵痛期”，绿色低碳的生产方式难以一蹴而就。从产业结构上看，2014 年广东省第三产业占比仅为 49.1%，而世界上发达经济体第三产业占比普遍超过 70%。从能源结构看，2013 年广东省一次能源消费结构中原煤消费占比仍高达 47.9%（其中工业能源消费中原煤占 64.3%），而发达国家一次能源消费结构中原煤占比普遍少于 20%，广东省与发达国家仍存在较大差距，转型升级任重道远。

由于长期以来粗放发展模式的强惯性作用，绿色低碳转型难以在较短时间内完成。特别是在经济下行压力加大的背景下，政府的 GDP、财政收入和就业压力加大，可能会导致政府和企业对环保的投入减少。由于经济效益下滑，进一步淘汰落后产能的难度将会加大，政府财政负担显著加重，地方政府和企业治污行动可能出现迟疑，经济产业实现全面转型升级压力增大。

（3）上游地区步入发展“加速期”，坚守生态环境底线的压力与日俱增。省委、省政府印发《关于进一步促进粤东西北地区振兴发展的决定》，推动粤东西北地区振兴发展，将粤东西北培育成新的增长极。2014 年，粤东西北地区生产总值增速比珠三角高 1.5 个百分点，规模以上工业增加值增速比珠三角高 5.9 个百分点。随着粤东西北经济发展步伐的加快，污染排放速率也相应加快，2013 年粤东西北 COD 排放量占全省比例达到 50%，相比 2010 年提高 11 个百分点。35 个产业转移园中，3 个纳污水体为劣Ⅴ类，14 个呈现下降趋势。

“十三五”期间，全省新增燃煤电厂约 71%布置在粤东西北地区，新增燃气电厂仅 22%布置在粤东西北地区。粤东西北地区煤炭消费量显著上升，但天然气消费和供应能力远远落后于珠三角。此外，如表 2-16 所示，粤东西北地区新区建设加快推进，新区规划总面积达 10 957 km^2，占粤东西北土地总面积的 9%；城镇建设用地面积达 930 km^2，占粤东西北城镇建设用地面积的 12%；规划人口数达 904 万，占粤东西北常住人口数的 17%。新区的建设加上重大项目的上马，经济发展的梯度转移与落后的资源利用效率、污染控制和治理能力矛盾突出，守住生态环境底线的压力与日俱增。

表 2-16 “十三五”期间粤东西北新区规划发展目标

指标	总面积/km^2	“十三五”期末城镇建设用地/km^2	“十三五”期末人口规模/万
新区	10 957	930	904
粤东西北	125 162	7 531	5 216
新区占比/%	9	12	17

第3章 环境保护目标与总体战略

环境保护目标与总体战略的制定是“十三五”期间的目标约束和政策导向的体现，对指导“十三五”环境保护工作具有重要意义。本章采用理论分析法、相关分析法、专家咨询法等方法构建“十三五”环境保护目标指标体系，并充分综合国家和省相关要求及广东省发展特征，完善环境保护目标指标体系，对“十三五”环境保护工作提出约束性及预期性指标要求。在环境保护战略制定方面，主要突出“生态保护红线、环境质量基线、排放总量上限、环境安全底线”，系统构建“十三五”环境保护战略体系。

3.1 指导思想与基本原则

3.1.1 指导思想

以邓小平理论、“三个代表”重要思想、科学发展观为指导，深入学习、贯彻习近平总书记系列重要讲话精神，全面贯彻党的十八大、十八届三中、四中、五中全会精神，紧紧围绕“五位一体”总体布局和“四个全面”战略布局，坚持创新、协调、绿色、开放、共享的发展理念，牢牢把握“三个定位、两个率先”目标，以生态文明建设为统领，以改善环境质量为核心，实施最严格的环境保护制度，坚持系统精准治污，着力强化环境基础能力，全面提升环境管治水平，努力打造“天蓝、地绿、水净”的生态环境面貌，为全面建成小康社会和建设“美丽广东”奠定坚实环境基础。

3.1.2 基本原则

环境优先、绿色发展。以资源环境承载力为先决条件，实施绿色发展战略，推进经济结构战略性调整和产业转型升级，促进珠三角地区优化发展和粤东西北地区振兴发展，积极构建绿色低碳发展的新格局。

以人为本、和谐共生。坚持问题导向和目标导向，重点解决广大人民群众关注的雾霾、水体黑臭、土壤重金属污染、农村环境保护等突出问题，坚持城乡环境治理并重，全力改善区域环境质量，增进民生福祉，促进人与自然和谐共生。

依法监管、社会共治。实行最严格的环境保护制度，按照“源头严防、过程严管、后果严惩”的要求，依法对污染源、排放过程和环境介质实施统一监管，形成政府、企业、公众多元共治的环境治理体系。

深化改革、增强活力。继续先行先试，深化环境保护体制机制改革，激发环境治理和生态保护市场活力，逐步建立系统完善、适应生态文明的环境保护制度体系。

3.2 目标指标

3.2.1 总体目标

到 2020 年，主要污染物排放持续稳定下降，大气环境质量持续改善，全省各地级以上市全面稳定达到《环境空气质量标准》（GB 3095—2012）二级标准；水环境质量持续改善，土壤环境质量总体保持稳定，生态系统服务功能增强；环境风险得到有效管控，环境监管能力显著提升，基本实现环境治理体系和治理能力现代化。建成珠三角国家级绿色发展示范区和生态文明示范城市群。粤东西北地区绿色发展水平显著提升，人民群众对优质生态产品的获得感显著增强。

3.2.2 环境指标

3.2.2.1 研究思路

在构建“十三五”指标体系时，以国家“十三五”环保要求尤其是对广东省市或区域提出的指标为基础，综合考虑广东省“十二五”指标体系，并针对广东省环境保护和生态建设工作的现状与问题、下一步环保工作的重点任务和要求，增加区域性和特色性的控制和建设指标，即利用国家要求调整和新增的指标及要求、“十二五”指标体系、广东省区域特色指标体系三个子库构建广东省“十三五”初始指标库。

由经济合作与发展组织（OECD）和联合国环境规划署（UNEP）合作共同提出的组织环境指标的压力（Pressure）-状态（State）-响应（Response）概念模型，简称 PSR 概念模型，从人类与环境系统的相互作用与影响出发，能较好地描述人类活动与环境之间的相互关系、相互作用，将某一类环境问题用 3 个不同但又相互联系的指标类型来表达，具有较强的系统性，适用于城市可持续发展问题研究。因此，为增强指标体系及指标间的逻辑性和系统性，本研究利用 PSR 概念模型，利用建立的广东省“十三五”初始指标库，从资源环境压力、资源环境状态、人文环境响应三方面将指标进行组织分类。

由于国家“十三五”规划思路对环境指标所涉及的领域较为全面，而且部分指标只是定性性质，根据体系构建原则，除应注意指标体系的逻辑性、系统性和协调性外，还应避免指标体系过于庞大和复杂。在不丢失大量环境保护相关信息前提下，指标体系应尽可能简单、易操作，选择的指标应有统计口径尽量一致的数据来源，避免由于部门之间不衔接导致的误差传递。因此除国家的硬性要求外，对于建议性、非硬性的指标，充分考虑广东省环保省情，借鉴国际以及与广东省社会经济发展尤其是工业发展处于相似阶段的国内地方环保指标体系经验，并以频度分析法、专家咨询法等方法为重要辅导，对建立的广东省“十三五”初始指标库中的指标进行必要的筛选。

另外，基于构建指标体系的独立性原则，要求指标与指标之间应相互独立，并尽量具有可比性，指标统计数据可得，便于区域与区域、区域内部的子区域之间进行比较。因此对于意义相似、相关性较高的指标，利用 SPSS 统计分析软件中的相关分析模块功能，对指标进行相关性和独立性分析，并结合频度分析、专家咨询结果，剔除相关性较高的指标，选择出内涵丰富而又相对独立的指标，并充分考虑广东省内各区域自然环境特点和社会经济发展状况和指标数据的可得性，建立完整的"十三五"环保指标体系。

在建立"十三五"环保指标体系后，通过指标现状分析，根据"十三五"经济环境发展趋势预测，判断各指标"十三五"期间的发展趋势。结合大气、水、固废、农村、生态、土壤、产业优化调整、政策机制创新等专题研究成果，利用各专题针对污染物总量减排、环境质量改善、环境能力建设提出的各种具体保障措施，分析"十三五"期间各指标实现潜力和可行性，制定各指标目标值。主要思路和技术路线见图 3-1。

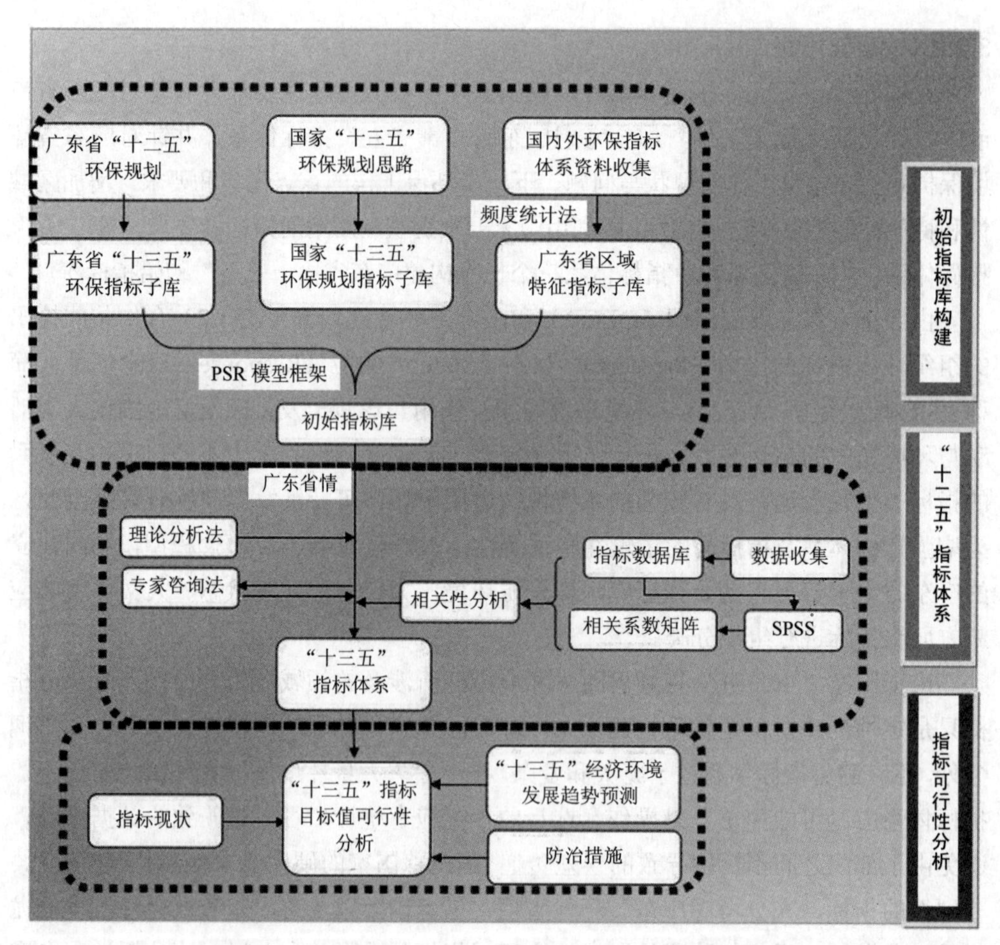

图 3-1　广东省"十三五"环保指标体系研究技术路线

3.2.2.2 指标设计

以国家“十三五”环保要求尤其是对广东省市或区域提出的指标和省“十二五”指标体系为基础，针对广东省环境保护和生态建设工作的现状与问题、下一步环保工作的重点任务和要求，同时考虑指标的简易性、可统计性和导向性，构建广东省“十三五”环保规划指标体系（表 3-1）。

表 3-1　广东省“十三五”环保指标体系构建

<table>
<tr><th>序号</th><th>一级指标</th><th colspan="2">二级指标</th><th>2014 年</th><th>2018 年</th><th>2020 年</th><th>指标属性</th></tr>
<tr><td>1</td><td rowspan="9">环境质量</td><td colspan="2">城市空气质量优良天数比例/%</td><td>85</td><td>91.5</td><td>92</td><td>约束性</td></tr>
<tr><td>2</td><td colspan="2">PM$_{2.5}$ 年均质量浓度（μg/m^3）</td><td>41</td><td>＜35</td><td>＜35</td><td>约束性</td></tr>
<tr><td>3</td><td colspan="2">空气质量浓度未达标城市 PM$_{2.5}$ 年均质量浓度平均水平/（μg/m^3）</td><td>43</td><td>≤37</td><td>≤35</td><td>约束性</td></tr>
<tr><td>4</td><td colspan="2">县级集中式饮用水水源水质达标率/%</td><td>94.7</td><td>100</td><td>100</td><td>约束性</td></tr>
<tr><td>5</td><td colspan="2">地表水水质优良（达到或优于Ⅲ类）比例/%</td><td>78.1</td><td>81.7</td><td>84.5</td><td>约束性</td></tr>
<tr><td>6</td><td colspan="2">地表水丧失使用功能（劣于Ⅴ类）水体断面比例/%</td><td>8.2</td><td>7.0</td><td>0</td><td>约束性</td></tr>
<tr><td>7</td><td colspan="2">城市建成区黑臭水体比例/%</td><td>—</td><td>＜15</td><td>＜10</td><td>约束性</td></tr>
<tr><td>8</td><td colspan="2">受污染耕地和污染地块安全利用率/%</td><td>—</td><td>＞90</td><td>＞90</td><td>预期性</td></tr>
<tr><td>9</td><td colspan="2">自然保护区陆域面积占比/%</td><td>7.4</td><td>7.4</td><td>7.4</td><td>预期性</td></tr>
<tr><td>10</td><td rowspan="7">总量控制</td><td colspan="2">二氧化硫排放总量减少/%</td><td>13.0</td><td colspan="2" rowspan="5">控制在国家下达指标内</td><td>约束性</td></tr>
<tr><td>11</td><td colspan="2">氮氧化物排放总量减少/%</td><td>15.2</td><td>约束性</td></tr>
<tr><td>12</td><td colspan="2">化学需氧量排放总量减少/%</td><td>13.6</td><td>约束性</td></tr>
<tr><td>13</td><td colspan="2">氨氮排放总量减少/%</td><td>11.5</td><td>约束性</td></tr>
<tr><td>14</td><td colspan="2">沿海地区总氮减少/%</td><td>—</td><td>预期性</td></tr>
<tr><td>15</td><td colspan="2">珠三角挥发性有机物减少/%</td><td>—</td><td>12</td><td>20</td><td>预期性</td></tr>
<tr><td>16</td><td colspan="2">全省重点行业挥发性有机物减少/%</td><td>—</td><td>12</td><td>20</td><td>预期性</td></tr>
<tr><td rowspan="2">17</td><td rowspan="5">环境基础设施建设</td><td rowspan="2">生活污水处理率/%</td><td>城市</td><td>—</td><td>90</td><td>95</td><td>预期性</td></tr>
<tr><td>县城</td><td>—</td><td>80</td><td>85</td><td>预期性</td></tr>
<tr><td>18</td><td colspan="2">城镇生活垃圾无害化处理率/%</td><td>84.6</td><td>90</td><td>95</td><td>预期性</td></tr>
<tr><td>19</td><td colspan="2">重点监管单位危险废物安全处置率/%</td><td>100</td><td>100</td><td>100</td><td>预期性</td></tr>
<tr><td>20</td><td colspan="2">环境污染治理投资占 GDP 比重/%</td><td>0.45</td><td>1.5</td><td>2</td><td>预期性</td></tr>
</table>

（1）环境质量持续改善。全省城市环境空气质量优良天数比例达到 92%以上，$PM_{2.5}$年均质量浓度不超过 35 μg/m^3；县级集中式饮用水水源水质达到 100%，全省地表水质优良（达到或优于III类）比例达到 84.5%，地表水丧失使用功能（劣于V类）水体断面全部消除，城市建成区黑臭水体比例不超过 10%；受污染耕地和污染地块安全利用率达到 90%。

（2）主要污染物排放总量持续下降。化学需氧量、氨氮、二氧化硫、氮氧化物排放总量完成国家减排任务，总氮、挥发性有机物排放得到有效控制。

（3）环境基础设施不断完善。实现城镇生活污水、垃圾处理设施全覆盖和稳定运行，全省城市和县城生活污水处理率分别达到 90%和 80%，城镇生活垃圾无害化处理率达到 90%；危废处理处置设施不断完善，重点监管单位危险废物安全处置率达到 100%。

(4)环境监管能力显著提升。完成省以下环保机构监测监察执法垂直管理改革，初步建成与新形势相适应的环境监测与执法体系。

3.3 总体战略

以生态文明建设为统领，夯实“生态保护红线、环境质量基线、排放总量上限、环境安全底线”，全面提升环境保护的管控、治理、服务水平与能力，为全省率先全面建成小康社会和建设“美丽广东”奠定坚实环境基础。

（1）严守“生态保护红线”。建立多规协调的生态保护红线体系，推动形成与主体功能区相适应的产业布局，强化生态安全屏障建设。

（2）提升“环境质量基线”。深入实施大气、水、土壤等污染防治行动计划，推进多污染物综合防治和环境治理，补齐农村环境保护短板，持续改善环境质量。

（3）严控“排放总量上限”。深化主要污染物排放总量控制，实施排污总量和排放强度双控，在深化化学需氧量、氨氮、二氧化硫、氮氧化物排放总量控制的基础上，开展重点区域流域总氮、总磷、挥发性有机物总量控制。

(4)保障“环境安全底线”。建立完善严格监管所有污染物排放的环境管理制度，强化环境监管能力建设，创新环境监管模式，全面提升环境预警应急水平，筑牢环境安全底线。

第4章 产业发展的环境引导调控策略研究

“十二五”期间，广东省坚持实施分区控制的环保战略，落实环保规划空间引导要求，实行严格的环保准入，有效促进了区域经济与环境协调发展。为贯彻落实生态保护红线等国家出台的一系列新政策，进一步提高环境保护与产业发展的协调性，本章对广东省产业结构演变趋势、产业布局及污染排放特征进行分析，识别产业发展存在的主要问题，并从空间引导、分区指引、总量约束、布局优化等角度切入，提出强化生态分级控制与管理、完善差别化环保准入等政策建议。

4.1 产业发展概况

4.1.1 产业结构演变

多年来，广东省凭借在全国先行一步的政策优势和毗邻港澳的区位优势，抓住国际产业转移和要素重组的历史机遇，大力推进工业化，迅速扩大产业规模，形成了门类齐全、规模庞大的制造业和服务业体系，奠定了建立世界先进制造业基地和服务业基地的雄厚基础，推动经济持续高速发展。2014 年，广东省 GDP 达到 6.78 万亿元，同比增长 7.8%，经济总量继续位居全国 32 个省市首位。三次产业中，第一产业保持平稳增长，2014 年广东农业实现增加值 3 166.67 亿元，同比增长 3.3%，对 GDP 增长的贡献率为 1.7%。第二产业增加值 31 345.77 亿元，增长 7.7%，对 GDP 增长的贡献率为 49.1%。第三产业增加值 33 279.8 亿元，增长 8.2%，对 GDP 增长的贡献率为 49.1%。

4.1.1.1 三次产业结构特征

（1）初步形成稳定的“三二一”的产业结构形态。广东省产业结构从 1978 年的 29.8∶46.6∶23.6 演变为 2014 年的 4.7∶46.2∶49.1，结构升级和优化进程加快。如图 4-1 所示，第一产业比重在 1982 年达到 34.8%以后开始稳步下降，到 2014 年已经下降到 4.7%。第二产业比重呈“W”形变化，并在 1993 年达到第一个峰值，为 49.3%，此后开始缓慢下降，到 2002 年下降到 45.5%，已经被第三产业超过；2002 年之后，又迎来了一次工业快速发展的浪潮，第二产业比重开始上升，到 2006 年达到最大值 50.6%；之后，广东省产业结构调整和转型升级战略开始实施，以及受金融危机的影响，第二产业的比重开始下降，到 2014 年下降为 46.2%，再次被第三产业超过。第三产业比重总体上呈上升趋势，从 1978 年的 23.6%一路增长，到 2002 年达到 47%，并在 2001 年和 2002 年超过第二产业比重；之后又缓慢下降，自 2003 年开始其比重低于第二产业比重；从 2008 年开始，其比重上升，到 2014 年达到 49.1%，再次超过第二产业比重。总体来看，自 1978 年以来广东省产业结构大体上经历了三个阶段的演变：1978—1984 年，产业结构为“二一三”；1985—2012 年，产业结构演变为“二三一”结构，并长期保持这一结构，中间只有 2001 年和 2002 年两年第三产业比重超过第二产业。但是，从增长趋势上看，第三产业比重上升速度较快，自2013年开始其比重已经超过第二产业比重，初步形成稳定的“三二一”的产业结构形态。

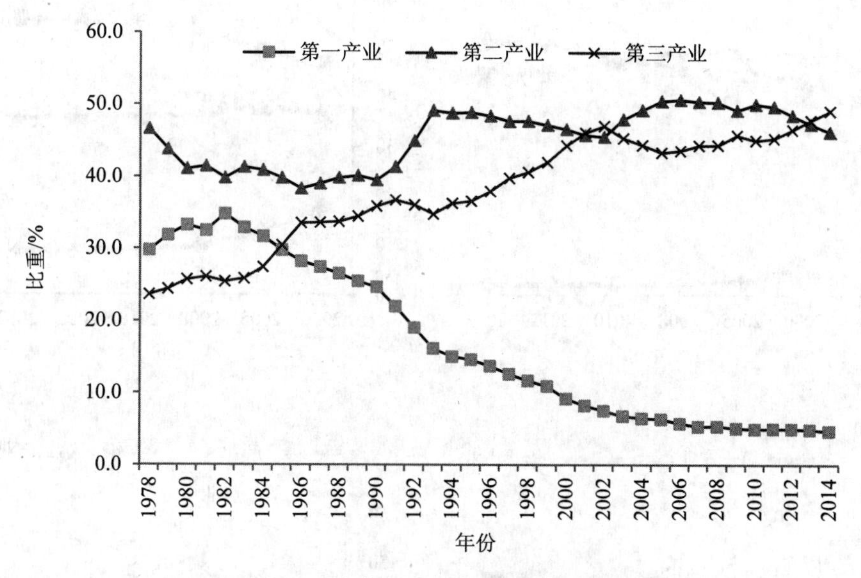

图4-1　广东省三次产业结构演变趋势

（2）珠三角已进入后工业化阶段，而粤东西北仍处于工业化加速推进阶段。如图4-2所示，珠三角2000年时呈现明显的“二三一”结构，三次产业结构比例为5.8∶49.6∶44.6；但第三产业比重呈现较快的上升势头，到2010年已经超过第二产业比重，开始呈现“三二一”产业形态。2013年珠三角地区一、二、三产业结构比例为2.0∶45.3∶52.7，已经稳步进入第三产业占据主导地位的发展阶段，随着珠三角地区转型升级步伐的加快，第三产业的比重将会呈现进一步上升趋势。粤东地区产业结构呈现明显的“二三一”结构形态，第二产业一直居于主导地位，并呈现上升趋势，2013年达到55.9%；第三产业保持在36%左右波动；第一产业比重呈现下降趋势，2013年为8.7%。从产业结构的形态来看，粤东地区仍处于工业化进程快速发展阶段。粤西地区产业结构呈现“二三一”特征，但是第二产业比重呈现先上升后下降趋势，从2000年的37.1%上升到2008年的43.4%，然后又下降到2013年的42.2%；第三产业比重总体呈上升趋势，从2000年的33.6%上升到2013年的39.0%；第一产业呈现稳步下降趋势。粤北地区产业结构基本上也是呈现“二三一”形态，第一产业同样呈现稳步下降趋势，从2000年的32%下降到2013年的16.3%；第二产业比重在2008年达到高值50.4%，此后开始下降，到2013年变为41.7%；第三产业比重呈现较快的上升趋势，在2000年之后开始超过第一产业比重，到2013年达到42%，已经开始超过第二产业比重。

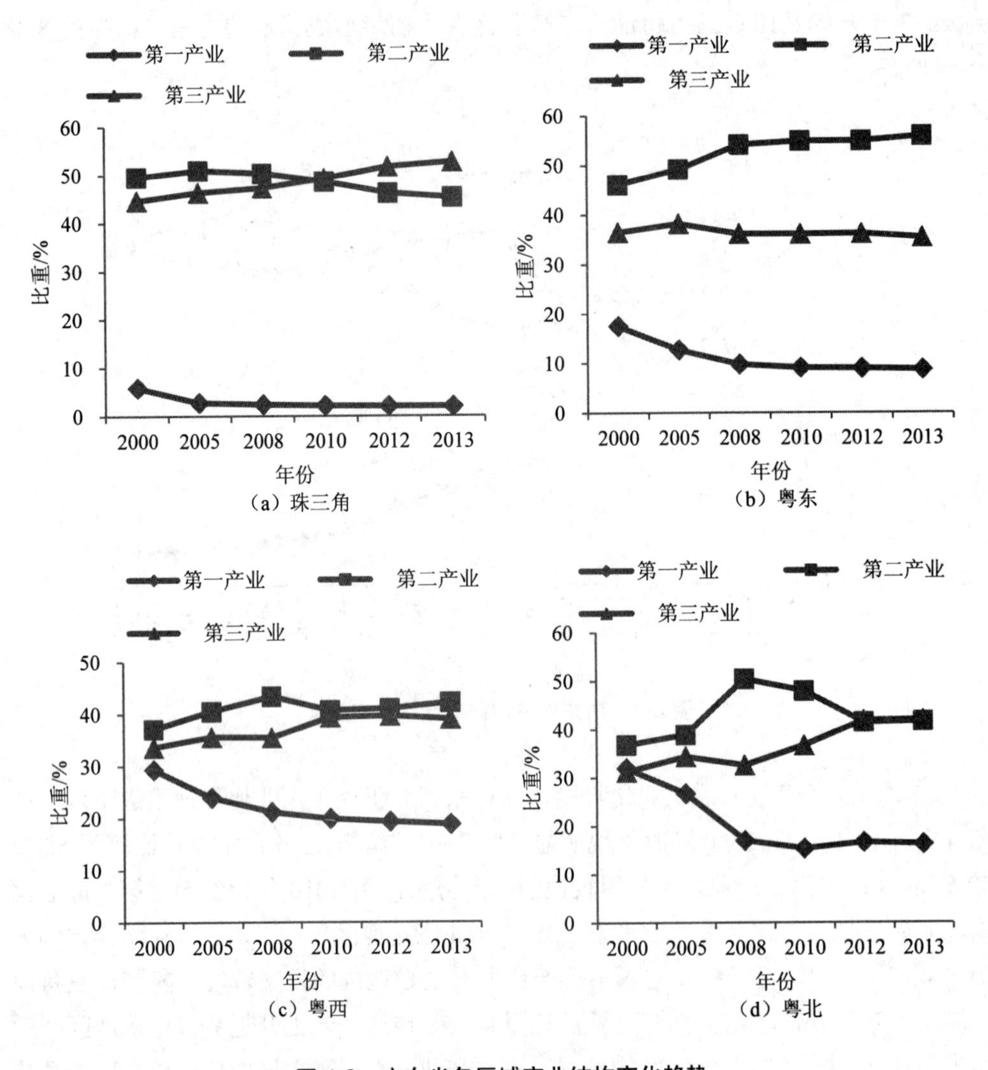

图 4-2　广东省各区域产业结构变化趋势

4.1.1.2　工业内部结构特征

（1）全省工业适度重型化发展趋势明显。从轻重工业比重情况来看，近 10 多年来广东省工业适度重型化发展趋势明显，重工业比重从 2000 年的 52%迅速提升到 2006 年的 61%，之后基本在 60%左右波动，2013 年重工业结构比重仍为 61%（图 4-3）。

（2）除粤北地区外，珠三角、东西两翼均以重工业占主导地位。珠三角地区重工业占据主导地位，并仍呈现上升趋势，从 2006 年的 60.4%上升到 2013 年的 62.6%［图 4-4（a）］。与珠三角地区相反，粤东地区轻工业居于主导地位，并呈现较快的趋势，从 2006 年的 56.2%上升到 2013 年的 65.3%［图 4-4（b）］。粤西地区重工业一直占据主导地位，但是其比重呈现下降趋势，从2006年的69%下降到2013年的65.8%［图 4-4（c）］。粤北地区重工业比重最高达到 70%以上，并基本保持稳定，其 2006

年重工业比重为 68.7%，2013 年比重为 69%［图 4-4（d）］。

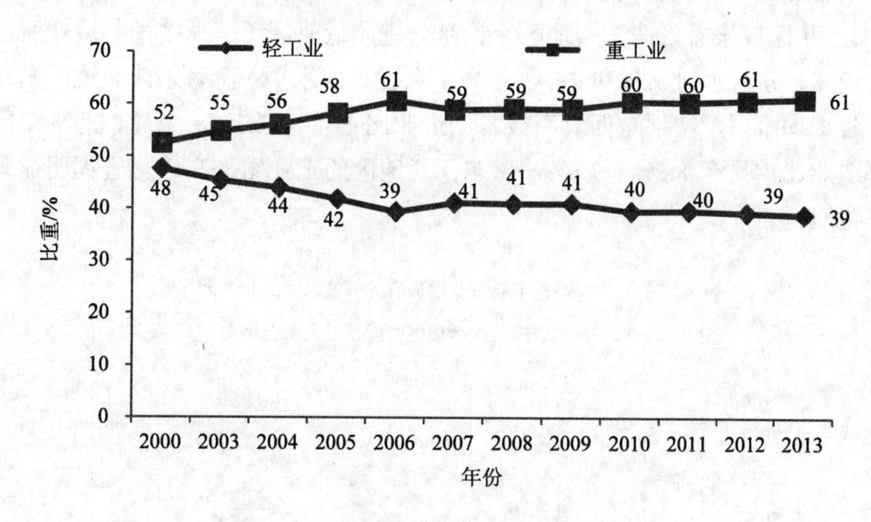

图 4-3　广东省轻重工业比重变化趋势

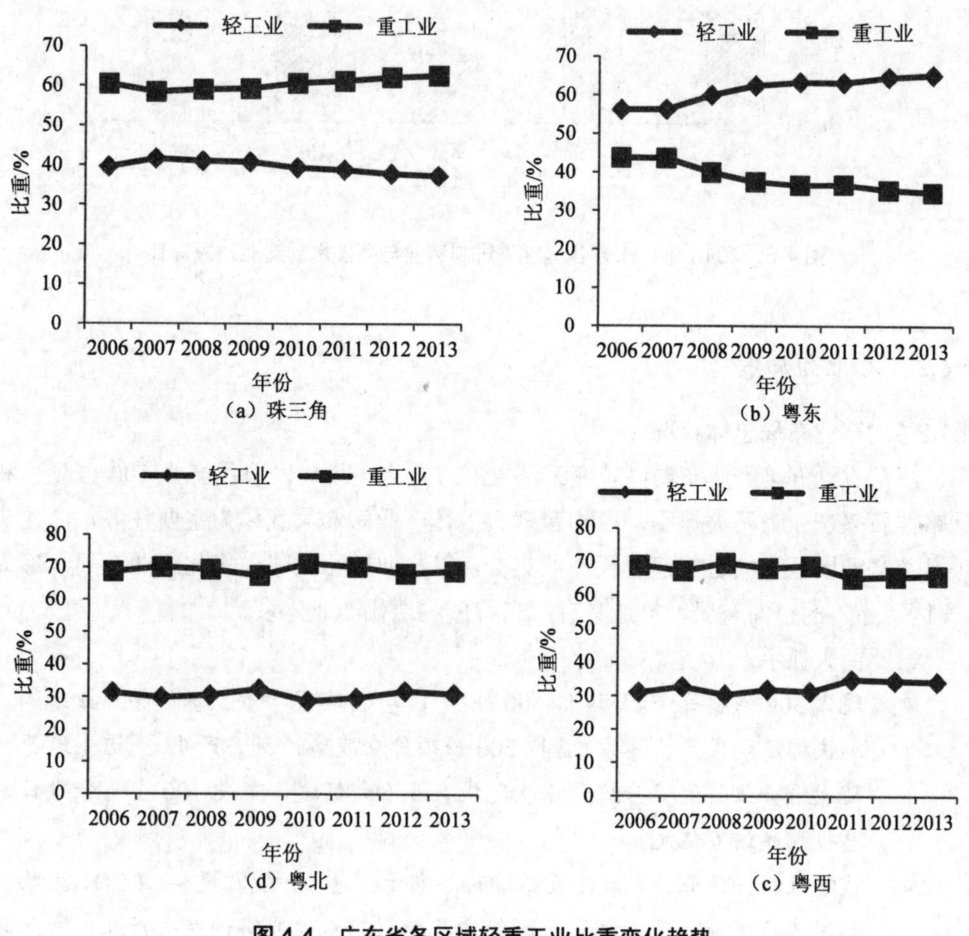

图 4-4　广东省各区域轻重工业比重变化趋势

（3）粤东西北工业结构高级化进程明显落后于珠三角。如图 4-5 所示，2013 年，全省先进制造业和高技术制造业增加值占规模以上工业比重分别为 47.9%和 25.1%。从区域来看，珠三角地区无论是先进制造业，还是高技术制造业所占的比重均较高，分别达到 52%和 29.4%，高于全省平均水平；而粤东西北地区则均落后于全省平均水平，特别是西翼高技术制造业比重只有 2.1%，东翼、北部山区高技术制造业比重只有 8.8%、9.8%，粤东西北地区的工业结构高级化进程明显落后于珠三角地区。

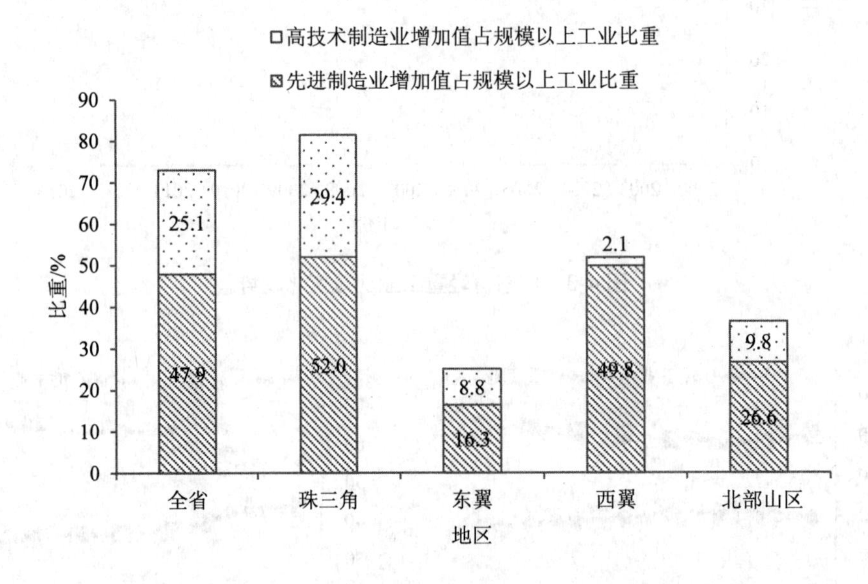

图 4-5　2013 年广东省各区域先进制造业与高技术制造业比重对比

4.1.2　产业布局特征

4.1.2.1　产业布局总体状况

广东省近五年产业布局以转变经济发展方式为主线，以现代产业 500 强项目和战略性新兴产业为两大抓手，以构建六大主体产业和八大载体为主要任务，以龙头项目及产业园区为核心构建现代产业集群，以产业转移园建设优化产业布局，形成"一区三带"的空间布局，打造具有广东特色的现代产业体系。

（1）两大抓手。

☞ 现代 500 强项目：通过现代 500 强项目建设，实现增量投资调整产业结构，加快构建现代产业体系。首批 500 强项目在战略性新兴产业、先进制造业、现代服务业、优势传统产业及现代农业五大领域各布设 100 个百强项目，总投资超过万亿元。

☞ 战略性新兴产业：重点发展高端新型电子信息、新能源汽车、LED、生物、高端装备制造、节能环保、新能源及新材料八大战略性新兴产业，紧跟时代发展步伐，把握未来重点行业发展的新方向。以“广佛创新圈”和“深港创新圈”形成研发创新轴，依托广佛肇、深莞惠和珠中江三大经济圈形成主体产业带，依托粤东西北地区广阔的腹地以及东西两翼绵延的海岸线形成特色产业带，打造“一轴两带”的空间发展布局。

（2）六大主体产业。包括现代服务业、先进制造业、高新技术产业、优势传统产业、现代农业、基础产业六大产业。现代服务业着力打造中新（广州）知识城、珠海横琴新区、广州南沙新区及深圳前海和河套地区四大现代服务业产业基地；先进制造业围绕装备、汽车、石化、钢铁及船舶五大行业在广州、深圳、佛山、揭阳、湛江等地形成五大先进制造业基地；高新技术产业着重在广州、深圳、珠海及东莞四市发展十大高新技术产业基地；优势传统产业以家用电器、食品、造纸、纺织服装、建材、有色金属及制品等为重点，构建六大优势传统产业集聚区；现代农业重点发展优质粮食、特色园艺、现代畜牧业、现代渔业、现代林业和农产品精深加工服务业，逐步建成具有岭南特色和南亚热带特色的现代农业体系；基础产业以提高保障水平为导向，建设一批与现代产业发展相适应的交通、能源和水利基础设施。

（3）八大载体。八大载体包括珠江三角洲现代产业核心区、产业转移工业园区、数字广东、广东循环经济系统工程、广东现代流通大商圈、粤港澳金融合作平台、岭南文化创意产业圈及全国加工贸易转型升级示范区。通过打造示范带动力强的八大重要载体，推动生产要素自由流动，提高资源配置效率，支撑现代产业体系建设。

（4）一区三带。

- 珠三角优化产业区：珠三角地区优先发展现代服务业，大力发展先进制造业，积极培育战略性新兴产业，优化整合现有产业，形成高端集聚、高度协作和高效合理的“两核三圈”产业一体化空间布局，其中，“两核”是指在产业发展中突出广州、深圳的核心作用，“三圈”是指加强广佛肇、深莞惠和珠中江三个经济圈区域产业的协调布局。
- 粤东重点产业带：发挥民营经济发达和侨乡的优势，大力发展民营经济，吸引华侨投资，提升装备、纺织服装、五金不锈钢、医药化工、食品、陶瓷、玩具等产业发展水平和集聚度，承接珠三角产业转移，适度发展重化产业，建设成为海峡西岸重要的经济中心。
- 粤西重点产业带：重点发展临港重化工业和现代服务业，建设成为广东省重化工业基地、区域性现代物流基地和循环经济示范基地。
- 粤北生态产业带：按照开发和保护有机结合的原则，走生态文明发展道路，适度发展资源型产业和低污染产业，优先发展生态旅游业。

4.1.2.2 重大项目布局特征

在广东省现代产业体系规划建设中，确立了500项重大产业建设项目。从环境保护的角度，在 500 个重大项目中筛选了对大气环境、水环境和生态环境有显著影响的主要行业，包括石化、建材、钢铁、汽车、船舶、五金、家具、塑料、纺织、造纸、食品、生物医药、有色金属、新能源等行业，包括 164 个项目 183 项工程，总投资额为 5 623 亿元。

（1）空间分布。如图 4-6 所示，从空间分布上看，183 项工程大部分位于珠三角地区，其工程数量占全省的 71%，粤东西北地区的工程数量则相差不大，为 16～21 项；但从投资金额的分布上来看，珠三角地区所占比例略有降低，仅占全省总额的 54%，粤东西北地区投资额最大的是粤西地区，占全省总额的 27%，其次为粤东和粤北地区，分别占总额的 11%和 8%。

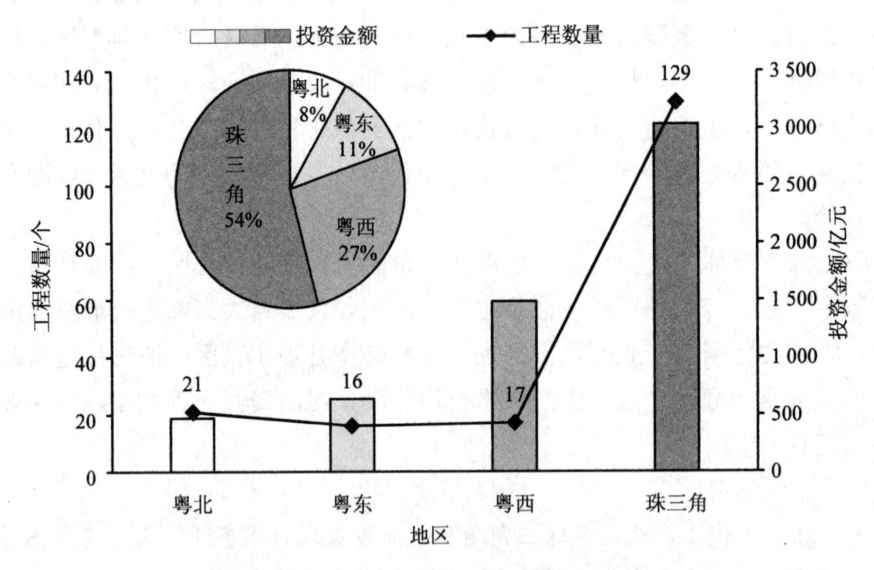

图 4-6　广东省各区域重大项目分布情况

如图 4-7 所示，对珠三角及粤东西北地区各地市项目数量及投资金额进行统计，投资金额最高的 3 个地市分别为湛江市、广州市及惠州市，3 个地市的投资总额达 2 781 亿元，占全省投资总额的 49%；从工程数量上看，工程数最多的 3 个地市分别为广州市、佛山市及惠州市，3 个地市工程数量达 79 项，占全省的 43%。

（2）行业分布。从行业分布上看，纺织、石化、建材及生物医药 4 大行业的工程数量最多，4 个行业的工程数占全省的比例接近 50%［图 4-8（a）］，但从投资金额分布来看，投资额度最大的 4 个行业则是石化、船舶、钢铁和汽车，4 个行业的投资额高达 3 993 亿元，占所有工程的 71%［图 4-8（b）］。

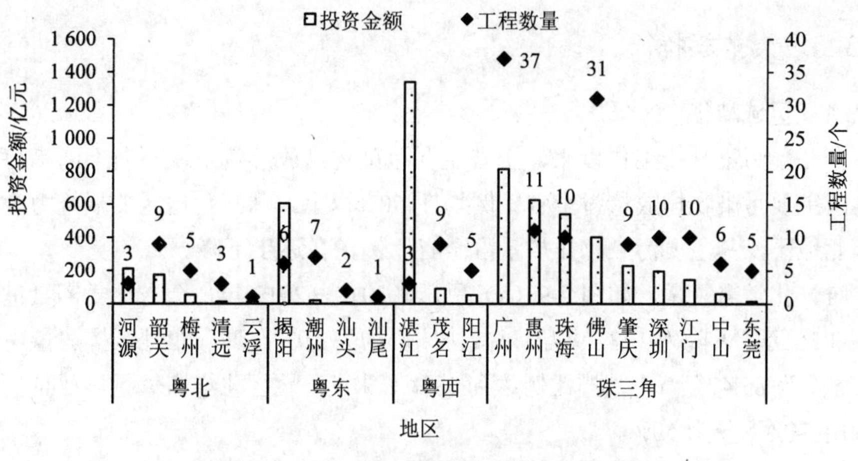

图 4-7　广东省各地市重大项目分布情况

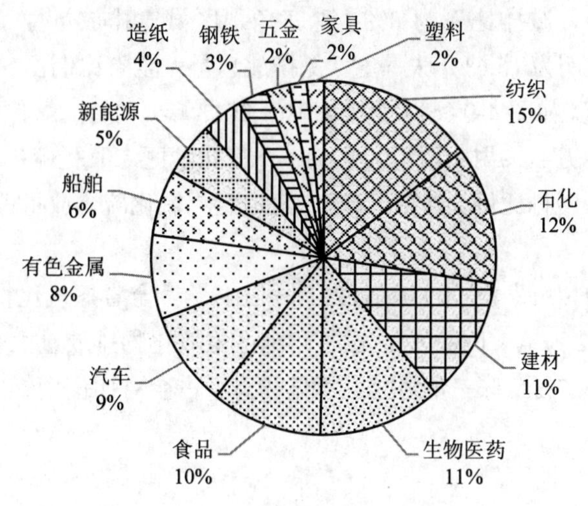

（a）行业分布

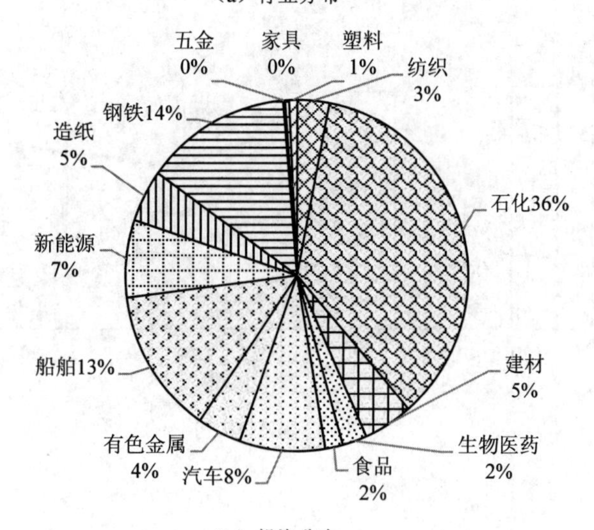

（b）投资分布

图 4-8　广东省重大项目分行业统计

4.1.3 污染排放特征

4.1.3.1 区域特征

自开展污染减排工作以来，全省主要污染物排放总量呈现不断下降趋势。珠三角地区主要污染物排放量占全省比例均在 50%以上，珠三角地区的减排力度要大于东西北地区，其主要污染物排放量占全省比例正在逐步下降。

（1）化学需氧量。如图 4-9（a）所示，2010—2013 年，全省化学需氧量排放量由 193.26 万 t 下降为 173.39 万 t，减排比例约为 10%；珠三角地区排放量由 104.56 万 t 下降为 85.47 万 t，减排比例达到 18%。珠三角地区化学需氧量排放总量占全省比例由 54%下降为 50%。

（2）氨氮。如图 4-9（b）所示，2010—2013 年，全省氨氮排放量由 23.52 万 t 下降为 21.64 万 t，减排比例为 8%；珠三角地区氨氮排放量由 13.46 万 t 下降为 11.36 万 t，减排比例为 15.6%；珠三角氨氮排放总量占全省比例由 57%下降为 54%。

（3）二氧化硫。如图 4-9（c）所示，2010—2013 年，全省二氧化硫排放量由 83.91 万 t 下降为 76.19 万 t，减排比例为 9.2%；珠三角地区二氧化硫排放量由 51.07 万 t 下降为 44.12 万 t，减排比例为 13.6%。珠三角地区二氧化硫排放量占全省比例由 61%下降为 59%。

（4）氮氧化物。如图 4-9（d）所示，2010—2013 年，全省氮氧化物排放量由 132.34 万 t 下降为 120.42 万 t，下降 9%；珠三角地区氮氧化物排放量由 87.94 万 t 下降为 76.8 万 t，下降 12.7%。珠三角地区氮氧化物总量占全省比例由 2010 年的 66%下降为 2013 年的 64%。

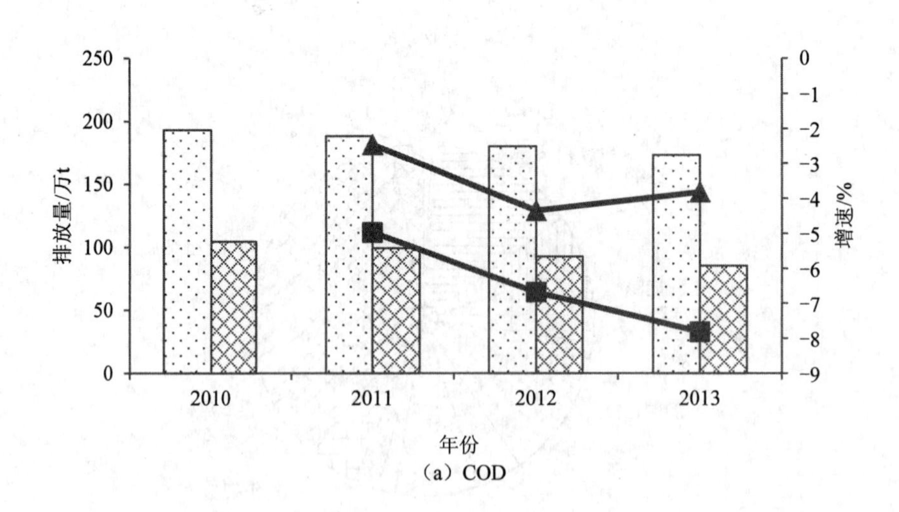

（a）COD

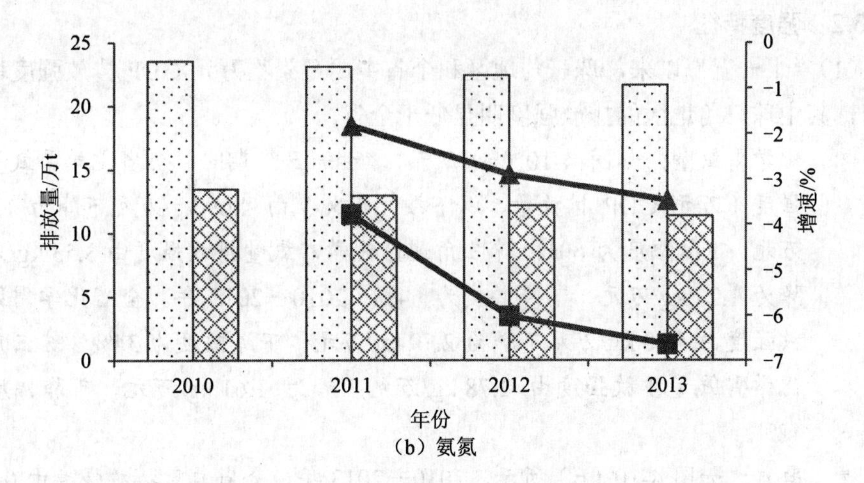

（b）氨氮

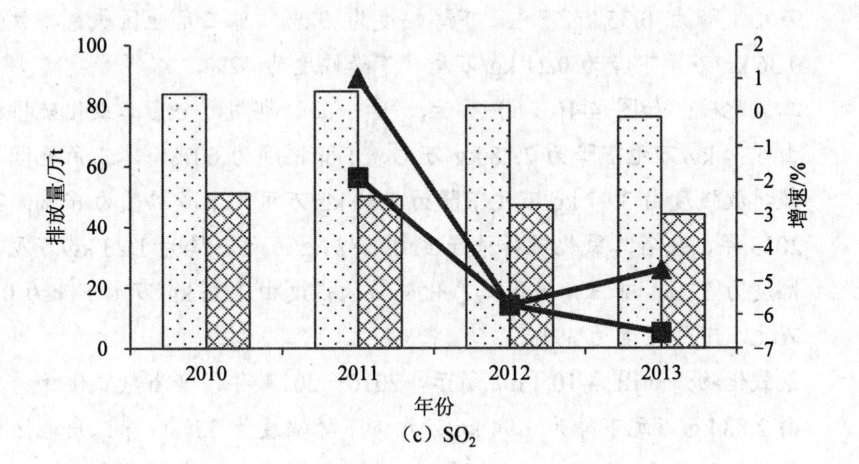

（c）SO_2

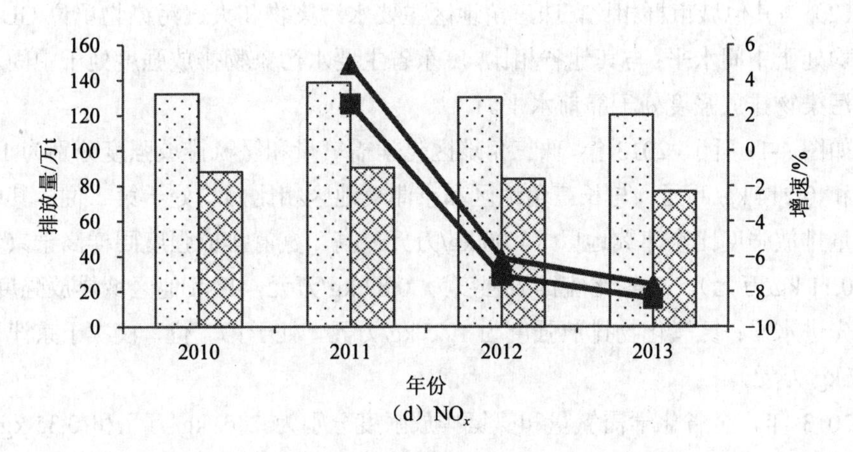

（d）NO_x

图 4-9　珠三角和全省主要污染物排放总量变化趋势

4.1.3.2 强度特征

（1）“十一五”以来，珠三角地区和全省主要污染物万元 GDP 排放强度均持续下降，其中珠三角地区的排放强度明显低于全省。

☞ 化学需氧量：如图 4-10（a）所示，“十一五”期间，全省化学需氧量排放强度（万元 GDP 排放量，以下按此定义）由 4.69 kg/万元下降为 1.87 kg/万元，下降幅度为 60%；珠三角地区化学需氧量排放强度由 3.53 kg/万元下降为 1.27 kg/万元，下降幅度为 64%。2010—2013 年，全省化学需氧量排放强度由 4.20 kg/万元下降为 2.79 kg/万元，下降幅度为 34%；珠三角地区化学需氧量排放强度由 2.78 kg/万元下降为 1.61 kg/万元，下降幅度高达 42%。

☞ 氨氮：如图 4-10（b）所示，2010—2013 年，全省氨氮排放强度由 0.51 kg/万元下降为 0.35 kg/万元，下降幅度为 32%；珠三角地区氨氮排放强度由 0.36 kg/万元下降为 0.21 kg/万元，下降幅度为 42%。

☞ 二氧化硫：如图 4-10（c）所示，“十一五”期间，全省二氧化硫排放强度由 5.74 kg/万元下降为 2.28 kg/万元，下降幅度为 60%；珠三角地区二氧化硫排放强度由 3.97 kg/万元下降为 1.30 kg/万元，下降幅度为 67%。2010—2013 年，全省二氧化硫排放强度由 1.82 kg/万元下降为 1.23 kg/万元，下降幅度为 32%；珠三角地区二氧化硫排放强度由 1.36 kg/万元下降为 0.83 kg/万元，下降幅度为 39%。

☞ 氮氧化物：如图 4-10（d）所示，2010—2013 年，全省氮氧化物排放强度由 2.88 kg/万元下降为 1.94 kg/万元，下降幅度为 33%；珠三角地区氮氧化物排放强度由 2.33 kg/万元下降为 1.45 kg/万元，下降幅度为 38%。

（2）与其他城市群相比，珠三角地区主要水污染物和大气污染物单位 GDP 排放强度均处于中间水平；与其他省相比，广东省主要水污染物排放强度处于中间水平，大气污染物排放强度处于靠前水平。

如图 4-11 所示，2013 年，珠三角地区化学需氧量和氨氮排放强度分别为 1.61 kg/万元和 0.214 kg/万元，与长三角地区和京津冀地区相比，均处于第二位；其中化学需氧量排放强度比京津冀地区（1.00 kg/万元）高，氨氮排放强度同样高于京津冀地区（0.11 kg/万元）。二氧化硫排放强度为 0.83 kg/万元，比其他区域排放强度均低，处于先进水平；氮氧化物排放强度为 1.45 kg/万元，处于第二位，仅次于京津冀地区（1.27 kg/万元）。

2013 年，全省化学需氧量和氨氮排放强度分别为 2.79 kg/万元和 0.35 kg/万元，COD 排放强度仅低于山东省（3.39 kg/万元），高于江苏省（1.94 kg/万元）和浙江省（2.01 kg/万元），氨氮排放强度高于其他省份。全省二氧化硫和氮氧化物排放强度分别为 1.23 kg/万元和 1.94 kg/万元，均低于其他省份。

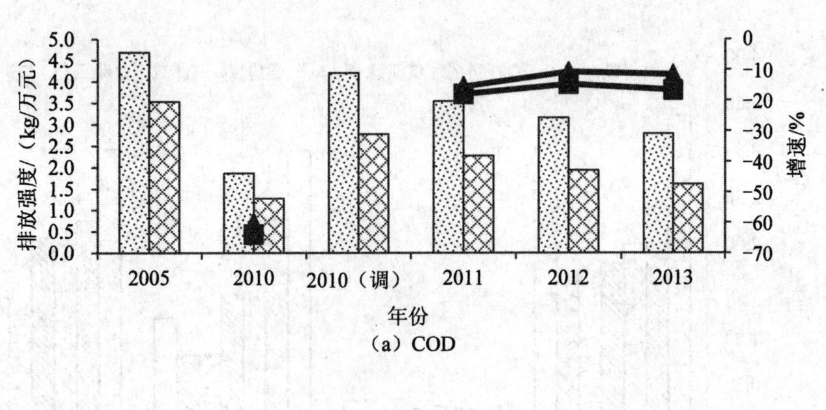

（a）COD

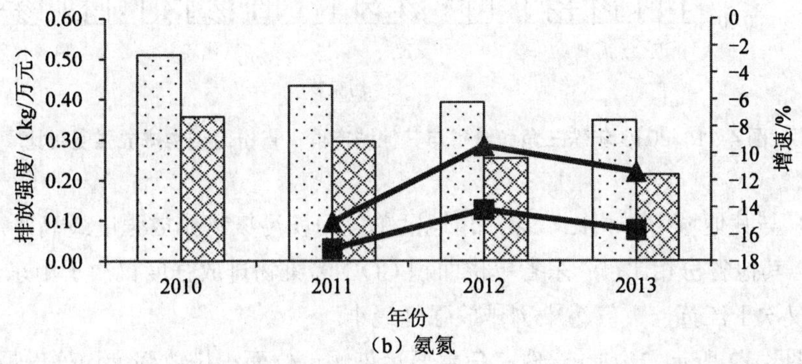

（b）氨氮

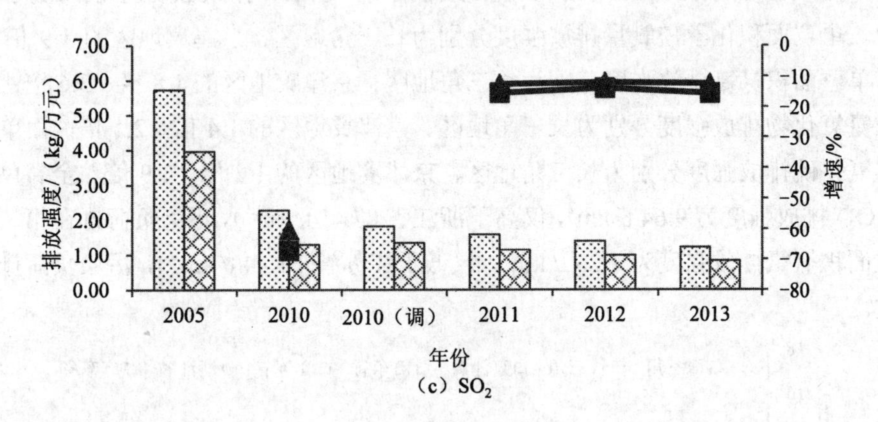

（c）SO_2

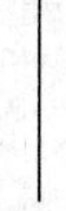

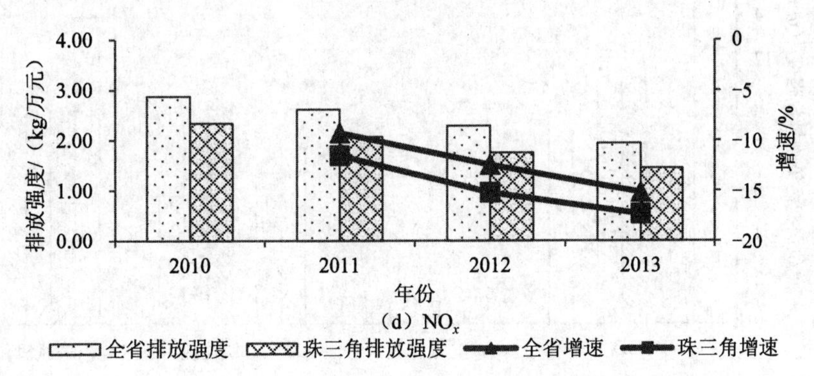

（d）NO_x

全省排放强度　珠三角排放强度　全省增速　珠三角增速

图 4-10　珠三角和全省主要污染物排放强度变化趋势

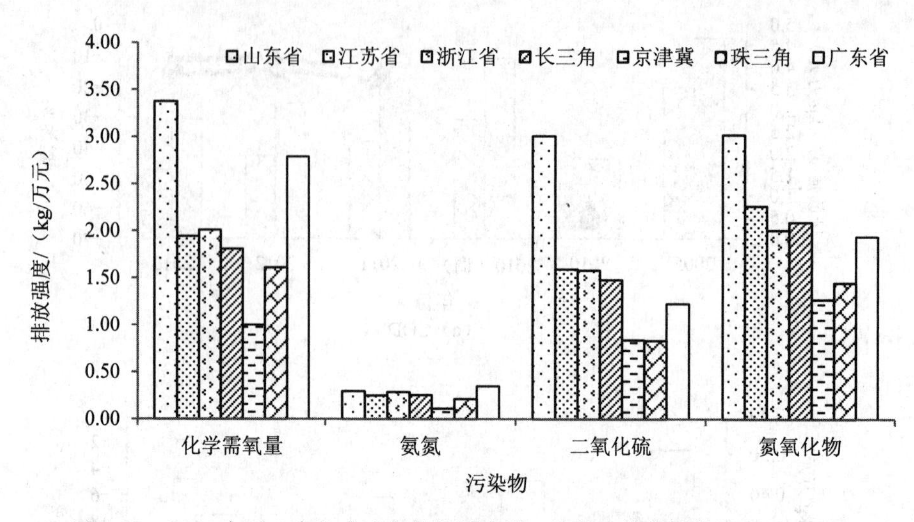

图 4-11　2013 年珠三角和全省与其他城市群、省份污染物排放强度对比

（3）与其他城市群相比，珠三角地区单位面积污染物排放强度最高，污染负荷最大。与其他省份相比，广东省单位面积 COD 污染物排放强度仅次于山东，氨氮排放强度仅次于江苏，大气污染物排放强度最小。

如图 4-12 所示，2013 年，珠三角主要污染物单位面积排放强度均处于最高水平。其中，单位面积化学需氧量排放强度分别为长三角地区、京津冀地区的 1.9 倍、3.0 倍；单位面积氨氮排放强度分别为长三角地区、京津冀地区的 1.8 倍、3.6 倍；单位面积氮氧化物排放强度分别为长三角地区、京津冀地区的 1.4 倍、2.1 倍，而单位面积二氧化硫排放强度分别为长三角地区、京津冀地区的 1.2 倍、1.9 倍。全省单位面积 COD 排放强度为 9.64 t/ km^2，仅高于浙江省（7.41 t/ km^2），污染负荷排在第二位，单位面积氨氮排放强度为 1.20 t/ km^2，仅低于江苏省（1.44 t/ km^2），污染负荷排在第三位。

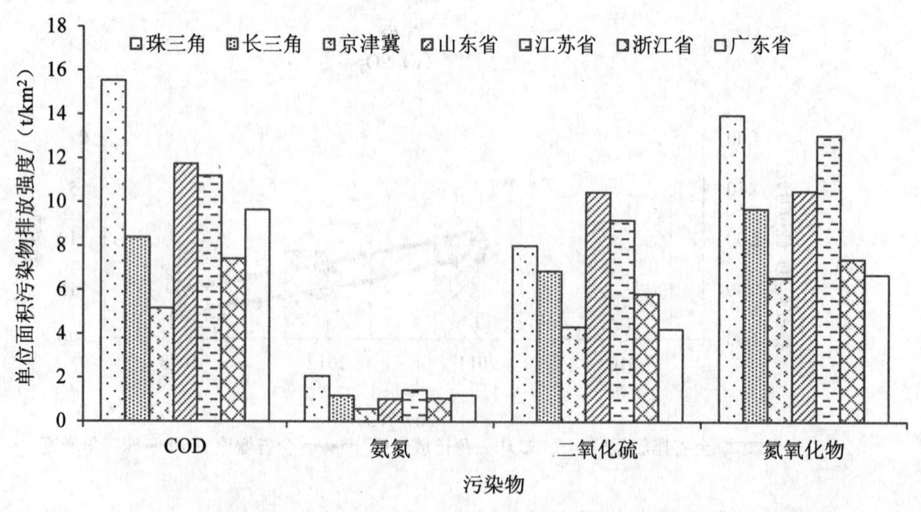

图 4-12　2013 年珠三角和全省与其他城市群、省份单位面积污染物排放强度对比

4.1.3.3 行业特征

（1）主要水污染物排放行业特征。如图 4-13 所示，2010—2013 年，工业源、农业源和生活源 COD 和氨氮排放量均呈下降趋势，其中，工业源 COD 下降比例为 0.8%，氨氮下降比例为 3.2%；农业源 COD 下降比例为 5%，氨氮下降比例为 5.3%；生活源 COD 下降比例为 15.5%，氨氮下降比例为 9.6%；生活源减排力度最大。从排放结构来看，四年均以生活源排放为主，其次为农业源，再次是生活源。2013 年，工业源、农业源和生活源 COD 占总排放的比重分别为 13.6%、33.8%和 52.6%，氨氮占总排放的比重分别为 6.8%、25.8%和 67.4%。4 年来，工业源 COD 比重由 12.3%上升到 13.6%，农业源比重由 31.9%上升到 33.8%，而生活源比重由 55.8%下降到 52.6%；工业源氨氮比重由 6.5%上升到 6.8%，农业源比重由 25%上升到 25.8%，而生活源比重由 68.5%下降到 67.4%。生活源减排取得显著成绩，而农业源和工业源减排力度相对较弱。

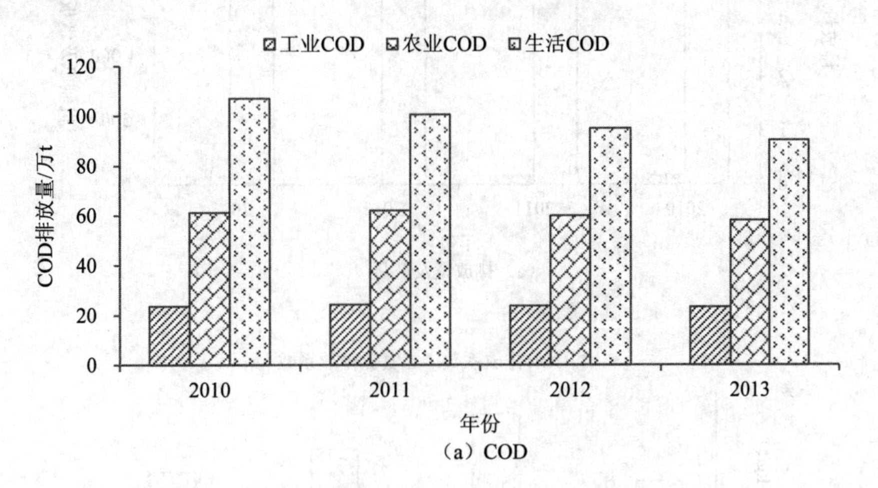

（a）COD

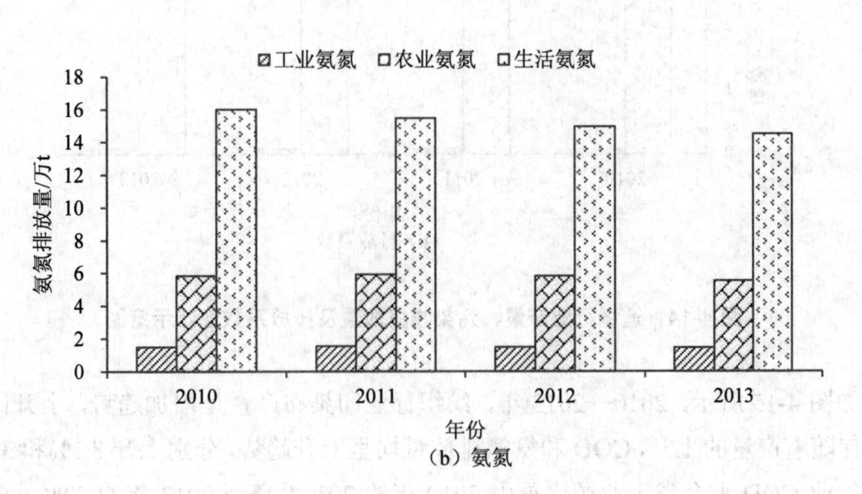

（b）氨氮

图 4-13　2010—2013 年水污染物排放结构变化趋势

如图 4-14 所示，2010—2013 年，造纸行业产品产量总体呈下降趋势，由 2010 年的 2 152 万 t 下降为 2013 年的 1 892 万 t，下降比例为 12%。造纸行业 COD 排放量和氨氮排放量均呈下降趋势，分别下降 7%和 13.7%。造纸行业 COD 排放量占全省工业源排放比重由 22%下降为 21%，氨氮排放量占工业源比重由 11%下降到 10%。从排放系数来看，造纸行业 COD 排放系数有所上升，升高比例为 5.8%，氨氮排放系数有所下降，下降比例为 1.9%，排放系数数据显示造纸行业 COD 排放水平还需要进一步提升。

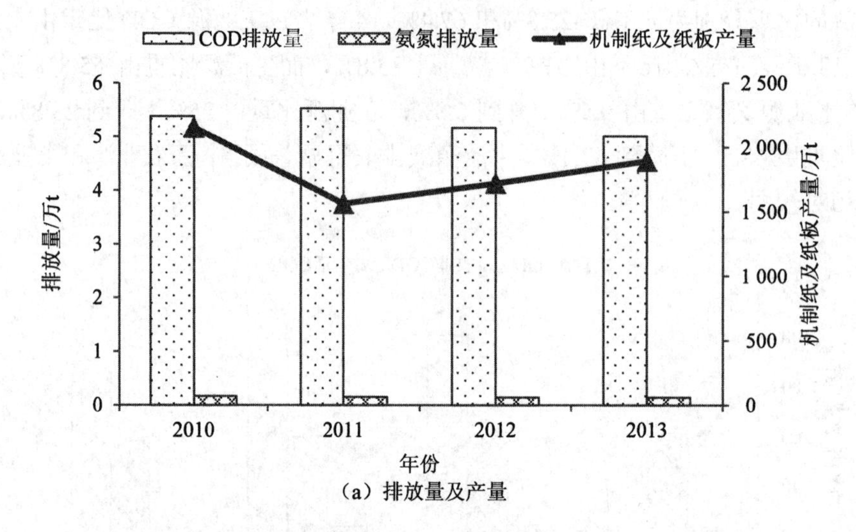

（a）排放量及产量

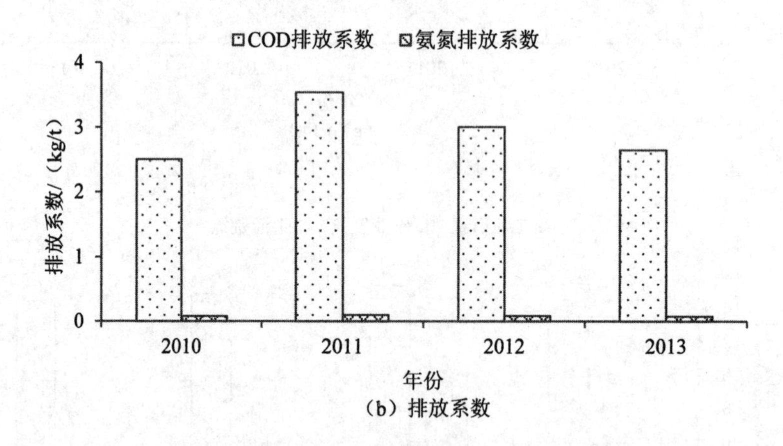

（b）排放系数

图 4-14　造纸行业产量、污染物排放量及排放系数变化示意图

如图 4-15 所示，2010—2013 年，纺织行业印染布产量呈增加趋势，上升比例为 3%。伴随着产量的上升，COD 和氨氮排放量均呈上升趋势，分别上升 8.1%和 3.8%。纺织行业 COD 占全省工业源比重由 2010 年的 20%提高到 2013 年的 22%，氨氮占全省工业源比重由 24%提升到 25%。从排放系数来看，四年间，COD 排放系数有所升高，比例为 5%，氨氮排放系数有略微降低，比例为 0.8%。在排放系数未取得明显改善，行业规模有所扩大的情况下，纺织行业未实现减排，污染物排放所占比重已超过造纸行业。

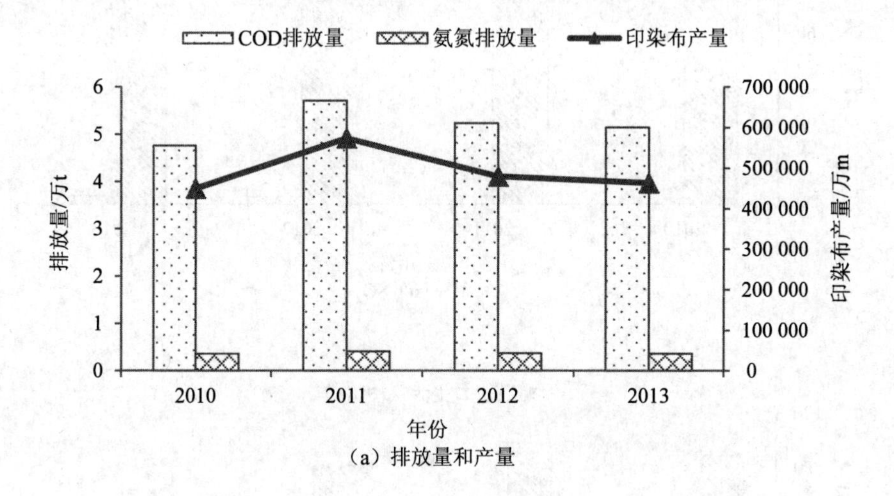

（a）排放量和产量

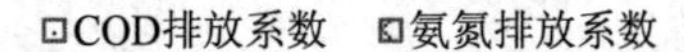

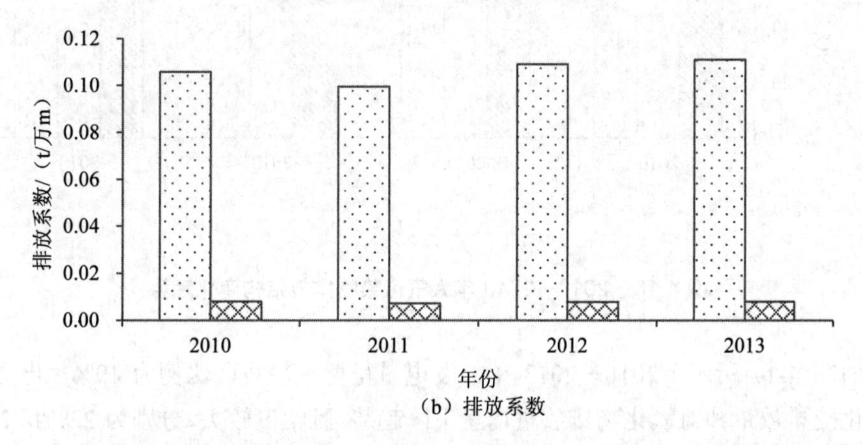

（b）排放系数

图 4-15　纺织行业产量、污染物排放量及排放系数变化示意图

（2）主要大气污染物排放行业特征。如图 4-16 所示，2010—2013 年，工业源二氧化硫排放量呈下降趋势，下降比例为 10%，而生活源二氧化硫排放量上升，增长 38%，排放结构仍以工业源为主。工业源二氧化硫排放比重由 2010 年的 97.4%下降到 2013 年的 96.1%，而生活源二氧化硫排放比重由 2010 年的 38%上升到 2013 年的 38.7%。工业源和生活源氮氧化物排放均呈下降趋势，工业源下降比例为 14%，生活源下降比例为 40%，机动车上升 2.3%。工业源氮氧化物排放所占比重由 64%下降到 60%，生活源由 0.9%下降到 0.5%，而机动车源由 34.9%上升到 39.3%。机动车源氮氧化物排放不降反升，污染问题不容忽视。

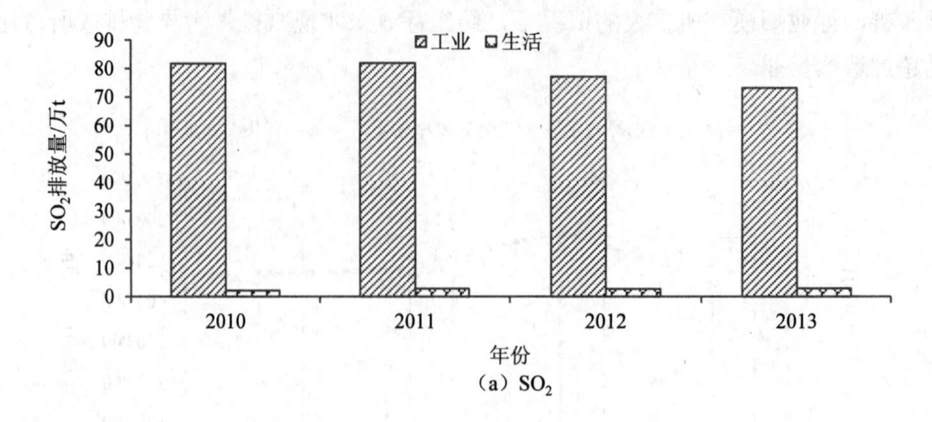

（a）SO_2

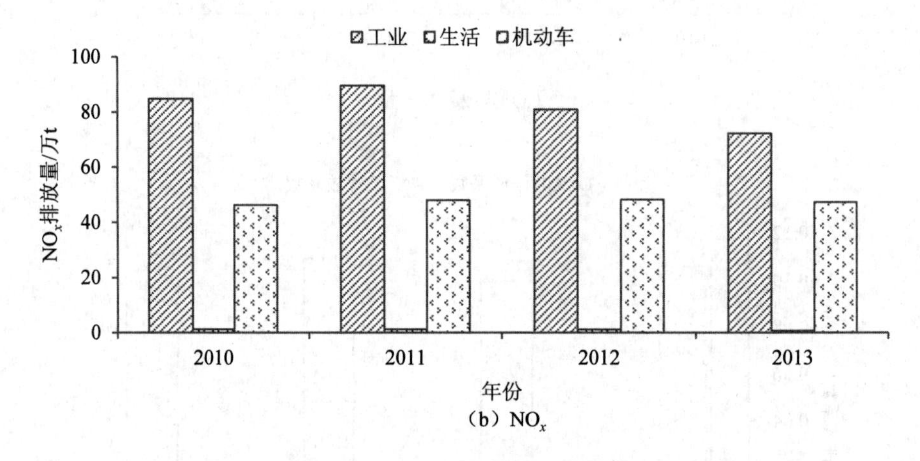

（b）NO_x

图 4-16　2010—2013 年大气污染物排放结构变化趋势

如图 4-17 所示，2010—2013 年，发电量呈增长趋势，比例为 19%。电力行业二氧化硫排放量和氮氧化物排放量均呈下降趋势，且幅度较大，分别为 22%和 26%。电力行业二氧化硫排放量占全省工业源排放的比重由 2010 年的 45%下降为 2013 年的 39%，氮氧化物排放量所占比重由 60%下降为 53%。从排放系数来看，二氧化硫和氮氧化物排放系数均有显著降低，分别下降 34%和 38%。在发电量保持增长的情况下，由于排放系数的降低，实现电力行业污染物排放量的下降，电力行业脱硫脱硝取得较好成绩。

如图 4-18 所示，2010—2013 年，钢铁行业产品产量呈上升趋势，上升比例为 6.9%。钢铁行业二氧化硫排放量有所下降，下降比例为 7.8%。钢铁行业二氧化硫排放量占全省工业源排放的比重由 2010 年的 4.6%上升到 2013 年的 4.7%，有小幅度的上升。从排放系数来看，排放系数有所下降，比例为 13.8%。在产品产量上升的情况下，通过技术水平的提升，实现污染物排放量的下降。水泥行业熟料产量有所下降，比例为 5.7%。水泥行业氮氧化物排放量有所上升，比例为 4.9%。水泥行业氮氧化物排放量占全省工业源排放量比重由 10.4%上升为 12.8%。从排放系数来看，水泥行业排放系数有所上升，由 1.1 kg/t 提高到 1.2 kg/t。在产业规模扩大的情况下，排放系数未改善，从而污染物排放量有所增加。

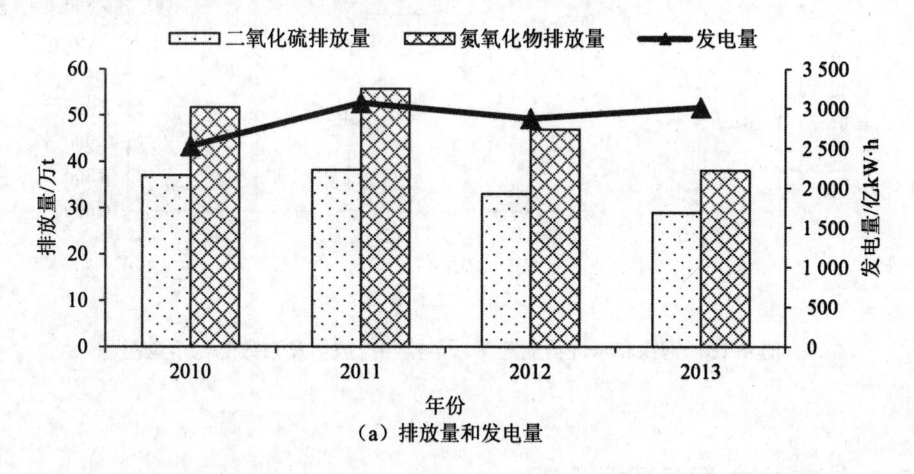

（a）排放量和发电量

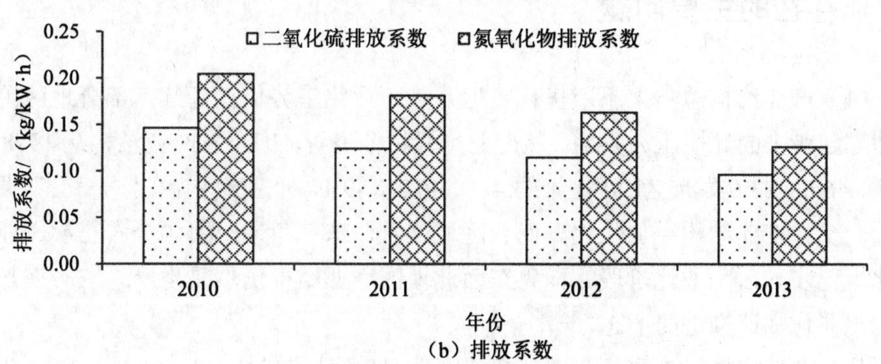

（b）排放系数

图 4-17　电力行业发电量、污染物排放量及系数变化示意图

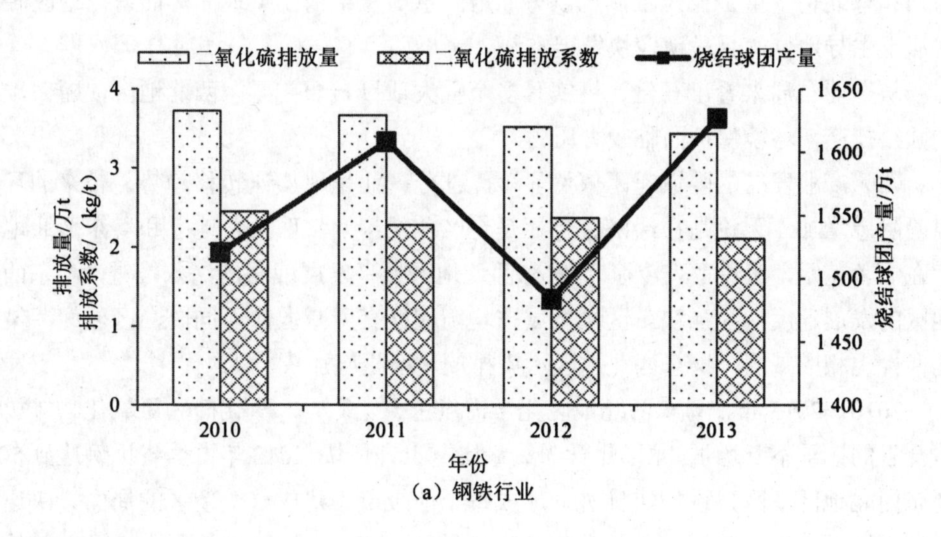

（a）钢铁行业

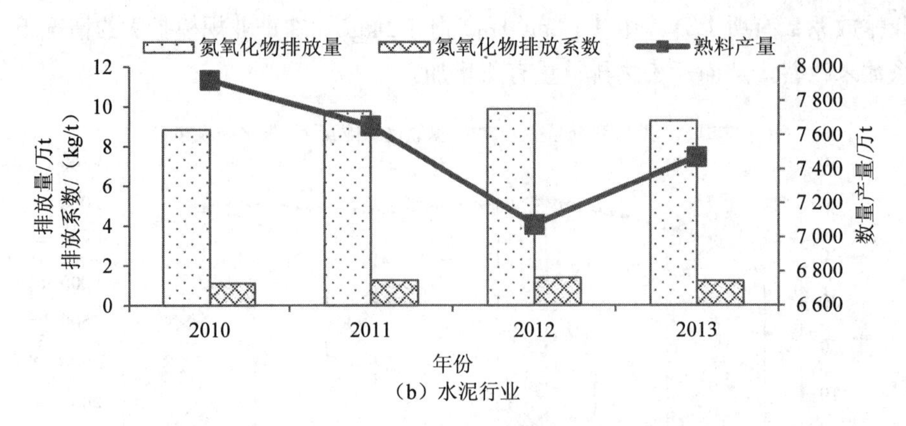

（b）水泥行业

图 4-18　钢铁和水泥行业产量、污染物排放量及系数变化示意图

4.2　存在的主要问题

（1）产业结构总体上不断优化，但是重工业化趋势仍在延续，部分地区因产业快速崛起带来的环境压力陡增。从产业结构特征来看，广东省产业结构从 1978 年的 29.8∶46.6∶23.6 发展为 2014 年的 4.7∶46.2∶49.1，产业结构由“二一三”调整为“三二一”，产业结构更加优化。而分区域来看，珠三角地区引领全省三次产业结构优化，已步入后工业化阶段，而粤东西北地区产业结构仍然呈现“二三一”形态，处于工业化加速推进的形态。

从工业结构特征来看，全省工业适度重型化发展趋势明显，2000—2014 年，重工业结构比重由 2000 年的 52%提升到 2014 年的 61%。分区域来看，珠三角地区、粤西和粤北仍以重工业为主，尤以粤北地区重工业结构比重最高。而粤东地区轻工业居于主导地位，且呈现较快发展态势。

从产业布局来看，石化、钢铁等多个重大项目布局在粤东西北地区，随着项目的陆续投产，环境保护面临较大压力。

（2）产业发展的区域差距依然显著，部分产业呈现加速转移趋势，带来的环境风险隐患增加。无论是在经济总量还是在产业结构上，珠三角地区和粤东西北地区存在显著差距，随着“双转移”、粤东西北地区振兴发展战略的深入推进，粤东西北地区的发展速度明显加快。区域发展非均衡程度有所减弱，而同时，区域间污染非均衡性也相应减弱，粤东西北地区污染排放速率相应加快。

2010—2013 年，粤东西北地区化学需氧量、氨氮、二氧化硫和氮氧化物排放量占全省的比重不断增加，尤以化学需氧量比重上升最快，2013 年占全省比例达到 50%。粤东西北地区新区建设加快推进，形成每个地级市均建成一个新区的局面。快速增长使区域环境压力陡增，尤其是作为广东省重要的生态屏障、饮用水水源上游的粤北地区，环境安全保障面临较大压力。

（3）排污强度总体呈现稳步下降趋势，但是排污总量仍居高位，部分行业、部分地区排污强度呈现反弹趋势，结构性污染特征依然明显。从强度来看，全省主要污染物排放强度呈现不断下降趋势，与江苏、浙江等省份相比，主要大气污染物排放强度处于较高水平，而主要水污染物排放强度尚存在改善的空间。珠三角与京津冀、长三角等城市群相比，单位面积污染物排放强度处于高位。

从行业来看，纺织行业（COD 和氨氮）、水泥行业（氮氧化物）污染物排放总量呈上升趋势，造纸（COD）、纺织行业（COD）、水泥行业（氮氧化物）排污强度呈现反弹趋势。结构性污染特征仍然明显，造纸、印染行业 COD、氨氮排放量占工业源排放量的 43%和 35%，电力、钢铁、水泥行业二氧化硫和氮氧化物排放量占工业源排放量的 44%和 66%。

（4）产业转移园发展成效显著，但需严防快速发展过程中产生的环境污染问题。广东省产业转移工业园发展已取得明显成效，但 2014 年度省产业园环境保护专项检查显示，产业转移园在快速发展过程中也出现一些环境问题，主要是环评工作、产业准入、排污整治等方面尚未达到要求。

- 环评工作滞后：尚有 6 个产业园未报送整园环评报告书，10 个已报送的产业园尚未按要求完成修改、完善工作。此外，部分产业园环评通过审查且开发建设已超过 5 年，但未按环评审查意见要求开展环境影响跟踪评价。
- 产业准入把关不严：2 个产业园未制定产业准入目录，另有 5 个产业园制定的产业准入目录与环评审查同意的产业类别差别较大，多个产业园在 2013 年引入与主导产业类别不一致的项目。
- 部分产业园污染物排放强度大：按已投产企业占园区工业用地面积比例和排放主要污染物总量计，多个园区主要污染物排放总量已超出环评审查同意的指标，另有多个园区单位工业增加值主要污染物排放强度较高，反映这些园区引入的产业清洁生产水平或污染防治水平不高。
- 污水处理厂及纳污管网建设不完善：2 个产业园尚未开展污水处理厂建设工作，8 个示范产业园、5 个其他产业园存在集中污水处理厂、纳污管网、中水回用管网不完善，污水收集率不高，以及部分产业园对排污口位置进行调整后未进行变更申报等问题。部分产业园纳污水体污染严重或水质下降。

未来产业转移园将会是粤东西北地区重要的经济发展载体，其工业产值将占当地总产值的很大比重，其环保工作也将成为工业污染防治工作的重点，环保部门应在企业入园审批、落后产能淘汰、园区污水集中处理设施建设等方面严格把关，防止产业转移园在快速发展过程中出现重大污染问题。

4.3 发展目标与调控思路

"十三五"期间，广东省产业发展要继续着力优化产业结构和布局，着力降低产业发展的产排污强度，进一步提高产业发展与环境保护之间的协调性。"十三五"发展目标为：①到 2020 年，建立完善的产业空间准入机制，初步形成布局科学合理、健全完善、与主体功能分区相适应的产业和重大建设项目布局体系；②建立以资源环境承载力为硬约束的产业发展调控机制，产业发展与环境保护步入协调良性轨道；③产业结构不断优化，形成现代服务业、高新技术产业和先进制造业为主导的产业结构，节能环保等战略性新兴产业不断发展壮大。

基于广东省产业发展面临的环境问题及发展目标，着重从以下几个方面强化环境调控策略：

（1）强化产业发展的环境空间引导。系统分析评估广东省生态分级控制区环境状况，分析经济社会产业发展对各分区生态环境质量的影响，以及严控区环境管理存在的问题，提出生态分级控制的优化调整策略建议，并将生态严格控制区纳入生态保护红线管理，建立完善产业布局的生态环境保护红线，从空间上引导产业合理布局。

（2）建立与主体功能区相适应的差别化的环保准入政策。根据主体功能区的不同定位和发展目标，完善分区产业准入标准体系，形成与主体功能区相适应的环境准入调控机制。

（3）强化产业发展的排污总量约束。必须切实落实"青山绿水就是金山银山"的发展理念，秉持环境优先原则，产业发展规模和速度必须以资源环境承载力为先决条件。强化污染物排放总量控制制度，建立科学合理的行业企业排污总量分配方法，将有限的排污总量指标分解落实到各污染源，污染治理技术落后、排污总量指标不足的企业必须通过提高治理技术、管理水平、限产减产等各种途径来满足总量控制要求，从而形成以环境容量和排污总量倒逼约束产业结构调整和升级的调控机制。

（4）加强产业园区的环境管理。园区是产业发展的重要载体和聚集地，随着产业转移园的不断发展壮大，园区环境管理越来越重要。必须从园区环境准入门槛、基础设施建设运行、环境污染治理机制创新、园区考核导向等方面综合入手，形成完善的产业园区环境管理体系，使园区真正朝着绿色低碳环保的方向发展。

4.4 重点任务

4.4.1 空间引导：强化生态分级控制与管理

以生态严格控制区保护效果评估为基础，结合全省生态系统服务功能重要性和敏感性评价，衔接全省主体功能区划、城镇体系规划、土地利用总体规划等，优化调整生态严格控制区，制定生态严格控制区监管办法。

（1）划定生态红线，优化调整生态严格控制区。识别具有重要生态功能和生态环境敏感、脆弱的区域，确定生态红线的范围。结合生态严格控制区的保护效果评估，考虑与其他相关规划相协调，优化调整生态严格控制区。

（2）制定生态严格控制区监管办法，实施刚性管理。抓紧制定生态严格控制区监管办法，建立生态严格控制区生态补偿和绩效考核机制，健全生态环境保护责任追究制度。编制生态严格控制区调整技术指南，从严控制涉及建设项目的生态严格控制区调整。

（3）建立生态环境调查与评估的长效机制，定期开展严格控制区生态评估。构建生态严格控制区动态评估指标体系，加强生态严格控制区能力建设和日常监管，健全天地一体化监管体系，加强无人机、信息化管理平台等现代化技术应用。

（4）加强生态建设与生态恢复，优化林地结构，改善生态质量。对生态严格控制区实施林分改造，优化林地结构，提高森林生态系统质量与生态功能。对退化生态系统实施生态恢复，实现森林、草地、湿地等生态系统质量稳步提升。

4.4.2 分区指引：完善主体功能区的差别化环境准入政策

（1）优化开发区。禁止新建燃油火电机组和热电联供外的燃煤火电机组、炼钢炼铁、水泥熟料、平板玻璃、电解铝等项目。区域内新建工业项目清洁生产应达到国际先进水平。区域内新建排放二氧化硫、氮氧化物的项目实施 2 倍削减量替代，新建排放可吸入颗粒物和挥发性有机物的项目，实施 1.5 倍削减量替代。新建排放 COD、氨氮的项目实施 1.2 倍削减量替代。重点污染排放行业全面实行特别排放限值要求。

（2）重点开发区。珠三角外围片区区域内新建工业项目清洁生产应达到国内先进水平，大气污染物削减水平、排放标准等与核心区同样要求。东西两翼的重点开发区区域内新建工业项目清洁生产应达到国内先进水平，新建排放二氧化硫、氮氧化物的项目实施 1.5 倍削减量替代，对石化、钢铁等行业新建项目应执行大气污染物特别排放限值。粤北山区点状片区新建工业项目清洁生产应达到国内先进水平，加强对东江、西江、北江和韩江上游的水源保护，涉及水污染物、重金属排放的重要行业必须执行更加严格的标准。

（3）生态发展区。重点生态功能区禁止新增水污染排放严重的建设项目，新建工业项目清洁生产应达到国内先进水平，对涉重金属排放项目必须严格要求，防治水体重金属超标。农产品主产区禁止建设重金属污染排放严重的项目，新建工业项目清洁生产应达到国内先进水平。对涉重金属排放项目进行严格要求。有色金属矿采选和冶炼、铅蓄电池、化工等行业新建项目应执行污染物特别排放限值。

（4）禁止开发区。禁止开发区是维护国土生态安全、保护自然资源与文化遗产、保全生物多样性、维护自然生境、促进人与自然和谐发展的核心区域，呈点状分布于全省各地。该区域内必须进行强制保护，禁止一切排污行为，禁止进行污染环境和破坏生态的开发活动。

4.4.3 总量约束：建立排污总量的刚性约束制度

“十三五”期间，应以全面实施排污许可证制度为契机，将主要污染物排污总量控制制度向纵深推进，建立统一公平合理的排污总量指标分配方法，并将有限的总量指标逐一分配到每一个排污企业和主体，真正实现总量指标的落地。

在完善总量控制制度的过程中，有两个方面十分关键。第一，要建立公平合理的总量指标分配方法，能真正体现“鼓励先进、鞭策落后”的效应。根据环境容量和技术水平来发放总量指标，而不是根据企业需要多少发放多少，这样就会形成一种技术先进、排污水平高的企业获得的总量指标有富余，技术落后、排污强度高的排污企业获得的总量指标则不够的局面。因此，排污强度高或总量指标不足的排污单位必须通过治污升级、减少产能、关停淘汰等方式满足总量控制要求，形成以环境容量和排污总量确定产业规模、推动行业转型升级的强制调控制度。第二，要提升排污总量监管水平，能够真正做到企业排污总量的及时核查核算。企业一旦发生超总量排污行为，能够在第一时间发现并依法严格查处，只有这样才能将这项制度真正推行落地。

4.4.4 多管齐下：全面加强产业园区环境管理

（1）加强园区产业环境准入。环评工作滞后、产业准入把关不严是广东省产业园区建设中面临的突出问题，必须继续强化跟踪评估，未完成环评工作的园区必须抓紧时间限期依法完成环评相关工作，并严格落实环境影响评价提出的环保措施和要求。产业准入方面，每个园区除制定产业准入目录或负面清单之外，更重要的是落实产业准入的要求，对于列入负面清单中的重污染、高耗能、高排放产业行业，一律不得引进。对未落实产业准入要求的园区下一年度暂停审批新进园区企业环评。

（2）强化园区基础设施建设。加强督办和检查，对检查发现的 13 家环境基础设施建设存在问题的产业园区要求限期整改并达到要求，尚未开工的污水处理厂要加快报批、落实征求拆迁等工作，在建的污水处理厂要加快工程进度，尽快建成投入运行。同时，要同步推进污水管网建设，做到“厂网并举、管网先行”。对新设立的产业园区必须要按照“高起点、高标准”的要求进行建设，确保在园区开发建设过程中做到基础设施建设先行，环境基础设施未运行或未能满足环保处理要求时，对园区采取限批措施，暂停审批进园企业的环境影响评价报告。

（3）加快推进污染第三方治理。产业园区作为一个工业聚集发展区，污染排放相对集中，推进环境污染第三方治理具有规模效应，也是推行环境污染第三方治理的重点领域。园区通过引进专业的第三方治理机构，通过委托治理服务、托管运营服务等方式，由排污企业付费购买专业环境服务公司的治污减排服务，提高污染治理的产业化、专业化程度。在这种模式下，环境管理部门的重点是制定政策规则，明确第三方治理中各主体的权责划分，并强化监管考核，依法对出现的问题进行查处，从而把自己从企业污染防治“管家婆”的角色中解放出来；企业主体可以专业进行生产，减少精力分散；而第三方治理机构则提供专业环境服务，在这个过程中也逐步实现环保产业自身的不断壮大和发展。

（4）完善园区发展的考核体系。考核机制是园区建设和发展导向的“指挥棒”和龙头，必须从根本上摒弃过去那种单纯追求园区产值规模的思维模式，而是要以审视的思维从中剔除出以牺牲资源环境而获取的“无用”的产值。必须从考核机制和体系上进行完善，建立有利于园区“绿色化”发展的考核模式，及时修订广东省绿色升级示范园区评价指标体系，提高环保指标的考核指标和权重，对园区环境保护工作实施“一票否决制”。

第5章

水环境保护规划

“十二五”期间，全省水环境质量总体保持稳定，“十三五”期间，城镇生活污染排放将持续增长，结构性污染特征仍然明显，水污染预警应急体系仍不完善，新型综合性水污染问题逐步显现，全省水环境保护任务较为繁重。为深入推进水污染防治和水环境保护，本章对水环境现状进行调查，对水污染负荷进行预测，综合分析水环境压力，在此基础上提出优化全省给排水格局、严格保护饮用水水源、推进污水处理系统建设、加强重点流域综合整治等重点任务，为全省水环境保护提供决策支持。

5.1 水环境现状与问题

5.1.1 水环境现状

（1）饮用水水源。2011—2014 年，广东省饮用水水源水质 100%达标。2014 年，79 个城市集中式饮用水水源中，饮用水水源水质以Ⅱ类为主，其中Ⅰ类水质水源地比例为 3.2%，Ⅱ类水质水源地比例为 66.8%，其余 30%水源地水质为Ⅲ类。

（2）江河水质。广东省主要江河水质总体良好，但局部地区有恶化问题。2011—2014 年，全省主要江河监测断面达标率从 2011 年的 82.1%升至 2014 年的 84.7%。优良断面（Ⅰ～Ⅲ类）比例保持较高水平，2014 年优良率为 77.4%，西江、北江、东江干流及部分支流、韩江干流及部分支流、螺河陆丰段、黄江河、漠阳江、袂花江、鉴江（茂名段、湛江段）、南渡河和珠江三角洲的主要干流水道水质优良。局部地区污染情况呈加重态势，2011 年重污染河段（劣Ⅴ类）比例为 7.7%，至 2014 年上升为 8.1%，龙岗河、坪山河、深圳河、练江、小东江（湛江段）5 个江段水质属重度污染，主要污染指标为氨氮、总磷和五日生化需氧量。

（3）湖泊水库。全省 3 个省控湖泊用途为景观用水，水质相对稍差，2014 年湛江湖光岩湖水质、惠州西湖水质为Ⅲ类，呈中营养状态，肇庆星湖为Ⅳ类，呈轻度富营养。星湖、西湖水质达到水环境功能区划目标，湖光岩湖因总磷超Ⅱ类标准，未达到水环境功能区划目标。

全省 35 个省控水库大部分为饮用水水源，水质相对较好，其中 8 个大型水库水质全部在Ⅲ类或Ⅲ类以上水平，新丰江水库水质为Ⅰ类，流溪河水库、杨寮水库、枫树坝水库、白盆珠水库和飞来峡水库水质为Ⅱ类；鹤地水库和高州水库水质为Ⅲ类。其他 25 个中小型水库水质均在Ⅰ～Ⅲ类。全省水库富营养程度整体较轻，呈贫营养状态为 8 个，占 24.2%，中营养为 25 个，占 75.8%。

（4）跨市河流。全省跨市河流交界断面共 37 个，2011—2014 年，跨市断面达标率自 2011 年的 84.2%下降至 2014 年的 82.0%（表 5-1），超标断面主要位于深圳市、茂名市、潮州市及揭阳市，超标河流主要为龙岗河、坪山河、观澜河、鉴江干流、袂花江、小东江、枫江及练江。

表 5-1　2014 年广东省跨市断面达标状况

城市	断面数/个	河流名称	交界关系	断面名称（水质控制目标）	断面达标率/%
肇庆	3	西江云浮段	云浮-肇庆	都骑（Ⅱ）	100
			肇庆-云浮	古封（Ⅱ）	100
		西江肇庆段	肇庆-佛山	永安（Ⅱ）	91.7
云浮	1	西江云浮段	云浮-肇庆	都骑（Ⅱ）	100
韶关	1	北江韶关段	韶关-清远	高桥（Ⅲ）	100
清远	1	北江清远段	清远-佛山	界牌（石角）（Ⅲ）	100
河源	2	东江河源段	河源-惠州	江口（Ⅱ）	100
		鹤市河	河源-梅州	莱口水电站（Ⅱ）	100
惠州	3	东江惠州段	惠州-东莞	东岸（Ⅱ）	91.7
		东江东莞段	惠州-东莞	石龙北河（Ⅱ）	91.7
		增江	惠州-广州	九龙潭（Ⅱ）	100
东莞	1	东江东莞段	惠州-东莞	石龙北河（Ⅱ）	91.7
深圳	3	龙岗河	深圳-惠州	西湖村（Ⅴ，氨氮≤3.3 mg/L）	0
		坪山河	深圳-惠州	上垟（Ⅴ，氨氮≤3.3 mg/L）	41.7
		观澜河	深圳-东莞	企坪（Ⅴ，氨氮≤4 mg/L）	0
佛山	5	西江干流水道	佛山-江门	古劳（Ⅱ）	100
			佛山-江门	下东（Ⅱ）	100
		东海水道	佛山-中山	海陵（Ⅱ）	100
		平洲水道	佛山-广州	平洲（Ⅲ）退	100
		顺德水道	佛山-广州	乌洲（Ⅱ）退	100
江门	3	西江干流水道	佛山-江门	下东（Ⅱ）	100
		磨刀门水道	江门-中山-珠海	布洲（Ⅱ）退	100
		磨刀门水道	江门-中山	横栏六沙（Ⅱ）	100
中山	4	东海水道	佛山-中山	海陵（Ⅱ）	100
		磨刀门水道	江门-中山-珠海	布洲（Ⅱ）	100
			江门-中山	横栏六沙（Ⅱ）	100
		前山河	中山-珠海	两河汇合（南沙湾）（Ⅳ）	100
珠海	1	磨刀门水道	江门-中山-珠海	布洲（Ⅱ）涨	100
广州	2	平洲水道	佛山-广州	平洲（Ⅲ）涨	91.7
		顺德水道	佛山-广州	乌洲（Ⅱ）涨	100

城市	断面数/个	河流名称	交界关系	断面名称（水质控制目标）	断面达标率/%
梅州	1	韩江潮州段	梅州-潮州	赤凤（Ⅱ）	100
潮州	2	西溪梅溪河	潮州-汕头	大衙（庵埠）（Ⅱ）	100
		枫江	潮州-揭阳	深坑（Ⅳ）	0
揭阳	1	练江	揭阳-汕头	青洋山桥（Ⅴ，氨氮≤3 mg/L）	0
茂名	3	鉴江茂名段	茂名-湛江	江口门（Ⅲ）	41.7
		袂花江	茂名-湛江	塘口（Ⅲ）	91.7
		小东江湛江段	茂名-湛江	石碧（Ⅳ，氨氮为Ⅴ）	0
全省					82.0

（5）省界河流。广东省有 8 条主要的入境河流：西江干流及支流贺江、北江上游浈江和支流武江、东江上游寻乌水和支流定南水（又名安远水）、九洲江、韩江支流汀江。如表 5-2 所示，2014 年监测结果显示，东江寻乌水赣粤省界断面（兴宁电站）水质为劣Ⅲ类，水质良，未达到断面水环境功能区划目标，主要超标项目为氨氮和溶解氧；定南水赣粤省界断面（庙咀里）、西江桂粤省界断面（封开城上）、贺江桂粤省界断面（白沙街）、汀江闽粤省界断面（青溪）和武江湘粤省界断面（三溪桥）均为Ⅱ类水质，水质优；九洲江桂粤省界断面（石角）为Ⅱ类水质，水质良好，但未达到水功能区划目标，主要超标项目为氨氮、总磷和溶解氧。

表 5-2　2014 年广东省跨省河流水质状况

交界关系	断面名称	所处河流	水质类别	超标项目
江西→广东	兴宁电站	寻乌水	Ⅲ	氨氮、溶解氧
江西→广东	庙咀里	定南水	Ⅱ	
湖南→广东	三溪桥	武江	Ⅱ	
广西→广东	封开城上	西江	Ⅱ	
广西→广东	白沙街	贺江	Ⅱ	
广西→广东	石角	九洲江	Ⅲ	氨氮、总磷和溶解氧
福建→广东	青溪	汀江	Ⅱ	

（6）近岸海域。2014 年广东省南海东部近岸海域水环境功能区水质达标率为 94%，相对前几年稳定达标 97%，下降 3 个百分点，中度及中度以上富营养海域自 25.4% 提高至 29.9%。13 个沿海城市中，深圳市达标率为 72.7%，东莞市达标率为 0（仅 1 个点位），其余 11 个城市近岸海域水环境功能区均全部达标。

从富营养状态来看，全省近岸海域功能区营养程度总体为轻度富营养。呈贫营养状态的功能区有 33 个，占 49.2%；呈轻度富营养状态的有 14 个，占 20.9%；呈中度富营养状态的有 16 个，占 23.9%；呈重度富营养状态的有 1 个，占 1.5%；呈严重富营养化的有 3 个，占 4.5%。

5.1.2　存在的问题

（1）水资源利用率不高，农业农村用水浪费严重。2013 年全省水资源开发利用率不到 20%，北江仅有 8.5%，水资源开发利用率整体偏低。区域用水不均衡，珠三角地区总用水量占到全省总用水量 40.2%，工业用水量占到全省工业总用水量的 66.4%。用水指标上，虽然全省人均综合用水量 418 m^3 和万元 GDP 用水量 71 m^3 均低于全国人均综合用水量 454 m^3 和万元 GDP 用水量 118 m^3，但农田灌溉亩均用水量远高于全国水平。2013 年广东省农田灌溉亩均用水量为 737 m^3，是全国农田实际灌溉亩均用水量 404 m^3 的 1.8 倍还多，农田灌溉水有效利用系数远低于全国平均水平，农业用水浪费严重。广东省农村居民人均生活用水量为 135 L/d，为全国农村居民人均生活用水量 79 L/d 的 1.7 倍，农村居民生活用水效率有待进一步提高。

（2）供水通道水质不甚理想，取排水格局有待进一步优化。目前广东省供排水通道内的取、排水口数据不全，本底情况依然不清。从已收集的资料看，广东省供排水通道沿岸仍有大量企业布设，珠江三角洲供水通道、东江干流惠州东莞段、韩江干流潮州段、榕江北河揭阳段等供水通道沿岸尤为密集。部分供水通道内仍设有排污口，个别排污口位置临近取水口。珠三角河网区供水通道的汇入支流超标较多，水质较差，主要有广州河段西航道（包括前航道、后航道）、佛山水道、大石水道、三枝香水道、后航道黄埔航道、陈村水道、蕉门水道等。东江干流供水通道汇入的支流主要是淡水河、石马河、茅洲河、观澜河等，水质极差。漠阳江干流供水通道上游的龙湾河和潭江干流供水通道的支流天沙河现状水质均为Ⅳ类，不能稳定达到Ⅲ类水质要求。

部分排水通道污染负荷较重，不同通道其污染物纳污负荷不同。如表 5-3 所示，潼湖水-石马河-东引运河、深圳排水通道、广佛北部排水通道、广佛中部排水通道、广佛南部排水通道、揭阳排水通道、小东江排水通道等通道的 COD 负荷最重，潼湖水-石马河-东引运河、深圳排水通道、广佛北部排水通道、广佛中部排水通道、广佛南部排水通道、揭阳排水通道、小东江排水通道、练江排水通道等通道的氨氮污染负荷最重，小东江排水通道、潼湖水-石马河-东引运河、广佛北部排水通道、广佛中部排水通道、广佛南部排水通道、鉴江入海河段、廉江河排水通道等通道的总磷和总氮负荷最重。

表 5-3　广东省主要排水通道污染物重负荷情况

污染物类别	重污染负荷排水通道
废水	潼湖水-石马河-东引运河、深圳排水通道、广佛北部排水通道、广佛中部排水通道、广佛南部排水通道
COD	潼湖水-石马河-东引运河、深圳排水通道、广佛北部排水通道、广佛中部排水通道、广佛南部排水通道、揭阳排水通道、小东江排水通道
氨氮	潼湖水-石马河-东引运河、深圳排水通道、广佛北部排水通道、广佛中部排水通道、广佛南部排水通道、揭阳排水通道、小东江排水通道、练江排水通道
总氮	小东江排水通道、潼湖水-石马河-东引运河、广佛北部排水通道、广佛中部排水通道、广佛南部排水通道、鉴江入海河段、廉江河排水通道
总磷	小东江排水通道、广佛北部排水通道、广佛中部排水通道、广佛南部排水通道、鉴江入海河段、廉江河排水通道
废水砷	潼湖水-石马河-东引运河、深圳排水通道
废水铅	潼湖水-石马河-东引运河、深圳排水通道、广佛北部排水通道、广佛中部排水通道、广佛南部排水通道
废水镉	潼湖水-石马河-东引运河、深圳排水通道
废水汞	潼湖水-石马河-东引运河、深圳排水通道

（3）管网不完善，污水收集率偏低。粤东西北地区，特别是粤东、粤西地区城镇生活污水处理设施少，污水处理率偏低，均低于全省平均水平。污水处理厂建设涉及征地、拆迁等问题，配套管网建设资金投入大，部分镇财政资金不足，镇级污水处理厂建设推进难度大。另外，部分镇级污水处理厂污水处理费征收不到位或征收标准低于签约费用，污水处理厂运营费用也得不到保障。

粤东西北地区县城和镇级生活污水处理设施（特别是镇级污水处理设施）管网建设普遍滞后。由于污水配套管网不完善，导致污水处理厂进水量不足或者进水浓度偏低，影响设备正常运转，难以发挥减排效益。2013 年，全省纳入减排考核的污水处理厂生活污水 COD 进口平均质量浓度仅为 177 mg/L。根据 2013 年环境统计数据统计，污水处理厂生活污水 COD 进口质量浓度大于平均值的水量仅占总处理水量的 48%，大部分污水处理厂生活污水进口 COD 浓度偏低。目前全省日处理能力过万吨的污水处理厂中有 32 家负荷率低于 60%，配套管网“最后一公里”问题依然存在。另外，生活用水量大、旧城区管网雨污合流等，不仅降低了污水厂进水浓度，增加了污水处理厂的运行成本，暴雨时期还会因水量过大而导致溢流。

部分污水处理厂出水标准偏低或者不能稳定达标，达不到《城镇污水处理厂污染物排放标准》（GB 18918—2002）一级 A 标准及广东省地方标准《水污染物排放限值》（DB 44/26—2001）的较严值。《南粤水更清行动计划》提出的 14 座需要提标改造的污水处理厂绝大部分未有开展实质性工作。淡水河、石马河流域内大部分污水处理厂出水达不到GB 18918—2002一级A标准，且运行稳定率不高。另据调查，部分流域内现有污水处理厂即使出水全部达到GB 18918—2002一级A标准，与河流整治目标仍然存在较大差距，且流域内绝大多数污水处理厂污水深度处理工作也尚未实质性开展。随着流域环境整治重点任务由污水处理厂建设转为支次管网建设，污水处理重点由耗氧物质去除阶段进入更加艰难的氮、磷营养物质去除阶段，污水处理难度更大，污水处理厂提标改造更具紧迫性。

（4）水污染预警应急体系尚不完善。省内化工、石化、制药等高风险企业分布密集，重金属排放企业仍存在违法排放行为，近年来突发水污染事件频发。广西贺江铊污染等跨境突发环境事件时有发生，九洲江、东江寻乌水等跨省界河流上游粗放式发展迅速，跨省突发事故风险依然存在。现有水监测、水监察能力尚不能覆盖大部分风险源，预警体系不完善，应急处置能力有待提高。

（5）新型综合性水污染问题逐步显现。面源污染、地下水污染等新型问题不断出现，治水要求逐步由地表水防治为主向地表水、地下水、饮用水污染综合防治转变，由点源污染治理为主逐步向点、面源综合防治并重转变，由水环境、水污染控制为主逐步向水污染、水环境、水资源、水生态综合管理转变，解决水污染问题的难度不断加大。

5.2 水环境压力与挑战

5.2.1 需水量预测

5.2.1.1 用水现状

如表5-4所示，2014年，全省总用水量为442.54亿m^3。其中，农业用水量为224.3亿m^3，占总用水量的50.5%；工业用水量为117.0亿m^3，占总用水量的26.4%；生活用水量为96.1亿m^3，占总用水量的21.7%；生态用水量为5.1亿m^3，占总用水量的1.2%。

表5-4 广东省2014年用水现状统计表 单位：亿m^3

区域	地市	生产		生活			生态	总用水量
		农业	工业（含火电）	城镇	城镇公共	农村	生态环境	
珠三角	广州	11.38	38.84	8.78	5.92	1.25	0.88	67.05
	深圳	0.84	5.25	6.96	5.21	0	1.08	19.34
	珠海	1	1.43	1.29	1.11	0.12	0.03	4.98
	佛山	6.96	8.56	3.81	1.6	0	1.04	21.97
	顺德	1.59	4.98	2.34	0.51	0	0.20	9.62
	惠州	12.45	4.8	1.94	1.01	0.77	0.07	21.04

区域	地市	生产		生活			生态	总用水量
		农业	工业（含火电）	城镇	城镇公共	农村	生态环境	
珠三角	东莞	0.91	8.46	5.94	3.06	0.75	0.37	19.49
	中山	6.81	8.2	1.57	1.03	0.19	0.05	17.85
	江门	19.8	4.53	2.11	1.22	0.74	0.08	28.48
	肇庆	13.46	3.54	1.19	0.54	1.05	0.07	19.85
粤西	湛江	19.79	2.15	1.65	0.87	2.26	0.16	26.88
	阳江	11.15	0.94	0.86	0.44	0.69	0.02	14.10
	茂名	21.07	1.74	1.42	0.96	1.86	0.12	27.17
粤北	梅州	16.27	3.59	1.25	0.32	1.01	0.17	22.61
	河源	12.15	4.63	0.73	0.25	0.92	0.20	18.88
	韶关	15.44	4.81	1.02	0.56	0.59	0.19	22.61
	清远	14.03	1.51	1.36	0.67	0.91	0.04	18.52
	云浮	11.44	2.03	0.72	0.4	0.59	0.12	15.30
粤东	汕头	4.91	1.6	2.49	0.62	0.72	0.15	10.49
	潮州	4.84	2.11	0.98	0.51	0.48	0.03	8.95
	揭阳	10.48	2.52	1.75	0.41	1.44	0.03	16.63
	汕尾	7.56	0.8	1	0.53	0.8	0.04	10.73
全省		224.3	117	51.16	27.75	17.14	5.14	442.5

5.2.1.2 各地市用水指标及总体趋势变化

如图 5-1 所示，1997—2014 年，全省人均综合用水量呈缓慢下降趋势，农业实灌亩均用水量年际变化不大，万元 GDP 和万元工业增加值用水量呈下降趋势。2014 年全省用水效率明显高于 1997 年，按 2000 年可比价计算，18 年来万元 GDP 用水量由 547 m^3 下降至 86 m^3，下降了 84.2%，万元工业增加值用水量由 401 m^3 下降到 33 m^3，下降了 91.8%。

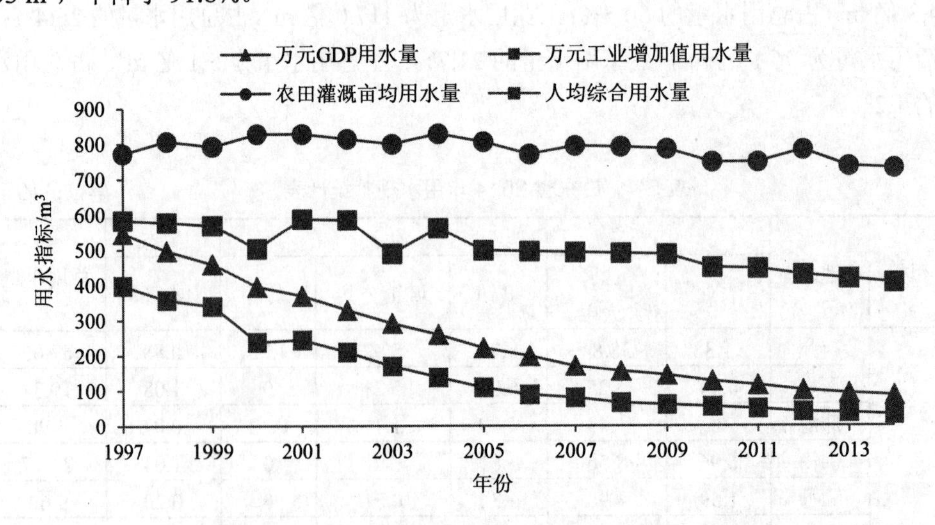

图 5-1 1997—2014 年广东省主要用水指标变化情况

5.2.1.3 用水量预测

用水分生产、生活及生态三部分，生产用水包括工业生产及农业灌溉，生活用水包括城市居民用水（含城镇公共用水）及农村生活用水，生态用水指河道、湖泊水库等的用水。

2015 年、2020 年和 2030 年全省各地市用水量预测见表 5-5 至表 5-7。全省用水总量在 2015 年稳定在 444.8 亿 m^3，未来也保持在稳定水平，2020 年用水量上升至 446.6 亿 m^3，至 2030 年用水量为 446.5 亿 m^3。农业灌溉用水量在未来长期耕地面积保持稳定的情况下不断降低，预计在 2030 年灌溉用水量降至 211 亿 m^3，相对现状下降 6%；工业用水量由于产业发展速度较快，工业节水技术发展相对滞后，用水总量在 2020 年以前持续上升达 121.4 亿 m^3，后在 2030 年下降至 117.5 亿 m^3，与现状持平；生活用水保持持续上升，至 2030 年生活用水总量增至 71.3 亿 m^3，比现状上升 4%；生态用水保持稳定上升，至 2030 年总用水量达 13.4 亿 m^3，相比现状上升 161%。

表 5-5 2015 年广东省用水量预测 单位：亿 m^3

区域	地市	农业	工业用水	生活用水	城镇公共用水	生态用水	总用水量
珠三角	广州	11.20	41.83	9.78	6.23	1.12	70.16
	深圳	0.83	4.89	7.12	4.77	0.91	18.52
	珠海	0.98	1.39	1.38	1.11	0.17	5.03
	佛山	6.85	10.75	3.86	1.71	0.49	23.66
	顺德	1.57	5.43	2.21	0.57	0.28	10.05
	惠州	12.26	2.75	2.60	1.11	0.25	18.96
	东莞	0.90	5.05	6.71	3.04	0.77	16.47
	中山	6.70	13.91	1.76	1.10	0.21	23.68
	江门	19.49	6.28	2.88	1.30	0.29	30.24
	肇庆	13.25	2.89	2.25	0.57	0.16	19.13
粤西	湛江	19.48	1.42	3.87	0.88	0.22	25.88
	阳江	10.98	1.63	1.54	0.45	0.12	14.72
	茂名	20.74	1.79	3.22	0.95	0.19	26.89
粤北	梅州	16.02	2.81	2.37	0.33	0.17	21.70
	河源	11.96	4.08	1.80	0.31	0.11	18.26
	韶关	15.20	4.27	1.62	0.57	0.14	21.80
	清远	13.81	1.24	2.23	0.71	0.18	18.17
	云浮	11.26	1.07	1.26	0.40	0.09	14.09
粤东	汕头	4.83	1.71	3.22	0.65	0.33	10.74
	潮州	4.77	2.09	1.40	0.52	0.13	8.90
	揭阳	10.32	2.75	3.17	0.52	0.23	16.99
	汕尾	7.44	0.86	1.76	0.58	0.13	10.78

区域	地市	农业	工业用水	生活用水	城镇公共用水	生态用水	总用水量
珠三角		74.04	95.17	40.53	21.50	4.66	235.89
粤西		51.21	4.85	8.63	2.28	0.53	67.48
粤北		68.26	13.47	9.28	2.32	0.69	94.02
粤东		27.36	7.40	9.56	2.26	0.83	47.41
全省		220.9	120.9	68.0	28.4	6.7	444.8

表 5-6 2020 年广东省用水量预测

单位：亿 m^3

区域	地市	农业	工业用水	生活用水	城镇公共用水	生态用水	总用水量
珠三角	广州	11.00	40.19	10.03	7.05	1.57	69.84
	深圳	0.81	4.93	7.14	4.90	1.16	18.95
	珠海	0.97	1.41	1.40	1.18	0.22	5.18
	佛山	6.73	10.41	3.99	1.81	0.65	23.58
	顺德	1.54	5.19	2.23	0.59	0.36	9.91
	惠州	12.03	2.77	2.63	1.18	0.33	18.95
	东莞	0.88	5.06	6.74	3.25	1.03	16.96
	中山	6.58	13.83	1.77	1.17	0.28	23.64
	江门	19.14	6.21	2.93	1.39	0.38	30.06
	肇庆	13.01	2.92	2.29	0.61	0.22	19.05
粤西	湛江	19.13	1.75	3.92	0.94	0.29	26.03
	阳江	10.78	2.01	1.56	0.48	0.15	14.98
	茂名	20.36	2.22	3.26	1.01	0.25	27.12
粤北	梅州	15.72	2.84	2.40	0.36	0.23	21.55
	河源	11.74	4.12	1.83	0.33	0.14	18.17
	韶关	14.92	4.32	1.65	0.61	0.18	21.68
	清远	13.56	1.25	2.27	0.76	0.24	18.08
	云浮	11.06	1.08	1.29	0.43	0.12	13.97
粤东	汕头	4.75	2.04	3.28	0.70	0.43	11.19
	潮州	4.68	2.52	1.42	0.55	0.17	9.34
	揭阳	10.13	3.32	3.22	0.55	0.31	17.53
	汕尾	7.31	1.03	1.76	0.62	0.18	10.89
珠三角		72.68	92.93	41.16	23.15	6.20	236.11
粤西		50.27	5.98	8.75	2.44	0.70	68.13
粤北		67.00	13.61	9.44	2.48	0.91	93.45
粤东		26.86	8.90	9.67	2.42	1.09	48.95
全省		216.81	121.4	69.0	30.5	8.9	446.6

表 5-7　2030 年广东省用水量预测　　单位：亿 m³

区域	地市	农业	工业用水	生活用水	城镇公共用水	生态用水	总用水量
珠三角	广州	10.70	36.32	10.38	7.79	2.38	67.57
	深圳	0.79	4.64	7.31	5.16	1.68	19.58
	珠海	0.94	1.33	1.44	1.29	0.33	5.33
	佛山	6.54	9.47	4.16	1.94	0.96	23.07
	顺德	1.49	4.67	2.29	0.62	0.53	9.61
	惠州	11.71	2.60	2.72	1.31	0.50	18.84
	东莞	0.86	4.74	6.90	3.65	1.59	17.73
	中山	6.40	12.87	1.82	1.27	0.42	22.78
	江门	18.62	5.76	3.06	1.54	0.58	29.55
	肇庆	12.66	2.75	2.38	0.67	0.33	18.79
粤西	湛江	18.61	2.06	4.05	1.04	0.44	26.21
	阳江	10.48	2.37	1.62	0.53	0.23	15.24
	茂名	19.81	2.65	3.38	1.12	0.38	27.34
粤北	梅州	15.30	3.08	2.49	0.39	0.35	21.61
	河源	11.42	4.46	1.89	0.37	0.22	18.37
	韶关	14.52	4.68	1.71	0.67	0.28	21.86
	清远	13.19	1.36	2.36	0.84	0.36	18.12
	云浮	10.76	1.17	1.34	0.47	0.18	13.92
粤东	汕头	4.62	2.39	3.41	0.77	0.66	11.84
	潮州	4.55	2.97	1.47	0.61	0.26	9.87
	揭阳	9.85	3.93	3.32	0.61	0.47	18.19
	汕尾	7.11	1.21	1.78	0.69	0.27	11.05
珠三角		70.70	85.15	42.46	25.25	9.29	232.86
粤西		48.90	7.07	9.06	2.69	1.06	68.78
粤北		65.18	14.75	9.80	2.75	1.39	93.87
粤东		26.13	10.51	9.98	2.67	1.66	50.96
全省		210.92	117.5	71.3	33.4	13.4	446.5

全省未来用水量预测统计见表 5-8、图 5-1，总体来看全省用水总量略有升高，农田灌溉用水逐渐减少，工业、生活及生态用水量有所上升。

表 5-8　2015—2030 年广东省用水量预测　　单位：亿 m³

年份	农业	工业用水	生活用水	城镇公共用水	生态用水	总用水量
2013	224.3	117.0	68.3	27.8	5.1	442.5
2015	220.9	120.9	68.0	28.4	6.7	444.8
2020	216.8	121.4	69.0	30.5	8.9	446.6
2030	210.9	117.5	71.3	33.4	13.4	446.5

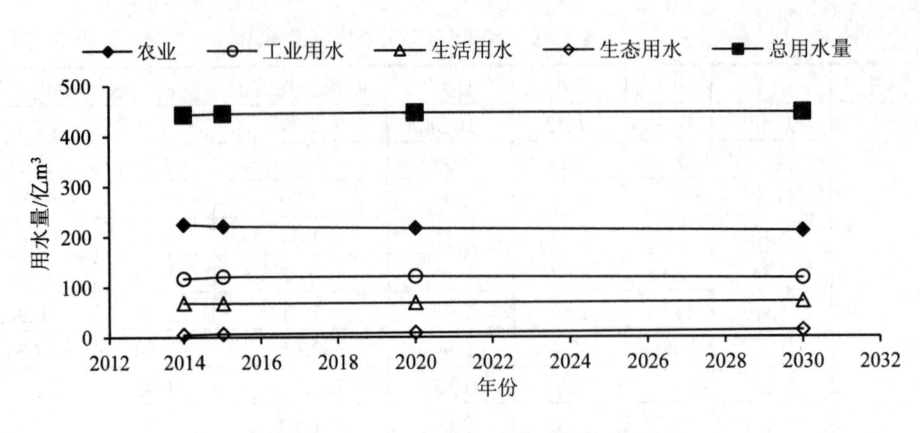

图 5-2　2015—2030 年广东省用水量预测

现状及未来几个时期广东省用水比例变化如图 5-3 所示，未来农业和生活用水比例趋于减少，其占总用水量的比例将分别下降 6%和 3%，工业及生态用水量各有不同比例的上升，至 2030 年分别比现状上升 8%和 1%。

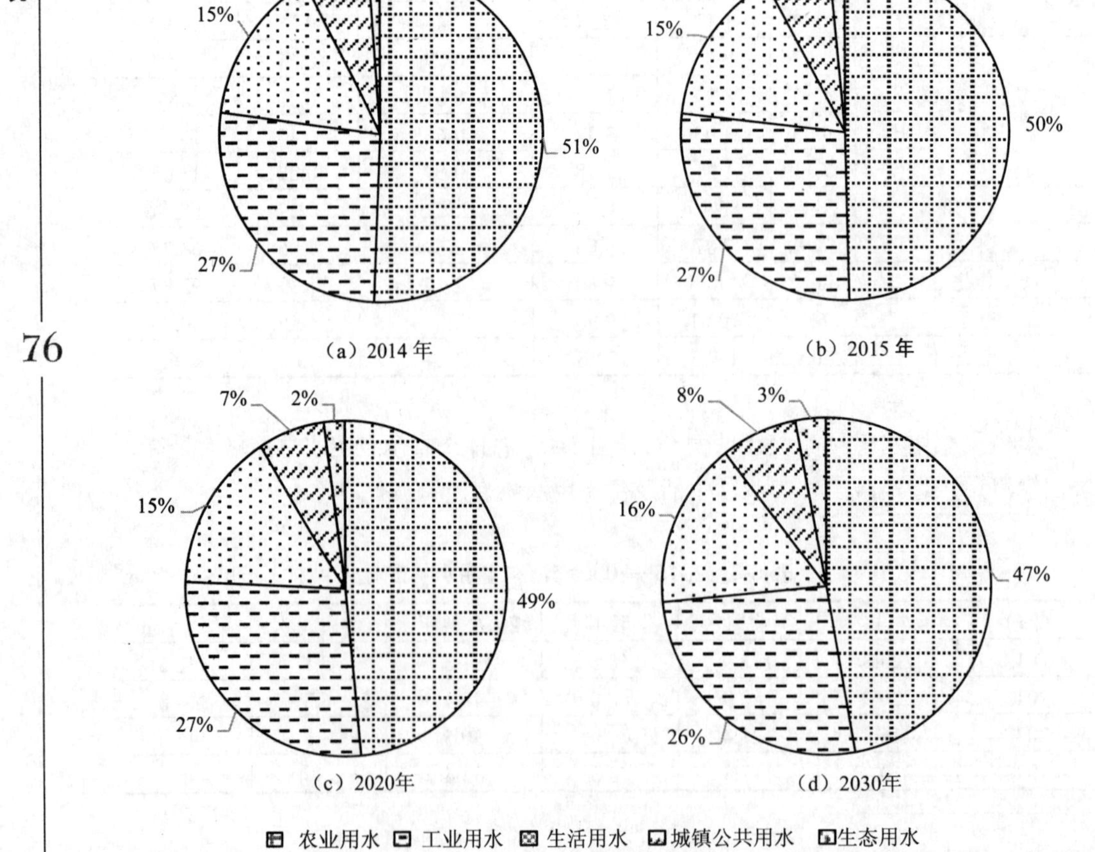

图 5-3　2015—2030 年广东省用水比例变化图

5.2.2 水污染负荷分析

5.2.2.1 污染排放现状

2014 年，广东省各地市工业、城镇生活及农业污染排放情况见表 5-9，其中农业污染源包括畜禽养殖业、种植业及水产养殖业。2014 年广东省各地市排放 COD 共 165.8 万 t，氨氮共 20.7 万 t。工业 COD 共排放 23.6 万 t，占总量的 14.2%；氨氮共排放 1.4 万 t，占总量的 7.0%；城镇生活 COD 共排放 86.4 万 t，占总量的 52.1%；氨氮共排放 14.1 万 t，占总量的 68.4%。农业 COD 共排放 55.8 万 t，占总量的 33.7%；氨氮共排放 5.1 万 t，占总量的 24.7%。

表 5-9 广东省各地市污染排放现状统计表 单位：t

区域	地市	工业		城镇生活		农业		总负荷	
		COD	氨氮	COD	氨氮	COD	氨氮	COD	氨氮
珠三角	广州	22 026	1 556	104 238	17 374	41 203	3 041	167 467	21 970
	深圳	17 885	1 442	65 890	12 581	1 354	95	85 129	14 118
	珠海	6 125	542	14 651	2 991	10 654	726	31 430	4 259
	佛山	11 827	1 048	40 729	7 681	28 148	2 039	80 704	10 768
	顺德	4 542	304	32 713	5 669	17 445	460	54 700	6 433
	惠州	9 428	693	30 621	6 253	15 728	1 593	55 777	8 539
	东莞	42 238	1 322	72 263	17 758	5 716	326	120 217	19 406
	中山	7 910	559	29 160	4 921	9 431	552	46 500	6 032
	江门	15 349	841	40 088	6 522	44 274	3 455	99 711	10 818
	肇庆	18 622	1 019	22 079	3 239	38 739	3 839	79 440	8 097
粤西	湛江	8 744	455	36 194	5 212	45 745	5 546	90 684	11 214
	阳江	9 756	771	16 859	2 589	17 443	2 000	44 057	5 360
	茂名	11 208	785	42 884	5 325	64 151	8 065	118 243	14 175
粤北	梅州	5 265	631	37 782	4 932	26 888	3 328	69 936	8 891
	河源	1 611	71	21 043	2 821	15 379	1 347	38 032	4 239
	韶关	3 861	296	28 842	3 821	30 854	2 649	63 557	6 766
	清远	5 304	334	33 217	4 244	29 761	3 220	68 282	7 798
	云浮	3 087	104	13 954	2 164	56 607	2 701	73 648	4 968
粤东	汕头	10 477	517	61 869	9 160	13 106	1 271	85 452	10 948
	潮州	3 189	172	33 264	4 363	14 058	1 601	50 511	6 136
	揭阳	12 210	666	56 873	7 779	15 825	1 373	84 908	9 819
	汕尾	4 836	310	29 132	3 881	15 452	1 754	49 420	5 945
珠三角		155 952	9 326	452 431	84 987	212 691	16 126	821 075	110 439
粤西		29 708	2 012	95 937	13 126	127 339	15 611	252 984	30 749
粤北		19 128	1 436	134 838	17 982	159 488	13 244	313 455	32 662
粤东		30 712	1 664	181 138	25 183	58 440	5 999	270 290	32 847
总计		235 500	14 439	864 345	141 279	557 959	50 981	1 657 804	206 698

按珠三角及粤东西北对广东省 COD 排放情况进行统计，如图 5-4 所示。从图中能看出珠三角区域排放量最大，2014 年共排放 COD 82.1 万 t，占全省总量的 50%；粤东西北地区中粤北地区排放量稍大，2014 年共排放 COD 31.3 万 t，占总排放量的 19%。从全省各污染源排放量占比来看，城镇生活源排放的 COD 比例最高，占总量的 52%；其次为农业源，占总量的比例为 34%。

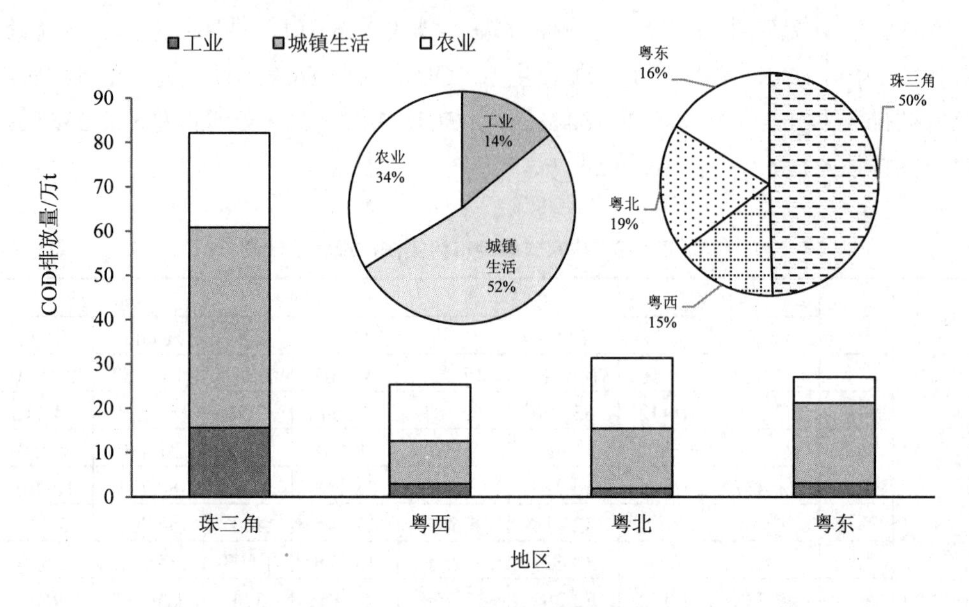

图 5-4 广东省各片区 COD 排放统计图

全省各片区氨氮排放情况统计如图 5-5 所示。根据统计结果可知，2014 年珠三角区域排放氨氮达 11.0 万 t，占全省总量的 53%，粤东西北地区排放量在 3.1 万～3.3 万 t，相差不大。从全省各污染源排放量占比来看，城镇生活源排放的 COD 比例最高，占总量的 68%；其次为农业源，占总量的比例为 25%。

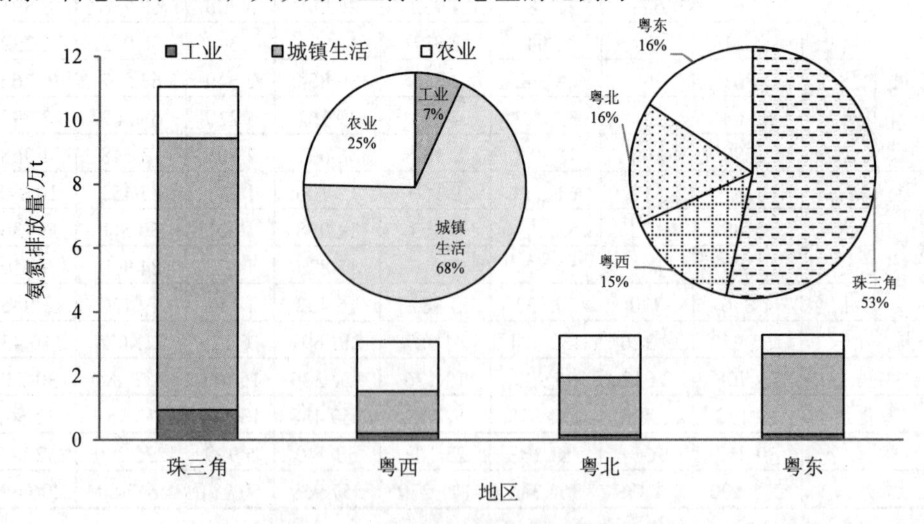

图 5-5 广东省各片区氨氮排放统计图

各地市工业 COD 排放量统计见图 5-6，珠三角地区排放量最大的地市为东莞市，粤西地区为茂名市，粤北地区为清远市，粤东地区揭阳市排放量最大。从图中能看出排放量最大的 3 个地市分别为东莞市、广州市及肇庆市，3 个地市排放量之和占全省工业 COD 排放总量的 35%。

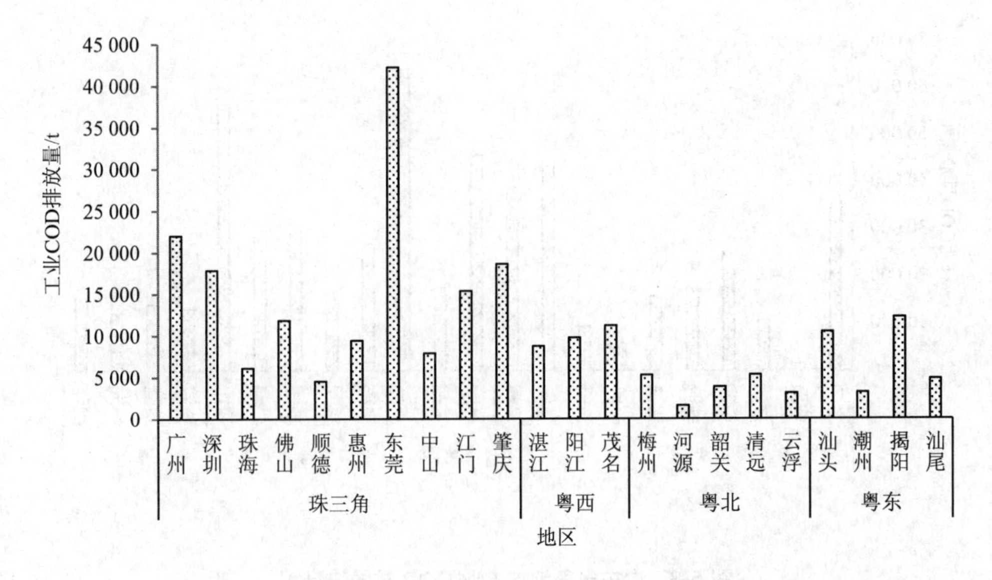

图 5-6　广东省各地市工业 COD 排放统计图

各地市城镇生活 COD 排放量统计见图 5-7，珠三角地区排放量最大的地市为广州市，粤西地区为茂名市，粤北地区为梅州市，粤东地区为汕头市。从图中能看出排放量最大的 3 个地市分别为广州市、东莞市及深圳市，3 个地市排放量之和占全省工业 COD 排放总量的 28%。

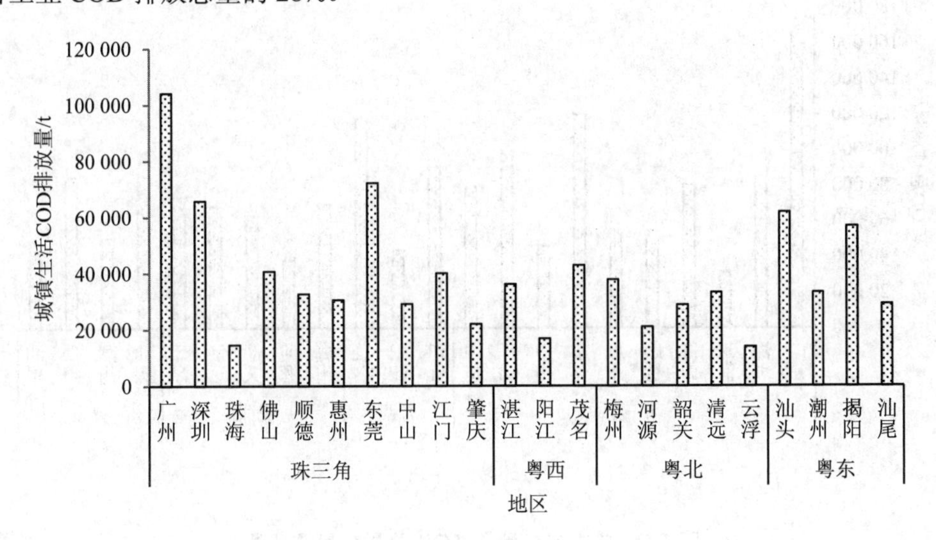

图 5-7　广东省各地市城镇生活 COD 排放统计图

各地市农业 COD 排放量统计见图 5-8，珠三角地区排放量最大的地市为江门市，粤西地区为茂名市，粤北地区为云浮市，粤东地区为揭阳市。从图中能看出排放量最大的 3 个地市分别为茂名市、云浮市及湛江市，3 个地市排放量之和占全省工业 COD 排放总量的 30%。

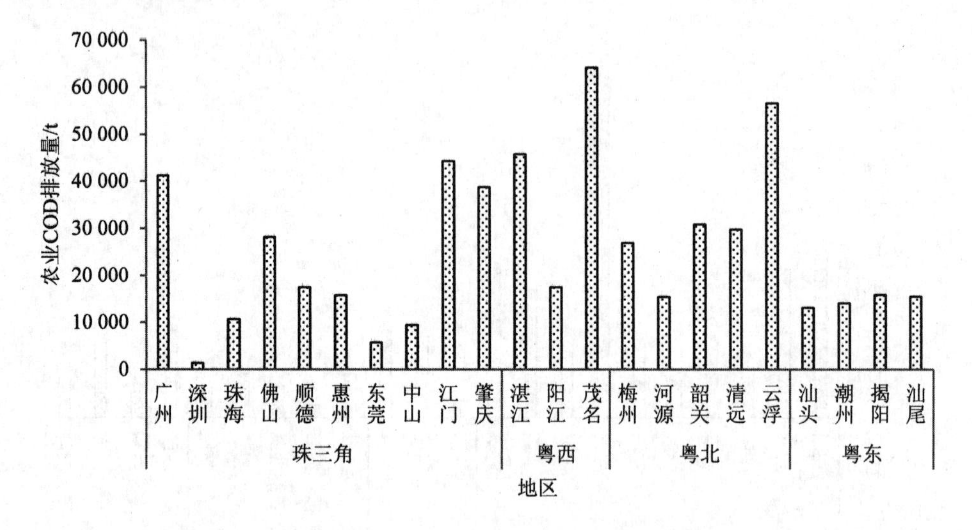

图 5-8 广东省各地市农业 COD 排放统计图

各地市 COD 总排放量统计见图 5-9，珠三角地区排放量最大的地市为广州市，粤西地区为茂名市，粤北地区为云浮市，粤东地区为揭阳市及汕头市。从图中能看出排放量最大的 3 个地市分别为广州市、东莞市及茂名市，3 个地市排放量之和占全省工业 COD 排放总量的 24%。

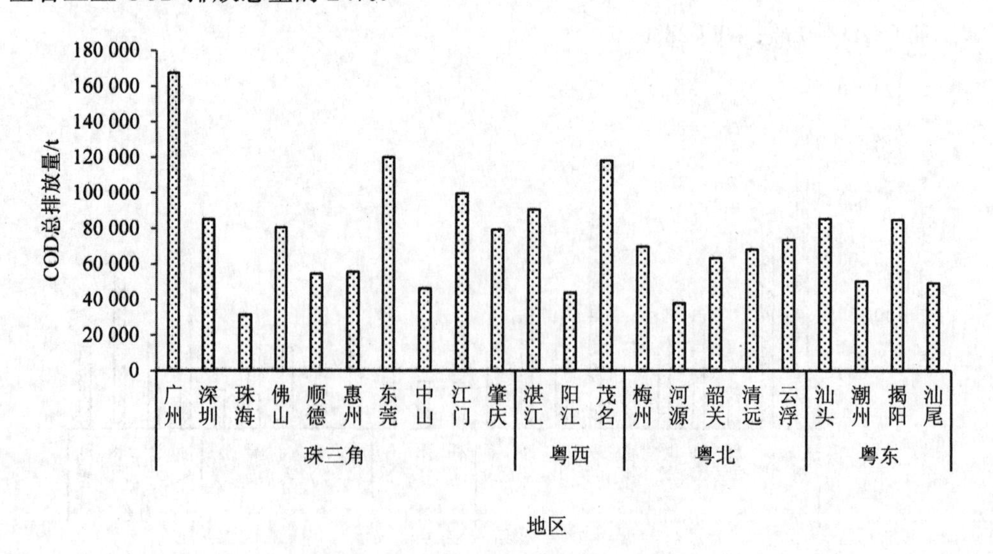

图 5-9 广东省各地市 COD 总排放量统计图

各地市 COD 污染排放结构见图 5-10，工业 COD 排放比重超过 15%的地市有 6 个，分别为东莞市、肇庆市、阳江市、深圳市、珠海市、惠州市及中山市，其比例分别为 35%、23%、22%、21%、19%、17%及 17%；城镇生活 COD 排放比重超过 65%的地市有 4 个，分别为深圳市、汕头市、揭阳市及潮州市，其比例分别为 77%、72%、67%及 66%；农业 COD 排放比重超过 45%的地市有 5 个，分别为云浮市、茂名市、湛江市、肇庆市及韶关市，其比例分别为 77%、54%、50%、49%及 49%。

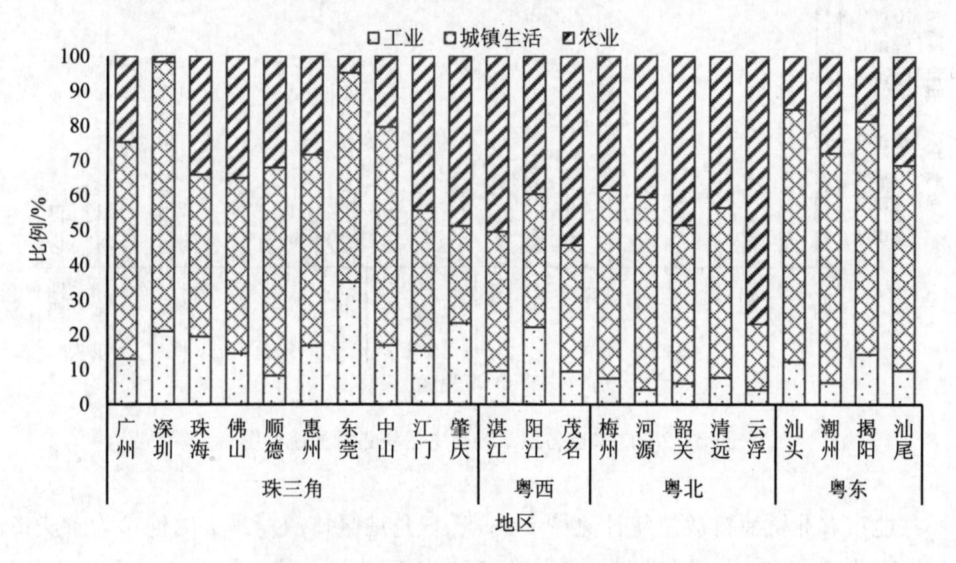

图 5-10　广东省各地市 COD 排放结构统计图

各地市工业氨氮排放量统计见图 5-11，珠三角地区排放量最大的地市为广州市，粤西地区为茂名市，粤北地区为清远市，粤东地区为揭阳市。从图中能看出排放量最大的 3 个地市分别为广州市、深圳市及东莞市，3 个地市排放量之和占全省工业 COD 排放总量的 30%。

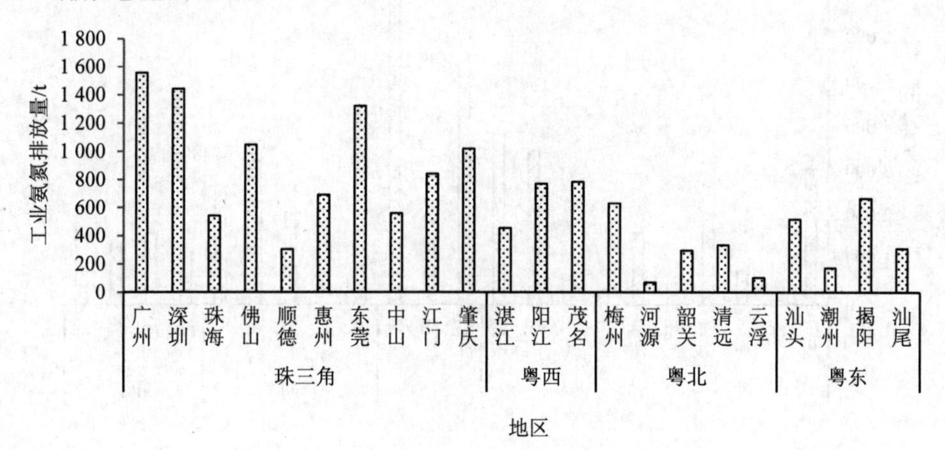

图 5-11　广东省各地市工业氨氮排放统计图

各地市城镇生活氨氮排放量统计见图 5-12，珠三角地区排放量最大的地市为东莞市，粤西地区为茂名市，粤北地区为梅州市，粤东地区为汕头市。从图中能看出排放量最大的 3 个地市分别为东莞市、广州市及深圳市，3 个地市排放量之和占全省工业 COD 排放总量的 34%。

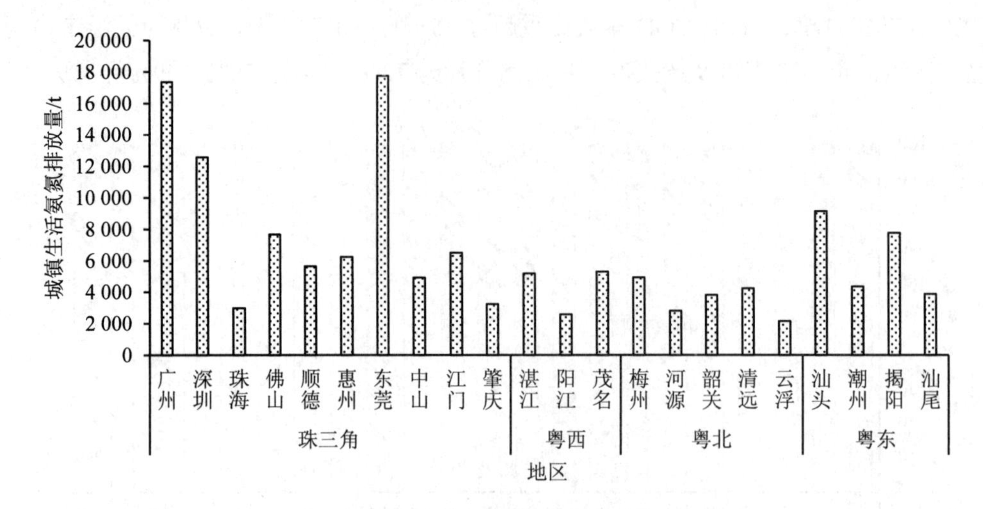

图 5-12 广东省各地市城镇生活氨氮排放统计图

各地市农业氨氮排放量统计见图 5-13，珠三角地区排放量最大的地市为肇庆市，粤西地区为茂名市，粤北地区为梅州市，粤东地区为汕尾市。从图中能看出排放量最大的 3 个地市分别为茂名市、湛江市及肇庆市，3 个地市排放量之和占全省工业 COD 排放总量的 32%。

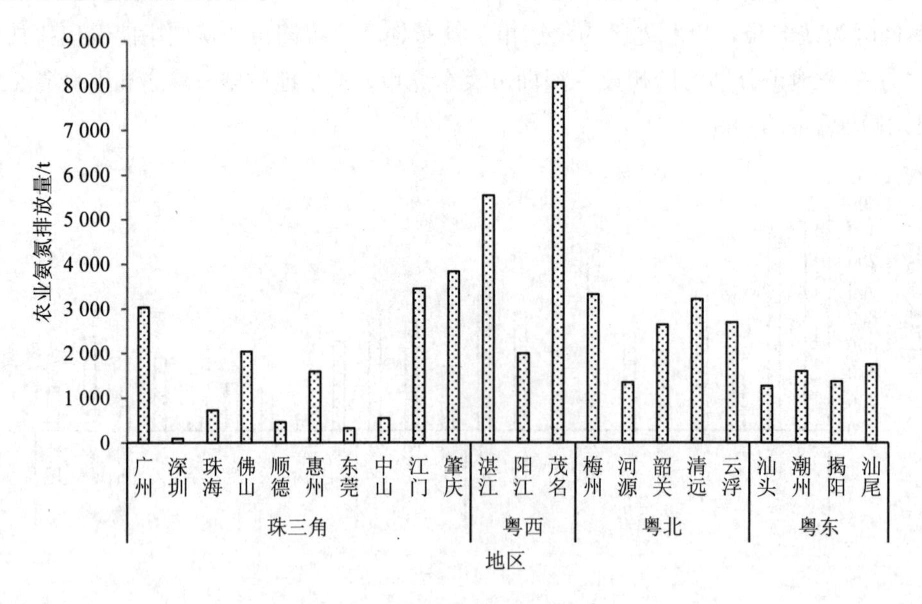

图 5-13 广东省各地市农业氨氮排放统计图

各地市氨氮总排放量统计见图 5-14，珠三角地区排放量最大的地市为广州市，粤西地区为茂名市，粤北地区为梅州市，粤东地区为汕头市。从图中能看出排放量最大的 3 个地市分别为广州市、东莞市及茂名市，3 个地市排放量之和占全省工业 COD 排放总量的 27%。

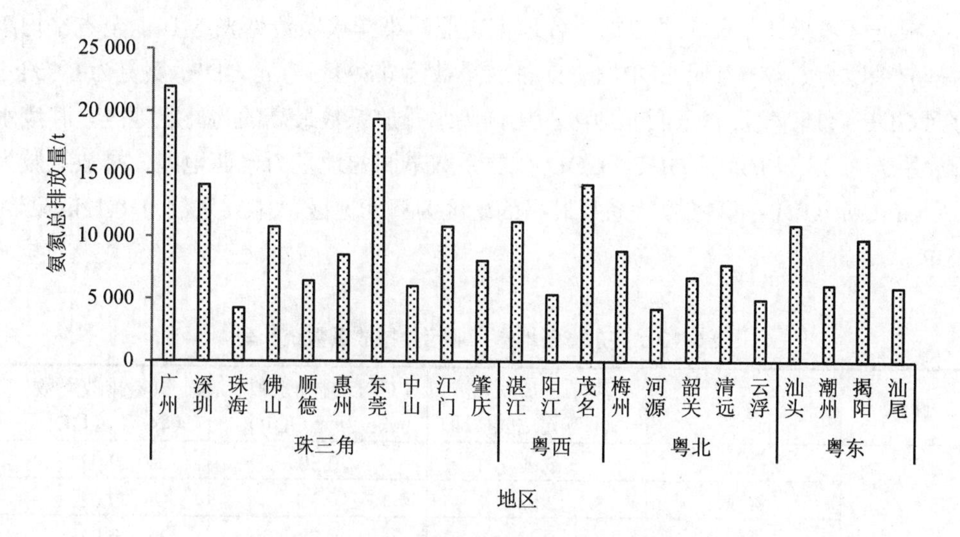

图 5-14　广东省各地市氨氮总排放量统计图

各地市氨氮污染排放结构见图 5-15，工业氨氮排放比重超过 10%的地市有 3 个，分别为阳江市、肇庆市及珠海市，其比例分别为 14%、13%及 13%；城镇生活氨氮排放比重超过 80%的地市（区）共有 5 个，分别为东莞市、深圳市、顺德区、汕头市及中山市，其比例分别为 92%、89%、88%、84%及 82%；农业氨氮排放比重超过 45%的地市有 4 个，分别为茂名市、云浮市、湛江市及肇庆市，其比例分别为 57%、54%、49%及 47%。

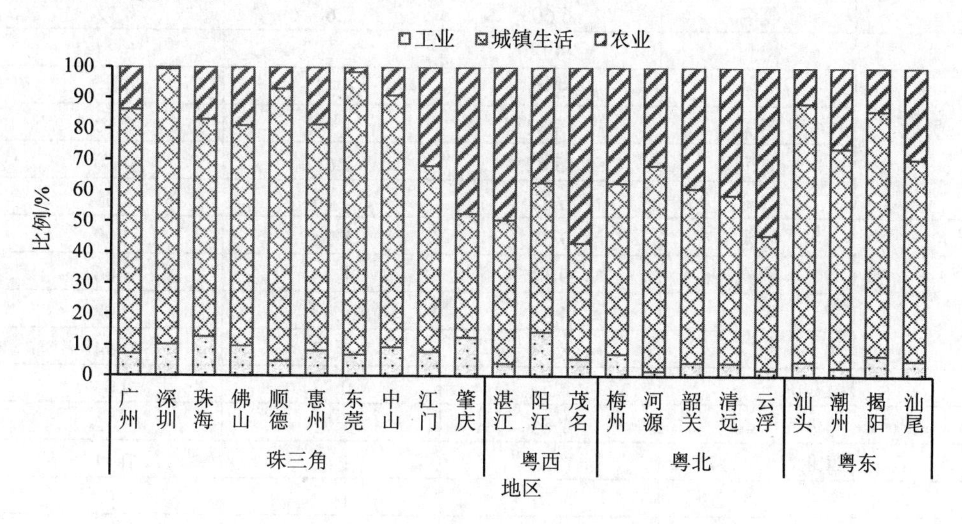

图 5-15　广东省各地市氨氮排放结构统计图

5.2.2.2 各地市排污指标变化趋势

以 2014 年环境统计数据为基准，根据《广东省环境保护规划纲要（2006—2020 年）》《珠江三角洲水污染防治规划》及《广东省现代产业体系建设总体规划》等规划研究结果，对各地市现状污染排放指标进行分析并预测未来指标变化趋势。

根据环境统计工业名录数据，各地市工业污染排放系数见表 5-10，全省平均废水排放系数为 6.82 t/万元 GDP，COD 排放系数为 0.89 kg/万元 GDP，氨氮为 0.05 kg/万元 GDP。珠三角及粤东西北地区相比，废水排放系数最高的为粤北地区，其废水排放系数为 13.11 t/万元 GDP；COD 排放系数最高的地区为粤西地区，排放系数为 1.71 kg/万元 GDP；氨氮排放系数最高的地区为粤北地区，排放系数为 0.12kg/万元 GDP。

表 5-10 广东省各地市工业污染排放系数统计表

区域	地市	废水排放系数/（t/万元 GDP）	COD 排放系数/（kg/万元 GDP）	氨氮排放系数/（kg/万元 GDP）
珠三角	广州	5.00	0.50	0.03
	深圳	2.93	0.31	0.02
	珠海	6.33	0.78	0.07
	佛山	2.74	0.31	0.03
	顺德	4.75	0.37	0.02
	惠州	10.19	1.17	0.09
	东莞	20.59	2.97	0.09
	中山	3.21	0.33	0.02
	江门	16.30	1.28	0.07
	肇庆	14.54	2.67	0.15
粤西	湛江	17.43	2.24	0.12
	阳江	3.61	1.42	0.11
	茂名	6.60	1.68	0.12
粤北	梅州	23.81	2.79	0.34
	河源	5.30	0.51	0.02
	韶关	16.82	1.24	0.10
	清远	15.62	1.66	0.10
	云浮	6.08	1.46	0.05
粤东	汕头	9.21	1.75	0.09
	潮州	9.13	1.06	0.06
	揭阳	4.35	1.39	0.08
	汕尾	8.73	2.18	0.14
珠三角		6.32	0.73	0.04
粤西		7.85	1.71	0.12
粤北		13.11	1.42	0.11
粤东		7.01	1.53	0.08
总计		6.82	0.89	0.05

从各市统计结果来看（表 5-10），废水排放系数最大的 3 个地市分别为梅州市、东莞市及湛江市，其排放系数分别为 23.81 t/万元 GDP、20.59 t/万元 GDP 及 17.43 t/万元 GDP，COD 排放系数最高的 3 个地市分别为东莞市、梅州市及肇庆市，其排放系数分别为 2.97 kg/万元 GDP、2.79 kg/万元 GDP、2.67 kg/万元 GDP，氨氮排放系数最高的 3 个地市分别为梅州市、肇庆市及汕尾市，其排放系数分别为 0.34 kg/万元 GDP、0.15 kg/万元 GDP 及 0.14 kg/万元 GDP，总体来看，梅州市、东莞市及肇庆市工业排污系数较高。

各地市生活污水排污系数见表 5-11。从全省平均水平来看，全省污水排放系数为 273 L/（人·d），COD 产污系数为 70.6 g/（人·d），氨氮产污系数为 9.07 g/（人·d）。从珠三角及粤东西北地区来看，珠三角地区污水、COD 及氨氮排放系数最高，分别达 328 L/（人·d）、75 g/（人·d）及 9.62 g/（人·d）。

表 5-11 广东省各地市城镇生活污染产污系数统计表

区域	地市	污水排放系数/[L/（人·d）]	COD 产污系数/[g/（人·d）]	氨氮产污系数/[g/（人·d）]
珠三角	广州	348	77.0	9.70
	深圳	396	77.5	10.44
	珠海	362	89.7	10.37
	佛山	285	70.0	9.17
	顺德	214	68.4	9.02
	惠州	289	69.0	9.10
	东莞	330	79.0	9.64
	中山	310	74.0	9.10
	江门	264	69.0	9.10
	肇庆	234	63.0	8.10
粤西	湛江	190	62.5	8.11
	阳江	175	66.4	8.10
	茂名	167	63.0	8.10
粤北	梅州	108	59.0	7.90
	河源	201	66.1	7.72
	韶关	179	62.6	7.92
	清远	174	63.0	8.10
	云浮	200	58.0	7.89
粤东	汕头	143	61.1	7.95
	潮州	160	63.0	8.10
	揭阳	170	63.0	8.10
	汕尾	152	55.1	7.34
珠三角		328	75.0	9.62
粤西		179	63.4	8.11
粤北		165	61.7	7.92
粤东		155	61.0	7.92
总计		273	70.6	9.07

从各地市分别情况来看（表 5-11），污水排放系数最高的 3 个地市分别为深圳市、珠海市及广州市，排放系数分别为 396 L/（人•d）、362 L/（人•d）及 348 L/（人•d），COD 产污系数最高的 3 个地市分别为珠海市、东莞市及深圳市，系数分别为 89.7 g/（人•d）、79.0 g/（人•d）及 77.5 g/（人•d），氨氮产污系数最大的 3 个地市分别为深圳市、珠海市及广州市，产污系数分别为 10.44 g/（人•d）、10.37 g/（人•d）及 9.70 g/（人•d）。

5.2.2.3 各地市污染产生及排放变化趋势

由表 5-12 可知，2015 年全省生活源共产生 COD 及氨氮污染为 194 万 t 及 24.9 万 t，至 2030 年则增长至 208 万 t 及 29.1 万 t。

在削减措施上，预计至 2020 年全省生活污水处理率超过 90%，可新增 COD 削减量为 17.7 万 t 及氨氮削减量为 2.9 万 t，最终 COD、氨氮排放量相对 2014 年分别增加 4%及减少 2%，总体与现状持平。

表 5-12　广东省各地市城镇生活污染产生量预测表

区域	地市	污水产生量/万 t			COD 产生量/t			氨氮产生量/t		
		2015 年	2020 年	2030 年	2015 年	2020 年	2030 年	2015 年	2020 年	2030 年
珠三角	广州	146 955	155 549	165 092	324 697	343 686	364 771	40 903	43 295	45 952
	深圳	155 230	159 445	166 560	304 161	312 419	326 360	40 962	42 074	43 952
	珠海	19 349	20 481	21 738	47 946	50 750	53 863	5 544	5 868	6 228
	佛山	49 231	51 912	54 229	120 916	127 501	133 190	15 848	16 711	17 457
	顺德	19 749	20 285	21 190	62 945	64 655	67 539	8 304	8 530	8 910
	惠州	34 284	36 289	38 515	81 882	86 671	91 988	10 799	11 431	12 132
	东莞	93 181	98 631	104 682	223 000	236 041	250 522	27 220	28 812	30 580
	中山	33 124	35 061	37 212	79 069	83 693	88 828	9 723	10 292	10 923
	江门	29 070	30 770	32 658	76 101	80 551	85 493	10 036	10 623	11 275
	肇庆	15 760	16 682	17 705	42 478	44 962	47 721	5 461	5 781	6 136
粤西	湛江	21 221	25 179	30 810	69 860	82 890	101 427	9 063	10 753	13 158
	阳江	8 440	10 014	12 253	32 004	37 973	46 465	3 909	4 637	5 675
	茂名	15 303	18 157	22 217	57 867	68 660	84 015	7 440	8 828	10 802

区域	地市	污水产生量/万 t			COD 产生量/t			氨氮产生量/t		
		2015 年	2020 年	2030 年	2015 年	2020 年	2030 年	2015 年	2020 年	2030 年
粤北	梅州	8 340	9 285	11 144	45 427	50 577	60 701	6 083	6 772	8 128
	河源	9 659	10 754	12 907	31 720	35 316	42 385	3 704	4 124	4 949
	韶关	10 809	12 034	14 443	37 814	42 100	50 527	4 786	5 329	6 395
	清远	12 301	13 695	16 437	44 553	49 603	59 532	5 728	6 378	7 654
	云浮	7 425	8 267	9 922	21 549	23 991	28 794	2 931	3 263	3 916
粤东	汕头	20 419	22 209	24 378	87 393	95 052	104 335	11 368	12 364	13 572
	潮州	10 247	11 145	12 234	40 349	43 885	48 171	5 188	5 642	6 193
	揭阳	19 066	20 737	22 762	70 656	76 848	84 354	9 084	9 880	10 845
	汕尾	11 013	11 978	13 148	39 796	43 283	47 510	5 301	5 766	6 329
珠三角		595 933	625 104	659 579	1 363 195	1 430 929	1 510 276	174 802	183 418	193 544
粤西		44 964	53 350	65 281	159 731	189 523	231 907	20 411	24 218	29 634
粤北		48 534	54 036	64 852	181 062	201 587	241 940	23 232	25 865	31 043
粤东		60 746	66 069	72 522	238 194	259 068	284 370	30 941	33 653	36 940
总计		750 177	798 559	862 234	1 942 183	2 081 107	2 268 492	249 386	267 154	291 161

对各地市工业污染排放量进行预测见表 5-13，在未来万元工业 GDP 排污量不断削减，相对来说 COD 削减速度更快，氨氮稍缓。由于工业 GDP 总量大幅提高，工业污染 COD 排量在 2020 年相对现状持平，氨氮排量在 2020 年相对现状上升，2015 年工业 COD 及氨氮排放量分别达 23.4 万 t 及 1.6 万 t，至 2020 年 COD 及氨氮排放量分别达 23.5 万 t 及 1.9 万 t，与城镇生活污染相比，工业污染负荷排放量并不大。

表 5-13　广东省各地市工业污染排放量预测表

区域	地市	废水产生量/万 t		COD 排放量/t		氨氮排放量/t	
		2015 年	2020 年	2015 年	2020 年	2015 年	2020 年
珠三角	广州	23 373	19 573	19 702	18 016	1 660	1 781
	深圳	17 883	14 976	15 998	14 629	1 539	1 651
	珠海	5 219	4 371	5 479	5 010	579	621
	佛山	11 163	9 348	10 580	9 674	1 118	1 200
	顺德	6 133	5 136	4 063	3 715	325	348
	惠州	8 648	7 243	8 434	7 712	740	794
	东莞	30 831	25 819	37 783	34 549	1 411	1 514

区域	地市	废水产生量/万 t		COD 排放量/t		氨氮排放量/t	
		2015 年	2020 年	2015 年	2020 年	2015 年	2020 年
珠三角	中山	8 186	6 855	7 075	6 470	597	641
	江门	20 510	17 176	13 730	12 555	898	963
	肇庆	10 660	8 927	16 658	15 232	1 087	1 167
粤西	湛江	8 115	8 350	10 292	12 317	572	820
	阳江	2 952	3 038	11 483	13 741	969	1 389
	茂名	5 251	5 403	13 192	15 786	986	1 413
粤北	梅州	4 677	3 916	5 415	5 274	693	808
	河源	1 759	1 473	1 657	1 614	78	91
	韶关	5 450	4 564	3 971	3 867	325	379
	清远	5 214	4 366	5 455	5 313	367	428
	云浮	1 345	1 127	3 175	3 092	114	133
粤东	汕头	7 170	7 214	13 427	15 711	707	990
	潮州	3 574	3 596	4 087	4 782	235	330
	揭阳	4 961	4 991	15 649	18 310	911	1 277
	汕尾	2 519	2 534	6 198	7 252	424	593
珠三角		142 605	119 423	139 503	127 564	9 953	10 680
粤西		16 318	16 791	34 967	41 844	2 528	3 622
粤北		18 445	15 446	19 673	19 160	1 577	1 839
粤东		18 224	18 335	39 361	46 055	2 277	3 190
总计		195 592	169 995	233 504	234 623	16 334	19 332

广东省各地市农业污染排放量预测见表 5-14，参考《广东省环境保护规划纲要（2006—2020 年）》等研究，未来畜禽、水产及农产品企业规模不断增加，但随着配套污染治理设施效率不断提高，农业污染源的污染排放量将不断降低，2015 年农业 COD 及氨氮污染排放量分别为 53.0 万 t 及 5.1 万 t，至 2030 年降至 36.7 万 t 及 3.5 万 t。

表 5-14　广东省各地市农业污染排放量预测表　　单位：t

区域	地市	COD 排放量/t			氨氮排放量/t		
		2015 年	2020 年	2030 年	2015 年	2020 年	2030 年
珠三角	广州	37 560	33 962	25 988	2 772	2 506	1 918
	深圳	1 235	1 116	854	87	78	60
	珠海	9 712	8 781	6 720	662	598	458
	佛山	25 659	23 201	17 754	1 859	1 681	1 286
	顺德	15 903	14 379	11 003	420	380	290
	惠州	14 337	12 964	9 920	1 452	1 313	1 005
	东莞	5 210	4 711	3 605	297	269	206
	中山	8 597	7 773	5 948	503	455	348
	江门	40 359	36 493	27 925	3 149	2 848	2 179

区域	地市	COD 排放量/t			氨氮排放量/t		
		2015 年	2020 年	2030 年	2015 年	2020 年	2030 年
粤西	肇庆	35 314	31 931	24 434	3 499	3 164	2 421
	湛江	41 701	37 706	28 853	5 056	4 572	3 498
	阳江	15 900	14 377	11 002	1 823	1 648	1 261
	茂名	58 479	52 878	40 462	7 352	6 647	5 087
粤北	梅州	24 511	22 163	16 959	3 034	2 743	2 099
	河源	14 019	12 676	9 700	1 228	1 110	850
	韶关	28 126	25 432	19 461	2 415	2 183	1 671
	清远	27 129	24 531	18 771	2 935	2 654	2 031
	云浮	51 602	46 659	35 704	2 462	2 226	1 703
粤东	汕头	11 947	10 803	8 266	1 158	1 047	802
	潮州	12 815	11 587	8 867	1 459	1 320	1 010
	揭阳	14 425	13 044	9 981	1 252	1 132	866
	汕尾	14 086	12 736	9 746	1 599	1 446	1 106
珠三角		193 886	175 314	134 152	14 700	13 292	10 171
粤西		116 080	104 961	80 317	14 231	12 868	9 846
粤北		145 387	131 461	100 595	12 073	10 917	8 354
粤东		53 273	48 170	36 860	5 469	4 945	3 784
总计		508 626	459 906	351 924	46 473	42 022	32 155

5.2.3 水环境压力综合分析

（1）城镇化和工业化进程对水环境冲击加剧。随着流域城镇化和工业化进程的加快推进，城镇人口和工业产值增大，由此带来的城镇生活源和工业源水污染物新增排放量巨大。根据预测，到 2020 年，全省城镇人口将从 2014 年的 7 292 万增长到 8 874 万，增长幅度为 21.7%；GDP 从 2014 年的 6.78 万亿元增长到 10.46 万亿元，增长幅度为 54.3%。由此导致流域点源污染物的排放增长明显，预计“十三五”期间 COD 新增量达 19.8 万 t，氨氮新增量达 2.3 万 t。开发强度的增加、人口的大规模聚集和城市建设面积的扩张将对水生态环境带来冲击，造成环境污染产生及排放负荷升高、水生态破碎化加剧等突出问题，对环境保护工作的带来的压力加剧。

（2）污染削减空间减少，水环境治理任务加重。“十二五”期间，污染物排放量控制措施成效明显，但也面临着持续削减空间减少的问题。生活污染控制方面，截至 2013 年年底，全省污水处理能力已达 2 200.2 万 t，污水处理率达到 85% 左右，进一步提高污水处理率难度很大，需重点解决截污管网铺设难题。工业污水治理方面，重点污染企业目前大多数都已配备污水处理设施，落后产能也在持续淘汰，工业负荷减排空间减少是各地市存在的普遍问题。继续推行现有减排措施所增加的污染减排量无法抵消快速增长的新增排污量，以末端治理为主要抓手的减排措施将难以适应社会经济的持续增长，水环境治理难度将不断提高。

（3）结构性污染特征明显，需重点控制主要污染源。从 2014 年污染排放结构来看，生活、工业、农业排放 COD 的比例为 52∶14∶34，排放氨氮的比例为 68∶7∶25，生活污染及农业污染是主要的污染贡献源，未来应重点探索生活源及农业源负荷削减的相关措施。对于生活源，应因地制宜地建立污水收集系统，提高污水处理设施出水标准，提高生活废水回用率，降低生活污染负荷入河量。对于种植业，农业用地面积巨大，有很好的天然资源优势，但在保证农业用地面积的同时需要降低单位面积污染物的产生量，从而在总量上达到削减的目的；对于畜禽养殖，流域畜禽养殖产业巨大，增长迅速，需要加强规模化养殖技术的推广普及，使畜禽养殖产生的污染物得到明显的削减，从而降低其对流域水环境的冲击。

5.3 目标与策略

5.3.1 水环境保护目标

从解决关系民生的重大水环境问题出发，围绕“饮水安全保障、水环境质量改善、水风险防范、水生态服务功能提升”四大目标，紧紧抓住省推动新一轮珠江综合整治的契机，大胆进行治水思路的改革与创新，建立集水源保障、质量改善、污染控制、风险防控、治水管理一体化保护与管理体系：

- 大力提升饮用水水源涵养能力，建立强制性保护制度，优先保障饮水安全。
- 推动不同流域、不同水环境功能区实施差别化的治水保水政策，持续改善水环境质量。
- 强化大江大河污染信息化系统建设，优化预警应急系统，严格防范水污染风险。
- 破解水资源与水环境承载力等刚性约束瓶颈，提升水生态服务功能。

水污染防治“十三五”规划指标体系见表 5-15。

表 5-15　水污染防治“十三五”规划指标体系

序号	指标	现状值（2014 年）	目标值（2020 年）	指标属性
1	化学需氧量排放量/万 t	—	达到国家减排目标	约束性
2	氨氮排放量/万 t	—	达到国家减排目标	约束性
3	集中式饮用水水源水质达标率/%	100	100	约束性
4	省控断面水质达标率/%	90.24	90	预期性
5	省控断面优良水质比例/%	78.05	80	预期性
6	劣Ⅴ类断面比例/%	7.3	基本消除	预期性
7	城市建成区黑臭水体比例/%	—	基本消除	预期性

序号	指标	现状值 （2014 年）	目标值 （2020 年）	指标属性
8	城镇生活污水处理率/%	89.1	94	预期性
9	地下水极差比例/%	—	<15	预期性
10	近岸海域环境功能区水质达标率/%	94	95	预期性

（1）城市集中式饮用水水源优质水源比例。“十三五”期间，要求各地市保持优质水源比例不得降低（表 5-16），深圳、汕头等地市可争取改善部分湖库型水源地水质状况，提高优质水源比例。

表 5-16　城市集中式饮用水水源优质水源比例要求　　单位：%

地区	城市	2014 年	2020 年
珠三角	广州市	64	64
	深圳市	60	70
	珠海市	100	100
	佛山市	100	100
	顺德区	0	0
	江门市	100	100
	肇庆市	100	100
	惠州市	80	100
	东莞市	0	0
	中山市	100	100
粤东	汕头市	67	83
	汕尾市	100	100
	潮州市	100	100
	揭阳市	100	100
粤西	湛江市	17	17
	茂名市	0	0
	阳江市	100	100
粤北	韶关市	100	100
	梅州市	0	0
	河源市	100	100
	清远市	100	100
	云浮市	100	100
全省		70	72

（2）省控断面水质达标率。全省省控断面目前水质不达标的有 12 个，包括深圳 4 个（其中龙岗河 1 个，深圳河 3 个），汕头 1 个（练江），揭阳 2 个（练江），湛江 1 个（小东江），茂名 2 个（小东江），梅州 2 个（寻乌水 1 个，梅溪河 1 个）。“十三五”期间，要求省控断面水质至少不下降，广州、珠海、佛山、江门、肇庆、惠州、东莞、中山、汕尾、潮州、阳江、韶关、河源、清远、云浮 15 市省控断面 100%达标，加快寻乌水和梅溪河等 2 个断面水质达标整治（表 5-17）。

表 5-17 省控断面水质达标率要求 单位：%

地区	城市	2014 年	2020 年
珠三角	广州市	100	100
	深圳市	0	0
	珠海市	100	100
	佛山市	100	100
	江门市	100	100
	肇庆市	100	100
	惠州市	100	100
	东莞市	100	100
	中山市	100	100
粤东	汕头市	75	75
	汕尾市	100	100
	潮州市	100	100
	揭阳市	50	50
粤西	湛江市	83.33	83.33
	茂名市	75	75
	阳江市	100	100
粤北	韶关市	100	100
	梅州市	71.43	100
	河源市	100	100
	清远市	100	100
	云浮市	100	100
全省		84.7	91.80

（3）省控断面优良水质比例。如表 5-18 所示，“十三五”期间，要求广东省肇庆、惠州、汕尾、潮州、阳江、韶关、梅州、河源、清远、云浮等 10 个地市保持 100%省控断面水质优良，重点推进前山河、佛山水道、石岐河等目前水质为Ⅳ类、主要污染指标超Ⅲ类倍数较小的断面提升水质类别。

表 5-18 省控断面优良水质比例要求 单位：%

地区	城市	2014 年	2020 年
珠三角	广州市	50	50
	深圳市	25	25
	珠海市	33	100
	佛山市	89	89
	江门市	78	78
	肇庆市	100	100
	惠州市	100	100
	东莞市	25	25
	中山市	67	67
粤东	汕头市	25	25
	汕尾市	100	100
	潮州市	100	100
	揭阳市	50	50
粤西	湛江市	67	67
	茂名市	75	75
	阳江市	100	100
粤北	韶关市	100	100
	梅州市	100	100
	河源市	100	100
	清远市	100	100
	云浮市	100	100
全省		77.4	80

（4）劣Ⅴ类断面比例。如表 5-19 所示，“十三五”期间，要求广州、珠海、江门、肇庆、惠州、东莞、中山、汕尾、潮州、阳江、韶关、清远、梅州、河源、云浮 15 个地市不出现劣Ⅴ类断面，重点推进深圳（龙岗河、深圳河）、汕头（练江）、揭阳（练江）、湛江（小东江）、茂名（小东江）等劣Ⅴ类断面的综合整治，珠三角力争到 2020 年基本消除丧失使用功能的水体。

表 5-19 劣Ⅴ类断面比例要求 单位：%

地区	城市	2014 年	2020 年
珠三角	广州市	0	0
	深圳市	75.0	基本消除
	珠海市	0	0
	佛山市	11.1	基本消除
	江门市	0	0
	肇庆市	0	0
	惠州市	0	0
	东莞市	0	0
	中山市	0	0

地区	城市	2014 年	2020 年
粤东	汕头市	25.0	基本消除
	汕尾市	0	0
	潮州市	0	0
	揭阳市	50.0	基本消除
粤西	湛江市	16.7	基本消除
	茂名市	12.5	基本消除
	阳江市	0	0
粤北	韶关市	0	0
	梅州市	0	0
	河源市	0	0
	清远市	0	0
	云浮市	0	0
全省		8.1	基本消除

（5）城市建成区黑臭水体比例。"十三五"期间，要求全省各地级以上城市建成区黑臭水体比例控制在10%以内（表5-20）。

表 5-20　城市建成区黑臭水体比例要求　　单位：%

地区	城市	2014 年	2020 年
珠三角	广州市	—	建成区＜10
	深圳市	—	建成区＜10
	珠海市	—	建成区＜10
	佛山市	—	建成区＜10
	顺德区	—	建成区＜10
	江门市	—	建成区＜10
	肇庆市	—	建成区＜10
	惠州市	—	建成区＜10
	东莞市	—	建成区＜10
	中山市	—	建成区＜10
粤东	汕头市	—	建成区＜10
	汕尾市	—	建成区＜10
	潮州市	—	建成区＜10
	揭阳市	—	建成区＜10
粤西	湛江市	—	建成区＜10
	茂名市	—	建成区＜10
	阳江市	—	建成区＜10
粤北	韶关市	—	建成区＜10
	梅州市	—	建成区＜10
	河源市	—	建成区＜10
	清远市	—	建成区＜10
	云浮市	—	建成区＜10

（6）近岸海域环境功能区水质达标率。如表 5-21 所示，“十三五”期间，要求珠海、汕头、江门、湛江、茂名、惠州、汕尾、阳江、中山、潮州、揭阳 11 个沿海城市近岸海域环境功能区水质达标率保持在 100%，重点推进东莞市东江河口和深圳市深圳河口的达标整治。

表 5-21　近岸海域环境功能区水质达标率要求　　单位：%

城市	水环境功能区个数/个	2014 年达标功能区个数/个	2014 年	2020 年
深圳	11	8	72.7	72.7
珠海	4	4	100	100
汕头	5	5	100	100
江门	6	6	100	100
湛江	12	12	100	100
茂名	5	5	100	100
惠州	3	3	100	100
汕尾	5	5	100	100
阳江	6	6	100	100
东莞	1	0	0	100
中山	2	2	100	100
潮州	4	4	100	100
揭阳	3	3	100	100
全省	67	63	94	95.5

（7）城镇生活污水处理率。如表 5-22 所示，“十三五”期间，要求珠三角地区 2020 年城镇生活污水处理率在 95%以上，粤东西北地区处理率在 80%以上，全省城镇生活污水处理率在 90%以上。

表 5-22　城镇生活污水处理率要求　　单位：%

地区	城市	2014 年	2020 年
珠三角	广州市	94	＞95
	深圳市	95	
	珠海市	92	
	佛山市	94	
	顺德区	97	
	江门市	92	
	肇庆市	86	
	惠州市	96	
	东莞市	95	
	中山市	92	

地区	城市	2014 年	2020 年
粤东	汕头市	90	＞80
	汕尾市	53	
	潮州市	65	
	揭阳市	34	
粤西	湛江市	82	
	茂名市	50	
	阳江市	87	
粤北	韶关市	81	
	梅州市	84	
	河源市	74	
	清远市	81	
	云浮市	67	
全省		89.1	＞90

（8）地下水极差比例。“十三五”期间，要求各地市地下水极差比例不高于现状（表 5-23）。

表 5-23　地下水极差比例要求

单位：%

地区	城市	2014 年	2020 年
珠三角	广州市	0	0
	深圳市	0	0
	珠海市	—	—
	佛山市	0	0
	顺德区	—	—
	江门市	16.67	16.67
	肇庆市	0	0
	惠州市	0	0
	东莞市	—	—
	中山市	—	—
粤东	汕头市	—	—
	汕尾市	—	—
	潮州市	0	0
	揭阳市	0	0
粤西	湛江市	16.13	16.13
	茂名市	26.32	26.32
	阳江市	0	0
粤北	韶关市	0	0
	梅州市	0	0
	河源市	—	—
	清远市	—	—
	云浮市	—	—
雷州半岛		0	
全省		7.5	7.5

5.3.2 水环境保护总体战略

“十三五”是广东省进一步深入水污染防治和水环境保护，推动实现《南粤水更清行动计划（2013—2020 年）》的攻坚时期。积极实施环境优先战略，强化流域统筹、环境与发展统筹，坚持把水环境保护和生态建设作为支撑经济社会可持续发展的先决条件，加快经济发展方式转变，优化产业发展模式和空间布局，深入开展污染治理和生态恢复，努力走出一条经济社会持续发展、生态环境持续改善、环境安全得到有效保障的绿色发展道路。

（1）强化供水与排水，构建科学合理的供排水体系。以《南粤水更清行动计划（2013—2020 年）》确定的供排水格局为基础，依据河流的自然属性，系统规划和管理入河排污口，禁止向具有饮用水功能河段直接排水。加快备用水源地建设，进一步完善供水管网，保障持续性供水安全。

（2）强化全局与局部，构建基于全流域优化的空间发展格局。从流域的整体性、系统性出发，统筹协调流域上下游不同城市之间利益关系，扭转过去以行政区为单元的空间发展思路，严格按照主体功能区的发展定位，优化流域重大产业合理布局。

（3）强化发展与保护，构建基于水环境容量的产业发展模式。坚持资源开发与生态保护相协调，以水环境容量和生态承载力为依据，转变流域经济发展方式，推动经济结构优化调整。合理控制产业发展规模和空间开发时序，强化产业积聚发展和园区集中建设，建立以水环境功能保障为基本要求的可持续发展模式，实现经济效益、社会效益和环境效益的统一。

（4）强化预防与控制，构建全防全控的水污染防范体系。将控制新增污染与解决历史遗留问题相结合，切实做好新上项目污染预防的同时，强化对现有企业的污染治理和排污监管，从生产源头和全过程减轻环境污染。

5.4 重点任务

5.4.1 优化全省取排水格局

5.4.1.1 全省水资源情况

2014 年，全省平均年降水量为 1 691.2 mm，较上年和常年分别偏少 22.4%和 4.5%，属平水年。全省降水呈现时空分布不均的特点。在空间分布上，降水量在沿海高山多，平原内陆少。在时间分布上，主要集中在汛期（4—9 月），降水量为 1 369.9 mm（占全年总量的 81.0%），比常年偏少 2.5%；前汛期（4—6 月），降水量为 849.2 mm（占全年 50.2%），比常年偏多 10.1%，后汛期（7—9 月），降水量为 520.6 mm（占全年 30.8%），比常年偏少 17.8%。

如表 5-24 所示，全省地表水资源量 1 709.0 亿 m^3，折合年径流深为 962.4 mm，较上年和常年分别偏少 24.2%和 6.1%；地下水资源量 420.53 亿 m^3，较上年和常年分别偏少 21.0%和 6.5%。水资源总量 1 718.45 亿 m^3，较上年和常年分别偏少 24.1%和 6.1%。

从邻省流入广东省的总入境水量为 2 367.6 亿 m^3，从广东省流出邻近省份的水量为 21.9 亿 m^3，全省入海水量为 3 924.0 亿 m^3。入省境、出省境和入海水量分别比上年多 8.5%、少 24.0%和少 6.2%；比常年分别多 0.3%、少 5.9%和少 2.3%。

表 5-24　2014 年各市水资源量　单位：亿 m^3

地市	广州	深圳	珠海	汕头	佛山	顺德	韶关	河源	梅州	惠州	汕尾	东莞
水资源总量	82.12	21.51	16.19	17.82	22.47	6.16	170.32	127.83	123.54	123.36	66.72	22.12
地表水资源量	81.27	21.48	15.69	16.69	21.73	5.88	170.32	127.83	123.54	123.23	66.72	21.81
地下水资源量	15.7	4.5	1.88	3.59	5.1	1.15	41.09	33.66	30.85	32.21	15.35	5.2

地市	中山	江门	阳江	湛江	茂名	肇庆	清远	潮州	揭阳	云浮	全省
水资源总量	16.44	101.66	85.23	78.46	102.80	145.22	242.01	28.60	60.75	57.13	1 718.45
地表水资源量	15.82	101.34	85.23	76.49	102.80	144.90	241.99	27.81	59.32	57.13	1 709.00
地下水资源量	2.37	19.82	17.93	23.71	29.74	42.83	55.95	6.59	14.08	17.22	420.53

5.4.1.2　全省取水、排水现状

（1）供水量。全省总供水量为 442.5 亿 m^3（不包括对香港、澳门供水 8.2 亿 m^3），比上年减少 0.6 亿 m^3。其中，地表水源供水量为 425.5 亿 m^3，占总供水量的 96.1%；地下水源供水量为 15.3 亿 m^3，占 3.5%；其他水源供水量为 1.7 亿 m^3，占 0.4%。全省海水直接利用量为 286.7 亿 m^3。

（2）用水量。如表 5-25 所示，全省总用水量为 442.5 亿 m^3。其中，农业用水量为 224.3 亿 m^3（较上年增加 0.6 亿 m^3），占总用水量的 50.7%；工业用水量为 117.0 亿 m^3（较上年减少 2.5 亿 m^3），占 26.4%；生活用水量为 96.1 亿 m^3（较上年增加 1.3 亿 m^3），占 21.7%；生态环境补水量为 5.1 亿 m^3（较上年减少 0.03 亿 m^3），占 1.2%。按生产、生活和生态划分：生产用水量为 369.1 亿 m^3，占总用水量的 83.4%；生活用水量为 68.3 亿 m^3，占 15.4%；生态补水量为 5.1 亿 m^3，占 1.2%。全省污水处理回用、雨水利用、海水淡化等非常规水利用量为 1.67 亿 m^3，分别为深圳 1.058 亿 m^3、韶关 0.578 亿 m^3、湛江 0.02 亿 m^3、肇庆 0.007 亿 m^3、揭阳 0.009 亿 m^3。

全省用水量最大的 3 个地市分别为广州市、江门市及茂名市，其总用水量分别为 67.05 亿 m³、28.48 亿 m³ 及 27.17 亿 m³，分别占全省总量的 15.2%、6.4%及 6.1%。农业用水量最大的 3 个地市分别为茂名、江门及湛江市，用水量分别为 21.07 亿 m³、19.80 亿 m³ 及 19.79 亿 m³，分别占全省的 9.4%、8.8%及 8.8%。工业用水量最大的 3 个地市分别为广州市、中山市及东莞市，其用水量分别为 38.84 亿 m³、8.56 亿 m³ 及 8.46 亿 m³，分别占全省的 33.2%、7.3%及 7.0%。

表 5-25　2014 年各市用水量　　单位：亿 m³

行政分区		广州	深圳	珠海	汕头	佛山	顺德	韶关	河源	梅州	惠州	汕尾	东莞
生产	农业	11.38	0.84	1.00	4.91	6.96	1.59	15.44	12.15	16.27	12.45	7.56	0.91
	工业	38.84	5.25	1.43	1.60	8.56	4.98	4.81	4.63	3.59	4.80	0.80	8.46
	其中：直流式火（核）电	23.10	0.07	0.06	0.12	5.06	3.27	—	—	—	0.06	0.04	0.44
	城镇公共	5.92	5.21	1.11	0.62	1.60	0.51	0.56	0.25	0.32	1.01	0.53	3.06
生活	城镇	8.78	6.96	1.29	2.49	3.81	2.34	1.02	0.73	1.25	1.94	1.00	5.94
	农村	1.25	—	0.12	0.72	—	—	0.59	0.92	1.01	0.77	0.80	0.75
生态	生态环境	0.88	1.08	0.03	0.15	1.04	0.20	0.19	0.20	0.17	0.07	0.04	0.37
总用水量		67.05	19.34	4.98	10.49	21.97	9.62	22.61	18.88	22.61	21.04	10.73	19.49

行政分区		中山	江门	阳江	湛江	茂名	肇庆	清远	潮州	揭阳	云浮	全省
生产	农业	6.81	19.80	11.15	19.79	21.07	13.46	14.03	4.84	10.48	11.44	224.33
	工业	8.20	4.53	0.94	2.15	1.74	3.54	1.51	2.11	2.52	2.03	117.02
	其中：直流式火（核）电	2.39	1.42	0.06	0.05	—	—	—	0.05	0.04	—	36.23
	城镇公共	1.03	1.22	0.44	0.87	0.96	0.54	0.67	0.51	0.41	0.40	27.75
生活	城镇	1.57	2.11	0.86	1.65	1.42	1.19	1.36	0.98	1.75	0.72	51.16
	农村	0.19	0.74	0.69	2.26	1.86	1.05	0.91	0.48	1.44	0.59	17.14
生态	生态环境	0.05	0.08	0.02	0.16	0.12	0.07	0.04	0.03	0.03	0.12	5.14
总用水量		17.85	28.48	14.10	26.88	27.17	19.85	18.52	8.95	16.63	15.30	442.54

珠三角及粤东西北用水量统计见图 5-16，珠三角、粤西、粤北及粤东地区用水总量占全省的比例分别为 52%、15%、22%及 11%。从粤东西北地区用水结构来看，珠三角地区农业、工业及生活用水比较平均，农业、工业、生活及生态用水比例分别为 33%、39%、27%及 2%，粤东西北地区用水结构与珠三角明显不同，农业用水占比很大，粤东地区 4 项用水比例分别为 59%、15%、25%及 1%，粤西地区 4 项用水比例分别为 76%、7%、16%及 0.4%，粤北地区则为 71%、17%、12%及 1%。

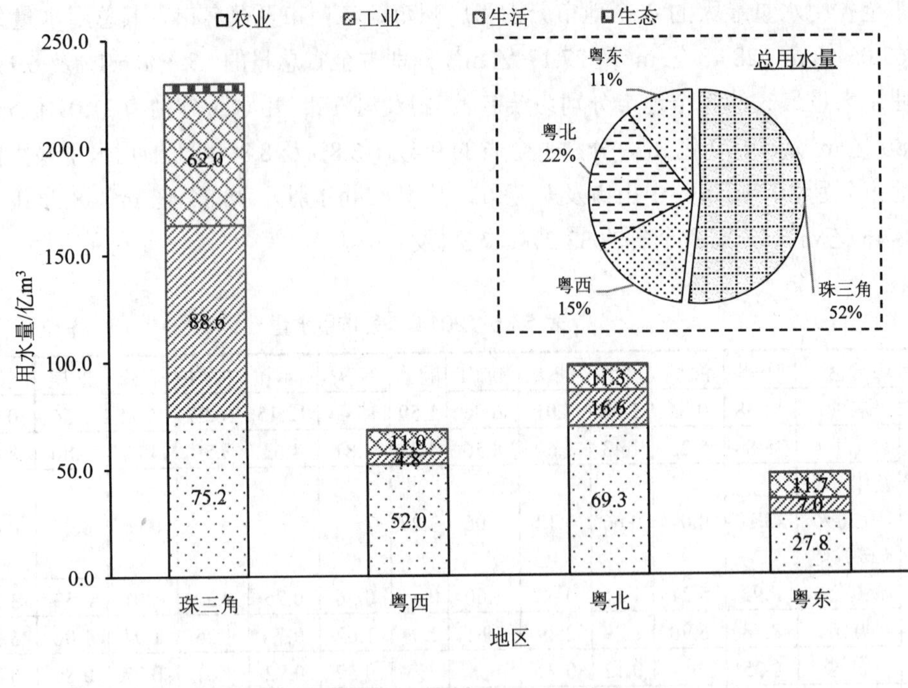

图 5-16　2013 年广东省用水现状统计图

2013 年广东省各地市农田灌溉亩均用水量统计如图 5-17 所示，从图中能看出用水效率最低的 3 个地市分别为茂名市、顺德区及揭阳市，而东莞市、深圳市、珠海市及肇庆市用水效率较高。

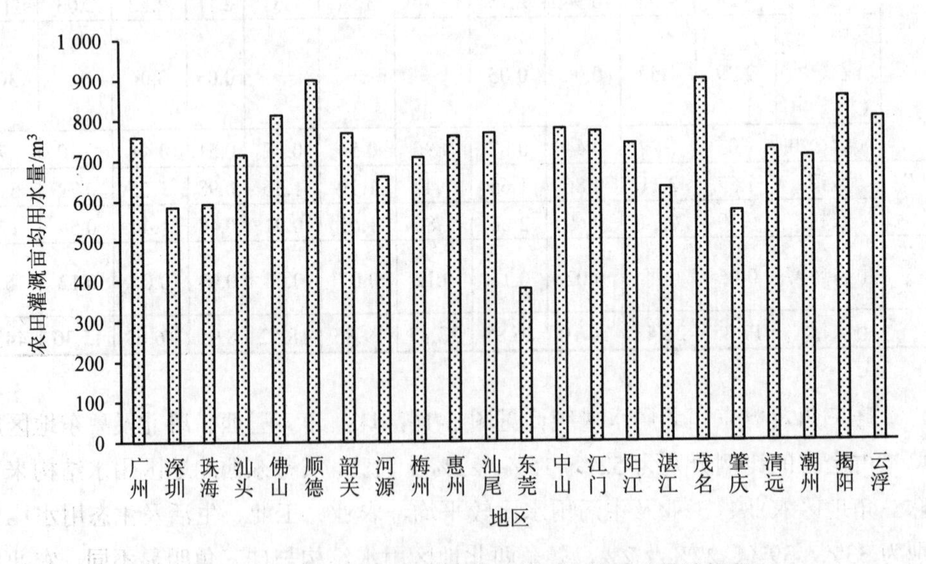

图 5-17　2013 年广东省各地市农田灌溉亩均用水量统计图

2013 年广东省各地市万元工业增加值用水量统计如图 5-18 所示，从图中能看出用水效率最低的 3 个地市分别为梅州市、韶关市及河源市，而深圳市、佛山市及顺德区用水效率较高。

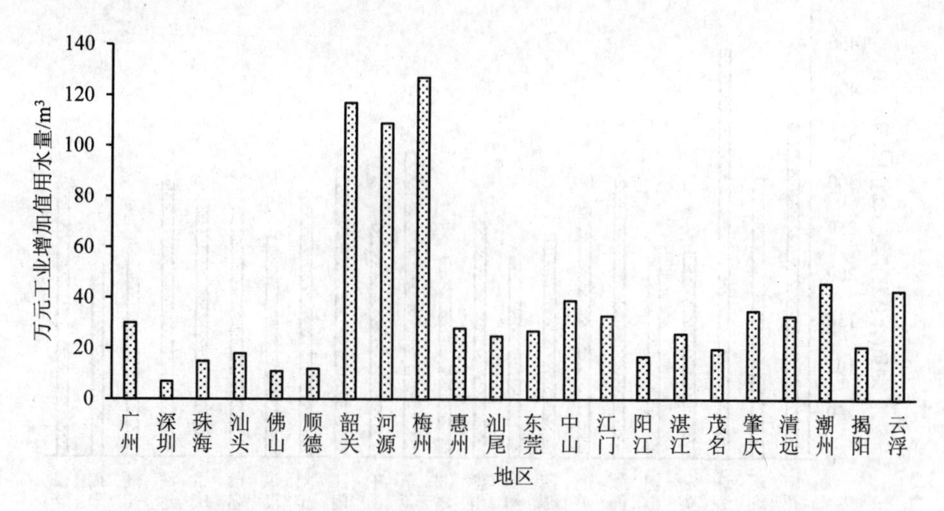

图 5-18 2013 年广东省各地市万元工业增加值（不含火电）用水量统计图

2013 年广东省各地市城镇居民人均用水量统计如图 5-19 所示，从图中能看出城镇居民人均用水量最大的 3 个地市及区分别为顺德区、珠海市及东莞市，而汕尾市、佛山市及中山市人均用水量较低。

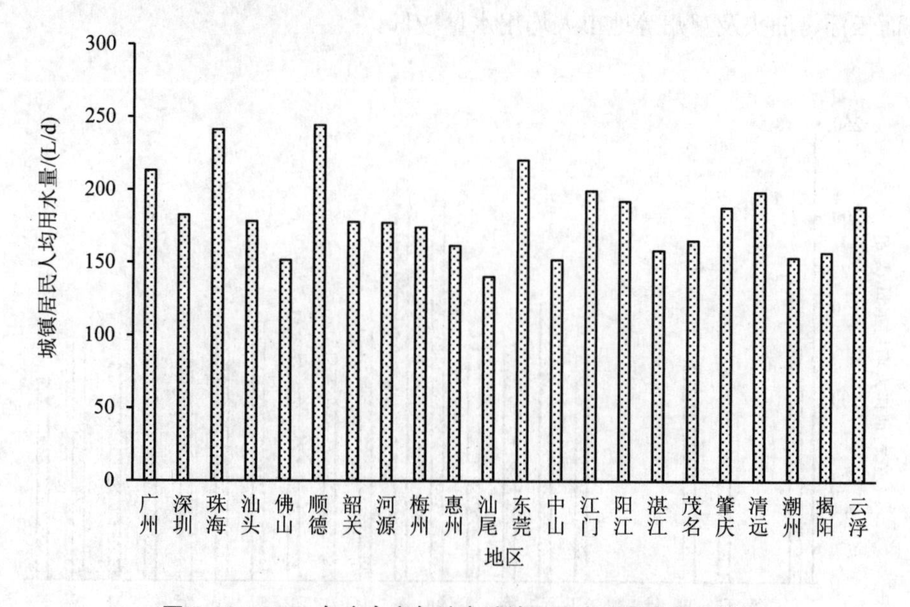

图 5-19 2013 年广东省各地市城镇居民人均用水量统计图

2013 年广东省各地市城镇居民（含公共供水）人均用水量统计如图 5-20 所示，从图中能看出人均用水量最大的 3 个地市及区分别为珠海市、广州市及东莞市，而揭阳、梅州及汕尾等地市人均用水量较低。

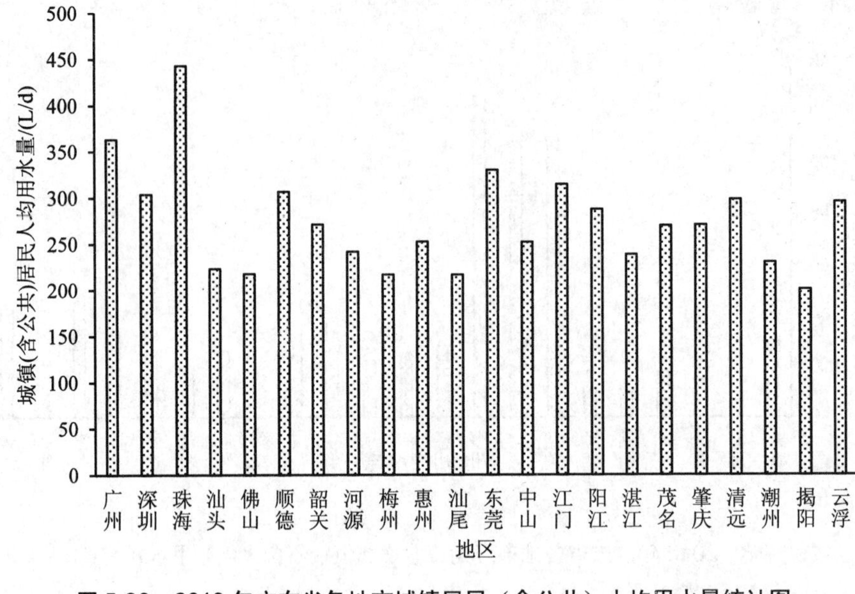

图 5-20　2013 年广东省各地市城镇居民（含公共）人均用水量统计图

2013 年广东省各地市农村居民人均用水量统计如图 5-21 所示，其中深圳、佛山及顺德无农村，从图中能看出人均用水量最大的 3 个地市分别为东莞、汕尾及珠海市，而云浮、汕头及潮州等地市人均用水量较低。

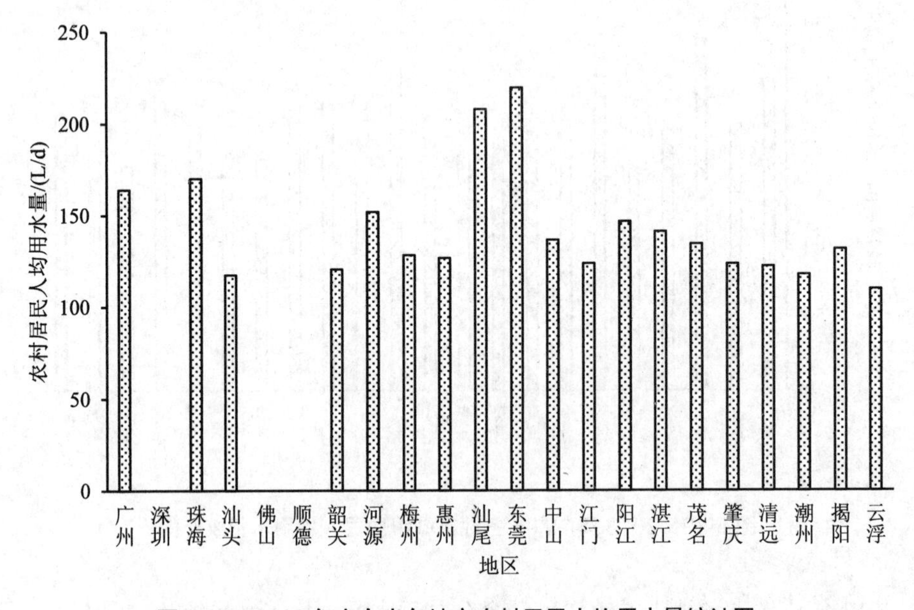

图 5-21　2013 年广东省各地市农村居民人均用水量统计图

(3) 用水消耗量。全省用水消耗总量为 168.4 亿 m^3，其中：农业占 68.4%，工业占 11.7%，生活占 18.5%，生态环境占 1.4%。全省综合耗水率为 38.1%；各行业耗水率为：农业 51.4%，生态环境 47.0%，城镇公共 34.7%，居民生活 31.5%，工业 16.8%。全省直流式火（核）电耗水率为 2.6%，耗水量为 0.9 亿 m^3。

(4) 废污水排放量。全省入河废污水量 121.3 亿 t，其中：工业废水占 52.3%，生活污水占 47.7%。

(5) 用水分析。

☞ 用水指标：全省人均综合用水量为 414 m^3，万元 GDP 用水量为 65 m^3，万元工业增加值用水量为 40 m^3，农田灌溉亩均用水量为 733 m^3，城镇居民人均生活用水量为 193 L/d，农村居民人均生活用水量为 137 L/d。与上年比，各类用水指标均有所下降。

☞ 水资源开发利用程度：按 2014 年来水统计，全省水资源开发利用率为 26.0%，其中：东江（含东江三角洲）31.4%，粤西诸河 23.9%，韩江 23.5%，粤东诸河 22.3%，西江 20.4%，北江 10.3%；按多年平均来水统计，全省水资源开发利用率为 24.5%，其中：东江（含东江三角洲）29.3%，粤东诸河 21.5%，韩江 20.8%，粤西诸河 20.3%，西江 20.1%，北江 10.4%。

☞ 水资源利用趋势：1997—2014 年 18 年间，全省平均年降水量为 3 177 亿 m^3，平均水资源总量为 1 844 亿 m^3。全省用水总量从 1997 年的 439.5 亿 m^3 上升到 2014 年的 442.5 亿 m^3，增长 0.7%，其中：农业用水减少 12.5%，工业用水减少 5.3%，生活（包括居民生活、城镇公共和生态环境补水）用水增加 70.1%。全省用水效率明显提高，按 2000 年可比价计算，万元 GDP 用水量由 1997 年的 547 m^3 下降到 2014 年的 86 m^3，下降了 84.2%；万元工业增加值用水量由 401 m^3 下降到 33 m^3，下降了 91.8%。

5.4.1.3 供水通道水质情况

根据《南粤水更清行动计划（2013—2020 年）》，广东省主要供水通道分布在东江、西江、北江、珠三角河网、韩江、榕江、潢阳江、鉴江、九洲江等比较大型的河流，如表 5-26 和图 5-22 所示。

表 5-26　广东省主要供水通道表

流域	水系名称	主要供水通道	主要服务区域
珠江	西江	西江干流、西江干流水道、西海水道、磨刀门水道	广州、珠海、佛山、中山、江门、肇庆、云浮、澳门
	北江	北江干流、东平水道、顺德水道、潭州水道、沙湾水道	广州、佛山、韶关、清远
	东江	东江干流、东江北干流、东江南支流及东江三角洲网河区咸水线以上（万江、中堂、新塘一线以上）的主要河道	广州、深圳、河源、惠州、东莞、香港

流域	水系名称	主要供水通道	主要服务区域
珠江	珠江三角洲	东海水道、桂洲水道、容桂水道、鸡鸦水道、小榄水道	佛山、中山
	其他	流溪河、潭江、增江	广州、惠州、江门
粤东诸河	韩江	梅江、韩江干流	汕头、梅州、潮州
	榕江	榕江南河、榕江北河	汕头、揭阳
	黄冈河	黄冈河饶平以上段	潮州饶平
粤西诸河	漠阳江	漠阳江尤鱼头桥以上河段	阳江
	鉴江	鉴江干流吴川以上河段、罗江	湛江（吴川）、茂名
	南渡河	南渡河	湛江（雷州）
	九洲江	青年运河	湛江（廉江）

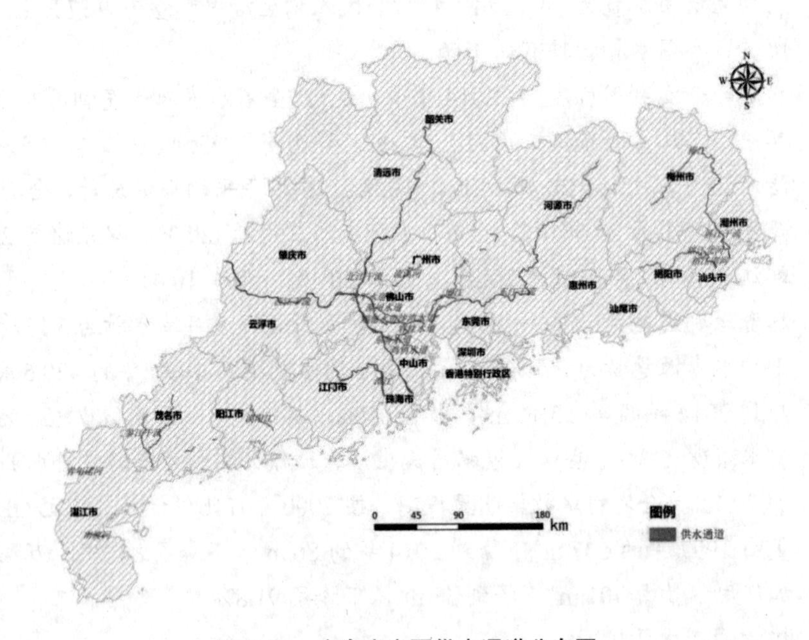

图 5-22　广东省主要供水通道分布图

（1）东江。干流及主要支流 2014 年水质总体良好。东江干流 14 个省控断面中，优良率为 100%，达标率为 92.9%。27 个主要供水河道中，优良率和达标率分别为 85.2%和 92.6%。流域全部 32 个省控断面中，水质优良断面比例和达到水环境功能区水质目标的断面比例分别为 78.1%（25 个）和 81.3%（26 个）。其中，56.3%为Ⅰ～Ⅱ类，水质优；21.9%为Ⅲ类，水质良；9.4%为Ⅴ类，属中度污染；12.5%水质劣于Ⅴ类，属重度污染。跨省河流（定南水、寻乌水）、东江干流（河源段、惠州段、东莞段、北干流）和大部分支流（俐江、新丰江、秋香江、公庄河、增江、沙河、西枝江）水质优良；中下游支流观澜河、石马河、龙岗河和坪山河属重度污染，东莞运河属中度污染，主要污染指标为氨氮、总磷和耗氧有机物。与 2013 年相比，水质优良率上升 3.7 个百分点，水环境功能区达标率下降 3.7 个百分点。水质明显好转断面有寻乌水兴宁电站（劣Ⅴ类好转为Ⅲ类），水质下降断面有公庄河泰美断面（Ⅱ类降至Ⅲ类，定类项目为氨氮和总磷）和石龙北河（Ⅱ类降至Ⅲ类，定类项目为总磷）。各江段中，寻乌水水质显著好转，由重度污染好转为良；公庄河水质下降，由优降为良，其他河段（支流）水质状况基本稳定。

2006—2014 年，东江流域主要供水河道及支流水质（27 个断面）总体维持良好，水环境功能区达标率在 73.7%～92.3%，水质优良（Ⅰ～Ⅲ类）断面比例在 84.2%～92.6%，受重度污染（劣Ⅴ类）水质断面比例在 7.7%～11.1%。东江流域水环境功能区水质达标率和优良率均呈上升趋势，重度污染断面比例呈下降趋势，东江流域水质总体稳中趋好，如表 5-27 和图 5-23 所示。

表 5-27　东江流域主要供水河道及支流 2014 年水质

流域名称	河段名称	断面名称（功能类别）	水质类别		水质状况		超标项目/超标倍数
			2013 年	2014 年	2013 年	2014 年	
东江	寻乌水	兴宁电站（Ⅱ）	劣Ⅴ	Ⅲ	重度污染	良	氨氮/0.74
	定南江	庙咀里（Ⅱ）	Ⅱ	Ⅱ	优	优	
	东江河源段	龙川铁路桥（Ⅱ）	Ⅱ	Ⅱ	优	优	
		龙川城下（Ⅱ）	Ⅱ	Ⅱ			
		东源仙塘（Ⅱ）	Ⅱ	Ⅱ			
		河源临江（Ⅱ）	Ⅱ	Ⅱ			
		江口（Ⅱ）	Ⅱ	Ⅱ			
	东江惠州段	惠阳芦洲（Ⅱ）	Ⅱ	Ⅱ	优	优	
		惠州剑潭（Ⅱ）	Ⅱ	Ⅱ			
		惠州汝湖（Ⅱ）	Ⅱ	Ⅱ			
		博罗新角（Ⅱ）	Ⅱ	Ⅱ			
		东岸（Ⅱ）	Ⅱ	Ⅱ			
	东江东莞段	石龙南河（Ⅱ）	Ⅱ	Ⅱ	优	优	
		石龙北河（Ⅱ）	Ⅱ	Ⅲ	优	良好	总磷/0.01
	东江北干流	石龙桥（Ⅱ）	Ⅱ	Ⅱ	优	优	
		大墩吸水口（Ⅱ）	Ⅱ	Ⅱ			
	俐江	俐江出口（Ⅱ）	Ⅱ	Ⅱ	优	优	
	新丰江	马头福水（Ⅱ）	Ⅱ	Ⅱ	优	优	
	秋香江	榄溪出口（Ⅱ）	Ⅱ	Ⅱ	优	优	
	公庄河	泰美（Ⅲ）	Ⅱ	Ⅲ	优	良好	
	西枝江	马安大桥（Ⅲ）	Ⅲ	Ⅲ	良好	良好	
		西枝江水厂（Ⅲ）	Ⅲ	Ⅲ			
	龙岗河	西湖村（Ⅴ，氨氮≤2.7 mg/L）	劣Ⅴ	劣Ⅴ	重度污染	重度污染	氨氮/0.50
	坪山河	上垟（Ⅴ，氨氮≤2.7 mg/L）	劣Ⅴ	劣Ⅴ	重度污染	重度污染	总磷/0.46
	观澜河	企坪（Ⅴ，氨氮≤3 mg/L）	劣Ⅴ	劣Ⅴ	重度污染	重度污染	氨氮/0.74、总磷/3.17

流域名称	河段名称	断面名称（功能类别）	水质类别		水质状况		超标项目/超标倍数
			2013 年	2014 年	2013 年	2014 年	
东江	石马河	石马河口（V，氨氮≤3 mg/L）	劣V	劣V	重度污染	重度污染	总磷/0.11
	增江	九龙潭（II）	II	II	优	优	
		增江口（III）	III	III			
	东莞运河	樟村（V）	V	V	中度污染	中度污染	
		石鼓（V）	V	V			
		虎门镇口（V）	V	V			
	沙河	沙河河口（III）	III	III	良好	良好	

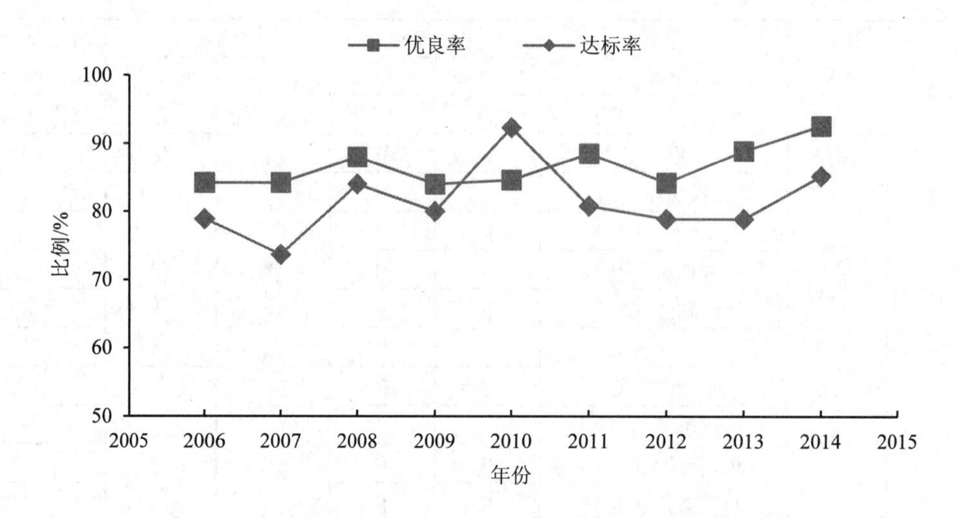

图 5-23　2006—2014 年东江主要供水河道水质变化趋势

（2）北江。如表 5-28 所示，北江干流及主要支流 2014 年水质优良，12 个省控断面中，水质优良断面比例和达到水环境功能区水质目标的断面比例均为 100%，且水质均在 I～II类，铜、铅、锌、镉、汞、砷、六价铬等常规重金属监测指标浓度保持较低水平。与上年相比，水质优良率和水环境功能区达标率均持平。12 个断面无明显变化，常规指标稳定在 I～II类。2006—2014 年，仅 2013 年三溪河砷超标，其余年份北江流域水质优良比例和水环境功能达标率为 100%。

（3）西江。如表 5-29 所示，西江干流及主要支流 2014 年水质优良，9 个省控断面中，水质优良断面比例和达到水环境功能区水质目标的断面比例均为 100%。其中，88.9%为 I～II类，水质优；11.1%为III类，水质良好。与上年相比，西江各江段水质无明显变化，总体保持稳定。2006—2014 年，仅 2006 年南山河段受到石油类污染，其他年份西江流域水质优良率和水环境功能达标率均为 100%。

表 5-28 2014 年北江干流及主要支流水质

流域名称	河段名称	断面名称（功能类别）	水质类别		水质状况	
			2013 年	2014 年	2013 年	2014 年
北江	北江韶关段	孟洲坝电站（Ⅳ类）	Ⅱ	Ⅱ	优	优
		白沙（Ⅲ类）	Ⅱ	Ⅱ		
		高桥（Ⅲ类）	Ⅱ	Ⅱ		
	北江清远段	七星岗（Ⅲ类）	Ⅱ	Ⅱ	优	优
		石尾（Ⅲ类）	Ⅱ	Ⅱ		
		清远港（Ⅲ类）	Ⅱ	Ⅱ		
		界牌（石角）（Ⅲ类）	Ⅱ	Ⅱ		
	浈江	长坝（Ⅲ类）	Ⅱ	Ⅱ	优	优
	武江	坪石（Ⅲ类）	Ⅱ	Ⅱ	优	优
		三溪桥（Ⅲ类）	Ⅱ	Ⅱ		
	连江	西牛（Ⅱ类）	Ⅱ	Ⅱ	优	优
	绥江	五马岗（Ⅱ类）	Ⅱ	Ⅱ	优	优

表 5-29 2014 年西江干流及主要支流水质

流域名称	河段名称	断面名称（功能类别）	水质类别		水质状况	
			2013 年	2014 年	2013 年	2014 年
西江	西江封开段	封开城上（Ⅱ类）	Ⅱ	Ⅱ	优	优
	西江云浮段	古封（Ⅱ类）	Ⅱ	Ⅱ	优	优
		德庆（Ⅱ类）	Ⅱ	Ⅱ		
		都骑（Ⅱ类）	Ⅱ	Ⅱ		
		六都水厂上游（Ⅱ类）	Ⅱ	Ⅱ		
	西江肇庆段	黄岗（Ⅱ类）	Ⅱ	Ⅱ	优	优
		永安（Ⅱ类）	Ⅱ	Ⅱ		
	南山河	永丰桥（Ⅲ类）	Ⅲ	Ⅲ	良好	优
	贺江	白沙街（Ⅱ类）	Ⅱ	Ⅱ	优	优

（4）韩江。如图 5-24 和表 5-30 所示，韩江干流及主要支流水质优良，水质优良断面比例和达到水环境功能区水质目标的断面比例均为 88.9%。9 个断面中，66.7%为Ⅰ～Ⅱ类，水质优；22.2%为Ⅲ类，水质良好；11.1%为Ⅳ类，属轻度污染。与上年相比，水质优良率和水环境功能区达标率均持平。韩江干流各江段水质基本稳定在Ⅱ类；主要支流也基本稳定，汀江、琴江和西溪保持Ⅱ类水平，水质优；梅江水质保持Ⅲ类，水质良好；下游支流梅溪河水质保持为Ⅳ类，受轻度污染。2006—2014 年，韩江水系主要江河水水质优良断面比率和水环境功能区达标率均在 75.0%～100%，水环境功能区达标率和优良率均呈显著上升趋势，韩江水系河流水质总体稳中趋好。

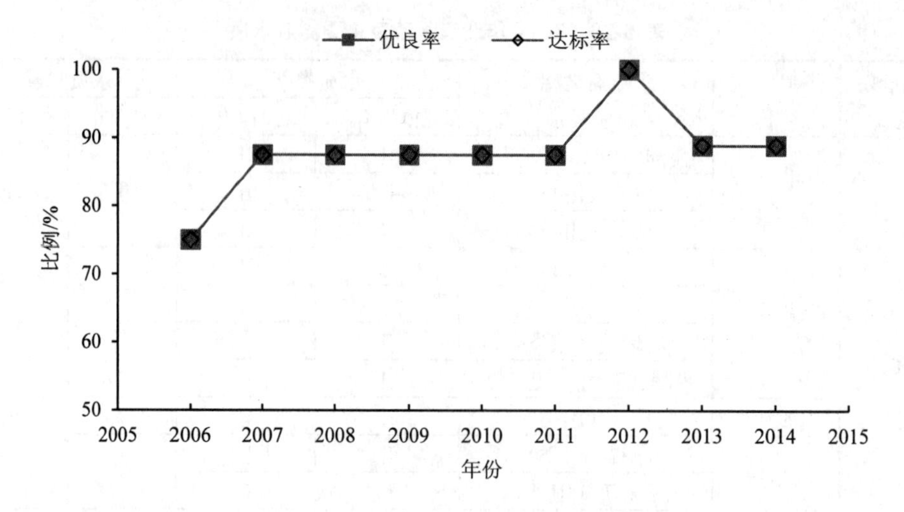

图 5-24　2006—2014 年韩江干流水质变化趋势

表 5-30　2014 年韩江干流及主要支流水质

流域名称	河段名称	断面名称（功能类别）	水质类别		水质状况		超标项目/超标倍数
			2013 年	2014 年	2013 年	2014 年	
韩江	汀江	青溪（Ⅱ类）	Ⅱ	Ⅱ	优	优	
	梅江	西阳电站（Ⅲ类）	Ⅲ	Ⅲ	良好	良好	
	琴江	琴江大桥上（Ⅱ类）	Ⅱ	Ⅱ	优	优	
	宁江	水口水洋（Ⅲ类）	Ⅲ	Ⅲ	良好	良好	
	韩江梅州段	大麻（Ⅲ类）	Ⅱ	Ⅱ	优	优	
	韩江潮州段	赤凤（Ⅱ类）	Ⅱ	Ⅲ	优	优	
		上埔（Ⅱ类）	Ⅱ	Ⅱ	优	优	
	西溪	外砂（Ⅱ类）	Ⅱ	Ⅱ	优	优	
	梅溪河	升平（Ⅲ类）	Ⅳ	Ⅳ	轻度污染	轻度污染	石油类/0.28

（5）鉴江。如表 5-31 所示，鉴江水质优良，水质优良断面比例和达到水环境功能区水质目标的断面比例均为 75%。4 个断面中，25.0%为Ⅰ～Ⅱ类，水质优；50%为Ⅲ类，水质良；25%为Ⅳ类，受轻度污染。与上年相比，鉴江茂名段江口断面由于总磷浓度上升，水质类别由Ⅲ类降至Ⅳ类，受轻度污染；鉴江湛江段水质保持稳定，各监测指标浓度无明显变化（表 5-31）。2006—2014 年，鉴江茂名段 2006 年和 2014 年受到轻度污染，其余年份鉴江流域水质均为优良，水环境功能区达标率均为 100%。

表 5-31　2014 年鉴江干流及主要支流水质

流域名称	河段名称	断面名称（功能类别）	水质类别		水质状况		超标项目/超标倍数
			2013 年	2014 年	2013 年	2014 年	
鉴江	鉴江茂名段	铜鼓电站（Ⅲ类）	Ⅱ	Ⅱ	良好	良好	
		米急渡（Ⅲ类）	Ⅲ	Ⅱ			
		江口门（Ⅲ类）	Ⅲ	Ⅳ			石油类/0.08
	鉴江湛江段	黄坡（Ⅲ类）	Ⅲ	Ⅱ	良好	良好	

（6）供水通道支流水质情况。根据广东省环境质量报告书，可以绘制全省水环境功能达标分布图，将达标分布图与广东省供水通道分布图进行叠加，可以直观显示供水通道支流水质情况（图 5-25）。结果显示（表 5-32），广东省东江、西江、北江干流的支流水质较好，珠三角河网区供水通道的汇入支流超标较大，主要有广州河段西航道（包括前航道、后航道）、佛山水道、大石水道、三枝香水道、后航道黄埔航道、陈村水道、蕉门水道等。

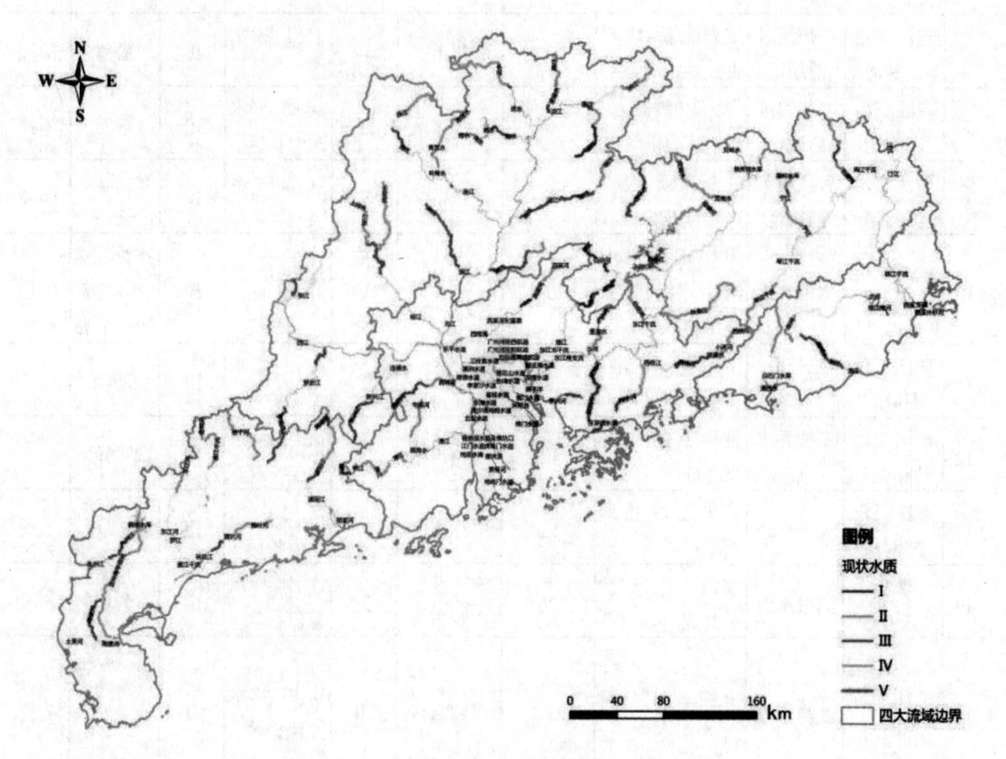

图 5-25　广东省水环境功能区水质现状图

表 5-32　供水通道支流水质情况

序号	流域	供水通道名称	不达标支流	长度/km	控制城镇	现状水质	功能区类型	水质目标	断面名称	断面级别
1	北江	北江	沙洲尾-白沙	30	曲江区	Ⅴ	工业用水区	Ⅳ	孟洲坝电站	国控
2	北江	连江	阳山小江镇圩-阳山县城	17	阳山县	Ⅲ	饮用水水源保护区	Ⅱ	大海村	县控
3	北江	连江	英德市鱼咀-英德市西牛圩	11	英德市	Ⅲ	饮用水水源保护区	Ⅱ	西牛	省控
4	北江	滨江	清新大雾山-清新县自来水厂吸水口下游500 m	69	清新县	Ⅲ	饮用水水源保护区	Ⅱ	迳口坝	县控
5	珠江三角洲网河	广州河段西航道	广州鸦岗-广州沙贝	11.2	广州市	Ⅳ	饮用水水源保护区	Ⅱ	鸦岗	国控
6	珠江三角洲网河	广州河段西航道前航道	广州沙贝-广州大桥	15	广州市区	Ⅴ	饮用水水源保护区	Ⅲ	东朗	国控
7	珠江三角洲网河	广州河段前航道	广州大桥-广州大蚝沙	19.8	广州市区	Ⅴ	工业用水区	Ⅳ	猎德	国控
8	珠江三角洲网河	广州河段后航道	广州白鹅潭-广州洛溪大桥	9	广州市区	Ⅳ	饮用水水源保护区	Ⅲ	东朗	国控
9	珠江三角洲网河	后航道黄埔航道	广州洛溪大桥-广州莲花山	34	广州市区	Ⅴ	景观用水区	Ⅳ	墩头基，长洲	国控
10	珠江三角洲网河	佛山水道	佛山市沙口水闸-南海区平州沙尾桥	25.5	佛山市南海区	Ⅴ	景观用水区	Ⅳ	罗沙、横窖，街边，平洲	省控
11	珠江三角洲网河	三枝香水道	南海区三山港-广州丫髻沙	6	南海区、广州市区	Ⅳ	饮用水水源保护区	Ⅲ	丫髻沙	
12	珠江三角洲网河	三枝香水道	番禺丫髻沙-番禺北联	4.5	广州市区	Ⅳ	饮用水水源保护区	Ⅲ	丫髻沙	
13	珠江三角洲网河	大石水道	番禺北联-番禺西二村	5.2	广州市区	Ⅳ	饮用水水源保护区	Ⅲ	西二村	
14	珠江三角洲	陈村水道	南海三山口-番禺紫坭	26	南海区、广州市区	Ⅳ	饮用水水源保护区	Ⅲ	紫坭	
15	珠江三角洲网河	沙湾水道	番禺紫坭西-番禺墩涌	21.7	广州市区	Ⅲ	饮用水水源保护区	Ⅱ	沙湾水厂，新洲、乌洲、	省控
16	珠江三角洲网河	蕉门水道	番禺大坳口-番禺下北斗	1	广州市区	Ⅲ	饮用水水源保护区	Ⅱ	下北斗	
17	珠江三角洲网河	狮子洋	广州大沙尾-广州凫洲	17	广州市区、东莞市	Ⅳ	渔业用水区	Ⅲ	番禺市康复医院	

序号	流域	供水通道名称	不达标支流	长度/km	控制城镇	现状水质	功能区类型	水质目标	断面名称	断面级别
18	珠江三角洲网河	鸡鸦水道	顺德龙涌-中山大南尾	33	顺德区、中山市	Ⅳ	饮用水水源保护区	Ⅲ	南头渡口、白里口渡口	市控
19	东江	东深供水渠	深圳水库	0	深圳市	Ⅲ	饮用水水源保护区	Ⅱ	大望桥、供港口	省控
20	西江	江门水道	江门北街水闸-新会潖祖咀	23	江门市、新会市	Ⅴ	工业用水区	Ⅳ	上浅口，下沙	省控
21	西江	荷麻溪水道及横坑口	新会百顷头及横坑口-斗门鳌鱼沙	22	新会市、珠海市	Ⅲ	饮用水水源保护区	Ⅱ	斗门鳌鱼沙	
22	西江	江门水道	江门北街水闸-新会潖祖咀	23	江门市、新会市	Ⅴ	工业用水区	Ⅳ	上浅口，下沙	省控
23	西江	螺洲溪	中山竹洲头-斗门鳌鱼沙	32	中山市、珠海市区	Ⅲ	饮用水水源保护区	Ⅱ	鳌鱼沙	
24	西江	黄杨河	斗门鳌鱼沙-白石	7	珠海市区	Ⅲ	饮用水水源保护区	Ⅱ	尖峰大桥，鸡啼门大桥，禾生围	省控
25	鉴江	鉴江干流	高州下排后村-高州平山桥	2	高州市	Ⅳ	饮用水水源保护区	Ⅱ	高州水厂	市控
26	鉴江	鉴江干流	高州平山桥-化州南盛水闸上2 km	35.4	高州市、化州市	Ⅳ	饮用水水源保护区	Ⅲ	化州南盛水闸上2km	
27	鉴江	鉴江干流	化州南盛水闸上 2 km-化州南盛水闸	2	化州市	Ⅲ	饮用水水源保护区	Ⅱ	南盛水坝	省控
29	鉴江	鉴江干流	化州东山潭塘-化州江口门	37.5	化州市	Ⅳ	饮用水水源保护区	Ⅲ	江口门	省控
30	鉴江	播扬河	化州五星顶-化州壶洞	25.6	化州市	Ⅲ	饮用水水源保护区	Ⅱ	壶洞	
31	鉴江	鉴江干流	信宜水厂下游200 m-高州下排后村	70.8	信宜市、高州市	Ⅳ	饮用水水源保护区	Ⅲ	米急渡	省控

5.4.1.4 排水通道污染源排放情况

根据《南粤水更清行动计划（2013—2020 年）》，广东省共划分东江、西北江、韩江、榕江、练江、黄冈河、漠阳江、鉴江和九洲江 9 个排水片区（表 5-33）。

表 5-33 广东省主要排水通道表

流域	片区	排水通道名称	主要河道	主要服务区域
珠江	东江	潼湖水-石马河-东引运河	潼湖水、观澜河、石马河、东引运河	深圳、惠州、东莞
		深圳排水通道	深圳河（独立入海）、茅洲河（独立入海）	深圳、东莞
	西北江	广佛北部排水通道	佛山水道及其分支、平洲水道、前航道、后航道、三枝香水道、沥滘水道、黄埔水道、狮子洋水道	广州、佛山
		广佛中部排水通道	陈村水道、市桥水道、沙湾水道大刀沙以下段、蕉门水道	广州、佛山
		广佛南部排水通道	顺德支流、容桂水道下游段、洪奇沥水道	广州、佛山、中山
		石岐河排水通道	石岐河、横门水道	中山
		前山河排水通道	前山河	珠海、中山
		鸡啼门排水通道	鸡啼门水道井岸以下河段	珠海
		江门排水通道	江门河、江门水道、礼乐河、潭江新会河口以下、银洲湖	江门
粤东诸河	韩江	汕头排水通道	梅溪河、外砂河和东溪挡潮闸以下河段	汕头
	榕江	揭阳排水通道	榕江揭阳市区以下河段、枫江	汕头、潮州、揭阳
	练江	练江排水通道	练江	汕头、揭阳
	黄冈河	饶平排水通道	黄冈河饶平县城以下河段	潮州饶平
粤西诸河	漠阳江	阳江排水通道	漠阳江阳江市区下游至入海口	阳江
	鉴江	小东江排水通道	小东江	湛江、茂名
		鉴江入海河段	鉴江吴川下游河段	湛江
	九洲江	廉江河排水通道	廉江河	湛江（廉江）

如表 5-34 所示，9 个排水片区中，部分排水通道污染负荷较重。废水排放量中，潼湖水-石马河-东引运河、深圳排水通道、广佛北部排水通道、广佛中部排水通道、广佛南部排水通道等通道污染负荷最重；潼湖水-石马河-东引运河、深圳排水通道、广佛北部排水通道、广佛中部排水通道、广佛南部排水通道、揭阳排水通道、小东江排水通道等通道 COD 负荷最重；潼湖水-石马河-东引运河、深圳排水通道、广佛北部排水通道、广佛中部排水通道、广佛南部排水通道、揭阳排水通道、小东江排水通道、练江排水通道等通道氨氮污染负荷最重；总磷和总氮则是小东江排水通道、潼湖水-石马河-东引运河、广佛北部排水通道、广佛中部排水通道、广佛南部排水通道、鉴江入海河段、廉江河排水通道等通道负荷最重；砷及镉、汞、铅等重金属则

是潼湖水-石马河-东引运河、深圳排水通等通道排放量最大。

表 5-34　广东省排水通道污染排放情况

流域	片区	排水通道名称	废水/万 t	COD/t	氨氮/t	总氮/t	总磷/t	废水砷/kg	废水铅/kg	废水镉/kg	废水汞/kg
珠江	东江	潼湖水-石马河-东引运河	298 617.0	286 390.3	44 545.0	14 524.5	1 593.1	146.5	435.8	50.5	21.3
		深圳排水通道	259 054.6	223 081.7	34 849.1	2 237.0	260.3	140.4	413.3	48.9	20.5
	西北江	广佛北部排水通道	242 072.9	324 485.0	41 372.6	22 185.3	3 236.4	32.8	305.8	21.7	0.6
		广佛中部排水通道	242 072.9	324 485.0	41 372.6	22 185.3	3 236.4	32.8	305.8	21.7	0.6
		广佛南部排水通道	282 628.1	372 264.7	47 932.0	25 020.7	3 628.4	45.9	305.8	21.7	1.6
		石岐河排水通道	40 555.3	47 779.7	6 559.4	2 835.4	392.0	13.1	0.0	0.0	1.0
		前山河排水通道	64 030.2	80 725.1	11 078.4	5 734.0	735.0	13.5	15.4	1.0	1.0
		鸡啼门排水通道	23 474.9	32 945.4	4 519.1	2 898.5	343.0	0.4	15.4	1.0	0.0
		江门排水通道	38 064.0	107 641.7	11 621.5	13 099.1	1 974.1	8.3	8.8	1.8	0.0
粤东诸河	韩江	汕头排水通道	25 606.3	87 390.6	11 032.7	4 100.9	466.6	6.3	12.1	1.5	0.8
	榕江	揭阳排水通道	63 308.3	228 381.5	27 783.3	16 081.0	1 935.5	7.3	47.2	2.1	0.9
	练江	练江排水通道	50 315.8	174 906.3	21 104.7	10 283.5	1 116.3	6.7	12.9	1.6	0.8
	黄冈河	饶平排水通道	12 992.5	53 475.2	6 678.6	5 797.5	819.1	0.6	34.3	0.5	0.1
粤西诸河	漠阳江	阳江排水通道	9 902.6	43 070.2	5 504.2	7 274.9	762.7	0.4	9.4	0.5	0.1
	鉴江	小东江排水通道	44 637.2	212 892.6	26 300.9	45 397.4	5 477.6	201.3	4.2	0.8	0.2
		鉴江入海河段	24 629.3	95 632.2	11 720.6	22 140.6	3 002.8	184.8	2.2	0.2	0.1
	九洲江	廉江河排水通道	24 629.3	95 632.2	11 720.6	22 140.6	3 002.8	184.8	2.2	0.2	0.1

5.4.1.5 存在的问题

（1）全省水资源利用率不高，农业农村用水浪费严重。2013 年全省水资源开发利用率不到 20%，北江仅为 8.5%，水资源开发利用率整体偏低。区域用水不均衡，珠三角地区总用水量占到全省总用水量的 40.2%，工业用水量占到全省工业总用水量的 66.4%。在用水指标上，虽然全省人均综合用水量 418 m^3 和万元 GDP 用水量 71 m^3 均低于全国人均综合用水量 454 m^3 和万元 GDP 用水量 118 m^3，但农田灌溉亩均用水量远高于全国水平，2013 年，广东省农田灌溉亩均用水量为 737 m^3，是全国农田实际灌溉亩均用水量 404 m^3 的 1.8 倍还多，农田灌溉水有效利用系数远低于全国平均水平，农业用水浪费严重。广东省农村居民人均生活用水量为 135L/d，为全国农村农村居民人均生活用水量 79 L/d 的 1.7 倍，农村居民生活用水效率有待进一步提高。

（2）供水通道内仍设置有排污口，个别排污口与取水口距离较近。目前广东省供排水通道内的取、排水口数据不全，本底情况依然不清。从已收集的资料看，广东省供排水通道沿岸仍有大量企业布设，珠江三角洲供水通道、东江干流惠州东莞段、韩江干流潮州段、榕江北河揭阳段等供水通道沿岸尤为密集。部分供水通道内仍设有排污口，个别排污口位置临近取水口。

（3）汇入供水通道的水质不容乐观，珠三角供水通道支流水质差。珠三角河网区供水通道的汇入支流超标较多，水质较差，主要有广州河段西航道（包括前航道、后航道）、佛山水道、大石水道、三枝香水道、后航道黄埔航道、陈村水道、蕉门水道等。东江干流供水通道汇入的支流主要是淡水河、石马河、茅洲河、观澜河等，水质极差。漠阳江干流供水通道上游的龙湾河和潭江干流供水通道的支流天沙河现状水质均为Ⅳ类，不能稳定达到Ⅲ类水质要求。

（4）排水通道纳污量大，污染物纳污负荷区域有所差异。部分排水通道污染负荷较重，不同通道其污染物纳污负荷不同。如表 5-35 所示，潼湖水-石马河-东引运河、深圳排水通道、广佛北部排水通道、广佛中部排水通道、广佛南部排水通道、揭阳排水通道、小东江排水通道等通道的 COD 负荷最重，潼湖水-石马河-东引运河、深圳排水通道、广佛北部排水通道、广佛中部排水通道、广佛南部排水通道、揭阳排水通道、小东江排水通道、练江排水通道等通道的氨氮污染负荷最重，小东江排水通道、潼湖水-石马河-东引运河、广佛北部排水通道、广佛中部排水通道、广佛南部排水通道、鉴江入海河段、廉江河排水通道等通道的总磷和总氮负荷最重。

表 5-35　广东省主要排水通道污染物重负荷情况

污染物类别	重污染负荷排水通道
废水	潼湖水-石马河-东引运河、深圳排水通道、广佛北部排水通道、广佛中部排水通道、广佛南部排水通道
COD	潼湖水-石马河-东引运河、深圳排水通道、广佛北部排水通道、广佛中部排水通道、广佛南部排水通道、揭阳排水通道、小东江排水通道
氨氮	潼湖水-石马河-东引运河、深圳排水通道、广佛北部排水通道、广佛中部排水通道、广佛南部排水通道、揭阳排水通道、小东江排水通道、练江排水通道
总氮	小东江排水通道、潼湖水-石马河-东引运河、广佛北部排水通道、广佛中部排水通道、广佛南部排水通道、鉴江入海河段、廉江河排水通道
总磷	小东江排水通道、广佛北部排水通道、广佛中部排水通道、广佛南部排水通道、鉴江入海河段、廉江河排水通道
废水砷	潼湖水-石马河-东引运河、深圳排水通道
废水铅	潼湖水-石马河-东引运河、深圳排水通道、广佛北部排水通道、广佛中部排水通道、广佛南部排水通道
废水镉	潼湖水-石马河-东引运河、深圳排水通道
废水汞	潼湖水-石马河-东引运河、深圳排水通道

5.4.1.6　对策措施

（1）加快推进供排水通道取排水口摸底调查。开展全省供水通道取排水口基础状况普查，建立取排水口动态更新信息系统。水利、环保、建设、国土联合制订全省取排水战略规划，进一步明确各主要河道水功能和水环境功能，确定片区用水需求，优化区域水源布局，建立互联互补安全供水保障体系。

（2）推动建立城乡一体化供排水体制机制。从城乡区域整体考虑，统筹区域水资源和水质情况，逐步改革原有城乡分散供水模式，将城市扩容提质建设与周边乡镇和农村建设结合起来，推进城乡一体化供水体系建设。逐步建立区域性供水系统，按照水源水系地理环境特征和行政区划确定供水区域，城市周边中心镇和聚居密度相对较高且地形较为平坦有利于供水管网敷设的地区，原则上纳入城市集中供水系统。统一规划城乡排水系统，统一建设排水管网，珠三角等经济条件较好的区域，要积极推进农村排水管网建设，并与城市排水系统相协调，原则采用雨污分流体制，其他地区应根据具体情况，因地制宜选择适宜的排水系统。

（3）严格保护供水通道水质。供水通道严禁新建排污口，关停涉重金属、持久性有机污染物的排污口，其余现有排污口不得增加污染物排放量。积极采用地级差价等经济和市场手段，合理提高供水通道周边沿岸和各级水源保护区的土地使用费，制定高于其他土地的土地价格，推动供水通道内企业和居民自动外迁。大力改善供水通道支流水质，加快推进广州河段西航道（包括前航道、后航道）、佛山水道、大石水道、三枝香水道、后航道黄埔航道、陈村水道、蕉门水道、淡水河、石马河、茅洲河、观澜河、龙湾河、天沙河等河流水环境综合整治，汇入供水通道的支流水质要逐步达到《地表水环境质量标准》（GB 3838—2002）Ⅲ类水质要求。

（4）加大排水通道污染源监控力度。加快推进各市供排水通道的划定工作，严格控制排水通道污染物排放总量，逐步减少潼湖水-石马河-东引运河、深圳排水通道、广佛北部排水通道、广佛中部排水通道、广佛南部排水通道废水排放量，着力削减潼湖水-石马河-东引运河、深圳排水通道、广佛北部排水通道、广佛中部排水通道、广佛南部排水通道、揭阳排水通道、小东江排水通道等通道 COD 负荷和潼湖水-石马河-东引运河、深圳排水通道、广佛北部排水通道、广佛中部排水通道、广佛南部排水通道、揭阳排水通道、小东江排水通道、练江排水通道等通道氨氮污染负荷，加强小东江排水通道、潼湖水-石马河-东引运河、广佛北部排水通道、广佛中部排水通道、广佛南部排水通道、鉴江入海河段、廉江河排水通道总磷和总氮排放企业的监管。

5.4.2 严格保护饮用水水源

5.4.2.1 饮用水水源现状

（1）城市集中式饮用水水源地。

基本情况

2014 年全省开展常规监测的集中式饮用水水源地共有 80 个，其中地下水型水源地 6 个，均为湛江市饮用水来源地，其余地市水源地均为河流型或水库型水源地。珠三角地区水源地最多，共 55 个，占全省总量的 68.8%；粤东水源地为 10 个，占全省总量的 12.5%；粤西水源地为 9 个，占全省总磷的 11.3%；粤北地区水源地共 6 个，占全省总量的 7.5%。

对广东省珠三角及粤东西北地区水源地数量、服务人口、设计取水量及实际取水量进行统计，结果见图 5-26，从图中能看出珠三角地区水源地服务人口、设计取水量及实际取水量占全省比例均较高，三者的占比分别为 82%、87%及 86%。从实际取水量来看，珠三角地区取水量占全省比例 86%，其次为粤东、粤北及粤西地区，取水量比例分别为 6%、5%及 3%。

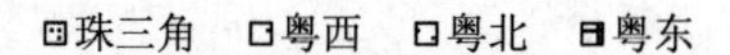

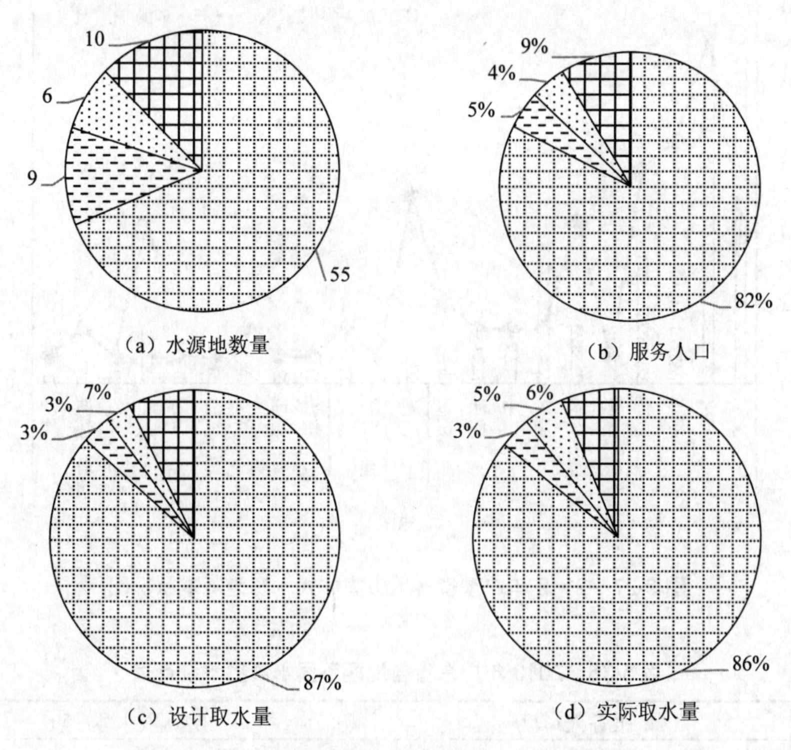

（a）水源地数量　（b）服务人口

（c）设计取水量　（d）实际取水量

图 5-26　2013 年广东省集中式饮用水水源地供水统计图

从各地市水源地数量及其供水量分析（图 5-27），2013 年，全省水源地数量最多的 3 个地市分别为深圳市、珠海市和佛山市，其水源地数量分别为 13 个、9 个和 8 个；服务人口最多的 3 个地市分别为深圳市、广州市及珠海市，其服务人口数量分别为 1 047 万、935 万及 926 万，设计取水量最多的 3 个地市分别为广州市、珠海市及深圳市，其设计取水量分别为 18.8 亿 t/a、17.2 亿 t/a 及 16.9 亿 t/a，而实际取水量最多的 3 个地市则分别为广州市、深圳市及东莞市，取水量分别为 17.2 亿 t、16.9 亿 t 及 7.9 亿 t。粤东西北地区供水量最多的地市分别为汕头市、湛江市及韶关市，其实际取水量分别为 2.8 亿 t、0.9 亿 t 及 0.8 亿 t。

对珠三角及粤东西北地区统计地下水、河流型及水库型水源基本状况，见表 5-36。2013 年全广东省地下水、河流型及水库型水源地供水人口分别为 15.5 万、3 666 万及 1 551 万，占全省总供水人口的比例分别为 0.3%、70.1%及 29.6%。实际取水量分别为 3 656 万 t、550 461 万 t 及 156 600 万 t，占全省总取水量的比例分别为 0.5%、77.5%及 22.0%。从实际取水量的分布上来看，河流型水源地为广东 4 片区域提供了主要水源，珠三角、粤东、粤西及粤北河流型水源地供水量分别占该区域总水量的 79%、72%、68%及 54%，从水库型水源地的供水比例来看，粤西地区水库型水源地供水比例最低，只有 17%，粤北地区最高，达 46%。

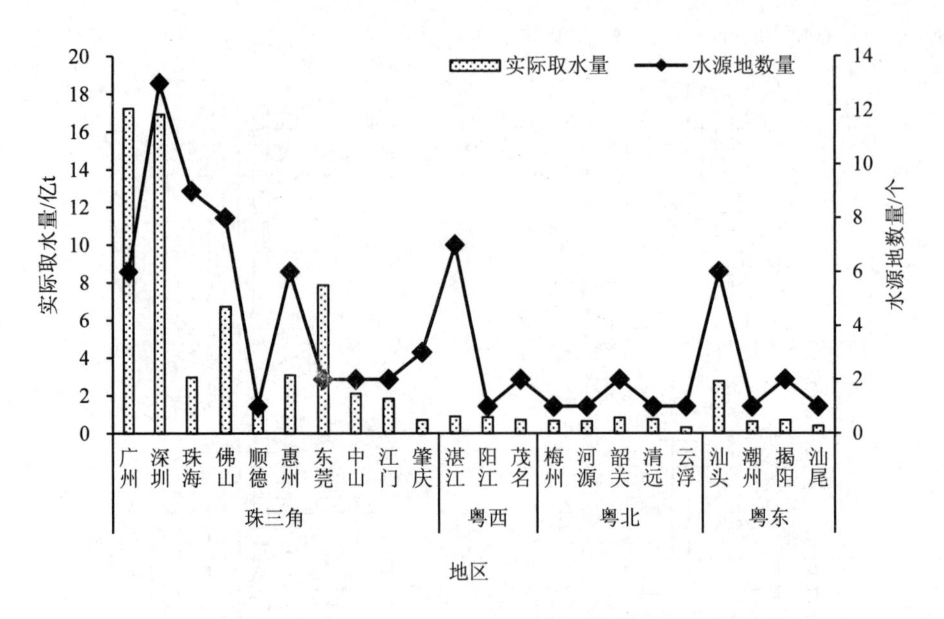

图 5-27 2013 年广东省各地市集中式水源地基本状况图

表 5-36 2013 年广东省各地区不同水源供水统计表

地区	服务人口/万			实际取水量/万 t		
	地下水	河流型	水库型	地下水	河流型	水库型
珠三角	—	3 061	1 250	—	483 489	125 329
粤东	—	324	130	—	32 588	12 389
粤西	15.5	144	80	3 656	16 933	4 286
粤北	—	137	91	—	17 451	14 597
总计	15.5	3 666	1 551	3 656	550 461	156 600

水质情况

对各水源地 2013 年、2014 年平均水质状况进行统计，见表 5-37。大部分水源地 2014 年水质与 2013 年一致，仅 5 个水源地水质发生变化，其中 2 个水质由Ⅱ类降为Ⅲ类，2 个水质由Ⅱ类升至Ⅰ类，1 个水质由Ⅲ类升至Ⅱ类。近两年水源地水质保持稳定，2014 年Ⅰ类水质水源地数量占总量的 4%，Ⅱ占比为 68%，Ⅲ占比为 29%，优良水质比例为 72%。

表 5-37 广东省集中式水源地水质状况

水质类别	2013 年		2014 年	
	数量/个	比例/%	数量/个	比例/%
Ⅰ	1	1	3	4
Ⅱ	55	71	54	68
Ⅲ	22	28	23	28
合计	78	100	80	100

粤东西北地区集中式水源地水质状况统计见表5-38。粤北地区优质水比例最高，达83%，其次为粤东及珠三角地区，优质水比例分别为80%及76%，粤西地区优质水比例很低，仅22%。Ⅲ类水质水源地最多的区域为珠三角地区及粤西地区，该类水源地数量分别为13个及7个。

表5-38　粤东西北地区集中式水源地水质状况汇总表

城市	水源地水质			总计	区域优质水比例/%
	Ⅰ类	Ⅱ类	Ⅲ类		
珠三角	2	40	13	55	76
粤东	—	8	2	10	80
粤西	—	2	7	9	22
粤北	1	4	1	6	83
总计	3	54	23	80	69

各地市水源保护区水质状况见表5-39，目前省内有Ⅰ类水质水源地3个，分别位于深圳市、惠州市及河源市，Ⅲ类水质水源地最多的3个地市分别为湛江市、广州市及深圳市，数量分别为5个、4个及4个。

表5-39　各地市集中式水源地水质状况表

区域	地市	水源地水质			总计
		Ⅰ类	Ⅱ类	Ⅲ类	
珠三角	广州	—	7	4	11
	深圳	1	5	4	10
	珠海	—	9	—	9
	佛山	—	8	1	9
	惠州	1	3	1	5
	东莞	—	—	3	3
	中山	—	2	—	2
	江门	—	3	—	3
	肇庆	—	3	—	3
粤西	湛江	—	1	5	6
	阳江	—	1	—	1
	茂名	—	—	2	2
粤北	梅州	—	—	1	1
	河源	1	—	—	1
	韶关	—	2	—	2
	清远	—	1	—	1
	云浮	—	1	—	1
粤东	汕头	—	4	2	6
	潮州	—	1	—	1
	揭阳	—	2	—	2
	汕尾	—	1	—	1
全省		3	54	23	80

各地市达到Ⅲ类指标的数量及具体指标统计如表5-40所示，从水源地类型来看，Ⅲ类水质水源地类型大部分为河流、湖库型水源，仅湛江市5个为地下水水源，从超标指标特征来看，河流、湖库型水源地基本上都存在总磷超标问题，部分存在BOD、COD_{Cr}及氨氮超标问题，地下水型水源地超标指标基本都是氨氮、钡，其中一个水源地为锰超标。

表5-40　各地市集中式水源地水质状况表

区域	城市	水源地类型	断面名称	Ⅲ类指标					
				BOD	COD_{Cr}	氨氮	TP	锰	钡
珠三角	广州市	流溪河	流溪河花都段水源			√	√		
		东江北干流	西洲水厂			√	√		
		湖泊水库	秀全水厂			√	√		
		白坭河	巴江水厂	√	√	√	√		
	深圳市	湖泊水库	西丽水库				√		
		湖泊水库	铁岗水库		√		√		
		湖泊水库	石岩水库		√		√		
		湖泊水库	罗田水库		√		√		
	东莞市	东江东莞段	樟村水厂				√		
		东江东莞段	万江水厂				√		
		东江东莞段	第六水厂			√	√		
	佛山市	顺德水道	羊额水厂				√		
	惠州市	西枝江	马安大桥下	√		√	√		
粤东	汕头市	湖泊水库	河溪水库				√		
		湖泊水库	秋风水库				√		
粤西	茂名市	鉴江茂名段	河西水厂				√		
		湖泊水库	名湖水库				√		
	湛江市	地下水	龙划水厂			√			√
		地下水	东山水厂			√			√
		地下水	临东水厂			√			√
		地下水	平乐水厂			√		√	√
		地下水	屋山水厂			√			√
粤北	梅州市	湖泊水库	清凉山水库				√		

水源地管理情况

☞ 水源保护区标志建设状况：截至2013年12月31日，21个地级市及顺德区共78个饮用水水源均完成了保护区标志的设置，城市饮用水水源保护区标志建设完成率为100%。其中97.4%（76个）按照《饮用水水源保护区标志技术要求》（HJ/T 433—2008），设置了保护区标志，只有韶关市苍村水库饮用水水源保护区和清远市七星岗水源保护区标志设置不符合规范要求，如表5-41所示。

表 5-41　广东省集中式饮用水水源保护区标志设置情况

城市	饮用水水源总数/个	完成标志设置		依据 HJ/T 433—2008 设置标志	
		水源数量/个	完成率/%	水源数量/个	设置比例/%
广州市	6	6	100.0	6	100.0
深圳市	13	13	100.0	13	100.0
珠海市	9	9	100.0	9	100.0
汕头市	6	6	100.0	6	100.0
佛山市	8	8	100.0	8	100.0
韶关市	2	2	100.0	1	50.0
顺德区	1	1	100.0	1	100.0
河源市	1	1	100.0	1	100.0
梅州市	1	1	100.0	1	100.0
惠州市	6	6	100.0	6	100.0
汕尾市	1	1	100.0	1	100.0
东莞市	2	2	100.0	2	100.0
中山市	2	2	100.0	2	100.0
江门市	2	2	100.0	2	100.0
阳江市	1	1	100.0	1	100.0
湛江市	7	7	100.0	7	100.0
茂名市	2	2	100.0	2	100.0
肇庆市	3	3	100.0	3	100.0
清远市	1	1	100.0	0	0.0
潮州市	1	1	100.0	1	100.0
揭阳市	2	2	100.0	2	100.0
云浮市	1	1	100.0	1	100.0
全省	78	78	100.0	76	97.4

☞ 水源保护区整治情况：①一级保护区。2013 年年初，广东省一级保护区内年初违章建筑占地面积大于 44 400.0 m^2，排污口为 3 个，无网箱养殖。②二级保护区。2013 年广东省二级保护区内，年初排污口数量为 2 个，当年关闭 1 个；年污水总量为 2 492.17 万 t，年处理量为 2 326.14 万 t，处理率 93.3%；年废物产生量为 0.232 万 t，年废物利用量为 0.232 万 t，利用率 100%；二级保护区内无网箱养殖，当年无新增。

☞ 水源保护区风险管理状况：截至 2013 年年底，广东省城市水源风险管理状况达 97.4%。其中，河源市、茂名市未完成风险源名录，风险管理状况均为 50%；阳江市未完成危险化学品运输管理制度，风险管理状况为 50%；其他 18 个地级市和顺德区水源风险管理状况均达到 100%。

☞ 应急能力建设状况：从 21 个地市的评估结果来看，全省 21 个地级市及顺德区中，汕头市无应急水源，应急管理能力完成率为 83.3%，其他 20 个地级市和顺德区应急管理基本到位，应急管理能力完成率均为 100%。

（2）区县级饮用水水源地。

基本情况

以最近的2012年调查数据进行分析，纳入评估的96个地级以下城市集中式饮用水水源均为地表水源，其中河流型49个，水库型47个，在用76个，备用20个。

对76个在用水源地基本状况进行统计，如表5-42所示。从数量上来看，河流型水源地共39个，湖库型共37个，从取水量来看，河流型水源地年取水量为4.96亿t，湖库型为4.17亿t。从服务人口看，河流型水源地共服务人口553万，湖库型水源地共服务人口562万。

表5-42　2012年广东省地级以下市水源地基本情况统计表

水源地类型	个数		取水量		服务人口	
	数量/个	占比/%	数量/万t	占比/%	数量/万人	占比/%
河流型	39	51.3	49 567.42	54.3	552.85	49.6
湖库型	37	48.7	41 700.24	45.7	562.32	50.4
合计	76	100	91 267.66	100	1 115.17	100

水质状况

2012年广东省地级以下市水源地中81个开展常规监测，对其年均水质状况进行统计，大部分水源地水质达标。其中，水质稳定在Ⅱ类以内的水源地数量为52个，占开展监测水源地数量的64%；最差水质为Ⅲ类的水源地数量为25个，占比为31%，最差水质为Ⅳ类、Ⅴ类及劣Ⅴ类的水源地数量分别为1个、1个及2个，占比分别为1%、1%及2%。

管理状况

- 标志建设状况：96个饮用水水源中，62个饮用水水源地均完成了保护区标志的设置，其中35.5%（22个）按照《饮用水水源保护区标志技术要求》规范设置了保护区标志。
- 整治状况：一级保护区，2012年违章建筑占地清拆面积5 100 m^2，关闭非法排污口8个。二级保护区，2012年关闭排污口12个，取缔网箱养殖面积20 000 m^2。
- 风险管理状况：全省96个水源地中建立风险源名录的水源地有39个，占总数的40.6%；建立危险化学品运输管理制度的水源地有44个，占所有水源地的45.8%。一级保护区内存在交通穿越的水源地有23个，占比为24%；二级保护区内存在交通穿越的水源地有18个，占比为18.8%。
- 应急能力建设状况：全省62个地级以下市中，蕉岭、连南、海丰、南雄和阳西5县市应急管理不到位，管理水平偏低，惠东、开平、台山、佛冈、连州、清新、阳山、英德、乐昌、高要、四会11县市应急管理基本到位。

应急水源情况：除从化、连平等 20 个市县外，其他 42 个县市均具备应急水源。应急物质和技术储备情况：除潮安、龙川等 24 个市县外，其他 38 县市均具备应对重大突发污染事件的物资和技术储备。制定应急预案情况：除增城、连平等 15 个市县外，其余 47 县市均制定了饮用水水源突发污染事故应急预案。应急演练情况：除潮安、从化等 39 个市县外，其他 23 县市均具备饮用水水源应急演练制度。预案定期修改制度情况：除饶平、从化等 35 个市县外，其余 27 县市均已建立应急预案定期修改制度。水源污染事故处置情况：62 个地级以下市 2012 年未发生饮用水水源水质污染事故。

（3）典型乡镇饮用水水源地。在珠三角及粤东西北地区各选一个地市分析其乡镇饮用水水源地建设情况，主要包括乡镇水源地保护区划分情况、水源地水质状况、水源地内污染源分布状况及水源地风险状况 4 个方面内容。

韶关市乡镇饮用水水源地

韶关市共 91 个乡镇（不含县城所在的城镇或街道），包括浈江区 5 个，武江区 5 个，曲江区 8 个，乐昌市 16 个，南雄市 17 个，乳源瑶族自治县 8 个，翁源县 7 个，始兴县 9 个，新丰县 6 个，仁化县 10 个。韶关市有 81 个乡镇的水源为集中式饮用水水源，有 10 个乡镇的水源为分散式饮用水水源，集中式饮用水水源地共有 75 个，有部分乡镇已批准与其他乡镇共用水源，分散式饮用水水源地数量为 11 个；韶关市河流型、湖库型及地下水水源地数量分别为 65 个、19 个及 3 个，大部分为河流型水源地；已划分并批复的集中式水源保护区共 6 个，近期拟划分水源保护区 33 个，考虑水源条件简陋，未来在建水厂位置尚未确定，剩余 36 个水源保护区暂不划分。

对地表水集中式饮用水水源地主要指标进行评价，参与评价的 75 个水源地中有 42 个水源地水质为Ⅱ类及Ⅱ类以上，32 个水源地为Ⅲ类，仅浈江区花坪镇西牛潭水库饮用水水源地 TN 超标，水质为Ⅳ类，Ⅱ类及Ⅱ类以上水源地的比例为 56%。地表水源地中单指标污染物浓度达到Ⅲ类的指标有高锰酸盐指数、氨氮、总磷、总氮、铅和汞，各指标浓度达到Ⅲ类的水源地数量统计如下：高锰酸盐指数 5 个、氨氮 1 个、总磷 3 个、总氮 25 个、铅 1 个、汞 1 个，由此可见各水源地主要污染因子为高锰酸盐指数、总磷及总氮。总氮超标的水源地主要出现在浈江区、乐昌市及南雄市，高锰酸钾指数超标的水源地主要出现在仁化县。

地下水型水源地水质评价结果表明，武江区重阳镇饮用水水源地水质较好，所有指标均能达到Ⅰ类，闷子泉饮用水水源地高锰酸盐指数为Ⅲ类，其余指标均为Ⅰ类。

对湖库型水源地富营养状态进行评价，韶关市参与评价的 14 个水库型水源地富营养指数最高的为南雄市界址镇孔江水库饮用水水源地，综合营养状态指数为 42.8，其高锰酸钾质量浓度为 2.6 mg/L，为地表水Ⅱ类水平；TP 质量浓度为 0.019 mg/L，为地表水Ⅱ类水平；TN 质量浓度为 0.89 mg/L，达地表水Ⅲ类水平。统计得贫营养状态的水库共 8 个，中营养状态的水库为 6 个。

佛山市乡镇饮用水水源地

佛山市现有乡镇集中式饮用水水源地17个，其中9个已划分水源地保护区，并获得省政府批复，其余8个已完成可行性研究并提交省政府报批，大部分水源保护区都是河流型的。

对各水厂取水口水质状况进行评价，西江干流最上游监测断面高明水厂水质最好，所有指标均优于Ⅲ类。随着西江及北江水系进入城市发展区域，生活污水、工业废水及农业面源污染进入河道，下游各断面均有个别指标达Ⅲ类，超标指标为氨氮、挥发酚及粪大肠菌群。

图5-28为佛山市城市集中饮用水水源地水质状况分布图，从图中能看出佛山市地市级饮用水水源地大部分均位于西江及北江干流上，西江及北江分别自佛山西部及北部进入佛山市，最终从佛山西南侧流出。从西江干流沿江水源地水质变化情况来看，上游肇庆市2个水源地处水质均为Ⅱ类，在进入佛山以后，佛山市内2个水源地水质均为Ⅱ类，在流出佛山进入江门后，江门市水源地水质劣化为Ⅲ类；从北江沿江水源地水质状况来看，佛山最上游北江水厂水源地水质为Ⅱ类，在南海区东平水道处水源地水质变为Ⅲ类，在下游潭州水道、顺德水道及进入广州后水源地水质均为Ⅱ～Ⅲ类及Ⅲ类。

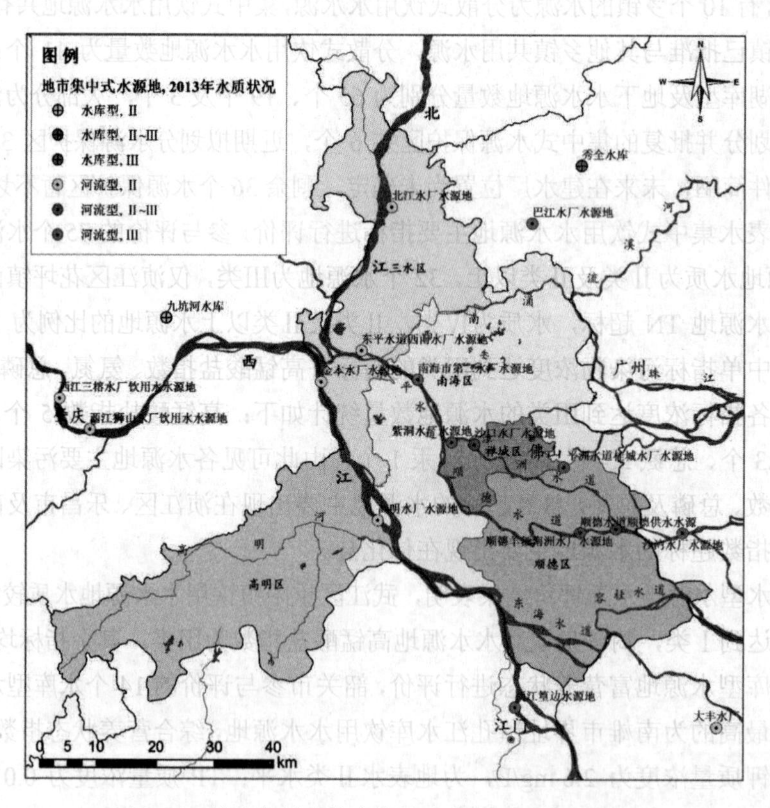

图5-28　佛山市城市集中饮用水水源地及其水质状况

备用水源西坑水库水质状况如表5-43所示。由于佛山市水库监测数据较少，西坑水库采用2010年、2011年监测数据进行评价。从表中可以看出，西坑水库质量浓度达到Ⅲ类的污染因子为总氮、总磷。整体水质状况为Ⅲ类，水库的综合营养状态指数为43.8，分级为中营养状态。

表5-43 佛山市西坑水库水质状况

监测指标	五日生化需氧量	高锰酸盐指数	氨氮	挥发酚	氰化物	汞	铅	总磷	六价铬	总氮	评价结果
水质级别	Ⅰ	Ⅱ	Ⅰ	Ⅰ	Ⅰ	Ⅰ	Ⅲ	Ⅰ	Ⅲ	Ⅲ	Ⅲ

（4）农村饮用水水源地。根据2010年广东省农村饮用水水源地调查结果，对广东省农村饮用水水源基本状况、水质状况、管理状况等进行分析。

基本情况

如表5-44所示，2010年共调查农村饮用水水源地共140个。其中，地表水型78个，占总数的55.7%；地下水型62个，占44.3%。地表水型水源地中河流型和湖库型分别有63个和15个，分别占地表水型水源地的80.8%和19.2%。纳入调查的140个农村饮用水水源地实际取水量约511.65万m^3/a，占全省调查水源地取水总量的0.05%，占全省生活用水总量的0.078%。其中，地表水型、地下水型的取水量分别为360.78万m^3/a、150.88万m^3/a，占取水总量的71%、29%。地表水型水源地中，河流型、湖库型的取水量分别为279.26万m^3/a、81.52万m^3/a，占地表型取水总量的77%和23%。

表5-44 广东省纳入调查的农村饮用水水源地类型及数量 单位：个

地市	各类水源地数量			合计	地市	各类水源地数量			合计
	湖库型	湖库型	湖库型			湖库型	湖库型	湖库型	
广州	9	0	1	10	惠州	2	4	4	10
韶关	6	0	4	10	梅州	1	3	6	10
汕头	9	1	0	10	清远	9	0	1	10
佛山	3	4	3	10	潮州	0	0	10	10
江门	10	0	0	10	揭阳	0	0	10	10
湛江	0	0	10	10	云浮	6	2	2	10
茂名	3	0	7	10	全省	63	15	62	140
肇庆	5	1	4	10					

珠三角地区的深圳、珠海、东莞、中山 4 个地市已实现了城乡一体化供水，基本没有农村水源地。根据随机抽样结果，除了河源、汕尾、阳江 3 个地市没有调查外，对其他 14 个地市的农村饮用水水源地进行了调查。从水源地分布看，粤西的湛江、茂名和粤东的潮州、揭阳等市地下水型农村饮用水水源地比例较高；珠三角的广州、江门和粤北山区的清远、云浮、韶关等市河流型农村饮用水水源地比例较高；湖库型水源地所占比例较小，主要集中在珠三角的佛山、惠州和粤北的梅州、云浮等市。

水质状况

全省选取的 140 个农村饮用水水源地中，46.4%为Ⅰ～Ⅱ类水质，水质为优；34.3%为Ⅲ类水质，水质良好；19.3%为Ⅳ～劣Ⅴ类水质，水质受到轻度或重度污染。从水源地类型看，河流型水质为Ⅰ～Ⅲ类水源地的比例最高，为 100%；其次为水库型和地下水型，水质为Ⅰ～Ⅲ类水源地比例分别为 86.7%和 59.7%（表 5-45）。从地市情况看，调查的 140 个农村水源地中，揭阳的水源地水质均不达标；湛江和佛山的达标率也比较低，分别为 30%和 50%，广州、韶关、汕头、江门、梅州、潮州和云浮市的水源地达标率均为 100%。

表 5-45　广东省农村饮用水水源地水质类别统计

水源地类型	达标水源地数量/个					总合计/个	Ⅰ～Ⅱ类/个	Ⅰ～Ⅱ类比例/%	Ⅰ～Ⅲ类/个	Ⅰ～Ⅲ类比例/%
	Ⅰ类	Ⅱ类	Ⅲ类	Ⅳ类	劣Ⅴ类					
河流型	10	41	12	0	0	63	51	81.0	63	100.0
水库型	0	10	3	0	2	15	10	66.7	13	86.7
地下水型	0	4	33	12	13	62	4	6.5	37	59.7
分类合计	10	55	48	12	15	140	65	46.4	113	80.7

注：总磷、总氮和粪大肠杆菌（总大肠菌群）指标不纳入单因子评价。

管理状况

从 2010 年的调查结果来看，农村饮用水水源保护区划分工作明显缺位，纳入本次调查的 94 个集中式饮用水水源地均未划分水源保护区。约 8.6%（12 个）的水源地污染源调查范围内存有排污口。地下水型和河流型水源地污染源调查范围内存有排污口的比例分别为 14.5%和 4.8%；湖库型水源地均没有排污口。

5.4.2.2　主要问题

（1）人口密集区域水源地水质较差。如表 5-46 所示，2014 年Ⅲ类水质水源地共有 23 个，有 9 个为河流型水源地，9 个为湖库型水源地，5 个为地下水型水源地。9 个河流型水源地基本分布在珠三角地区，水质主要受周边生活污水、农业种植、畜禽养殖等影响，9 个湖库型水源地分布比较零散，其纳污范围比较确定，污染源主要是集水区内农村生活、农业种植、畜禽养殖等，5 地下水型水源地均位于湛江，地下水水源地取水点一般位于深层承压水，水质问题多与当地本底水质有关。

表 5-46　2014 年广东省Ⅲ水质集中式水源地名单

区域	城市	水源地类型	断面名称	Ⅲ类指标					
				BOD	COD_{Cr}	氨氮	TP	锰	钡
珠三角	广州市	流溪河	流溪河花都段水源			√	√		
		东江北干流	西洲水厂			√	√		
		湖泊水库	秀全水厂			√	√		
		白坭河	巴江水厂	√	√	√	√		
	深圳市	湖泊水库	西丽水库				√		
		湖泊水库	铁岗水库		√		√		
		湖泊水库	石岩水库		√		√		
		湖泊水库	罗田水库		√		√		
	东莞市	东江东莞段	樟村水厂				√		
		东江东莞段	万江水厂				√		
		东江东莞段	第六水厂			√	√		
	佛山市	顺德水道	羊额水厂				√		
	惠州市	西枝江	马安大桥下	√		√	√		
粤东	汕头市	湖泊水库	河溪水库				√		
		湖泊水库	秋风水库				√		
粤西	茂名市	鉴江茂名段	河西水厂				√		
		湖泊水库	名湖水库				√		
	湛江市	地下水	龙划水厂			√			√
		地下水	东山水厂			√			√
		地下水	临东水厂			√			√
		地下水	平乐水厂			√		√	√
		地下水	屋山水厂			√			√
粤北	梅州市	湖泊水库	清凉山水库				√		

（2）水源保护措施不完善。主要存在 3 方面的问题：①部分乡镇水源地保护区划分工作仍未提上日程；②未设立保护设施；③设立了保护设施，但不符合相关规范。未划分保护区的问题主要存在于乡镇饮用水水源地。保护措施设立方面，目前地级市、地级以下市水源保护区主要问题是保护措施不规范，乡镇级水源保护区主要是未设立保护措施的问题。

（3）城市建设未与水源保护对接。很多城市在建设发展过程中未考虑饮用水水源保护区限制建设的问题，导致水源保护区内存在违规建筑，主要指交通项目穿越、河流型保护区内修建堤坝并进行城市开发。公路穿越方面，目前78个地级市集中式饮用水水源地中，16个饮用水水源一级保护区内存在交通项目穿越，39个饮用水水源二级保护区内存在交通项目穿越；全省96个地级以下集中式饮用水水源地中，23个饮用水水源一级保护区内存在交通项目穿越，18个饮用水水源二级保护区内存在交通项目穿越；而从近期各地市乡镇饮用水水源划分科研报告来看，乡镇级水源保护区交通穿越现象也较为普遍。

（4）饮用水水源污染风险加大。从单个水源地来看，河流型水源地风险主要为违法排污项目、上游来水污染风险及交通穿越带来的风险，湖库型水源地风险主要是存在违法排污项目。从区域层面来看，东江、西江及北江以其优良水质及充足水量成为沿线城市的首选水源地，伴随而来的也是突发事件的高风险，若上游地区出现突发污染事件，则下游一定范围内城市供水都将受到严重影响。从违法排污项目带来的风险来看，地级以下市饮用水水源地还存在分散式污水处理率不高的问题，乡镇水源地中上述污染问题更为普遍。

（5）水源保护与重大项目相冲突。据统计，2012—2014年，共有6个地市就重大项目建设穿过水源保护区问题向省政府提交保护区变更申请，统计情况见表5-47。水源保护区在划分之初主要考虑供水便利性及水源保护的可实施性，对未来公路、管道建设的前瞻性不足，水源地往往占据河道中数千米甚至几十千米，这就导致轨道项目在横跨河流时必须穿过水源保护区。

表5-47　广东省近年来因重大项目申请饮用水水源调整事件统计

编号	地市	申请时间	调整原因
1	广州	2012	广州市轨道交通八号线北延段十三号线一期工程、十四号线一期工程穿越水源保护区
2		2013	广州白云国际机场供油工程场外管道项目穿越饮用水水源保护区
3		2014	广州白云机场扩建供油工程场外管道项目穿越饮用水水源保护区
4		2014	广州市轨道交通十一号线工程穿越饮用水水源保护区
5	佛山	2013	佛山市城市轨道交通二号线一期工程穿越饮用水水源保护区
6		2014	佛山市城市轨道交通三号线工程穿越饮用水水源保护区
7	潮州	2013	西气东输三线闽粤支干线工程（广东段）穿越饮用水水源保护区
8	揭阳	2014	新建铁路广梅汕客运专线梅州至潮汕段穿越新西河水库饮用水水源保护区
9	茂名	2013	深茂铁路江门至茂名段沿线穿越饮用水水源保护区
10	湛江	2012	广西液化天然气项目管道工程穿越湛江市雷州青年运河水水源保护区
11		2013	湛江港-铁山港原油管道工程穿越湛江市雷州青年运河饮用水水源保护区
12		2014	汕湛高速公路云浮至湛江段及支线工程穿越饮用水水源保护区
13		2014	黎湛、河茂铁路电气化改造工程穿越湛江市饮用水水源保护区

5.4.2.3 保护措施

（1）强化饮用水水源保护区管理。严格执行《饮用水水源保护区污染防治管理规定》等相关规定，一级保护区内所有与供水和保护水源无关的设施及污染源一律清除，严禁建设与水源保护无关的工程，现有及规划水源地一级保护区设置卫生防护带，相关水厂应设置明显的标志和严禁事项的告示牌。二级保护区严禁新建、扩建向水体排放污染物的建设项目，取缔所有直接排污口，保护区内现有企业应制定限期整治、清拆方案，规定期限内不能整治达标的，必须关、停、并、迁。

（2）加大饮用水水源地污染综合整治力度。强化水源地保护区及周边土地利用控制，依法征用饮用水水源一级保护区内的土地，用于涵养饮用水水源。加大饮用水水源保护区工业企业检查力度，完善定期巡查和惩处制度，严厉打击违规排放污染物的环境违法企业，各地市着重加强重要饮用水水源周边企业监管，杜绝偷排漏排。加强水源地畜禽养殖污染整治，因地制宜做好农村生活污水和生活垃圾的收集和处理，控制农村面源污染。建立定期巡查等制度，对饮用水水源周边开展常规巡逻，确保水源保护区内无新增污染源。

（3）建立饮用水水源保护区联席会商制度。在水源保护区范围最终确定之前，开展联席会商会议，邀请城市规划、道路施工相关管理部门及技术单位共同参会，就水源保护区边界对未来道路等建设影响进行评估。事先在水源保护区边界确定前，预留部分河段作为建设用河段，水源保护区划分则避开上述区域，减少道路从水源保护区中间穿过的问题。

（4）加强饮用水水源地环境监管及应急能力建设。加强饮用水水源地城市站的全分析监测能力建设，促进自动监测站系统升级，加强湖库富营养化和蓝藻水华监测，增强特征因子的自动监测能力，严防有毒有害物质污染风险。加强饮用水水源保护区日常监督和检查，建立健全饮用水水源安全预警制度和应急机制，形成污染来源预警、水质安全应急处理和水厂应急处理三位一体、省、市、县三级响应的饮用水水源应急保障体系。加强对饮用水水源地水质和污染突发事件监控，定期发布饮用水水源水质监测信息，推进城镇集中式饮用水水源地水质定期报告制度实施。加快地级以下市级和乡镇级应急备用水源建设，推进饮用水水源地应急预案及预案预演工作，切实提高水源保护应急能力。

5.4.3 推进污水处理系统建设

5.4.3.1 污水处理现状

（1）城镇生活污水排放处理现状。2013 年，全省城镇生活污水排放量为 69.13 亿 t，其中珠三角、粤东西北地区城镇生活污水排放量分别占 78.7%、8.6%、6%和 6.7%。如表 5-48 所示，截至 2013 年年底，全省共建成污水处理设施 415 座，日污水处理能力为 2 200.2 万 t，建成配套管网 2.18 万 km，全年实际城镇生活污水处理量为 59.1 亿 t。全省城镇生活污水处理率达 85.5%，其中珠三角地区城镇生活污水处理率达 91.4%，粤东地区城镇生活污水处理率最低，为 55.4%。列入《广东省“十二五”主要污染物总量减排重点项目》的 219 座污水处理项目[其中国家责任书项目 62 项（已开工或建成 45 项）]已开工或建成 124 座，全省 67 个县和珠三角地区所有中心镇（共 73 个）已全部建成污水处理设施，深圳、珠海、佛山、惠州、东莞、中山等市所有建制镇均建成污水处理设施。

表 5-48　全省城镇生活污水处理处理情况表

地区	已建污水处理设施/座	城镇生活污水排放量/（万 t/d）	已建污水处理设施处理规模/（万 t/d）	城镇生活污水处理率/%
全省	415	1 893.96	2 200.2	85.5
珠三角	307	1 490.1	1 842.03	91.4
粤东	28	162.33	138.55	55.4
粤西	23	113.75	99.5	66.1
粤北	57	127.78	120.12	71.7

注：表中的城镇生活污水排放量来源于 2013 年环境统计数据。

（2）全省污泥处理处置现状。污水处理会产生污泥，也带来了污泥处理处置的问题。广东省污泥主要以填埋（约为 50%）、土地利用方式（包括肥料利用、制营养土、园林绿化、农用，约为 33%）、建材利用（包括水泥窑协同处置、制砖，约为 11%）、干化焚烧及制生物质燃料（约为 5%）等多种方式处理处置。据统计，2013 年全省城镇生活污水厂共产生污泥约 306 万 t（含水率为 60%～80%）。全省 11 个地级市建成了污泥集中处理处置设施，已建成的污泥集中处理处置项目为 21 个，污泥处理能力达261.9万 t/a,交给持严控废物处理许可证单位无害化处理的量约占81%。

5.4.3.2　主要问题

（1）部分地区污水处理率偏低。粤东西北地区，特别是粤东、粤西地区城镇生活污水处理设施少，污水处理率偏低，均低于全省平均水平。目前珠三角核心区部分建制镇及粤东西北部分中心镇未能实现“一镇一厂”。污水处理厂建设涉及征地、拆迁等问题，配套管网建设资金投入大，部分镇财政资金不足，镇级污水处理厂建设推进难度大。另外，部分镇级污水处理厂污水处理费征收不到位或征收标准低于签约费用，污水处理厂运营费用也得不到保障。

（2）配套管网不完善问题仍然突出。据统计，2013 年全省新增污水管网公里数不到《南粤水更清行动计划（2013—2020 年）》中 2015 年新增管网目标的 14%，粤东西北地区县城和镇级生活污水处理设施（特别是镇级污水处理设施）管网建设普遍滞后。由于污水配套管网不完善，导致污水处理厂进水量不足或者进水浓度偏低，影响设备正常运转，难以发挥减排效益。2013 年，全省纳入减排考核的污水处理厂生活污水 COD 进口平均质量浓度仅为 177 mg/L。2013 年环统数据统计显示，污水处理厂生活污水 COD 进口浓度大于平均值的水量仅占总处理水量的 48%，大部分污水处理厂生活污水进口 COD 浓度偏低。2012 年，全省城镇生活污水处理厂平均运行负荷为 76.6%，比 2010 年增加了 5.6%。然而，目前全省日处理能力过万吨的污水处理厂中 32 家负荷率低于 60%，配套管网“最后一公里”问题依然存在。另外，生活用水量大、旧城区管网雨污合流等，不仅降低了污水厂进水浓度，增加了污水处理厂的运行成本，暴雨时期还会因水量过大而导致溢流。同时，雨污分流改造、支次管网建设等涉及征地拆迁等问题，推进难度较大。

（3）污水处理厂提标改造进展缓慢。部分污水处理厂出水标准偏低或者不能稳定达标，达不到《城镇污水处理厂污染物排放标准》（GB 18918—2002）一级 A 标准及广东省地方标准《水污染物排放限值》（DB 44/26—2001）的较严值。《南粤水更清行动计划（2013—2020 年）》提出的 14 座需要提标改造的污水处理厂绝大部分未有开展实质性工作。淡水河、石马河流域内大部分污水处理厂出水达不到一级 A 标准，且运行稳定率不高。另据调查，部分流域内现有污水处理厂即使出水全部达到一级 A 标准，与河流整治目标仍然存在较大差距，且流域内绝大多数污水处理厂污水深度处理工作尚未实质性开展。随着流域环境整治重点任务由污水处理厂建设转为支次管网建设，污水处理重点由耗氧物质去除阶段进入更加艰难的氮、磷营养物质去除阶段，污水处理难度更大，污水处理厂提标改造更具紧迫性。

（4）污泥无害化处理设施建设滞后。随着广东省污染减排工作的大力推进，城镇污水集中处理设施不断上马，污泥产生量将不断增长。当前广东省污泥无害化处理设施建设滞后，污泥处理处置能力与污泥产生量不匹配，污泥无害化处置离 2015 年 100%的目标还有一定差距。近年来广东省虽陆续建成一批污泥集中处理处置项目，但是污泥处理处置设施建设依然滞后于污水处理设施建设。如广州、深圳、佛山、中山、江门等珠三角地区核心城市污泥处理处置能力不足，而汕头、韶关、梅州、汕尾、清远、潮州、揭阳、云浮等市尚未建成污泥处理处置设施，仅靠填埋，存在巨大的环境污染隐患。

5.4.3.3 需求分析

按照现有污水处理厂设计日处理能力 2 200.2 万 t 计算，全省污水年处理能力约为 80.3 亿 t。根据生活污染的预测结果显示，到 2020 年，城镇生活污水排放总量预计达到 80.28 亿 t，广东省污水处理厂处理能力基本可以满足广东省“十三五”生活污水处理需求。但由于部分污水处理设施配套管网建设滞后，部分地区的污水未能接入管网中，污水处理厂污水收集率低，导致处理率难以达到目标要求；同时导致运行负荷也不理想，不能达到《广东省城镇污水处理及再生利用设施建设“十二五”规划》提出的投产一年的污水实际处理量不得低于其设计能力的 60%，投产三年以上的污水处理量不得低于其设计能力的 75%，影响广东省总量减排效益。未来相当长一段时期，广东省经济仍将快速发展，城镇化步伐加快，城镇规模扩大与环境基础设施建设滞后之间的矛盾将更加凸显，在污染物总量控制和流域水质目标达标的双重压力下，污水处理厂要力争提升运行负荷及处理效果。因此，“十三五”期间，不仅要继续推进污水处理设施建设，更要深入推进污水处理厂配套管网建设和提标改造。

按照《南粤水更清行动计划（2013—2020 年）》及《广东省“十二五”后半期主要污染物总量减排重点项目》的要求，2020 年将比 2013 年新增污水处理能力约 590 万 t/d。按每处理 1 万 t 污水产生约 5 t 的污泥（含水率为 80%）计算，2020 年污泥产生量将超过 11 300 t/d。

5.4.3.4 污水处理目标

到 2020 年，全省城镇生活污水集中处理率达 90%以上，再生水利用率达到 20%以上，全省城镇生活污水处理厂运行负荷达到 90%以上，各地级以上市污泥无害化处理处率达到 90%。

5.4.3.5 实施方案

（1）优先完善污水处理厂配套管网。加快完善已建设施配套管网，切实提高已建污水处理设施运行负荷。按照“厂网并重”的原则，新、扩建污水处理设施和配套管网须同步设计、同步建设、同时投入运营。鼓励未开始建设污水处理厂的地区根据发展规划先行建设污水收集管网。将污水收集管网建设与城市开发、旧城改造等统筹考虑，城市新区、工业园区和住宅小区新建管网实施雨污分流，积极推进旧城区和重污染河涌周边的污水收集管网实施雨污分流改造，提高污水处理厂进水浓度。珠三角地区城市加强截污系统的精细化改造，重点开展初雨收集处理和污水截留处理；粤东西北吸取城市以完善次支管网建设为重点，不断扩大污水收集范围。广州、深圳市建成区到 2017 年年底前，各地级市城市建成区到 2020 年基本实现污水全收集、全处理。

（2）大力提升污水处理设施治污效能。新、扩和改建城镇污水处理设施出水应符合《城镇污水处理厂污染物排放标准》（GB 18918—2002）一级 A 标准及广东省地方标准《水污染物排放限值》（DB 44/26 —2001）的较严值。因地制宜推进污水处理厂提标改造，升级工艺设备，采用活性炭吸附、臭氧氧化、反渗透等先进技术完成深度处理升级改造，强化脱氮除磷功能，排入重要水库的出水水质达到《地表水环境质量标准》（GB 3838—2002）Ⅲ类水质要求。以重污染河流、城市重污染河涌和运行负荷及进水浓度不达标的污水处理厂为重点，分类制订污水管网建设和改造计划。重点推进淡水河、石马河、练江、枫江、小东江等重点流域周边污水处理厂的提标改造，因地制宜提出污水处理厂排放标准，力争达到水质控制目标。重点推进广州、深圳、东莞等污染负荷重、耗水量大的城市开展污水再生利用工作，鼓励粤东西北地区因地制宜建设再生水利用设施。到 2020 年全省再生利用水平达到 20%以上。

（3）全面加快镇级污水处理设施建设。推进建制镇污水处理设施建设，优先建成集中式饮用水水源保护区以及重点水库、主要供排水通道两岸敏感区的污水处理设施。到 2017 年年底，除广州、深圳、珠海、佛山、东莞、中山等地以外的其他地区中心镇，县级以上集中式饮用水水源保护区内的建制镇，重要水库和主要供水通道两岸敏感区对水质影响较大的建制镇建成污水处理设施，城镇污水处理率达到85%，2020年达到90%。粤东西北地区县一级实现污水处理设施及配套管网建设全面规划、全面覆盖，不留死角。村镇生活污水处理设施建设应因地制宜选择处理工艺，鼓励具备条件的城乡相邻地区污水处理设施共建共享。

5.4.4 加强重点流域综合整治

5.4.4.1 广佛跨界河流域

（1）基本情况。广佛跨界河流主要包括珠江西航道、前航道、后航道、佛山水道、水口水道、西南涌、芦苞涌、白坭河、石井河、花地涌等（图5-29）。20世纪80年代后期以来，区域工业化和城镇化进程持续加快，经济发展迅猛，人口快速增加，生活污水和工业废水排放量持续上升，但污水处理等环境基础设施建设明显滞后，远远不能满足污染治理的需要，区域水环境持续恶化，广佛跨界河流成为珠江三角洲地区污染最严重的跨市河流之一。近年来，特别是2002年起开展珠江综合整治和2010年广州亚运会前开展水环境质量保障以来，区域水环境总体有所改善，但近两年部分河段水质有一定反弹，大部分城市（镇）内河涌和部分跨市（区）交界水体仍受到严重污染，基本不能满足环境功能要求，水环境形势十分严峻，广佛跨界区域水污染整治被列入《南粤水更清行动计划（2013—2020）》实施的重要内容。

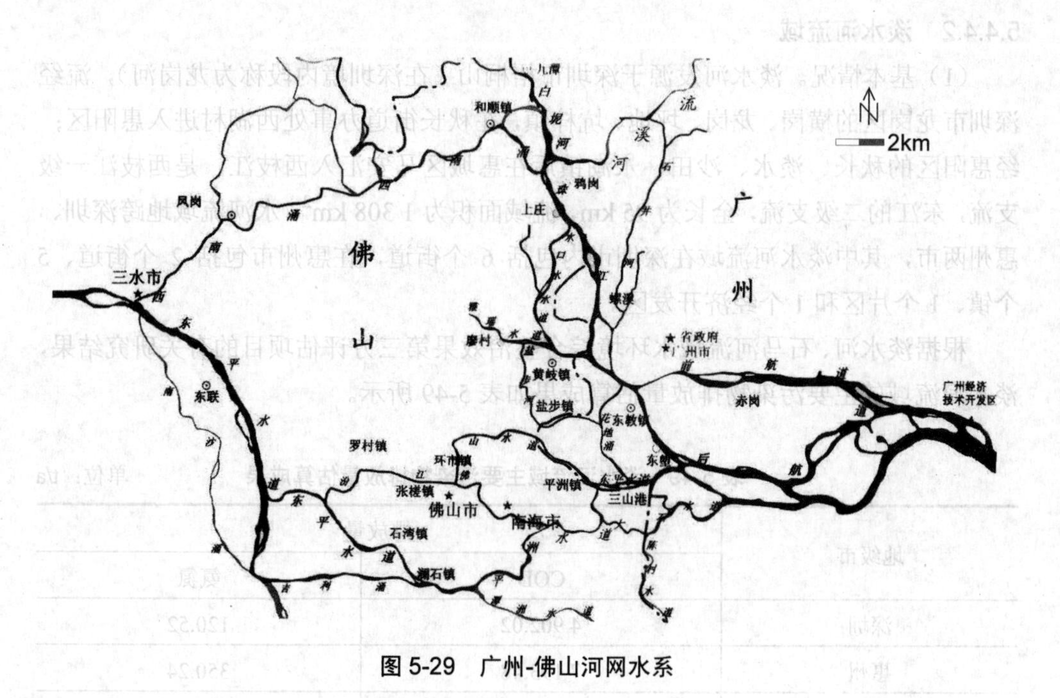

图5-29 广州-佛山河网水系

（2）现状与问题。2013年，广东省环保厅组织有关部门对广佛跨界水污染的核心区域展开了一次全面调研与水环境监测，监测结果表明，水环境形势十分严峻。主要河流污染严重。现场调研和监测结果显示，珠江西航道下游、流溪河中下游和白坭河（巴江）上中下游均已劣于Ⅴ类，流溪河由出从化市时的Ⅲ类水体逐级下降为劣Ⅴ类，饮用水水源安全受到严重威胁。区域内珠江西航道、后航道、流溪河、佛山水道、水口水道、西南涌、芦苞涌、石井河、白坭河、花地涌10条主要河流上中下游的29个断面中，86.2%的断面水质未达功能区目标，62.1%劣于Ⅴ类，20.7%为Ⅴ类，仅位于西南涌和芦苞涌上游的2个断面为Ⅲ类。除后航道属轻度污染（总体Ⅳ类），其余8条主要河涌均为重度污染（总体劣Ⅴ类），超标项目主要为氨氮、总磷、化学需氧量和溶解氧。本次调研在西航道鸦岗断面、佛山水道（五丫口大桥上游断面）和西南涌和顺断面进行了约31 h的通量监测，结果表明，西南涌和顺断面COD、氨氮和总磷通量约占西航道鸦岗断面通量的1/3，其余2/3来自流溪河和白坭河。

（3）整治目标。根据2014年7月31日广东省第十二届人民代表大会常务委员会第十次会议审议通过的《关于加强广佛跨界河流、深莞茅洲河、汕揭练江、湛茂小东江污染整治的决议》，广佛跨界河流域的整治目标是：佛山水道2015年年底前基本达到Ⅳ类水质，珠江广州河段2020年年底前达到Ⅳ类水质、丰水期达到Ⅲ类水质。

5.4.4.2 淡水河流域

（1）基本情况。淡水河发源于深圳市梧桐山（在深圳境内段称为龙岗河），流经深圳市龙岗区的横岗、龙岗、坪地、坑梓镇，在秋长街道办事处西湖村进入惠阳区；经惠阳区的秋长、淡水、沙田、永湖镇后在惠城区马安汇入西枝江，是西枝江一级支流，东江的二级支流，全长为95 km，流域面积为1 308 km^2。水河流域地跨深圳、惠州两市，其中淡水河流域在深圳市内包括6个街道，在惠州市包括2个街道、5个镇、1个片区和1个经济开发区。

根据淡水河、石马河流域水环境综合整治效果第三方评估项目的有关研究结果，淡水河流域的主要污染物排放量估算成果如表5-49所示。

表5-49 淡水河流域主要污染物排放量估算成果 单位：t/a

地级市	排放量	
	COD	氨氮
深圳	4 902.02	120.52
惠州	7 193.48	350.24
合计	12 095.50	470.76

（2）现状与问题。根据《关于印发淡水河污染整治工作方案的通知》（粤环〔2009〕56 号）、《关于印发〈重点流域水污染综合整治实施方案〉的通知》（粤环〔2011〕34 号）及《关于印发 2014 年淡水河石马河污染整治目标和任务的通知》（粤环函〔2014〕318 号），淡水河流域内主要的水质考核断面共 3 个，分别是淡水河流域的西湖村、上垟和紫溪。为了解淡水河流域近年来的水质变化趋势，收集了 2008 年以来的水质考核断面的水质监测数据。2008 年以来，淡水河流域的西湖村[图 5-30（a）]、上垟断面[图 5-30（b）]水质有较明显改善，流域出口紫溪断面[图 5-30（c）]的水质也有一定的改善。通过综合整治，困扰淡水河流域多年的黑臭问题得到解决，但目前河流水质与功能区控制目标仍有较大差距，如表 5-50 所示。

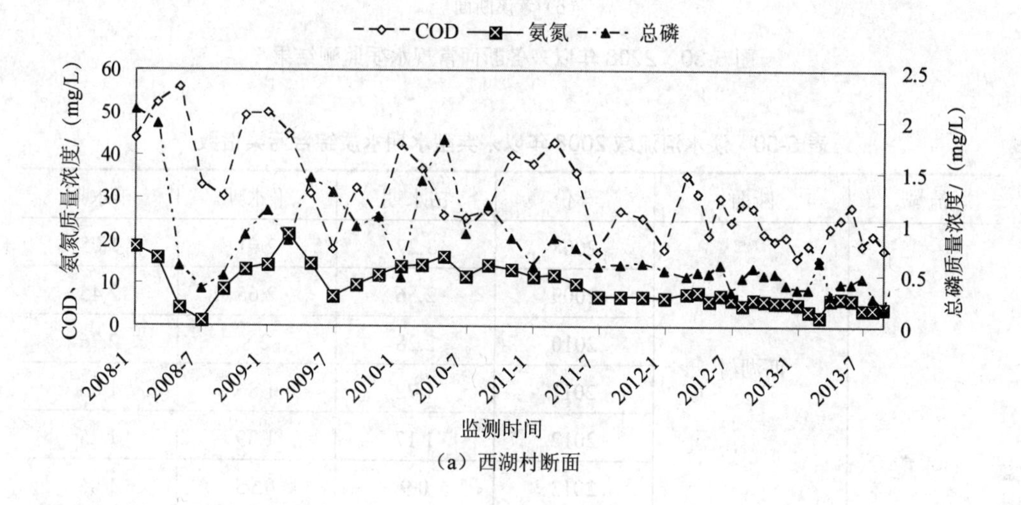

（a）西湖村断面

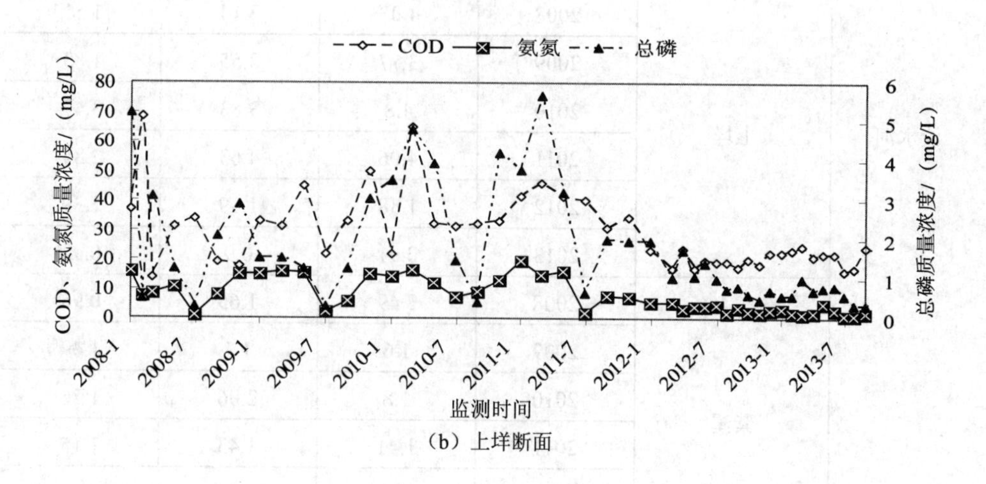

（b）上垟断面

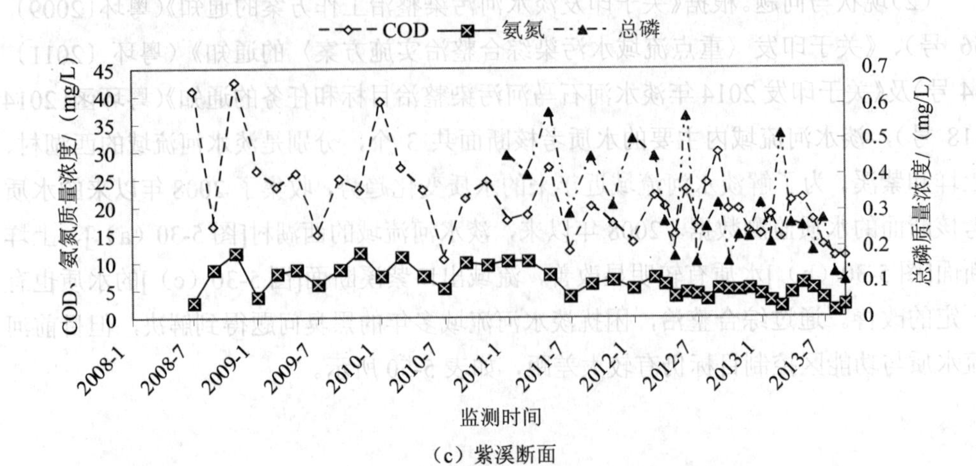

（c）紫溪断面

图 5-30　2008 年以来各断面常规水质监测结果

表 5-50　淡水河流域 2008 年以来典型水期水质综合污染指数

流域	断面	年份	枯水期	平水期	丰水期
淡水河	西湖村	2008	3.27	2.61	1.05
		2009	2.56	2.65	2.45
		2010	2.28	2.8	2.76
		2011	1.72	1.86	1.63
		2012	1.17	1.39	1.25
		2013	0.9	0.95	1.06
	上垟	2008	4.03	3.14	1.51
		2009	3.77	2.55	1.83
		2010	4.8	3.83	3.47
		2011	4.06	4.63	2.84
		2012	1.38	1.39	1.39
		2013	0.91	0.9	0.92
	紫溪	2008	2.49	1.65	0.96
		2009	1.6	1.7	1.49
		2010	1.8	2.06	1.26
		2011	1.41	1.43	1.15
		2012	0.98	1.09	0.85
		2013	0.77	0.72	0.75

（3）整治目标。《淡水河污染整治工作方案》（粤环〔2009〕56 号）制定的淡水河污染整治总体目标是：以 2007 年年底为基准时间，一年初见成效，三年有所突破，五年基本好转，八年明显改善，远期达标交接。即通过实施综合整治，使水质由现状劣Ⅴ类分阶段逐步改善到满足功能要求的Ⅲ类目标。"十三五"期间，淡水河污染整治需要完成达标交接的目标，即到 2020 年年底，流域水体水质基本满足功能要求，生态基本恢复，深惠交界断面达标交接，龙岗河和坪山河水质全面达到Ⅲ类。

5.4.4.3 石马河流域

（1）基本情况。石马河流域地跨深圳、惠州和东莞 3 市，在深圳市内包括 8 个街道，在东莞市内包括 7 个镇，在惠州市包括 2 个街道、4 个镇。根据淡水河、石马河流域水环境综合整治效果第三方评估项目的有关研究结果，石马河流域的主要污染物排放量估算成果如表 5-51 所示。

表 5-51 石马河流域主要污染物排放量估算成果

地级市	排放量/（t/a）	
	COD	氨氮
深圳	10 258.16	2 569.88
惠州	14 487.59	1 254.64
东莞	14 379.84	1 081.98
小计	39 125.59	4 906.50

（2）现状与问题。从 2008 年以来，石马河流域的企坪断面[图 5-31（a）]水质有一定改善，但流域出口石马河口断面[图 5-31（d）]的水质改善不明显。潼湖平塘[图 5-31（b）]和赤岗村[图 5-31（c）]由于只有近一两年的数据，其变化趋势尚难以判断。通过流域综合整治，石马河黑臭问题得到解决，但目前河流水质与功能区控制目标仍有较大差距（表 5-52）。

（3）整治目标。《淡水河污染整治工作方案》（粤环〔2009〕56 号）制定的淡水河污染整治总体目标是：以 2007 年年底为基准时间，一年初见成效，三年有所突破，五年基本好转，八年明显改善，远期达标交接。即通过实施综合整治，使水质由现状劣Ⅴ类分阶段逐步改善到满足功能要求的Ⅲ类目标。在"十三五"期间，淡水河污染整治需要完成达标交接的目标，即到 2020 年年底，流域水体水质基本满足功能要求，生态基本恢复，深惠交界断面达标交接，龙岗河和坪山河水质全面达到Ⅲ类。

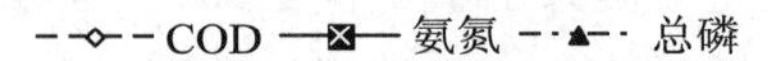

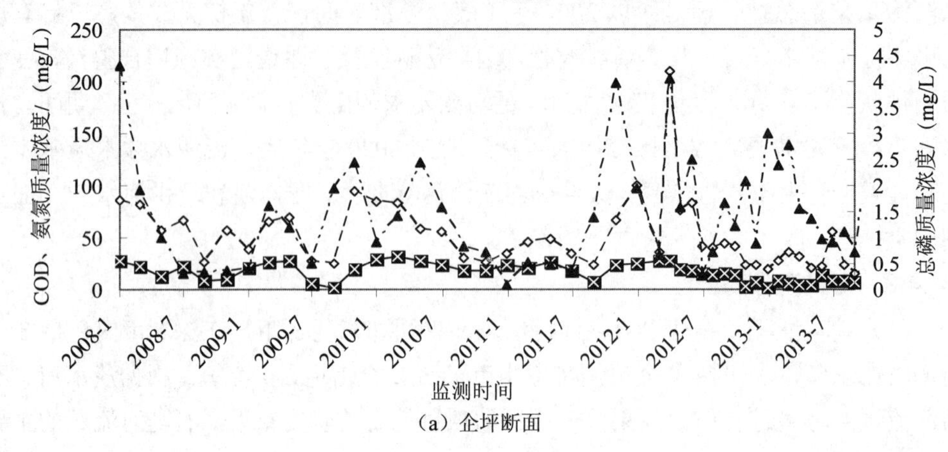

（a）企坪断面

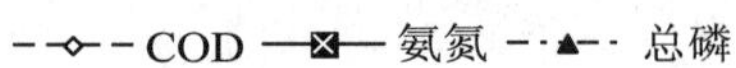

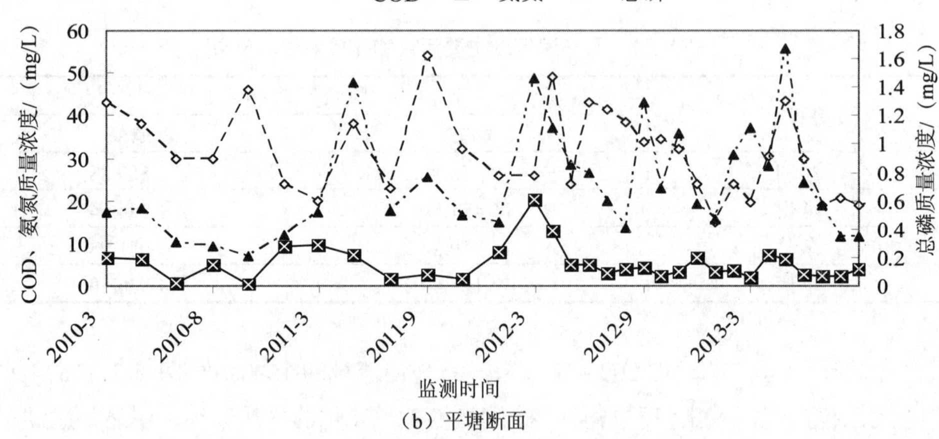

（b）平塘断面

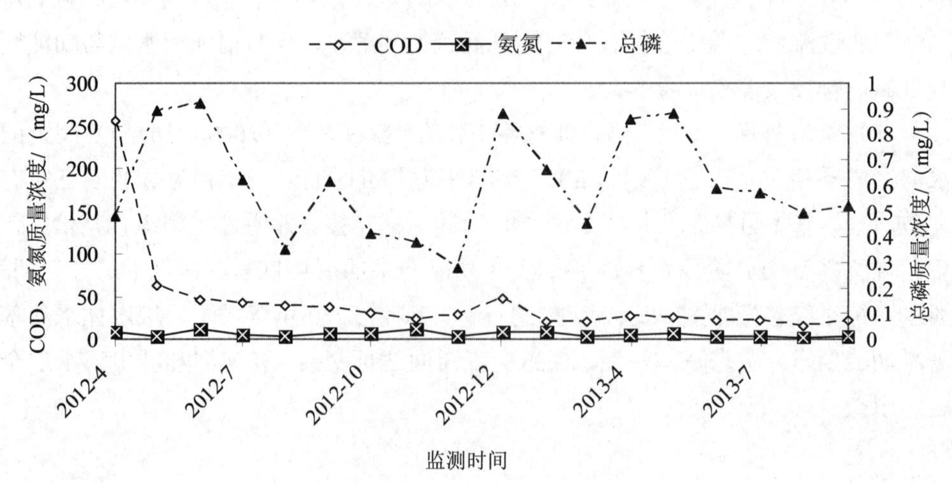

（c）赤岗村断面

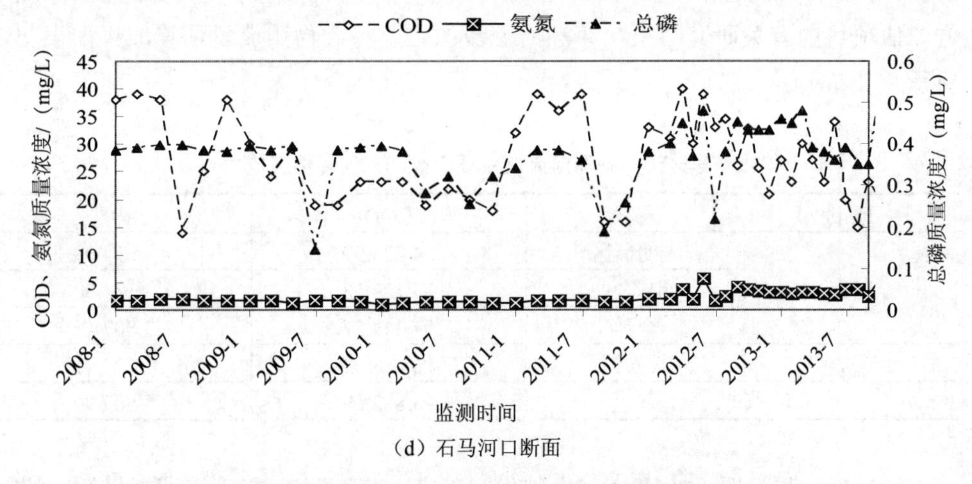

（d）石马河口断面

图 5-31　2008 年以来 4 个断面常规水质监测结果

表 5-52　2008—2013 年石马河流域典型水期水质综合污染指数

流域	断面	年份	枯水期	平水期	丰水期
石马河	企坪	2008	4.09	2.66	2.49
		2009	3.43	3.01	2.5
		2010	3.1	3.48	4.31
		2011	4.05	2.21	2.59
		2012	2.74	4.04	2.95
		2013	2.89	2.16	1.87
	潼湖平塘	2010	0.58	1.12	0.93
		2011	1.05	1.35	1.45
		2012	1.31	2.08	1.21
		2013	1.03	1.04	1.21
石马河	赤岗村	2012	1.07	1.92	1.47
		2013	1.67	0.98	1.01
	石马河口	2008	0.78	0.74	1.15
		2009	0.68	0.64	0.91
		2010	0.57	0.57	0.91
		2011	0.56	0.61	1.24
		2012	0.8	0.92	1.44
		2013	0.85	0.87	1.4

5.4.4.4　茅洲河流域

（1）基本情况。茅洲河发源于深圳市境内的羊台山北麓，自东南向西北蜿蜒流经深圳市宝安区松岗、沙井、石岩街道和光明新区公明、光明街道及东莞市长安镇，在沙井民主村入珠江口伶仃洋。流域总面积为 388 km^2（深圳辖区为 311 km^2，东莞辖区为 77 km^2），干流全长 31.3 km，中上游 19.4 km 位于深圳境内，下游 11.9 km 为

深圳、东莞界河，是深圳境内最大河流。根据茅洲河流域水环境综合整治效果第三方评估项目的有关研究结果，茅洲河流域的主要污染物排放量估算成果如表 5-53 所示。

表 5-53　茅洲河流域主要污染物入河量估算成果

地市	区/镇	COD	氨氮
深圳	光明新区	24 223.99	1 674.99
	宝安区	33 120.58	2 132.50
	合计	57 344.57	3 807.49
东莞	长安镇	16 488.02	1 702.41
总计		73 832.59	5 509.90

（2）现状与问题。20 世纪 90 年代初以来，茅洲河流域工业化和城镇化进程显著加快，经济发展迅猛，人口快速增加，工业企业遍地开花，特别是作为深圳电镀、线路板等重污染企业的主要聚集区，流域重污染企业密集，其中大部分是低端落后且治理水平不高的企业，生活污水和工业废水排放量持续上升，但由于环境基础设施建设远不能满足需要，环境管理水平不高，污染负荷远超环境承载力，水环境持续恶化。2013 年，广东省环保厅组织有关部门对茅洲河流域展开了一次全面调研与水环境监测，水质监测结果显示，茅洲河干流上中下游和各支流均为劣于Ⅴ类，污染严重。

（3）整治目标。根据“四河”决议，深莞茅洲河的整治目标是：2017 年年底前基本达到Ⅴ类水质，2020 年年底前基本达到Ⅳ类水质。

5.4.4.5　小东江流域

（1）基本情况。小东江流域位于茂名市与湛江市交界区域，流域涉及茂名市茂南区、高州市、化州市、电白区及湛江吴川市共 5 个地级以下市、县及区，下辖镇（街道办）共 35 个，常住人口约 147 万。东江流域东北侧地势较高，水系整体流向自北向南汇入小东江干流，小东江自湛江吴川市市区附近汇入鉴江及袂花江。

（2）现状与问题。小东江主要支流有南水河、泗水河、白沙河、三丫江等，目前，小东江干流及大多数支流氨氮、总磷浓度劣于地表水Ⅴ类，白沙河、三丫江的氨氮最高浓度分别超过地表水Ⅴ类标准的 8.6 倍和 8.1 倍。小东江流域污染主要有 3 个方面原因：①小东江流域天然容量不足；②流域污染排放量大，主要是人口密集、产业发展粗放；③污水、垃圾未及时处理。

（3）整治目标。根据“四河”决议，湛茂小东江的整治目标是：2015 年年底前氨氮达到Ⅴ类，其余指标达到Ⅳ类，2020 年年底前水质全面达到Ⅳ类。

5.4.4.6　练江流域

（1）基本情况。练江干流全长为 71.1 km，流域面积为 1 353 km^2，主要支流有流沙新河、流沙中河、白坑湖水、白马溪、水尾溪、汤坑溪、陈店涌、司马截洪渠、秋风水、峡山大溪、胪岗涌、棉城运河、北港河、谷饶涌等，涉及汕头市的潮阳区、潮南区和揭阳市的普宁市共 3 个县级行政区，常住人口约 430 万。

（2）现状与问题。练江干流和绝大多数支流水质劣于Ⅴ类，劣Ⅴ类监测断面占比高达 96%以上，主要污染因子为化学需氧量、氨氮和总磷，耗氧有机物和氮磷营养物污染十分突出，水体发黑发臭，是全省污染最严重的河流。练江流域污染主要受 3 方面因素影响：①练江水环境容量不大；②流域人口密集、污染企业众多、养殖业未有效监管，污染排放量大；③污水、垃圾未及时处理，是典型的“微容量，重负荷”区域。

（3）整治目标。根据“四河”决议，汕揭练江的整治目标是：综合污染指数逐年下降，2020 年年底前水质基本达到Ⅴ类。

5.4.4.7 枫江流域

（1）基本情况。枫江流域位于潮州市与揭阳市交界区域，流域面积为 612 km^2，涉及潮州市湘桥区、潮安县及揭阳市揭东县共 3 个区县。

（2）现状与问题。潮州和揭阳两市交界断面为深坑断面，断面水环境功能区划为Ⅳ类。早在 2000 年初，汕头市环境监测站监测表明，深坑断面污染指标有 5 项超标，属严重污染级别，枫江水已不能饮用。根据 2014 年 6 月监测结果，该断面氨氮超标 1.5 倍，溶解氧超标 70%。枫江在潮州市内接纳大量城镇生活污染，建成区面积主要位于枫江东侧干流集水区内，由于湘桥区东侧韩江为饮用水水源保护区，因而污水经收集处理后均排入枫江，此外，潮安县南部地区农业面源及揭东县车田河流域污染自下游汇入枫江干流，导致枫江水质一直处于较差状态。

5.4.4.8 整治措施

（1）健全工作机制，合力推进污染整治。在重点流域全面实行“河长制”，实行分级负责、分片包干，一河一长、一河一策，明确分工，落实责任。制定“河长”考核奖惩办法，将重污染流域治理的主要目标、任务纳入“河长”政绩考核，省环保厅会同监察厅加强督办检查，着力推动解决重点、难点问题。对履责不力的责任单位采取约谈、通报批评等处理措施。定期向省人大、省政府和联席会议报告任务完成情况，将流域整治的各项工作进展情况、考核情况和水质状况向社会公布。坚持实施污染整治效果第三方评估，客观评价流域各市年度污染整治工作成效，为下一阶段推进流域污染整治工作提供科学决策依据。

（2）加强统筹布局，增强治污科学性。借鉴淡水河石马河科学谋划、统筹推进的整治经验，加快推进重点流域水污染防治行动计划编制工作。通过对污染来源系统解析，锁定重点问题，对症下药，结合《水污染防治行动计划》和《南粤水更清行动计划（2013—2020 年）》要求，科学制定阶段目标，在机制政策、重点项目、资金保障等方面统筹规划，确定科学合理、切实可行的整治方案，列出具体治理项目、工作进度、完成期限等要求，并提出加强督促检查和考核问责等保障措施，加强对污染整治工作的统筹和指导，增强治污科学性、系统性。

（3）防堵结合，加快产业转型升级。细化流域各区各行业的负面清单，严格落实流域限批。强化重污染企业治理，按照“入园一批、关停一批”的原则，整合提升重污染行业企业，大力实施镇、村级工业区升级改造，实行污染集中控制、统一处理。加大“腾笼换鸟”力度，以高压态势挤压重污染企业生存空间，对未按期完成淘汰任务的区域，暂停对该地区新增水污染物排放项目的审批和核准。地毯式排查流域内现有污染企业，充分利用限产、停产、查封、扣押、按日计罚、限期治理、吊证、司法移送等手段重拳打击违法排污行为。研究制定重点流域水污染物排放标准，对重点行业执行更严格的排放限值。

（4）加快基础设施建设，强化污染治理能力。在完成截污管网“主动脉”的基础上进一步完善各生活小区、工业区支管等“毛细血管”配套支管，将管网建设与城市开发、旧城改造等统筹考虑，城市新区、工业园区和住宅小区新建管网实施雨污分流，积极推进旧城区和重污染河涌周边的污水收集管网实施雨污分流改造，提高污水处理厂进水浓度与运行负荷。农村生活污水处理采取集中收集处理与分散处理相结合的策略，按照“宜建则建、宜输则输”的原则，靠近城镇污水处理系统的农村地区污水纳入城镇污水处理厂集中处理；离城镇污水处理厂较远的农村、偏远乡村地区，暂难接入截排系统的，尤其是较难敷设排水管网，根据因地制宜的原则，建设投资小、施工及管理难度小的生态处理设施，如氧化塘、人工湿地、土地处理系统等。

（5）全面整治畜禽养殖，加强面源污染控制。依法关停拆除禁养区内畜禽养殖场（区），限养区内禁止新建畜禽养殖场，河网区原则上不得新建、扩建生猪养殖场。全面清拆非禁养区违章搭建的畜禽养殖点，建立回潮防范机制。加强畜禽养殖场规范化环境管理和养殖废弃物污染综合治理，推进畜禽养殖污染治理设施建设与升级改造。大力发展生态农业，推广精细农业技术，鼓励使用有机肥料、高效低毒低残留环境友好型农药及病虫害绿色防控技术，科学控制化肥、农药施用量，降低化肥农药流失率。

（6）加强环境监管能力建设，实行铁腕拒污。逐步开展跨界河流交界断面及公众关注河段的水质与污染通量实时监控，把主要污染物通量监测结果作为跨界河流生态赔偿与补偿和水资源配置的重要依据。加强应急监测能力建设，在重要饮用水水源地、工业园密集区和重大风险源下游等环境敏感区断面加密监测频次，逐步建立在线监控预警网络，定期开展应急监测演练，确保对突发性水污染事件及时预警、及时发现、及时监测、及时跟踪。

5.4.5 加强地下水环境保护

5.4.5.1 水质现状与问题分析

（1）城镇水源地水质优良，超采引发海水入侵严重。全省现有集中式地下饮用水水源地 8 个（表 5-54），集中分布于湛江，水源地水质优良，水质达标率 100%。

表 5-54　全省城镇集中式地下水饮用水水源地基本信息表

序号	水源地名称	所属区县	开采层位	工程设计取水量/（万 t/a）	供水量/（万 t/a）	水质类别	水质达标率/%
1	临东水源地	霞山区	中、深层地下水	1 460	1 268.82	Ⅱ类	100
2	龙划水源地	霞山区	中、深层地下水	1 460	680.52	Ⅱ类	100
3	开发区水源地	霞山区	中、深层地下水	657	475.89	Ⅲ类	100
4	屋山水源地	霞山区	中、深层地下水	800	621.01	Ⅲ类	100
5	平乐水源地	霞山区	中、深层地下水	657	590.7	Ⅲ类	100
6	海滨水源地	霞山区	中、深层地下水	600	517.2	Ⅲ类	100
7	霞山水源地	霞山区	中、深层地下水	600	379.8	Ⅲ类	100
8	东山水源地	霞山区	中、深层地下水	600	587.24	Ⅲ类	100

全省开采地下水较多的地区是雷州半岛，尤其是湛江市区，2013 年湛江地下水供水量达全省地下水供水总量的 40.75%，其中硇洲岛超采量达到可开采量的 1/2，岛内西南、西北与东北部沿海区域出现海水入侵，海水最大纵深渗透距离达 1 000 m 左右，地下水水源、土壤环境受到威胁（表 5-55）。

表 5-55　硇洲岛地下水现状超采及生态与环境恶化状况

地下水类型区	超采区名称	超采区种类	水资源分区	地级行政分区	现状超采状况				生态与环境恶化状况	
					超采区面积/km^2	年均总补给量/万 m^3	年均可开采量/万 m^3	超采量/万 m^3	平均水位埋深/m	海水入侵面积/km^2
浅层地下水	硇洲岛	严重超采区	粤西沿海	湛江	51	1 288	746	342	23.8	15.3

（2）地下水环境现状以较差为主，局部地区污染较为突出。2013 年全省地下水水质监测共取样 146 个，水质综合评价优良、良好、较好、较差、极差所占比例分别为 5.5%、31.5%、0.7%、54.8%、7.5%，总体水质以较差为主，如表 5-56 和表 5-57 所示。与上年比较，水质变化趋势变好、稳定的水样分别占水样总数的 16.4%、52.7%，总体水质变化稳定。地下水单项组分含量超过Ⅲ类标准的监测点主要分布于珠江三角洲地区、粤东及粤西工业区，主要超标项目为 pH 值、总硬度、总铁、锰、碘化物、硝酸盐、亚硝酸盐、氨氮等。水质综合评价极差监测点主要分布在湛江、茂名、江门，极差监测点比例占全省的 7.5%。

表 5-56　全省各地市地下水主要超标组分

地（市）	含水层		统计监测点数/个	所有超标组分名称
	含水介质类型	埋藏条件		
广州市	孔隙水	潜水	2	pH 值、氨氮
广州市	岩溶水	承压水	7	溶解性总固体、氯化物、总铁、挥发性酚类
佛山市	孔隙水	潜水	5	氨氮、总铁、砷、亚硝酸盐、酚、pH 值
佛山市	裂隙水	承压水	1	氨氮、亚硝酸盐
肇庆市	孔隙水	潜水	8	氨氮、锰、pH 值、亚硝酸盐
肇庆市	岩溶水	承压水	4	氨氮、锰、pH 值、亚硝酸盐
深圳市	孔隙水	潜水	2	pH 值、总硬度、硫酸根
深圳市	裂隙水	承压水	2	pH 值、总硬度、硫酸根、锰离子
深圳市	岩溶水	承压水	1	总硬度、钼离子、锰离子
湛江市	孔隙水	浅层承压水	8	pH 值、氨氮、锰
湛江市	孔隙水	中层承压水	10	pH 值、氨氮、锰
湛江市	孔隙水	深层承压水	13	pH 值、氨氮、锰、亚硝酸盐
茂名市	孔隙水	潜水	18	pH、总铁、氨氮、硫酸根、亚硝酸盐、锰
茂名市	裂隙水	潜水	1	pH、总铁
阳江市	孔隙水	潜水	5	pH 值、锰
韶关市	孔隙水	潜水	7	硝酸盐（以离子计）、氨氮
韶关市	裂隙水	承压水	3	硝酸盐（以离子计）、锰
潮州市	孔隙水	潜水	2	亚硝酸盐、铅
潮州市	孔隙水	承压水	1	锰
揭阳市	孔隙水	承压水	3	Cl^-、F^-、锰、亚硝酸盐
梅州市	孔隙水	潜水	2	pH 值
梅州市	岩溶水	潜水	3	硝酸盐
河源市	孔隙水	潜水	3	铍、pH 值
惠州市	孔隙水	承压水	2	pH 值、铁、氨氮
惠州市	裂隙水	承压水	1	无
江门市	孔隙水	潜水	3	硝酸盐、亚硝酸盐、总硬度
江门市	裂隙水	承压水	3	硫酸盐、氟、铜、铅、锰、六价铬、氨氮、总硬度、硝酸盐、亚硝酸盐
雷州半岛	孔隙水	浅层承压水	2	氨氮
雷州半岛	孔隙水	中层承压水	11	氨氮、铍
雷州半岛	孔隙水	深层承压水	4	氨氮
雷州半岛	裂隙水	承压水	3	无
雷州半岛	岩溶水	承压水	1	无
粤北韶关	裂隙水	承压水	2	碘化物
粤北韶关	岩溶水	承压水	1	碘化物、铍
粤北清远	岩溶水	承压水	2	碘化物、铁、锰

表 5-57 全省各地市地下水综合评价结果

地区	城市	优良/个	良好/个	较好/个	较差/个	极差/个	极差比例/%
珠三角	广州市	0	3	0	6	0	0
	深圳市	4	0	0	1	0	0
	珠海市	—	—	—	—	—	—
	佛山市	0	0	0	6	0	0
	顺德区	—	—	—	—	—	—
	江门市	0	1	1	3	1	16.67
	肇庆市	3	0	0	9	0	0
	惠州市	0	1	0	2	0	0
	东莞市	—	—	—	—	—	—
	中山市	—	—	—	—	—	—
粤东	汕头市	—	—	—	—	—	—
	汕尾市	—	—	—	—	—	—
	潮州市	0	1	0	2	0	0
	揭阳市	0	1	0	2	0	0
粤西	湛江市	0	10	0	16	5	16.13
	茂名市	1	3	0	10	5	26.32
	阳江市	0	1	0	4	0	0
粤北	韶关市	0	8	0	5	0	0
	梅州市	0	3	0	2	0	0
	河源市	—	—	—	3	—	—
	清远市	—	—	—	2	—	—
	云浮市	—	—	—	—	—	—
雷州半岛		0	14	0	7	0	0

注："—"代表未采样。

此外，珠三角区域地下水表现出有机污染、无机污染并存，多种微量有机物检出和超标的复合污染新特征。其地下水 pH 值、"三氮"、重金属、有机物污染突出，酸性地下水（pH 值<6.5）占到全区域面积的 3/4，主要分布于西、北、东环绕的低山、丘陵地区。铁超标集中在佛山市南海区以及广州石井河沿岸等工业化程度较高地区。有机物污染以卤代烃类、单环芳烃类等化学工业品污染为主，集中分布于广州中南部、佛山中东部与东南部、东莞的西部及深圳西北部地区。

（3）地下水常规监测起步早基础好，局部地区尚为空白。全省地下水监测起步早，部分地区水位水质数据翔实，目前全省共有 14 个地下水监测区，主要包括珠江三角洲监测区、粤西雷琼盆地湛江监测区，茂名红层盆地监测区等，总监测面积为 37 713km^2，含地下水动态监测点为 481 个，如表 5-58 所示。

表 5-58　各监测站监测基本情况表

序号	监测站名	监测面积/km^2	地下水监测点/个	监测区单元
1	广州	800	60	广州市广花盆地监测区
2	佛山	720	33	佛山市监测区
3	肇庆	60	35	肇庆市肇庆盆地监测区
4	深圳	800	6	深圳市监测区
5	湛江	1 200	78	湛江市雷琼盆地监测区
6	茂名	389	22	茂名市茂名盆地监测区
7	阳江	220	9	阳江市监测区
8	韶关	18 218	13	韶关市监测区
9	潮州	60	3	韩江（潮州市段）监测区
10	揭阳	360	3	榕江（揭阳市段）监测区
11	梅州	250	5	梅州梅江区、梅县监测区
12	河源	150	3	东江（河源市段）监测区
13	惠州	60	3	惠州市监测区
14	江门	120	11	江门市监测区
15	粤北韶关	3 023	21	粤北韶关监测区
16	粤北清远	4 169	29	粤北清远监测区
17	雷州半岛	11 337	147	雷州半岛监测区
18	合计	37 713	481	

全省地下水监测面积占全省总面积的 21.2%，尚有大部分地区未开展地下水监测。已有的 481 个地下水监测点中，水质监测点仅为 146 个，水质监测项目少，其中国家级监测点为 12 个，自动化监测点仅为 2 个，远未达到实时监控程度，水质监测点信息化程度低。

5.4.5.2　治理目标

全面掌握全省地下水污染状况，全面监控典型地下水污染源，科学开展地下水修复工作。重要地下饮用水水源水质安全得到保障，地下水环境监管能力全面提升，重点地区地下水水质明显改善，地下水污染风险得到有效防范，建成地下水污染防治体系。到 2020 年，地下饮用水安全保障水平持续提升，地下水极差比例控制在 7.5%左右。

5.4.5.3　对策措施

（1）加强地下水基础环境调查，全面掌握全省地下环境现状。综合考虑地下水水文地质结构、脆弱性、污染状况、水资源禀赋及其使用功能和行政区划等因素，针对全省地下水污染物来源复杂、有机污染日益凸显、污染总体状况不清的现状，基于新一轮全国地下水资源评价、全国水资源评价、第一次全国污染源普查和全国土壤污染状况调查成果，从区域和重点地区两个层面，开展地下水污染状况调查。

（2）严控城镇集中饮用水开采，加强乡镇饮用水水源地保护。严格地下水开发利用管理，加强地下水超采治理，防止由于地下水超采造成的水质恶化。积极引导硇洲岛蕉农转产转业，逐步减少香蕉种植面积，采用节水灌溉，降低对地下水资源的影响。严格地下饮用水水源保护与环境执法，完成乡镇集中式地下饮用水水源保护区划定。定期开展地下饮用水水源专项执法行动和督查，严格地下饮用水水源保护区环境准入标准，依法取缔地下饮用水水源保护区内的违法建设项目和排污口，加强水源补给径流区环境监管。

（3）推进重点区域地下水污染防治，启动试点场地地下水修复。建立全省地下水污染防治区划体系，“分区、分级、分期控制，历史、现状、潜在协同”，提出合理有效的污染防治建议。水、气同治，从根本上减少酸雨诱发的地下水酸化问题；分类控制农业面源污染对地下水的影响，降低农药、化肥施用量，严格畜禽养殖废弃物排放管理，改善“三氮”污染；以石油炼化、焦化、黑色金属冶炼及压延加工业等排放重金属和其他有毒有害污染物的工业行业为重点，加强重点工业行业地下水环境监管；重点治理广州中南部、佛山中东部与东南部、东莞的西部及深圳西北部地区化学工业品有机物污染。开展典型场地地下水污染修复试点，建立重点污染源地下水污染调查、评价、评估、修复工作方法、技术体系。

（4）完善地下水环境监测网络，制定差异化水环境监测方案。建立地下水水质质量监测网，集环保、国土、水利监测网络为一体，实现资源共享。重点加强集中式地下饮用水水源“三氮”污染、重金属和有机污染物超标指标监测，加强地下水污染源特征污染物监测。水源地每年至少开展一次全指标分析，地下水污染源根据污染源类型差异化定制监测方案，加强影响地下水环境安全的污染场地土壤环境监测。

（5）落实地下水污染防治责任，建立多元化环保投融资机制。分解落实目标和任务，将地下水污染防治纳入当地经济社会发展规划，狠抓落实，细化措施政策，环保会同国土、发改、财政、水利等部门和单位，建立联动机制，完善联席会议制度，加强地下水污染防治工作机构能力建设。加大地下水污染防治资金投入，建立多元化环保投融资机制，对于符合省支持政策的项目，省财政在现有投资渠道中予以统筹考虑，加大支持力度，鼓励社会资本参与污染防治设施的建设和运行。进一步完善排污收费制度，加大石油化工行业、矿山开采及加工等重点污染源排污费征收力度。

5.4.6 强化水环境风险防范

5.4.6.1 风险识别

广东省水环境风险最常见的主要是危险化学品泄漏、有毒废水事故排放、突发交通事故等。同时，广东省内多个饮用水水源保护区存在交通穿越、违规企业未清退等问题，也是比较重要的风险隐患。

以 2014 年突发事件统计为例（表 5-59），2014 年由省环保厅和地方环保部门共处置各类突发环境事件 31 起，其中由省环保厅直接调度处置并报环境保护部的突发环境事件为 3 起，分别是茂名市茂南区发生恶臭气体及河道浮油、珠海市西部沿海高速 30 km 处货车追尾导致异壬醇泄漏、韶关市乳源县交通事故导致农药泄漏。按照事件类型分，2 起属于水污染事件，1 起属于核报其他事事件，水污染事件占多数。按事件起因分，1 起属于违法排污事件，2 起属于交通事故。

表 5-59　2014 年广东省突发环境事件报表

序号	发生时间	地区	简要情况及处置	主要污染物
1	1 月 10 日	茂名市	不法分子从广西运载化工废液到茂名市信诺汽车维修厂并通过该厂暗管偷排污染白沙河，造成当地部分学生出现急性混合性化学毒物接触反应，引起了各级领导和环境保护部门高度重视。经多部门协同配合，事件得到妥善处置	炼制沥青产生的有毒化工废液
2	3 月 24 日	珠海市	一辆装载生猪的货车在西部沿海高速珠港收费站与一辆装载异壬醇的货车追尾，导致化学品货车槽罐破损，有少量异壬醇泄漏。经当地交警、消防、环保协同处理，事故得到妥善处置，未造成环境影响	异壬醇
3	6 月 16 日	韶关市	韶关市乳源县坪乳路大桥段发生交通事故，导致约 1 t 农药敌敌畏泄漏，部分进入附近河流。事发后，国务院副总理张高丽，广东省委书记胡春华、省长朱小丹、常务副省长徐少华、副省长许瑞生先后做出重要批示。省环保厅认真贯彻落实国务院、省委、省政府领导批示精神，在环保部应急办和华南环保督查中心的指导下，全力以赴做好事件处置工，最终事件得到妥善处置	敌敌畏

近年来广西壮族自治区贺江铊污染、北江镉污染等事件时有发生，广东省惠州大亚湾石化区几乎每年都发生突发环境事件，化工企业、重金属排放企业偷排现象屡禁不止，在公众对环境要求越来越高的情况下，强化水环境风险防范体系显得尤为重要。

5.4.6.2　主要问题

（1）风险源分布广泛，防范压力大。环境风险源分为固定源及移动源，固定源重点包括以排放重金属、危险废物、持久性有机污染物和生产使用危险化学品的企业。随着广东省经济快速发展，省内固定风险源的数量也一直在持续增加，如很多化工园区，园区内存在大量风险企业密集分布、危险源种类多、储量大等问题。同时很多企业环境风险防范意识不强，如韶关采矿、选矿业，部分企业含重金属的生产尾水直接排入环境，给周边环境带来相当大的隐患。移动源则指公路、水陆运输工具，广东境内以东江、西江、珠三角为主干形成发达的水路系统，公路系统更是四通八达，而交通系统分布的广泛性决定了事故发生时地点的不确定性，给环境风险事故防范带来很大压力。

（2）环境应急预案体系不完善。政府制定突发环境事件预案常缺乏针对性，同时缺乏演练，在实际发生突发事件时指导性不强，很多突发事件预案在真正应急时无法发挥作用；部分企业应急预案流于形式，没有配套相应设备、能力及人员，在事故发生前没有起到预警、预备的作用。

（3）环境应急运行不顺畅。环境应急决策机制不完善，环境应急专家决策机制需进一步健全；部门间应急联动机制还有待进一步加强，部门协调联动格局需进一步明确，环境应急中的公众参与薄弱，社会力量参与明显不够。

（4）环境应急配套建设薄弱。应急装备滞后，环境应急监测车辆、用于处理环境风险事故的仪器设备配置不足；应急物资储备能力不足，应急物资储备缺乏合理统筹，应急状态下难以形成有效调配；事故应急池建设总量不足，缺少大型公共应急事故池及配套管网建设；应急信息化程度低，数据的覆盖率、共享性、及时性都有待提高；大亚湾区级应急指挥中心配置仍不完善，环境应急指挥平台建设推进缓慢。

5.4.6.3 对策措施

（1）完善环境风险源信息管理系统。以排放重金属、危险废物、持久性有机污染物和生产使用危险化学品的企业为重点，继续开展重点行业环境风险源分级分类、风险评估等工作。重大环境风险企业建成视频实时监控系统，并接入地市环境应急指挥平台系统，建成环境风险源基础数据库、风险源查询、应急空间分析、化学品信息库等子项目的环境风险源信息管理系统，为各类突发环境事件的监测预警和隐患治理提供基础数据。

（2）完善环境风险预防体系。根据“两高”环境污染刑事案件司法解释，将环境风险管理纳入法律调整范围。依据《“高污染、高环境风险”产品名录》，严格控制高污染、高环境风险产品及生产工艺应用，建立健全涉重金属、危险化学品生产及加工等高污染、高环境风险行业环境管理准入制度。完善环境风险防范相关政策、标准和工程建设规范，明确规定规划环评、建设项目环评和“三同时”竣工环保验收过程中的环境风险评价内容及程序要求，对新建、改建、扩建的炼油石化、涉危化学品生产、运输、仓储、精细化工以及涉重金属污染等具有重大环境风险源的企业实施环境风险评价审查。加快研究制订环境风险源识别方法及规范，逐步健全环境风险源分级分类标准体系，推动建立风险源第三方评估评价制度。

（3）深入开展环境风险隐患排查整改。定期针对高风险行业开展风险隐患排查行动，实行环境风险属地负责的隐患排查和风险评估制度，摸清重点行业、重点企业的环境风险底数。对有环境风险隐患的企业，强制要求其进行清洁生产审核，严格限制其特征污染物排放。鼓励其他相关企业改进工艺技术，加强生产、运输、仓储等过程中工艺设计的安全防范措施，降低安全隐患。

5.4.7 强化湖库污染综合整治

5.4.7.1 湖库现状

广东省天然湖泊分布少，水库供水在广东省有着举足轻重的作用。目前广东省有大型水库33座，中型水库299座，小型水库6 400多座，水库数量位于全国第二，总库容列全国第4位。其中，有112个水库列入全国重要饮用水水源地名录。全省5个大型供水水源地均以大型水库为核心，包括：东江-深圳供水水源地（东深供水渠和深圳水库）、新丰江水库、鹤地水库、流溪河水库和高州水库。

广东省曾分两期对重点水库及其入库河流水质状况开展调研，调研名单如表5-60所示。

表5-60 广东省重点水库调查名单

所属流域	第一期调查名单	第二期调查名单
东江流域	枫树坝水库、新丰江水库、白盆珠水库和沙田水库	枫树坝水库、新丰江水库和白盆珠水库
珠江流域	深圳水库、大镜山水库、流溪河水库、大沙河水库、契爷石水库和凤凰山水库	深圳水库、大镜山水库、流溪河水库、大沙河水库、契爷石水库、凤凰山水库、松木山水库、铁岗水库、锦江水库和横岗水库
北江流域	南水水库与飞来峡水库	南水水库、飞来峡水库和长湖水库
西江流域	合河水库	九坑河水库
粤东沿海	汤溪水库、公平水库和河溪水库	汤溪水库、公平水库和龙颈水库
粤西沿海	高州水库、大水桥水库和鹤地水库	高州水库、大水桥水库和鹤地水库
韩江流域	合水水库和梅西水库	合水水库、长潭水库和益塘水库

2009年6月—2010年1月为第一期，调研对象为7大流域的21个重点水库及其25条入库河流，结果表明：丰水期有45%的水库水质达到Ⅱ类或Ⅲ类标准，枯水期则仅有20%达到Ⅲ类水质标准，无Ⅱ类水质水库出现；丰水期有36%的入库河流为Ⅱ类和Ⅲ类水质，枯水期则下降为24%。主要超标污染物为TN，其次为TP。25条入库河流中28%的入库河流超过地表水Ⅲ类标准，其中超地表水Ⅴ类水质标准的河流有2条，分别是深圳引水渠（深圳水库）和前山河（凤凰山水库）；达地表水Ⅴ类水质河流有2条，分别是大水桥河（大水桥水库）和契爷石入库河流；达地表水Ⅳ类水质的河流有3条，分别是罗岗河（合水水库）、石正河（梅溪水库）和九州江（鹤地水库）。丰水期评价结果表明契爷石水库、深圳水库、梅西水库、鹤地水库达到富营养化状态，其他水库均处于中等营养状态；枯水期表现为富营养化状态的水库明显增多，约占被调查水库的50%。在一些富营养化的水库中，如鹤地水库、梅西水库、大水桥水库和大沙河水库存在高的蓝藻水华风险。

2010 年 7 月—2012 年 7 月为第二期，对 7 大流域中 26 个重点水库和相关入库河流开展研究，整体来看 26 个水库整体水质较好。氮、磷污染比较明显，有机污染不严重，北江流域和珠三角水系水库水质相对较差，反映在氮、磷指标较高，水库对应的入库河流氮、磷污染较为严重。

5.4.7.2 存在的问题

（1）面源污染严重。主要外源性污染表现为库区边缘开发为农田或经济林地，化肥、农药及相应的面源污染突出，如大水桥水库、鹤地水库、高州水库等；内源方面，受水库地形、地质及水利工程缺位等因素的影响，富集于水库沉积物中的污染物质难以清除，淤塞严重，沉积物释放的污染物对水体的影响不可忽视。

（2）间接工业污染居民污染突出。主要为城市边缘区水库，工厂厂区直接建在水库边或离水库很近，其排放的污水对水库水体影响很大，如珠三角的契爷石水库、横岗水库、深圳水库、松木山水库等。

（3）部分入库河流污染严重。表现为虽然水库周围环境良好，但水库的地表径流受农业、工业和居民生活的影响，污染严重，直接导致水库水质恶化，如长潭水库、合水水库。

（4）水库生态系统较脆弱。部分水库受人为干扰较多，富营养化比较严重，库区生物链结构遭到破坏，对藻类生长的抑制功能下降，极易引起藻华的发生。

（5）水库管理科学化和规范化建设不足。表现为水库管理处本身作用弱化，存在多头管理的现象，如水利、环保、农业、渔政、卫生、国土等。

（6）跨界污染问题难以解决。因行政区划引起的同一流域不同行政主体管理，导致污染物排放管理不力的问题较为突出，如鹤地水库、长潭水库。

5.4.7.3 对策措施

（1）面源污染控制。面源污染防治主体主要是农田径流面源，农业面源治理重点集中在污染传输过程控制及污染源治理上，传输过程控制指农田径流控制，农田径流是农田污染物的载体，大量地表污染物在降雨径流的侵蚀冲刷下，随农田径流进入湖库，对湖库水质产生影响。农田径流污染控制工程主要是通过坑、塘、池等工程措施，减少径流冲刷和土壤流失，并通过生物系统拦截净化污染物。

（2）点源污染整治。对整治湖库周边的点源污染，尤其是污染型工业企业、畜禽养殖项目、违规建筑物和建设项目，需制定清拆、整治和总量控制方案，对相关企业和污染排放行为提出限期整改措施和治理方案。凡影响湖库水质的污染单位，要求其配套污水处理设施，保证其出水达到一定标准。杜绝与商业活动有关的捕捞、停靠船只、游泳及可能污染湖库的活动，禁止在湖库周边一定范围内新建有污染的项目和设排污口。为避免人为干扰，对一定范围内居民，制定相应的搬迁计划。

（3）入库河流整治。对污染严重、给湖库水质造成较大影响的入库河流，除对入库河流集雨区实施污染综合整治以外，还可采用末端截污工程或水体污染原位修复工程等措施。末端截污通过截排入库河流将其转输往其他水体或污水处理设施来减少入库河流污染对湖库的影响，如石岩水库在东岸四条主要入库河流设立截污控制闸，并进行水质在线监测，根据水质变化情况自动调节闸门的启闭，对水质不达标的旱季污水及初期雨水分别通过截污管、箱涵、明渠汇入径贝调蓄库，对混合污水径流消峰、沉淀处理后再经隧洞引至石岩水库下游的茅洲河做进一步深化处理；而对可利用的中后期雨水，可根据水质检测结果自动调节启闭截污系统的闸门，将水排入石岩水库。水体污染原位修复包括人工湿地、生物飘带、生物滤池、生物浮岛、河道曝气法等工程措施，如西丽水库的白芒河人工快渗治理工程、石岩水库的塘头河人工湿地工程等。

（4）湖库生态恢复与建设。对部分受人为干扰较多、富营养化比较严重、生态系统较脆弱的湖库需进行水生态修复。根据湖库的具体特点，选择采取生物和生态工程技术，对湖库周边湿地、环库岸生态和植被进行修复和保护，营造湖库良性生态系统，达到保护湖库水质的目的。湖库水生态修复工程主要有周边隔离工程、湖库内生态修复工程及湖库内生物净化工程。

（5）加强涉水部门合作。加强各部门间的合作，逐步理顺部门职责分工，增强水库环境监管的协调性、整体性，建立部门间信息共享和协调联动机制。各有关部门依照各自职责，做好水库环保工作。环保部门要切实履行职责，统一环境规划，统一执法监督，统一发布环境信息，加强综合管理。加强与市政府有关职能部门和周边县、地区的沟通协作。

（6）建立健全跨界水库污染联防联治机制。对于跨界水库污染问题，涉及的行政区域应当共同组织编制水库污染防治规划，根据区域社会经济发展和环境状况，针对存在的突出环境问题，研究提出污染防治目标、主要任务和重点项目，按照属地责任原则，有计划、有步骤地推进各项防治工作的落实。建立联席会议制度，统筹推进跨界水库污染整治各项工作，定期召开联席会议，协调解决综合整治有关问题或困难。建立健全定期协调会商、信息互通共享、重大项目联审、水质联合监测、联合执法检查和突发环境事件协同处置等联合治污机制。

（7）试行总氮、总磷总量控制。针对氮、磷污染问题，国务院《水污染防治行动计划》、广东省《南粤水更清行动计划（2013—2020年）》及国家"十三五"环境保护规划思路中都明确指出，要深入推进污染物总量减排，选择典型湖库开展总磷、总氮总量控制试点。在开展总氮、总磷总量控制之前，选择广东省目前污染和富营养化较为严重的典型湖库，如高州水库、鹤地水库、南水水库等，开展总磷、总氮总量控制可行性研究，是一项重要的基础性工作，对以点带面推动广东省重要湖库富营养化治理、提高湖库综合管理水平、保障饮水安全都具有重要意义。

第6章

大气环境保护规划

为实现空气质量的持续改善，系统研判广东省空气质量状况、大气污染防治现状及形势，科学制定"十三五"时期全省空气质量改善的目标和策略，探讨大气污染综合防控的对策措施，对于科学研究和政府决策都具有重要意义。本章在系统调查广东省各地区空气质量达标情况、污染物浓度历史变化趋势，以及污染源排放特征和防治现状的基础上，深入分析、总结了当前广东省空气质量改善面临的压力和存在的主要问题，对"十三五"时期广东省空气质量改善目标和防控策略提出建议。

6.1 全省环境空气质量及达标情况

6.1.1 各区域空气质量达标情况分析

根据《环境空气质量标准》（GB 3095—2012），2014 年广东省全省 $PM_{2.5}$ 年均浓度超标（超标幅度为 17.1%），其余 5 项污染物因子年均浓度达标。就各城市来看（图 6-1），2014 年全省各城市空气质量达标天数比例在 70.2%（东莞）至 95.6%（深圳）之间，全省平均达标率为 85.0%，四大区域中，珠三角地区的平均达标率最低（81%），粤西地区平均达标率最高（92%）。

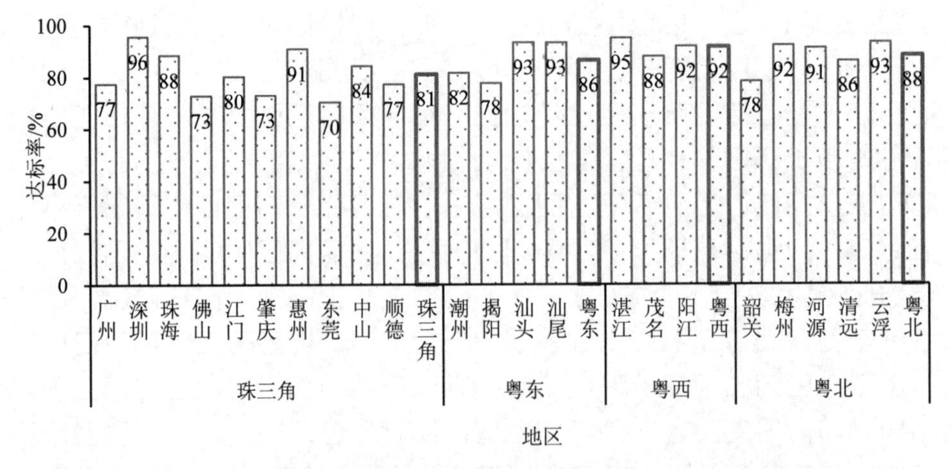

图 6-1 2014 年全省四大区域空气质量指数（AQI）达标率

全省大气污染的首要污染物均以 $PM_{2.5}$ 和 O_3 为主，二次污染问题较为突出。在珠三角地区的各类首要污染物中，$PM_{2.5}$ 占 40.8%，O_3 占 34.4%，NO_2 占 17.3%，PM_{10} 占 7.6%[图 6-2（a）]；粤东西北地区 $PM_{2.5}$ 占 51.6%，O_3 占 31.3%，PM_{10} 占 13.0%[图 6-2（b）]。从城市层面看（图 6-3），珠三角地区的广州、佛山、肇庆、东莞等城市复合污染问题较为突出，$PM_{2.5}$、O_3、PM_{10} 和 NO_2 的日均浓度均存在比较明显的超标情况；粤东地区揭阳、潮州、汕头，粤北地区韶关、清远，粤西地区茂名等城市的 $PM_{2.5}$、O_3、PM_{10} 污染也相对较为突出。

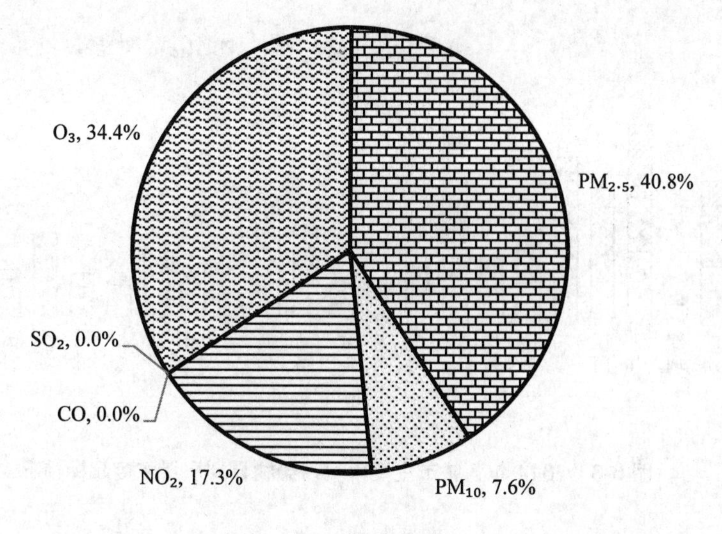

（a）珠三角地区

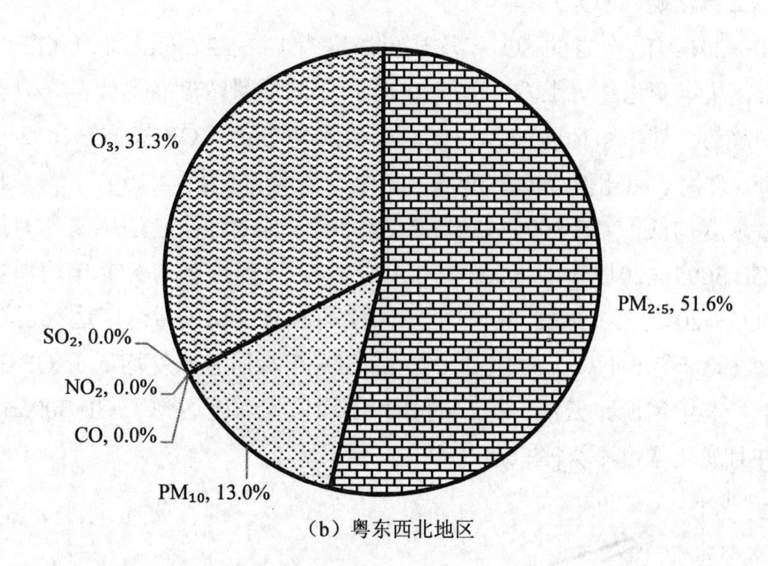

（b）粤东西北地区

图 6-2　2014 年珠三角和粤东西北地区大气首要污染物贡献占比

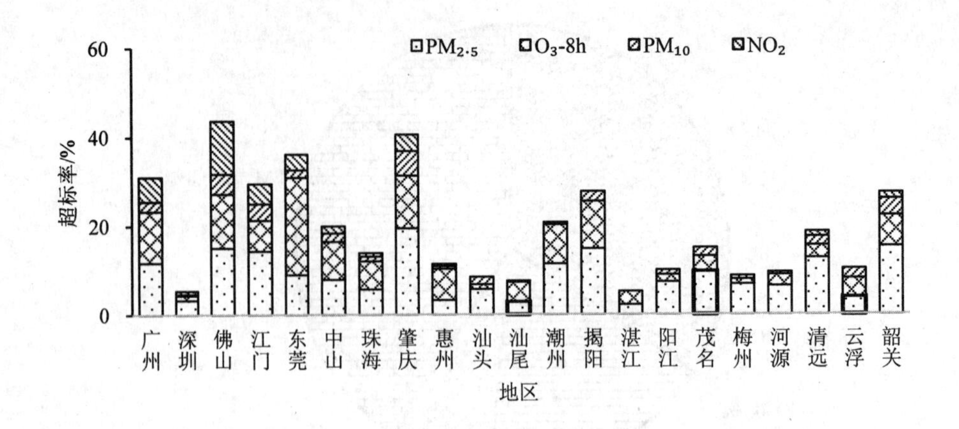

图 6-3　2014 年各城市主要大气污染物日均质量浓度超标情况

6.1.2　主要污染物年均质量浓度变化分析

6.1.2.1　二氧化硫（SO_2）

2010—2014 年，全省的 SO_2 年均质量浓度为 17～22 μg/m^3，低于 GB 3095—2012 二级标准。从年变化趋势上看，虽然 2013 年年均质量浓度有所上升，但整体呈现不断下降的趋势。珠三角地区的 SO_2 年均质量浓度均低于 GB 3095—2012 二级标准，其中深圳、珠海、惠州低于 GB 3095—2012 一级标准[图 6-4（a）]。粤东地区的 SO_2 年均质量浓度均低于 GB 3095—2012 二级标准，其中汕头、汕尾的 SO_2 年均质量浓度低于 GB 3095—2012 一级标准[图 6-4（b）]。粤西地区的 SO_2 年均质量浓度均低于 GB 3095—2012 二级标准，其中湛江、阳江的 SO_2 年均质量浓度达到了 GB 3095—2012 一级标准[图 6-4（c）]。粤北山区的 SO_2 年均质量浓度均低于 GB 3095—2012 二级标准，其中河源、云浮、梅州的 SO_2 年均质量浓度达到了 GB 3095—2012 一级标准，并且变化幅度不大[图 6-4（d）]。

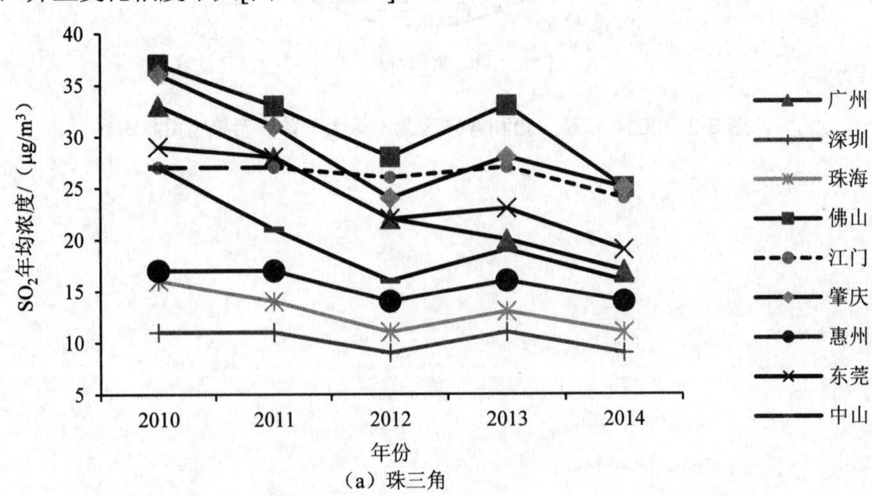

（a）珠三角

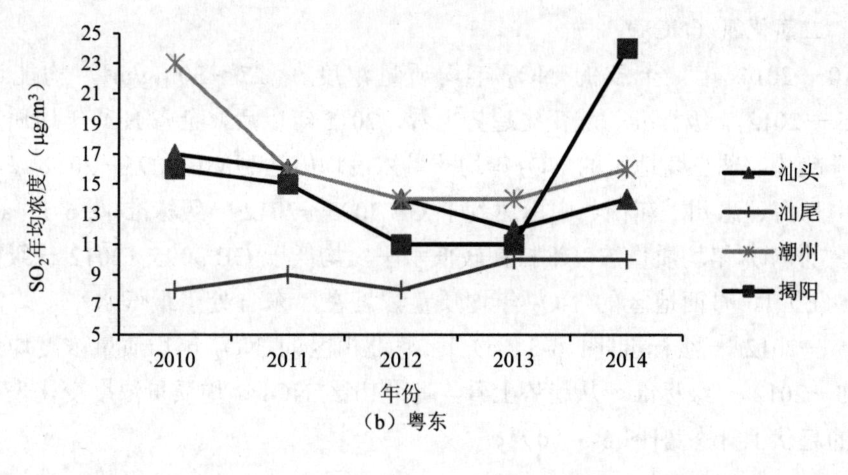

（b）粤东

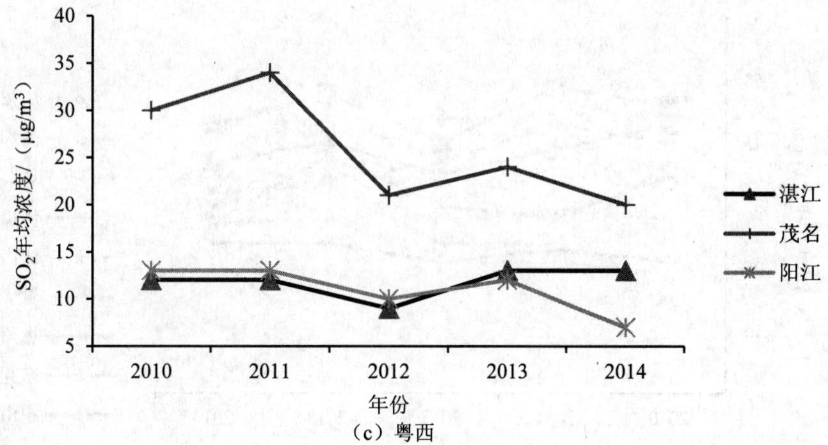

（c）粤西

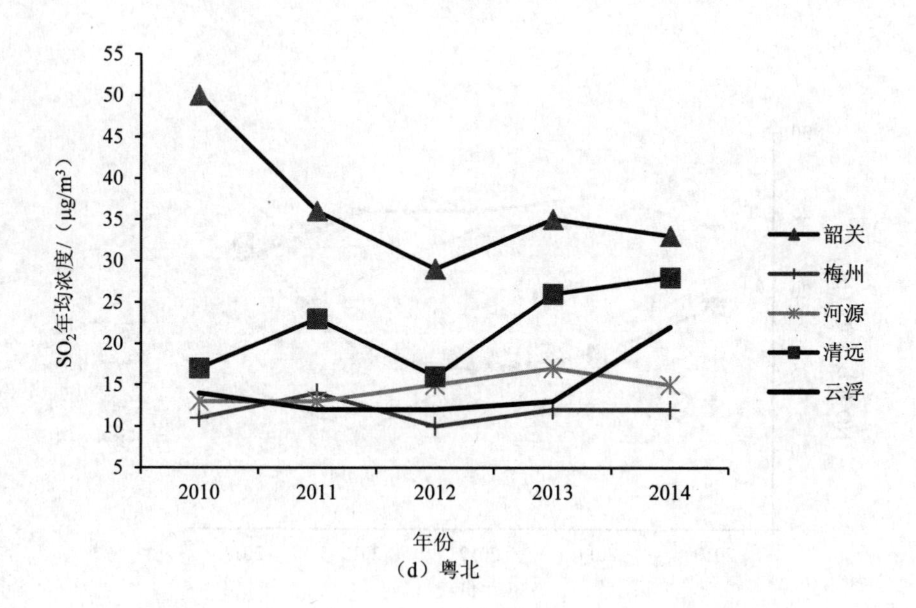

（d）粤北

图 6-4　2010—2014 年广东省四大区域 SO_2 年均质量浓度变化

6.1.2.2 二氧化氮（NO_2）

2010—2014 年，全省的 NO_2 年均质量浓度在 27～30 μg/m^3，均能达到 GB 3095—2012 二级标准。从变化趋势上看，2012 年以后，全省 NO_2 年均质量浓度有上升趋势。珠三角地区的 NO_2 年均质量浓度均能达到 GB 3095—2012 二级标准，其中珠海、惠州、江门、中山达到了 GB 3095—2012 一级标准[图 6-5（a）]。粤东地区的 NO_2 年均质量浓度维持在较低水平，均低于 GB 3095—2012 一级标准[图 6-5（b）]。粤西地区的 NO_2 年均质量浓度在广东省处于最低水平，均满足 GB 3095—2012 一级标准[图 6-5（c）]。粤北山区的 NO_2 年均质量浓度均低于 GB 3095—2012 一级标准。从趋势上看，粤北山区 NO_2 年均质量浓度变化表现为不稳定的起伏上升态势[图 6-5（d）]。

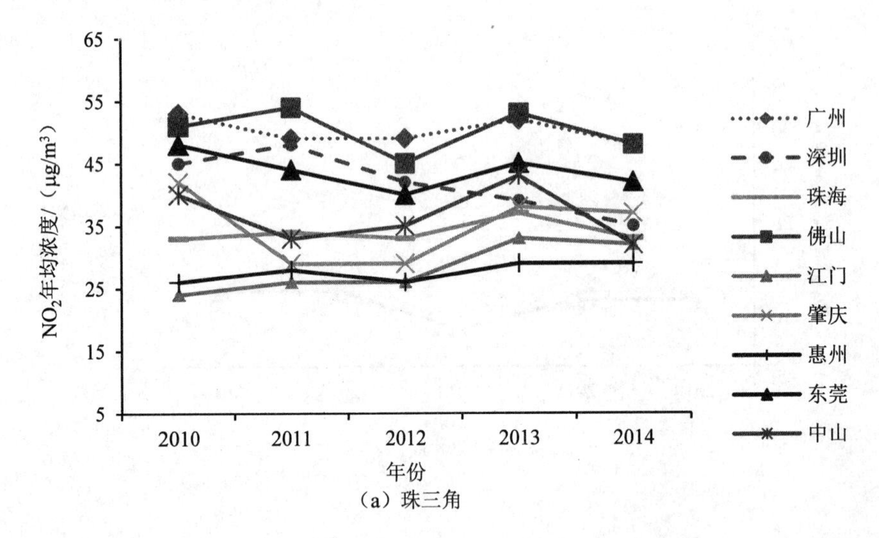

（a）珠三角

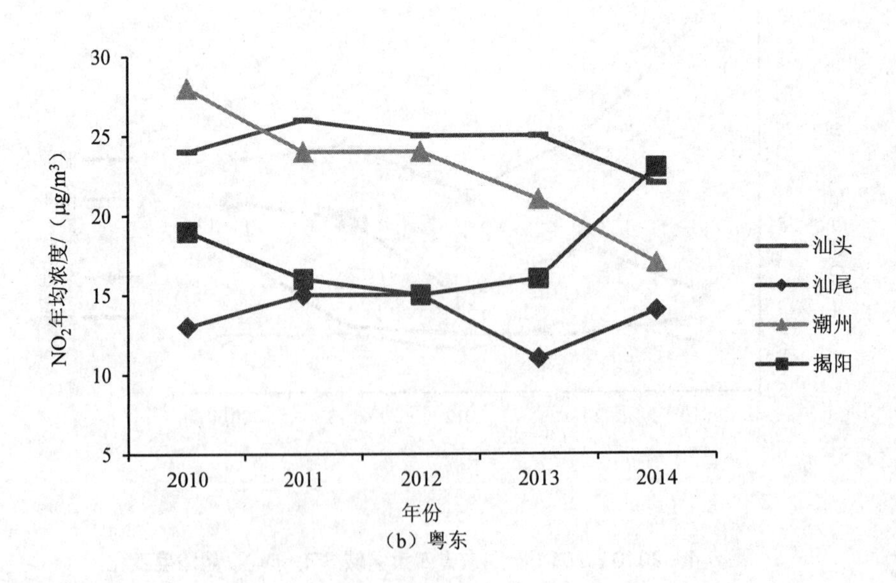

（b）粤东

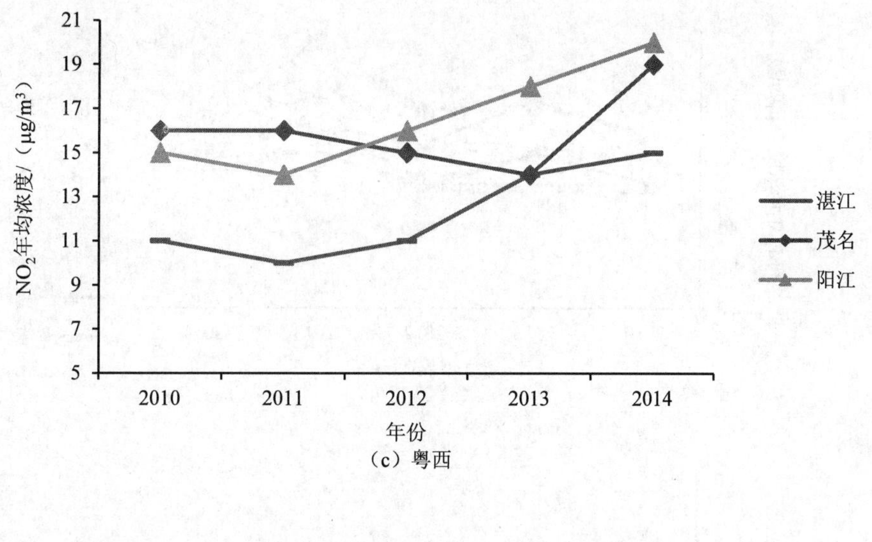

（c）粤西

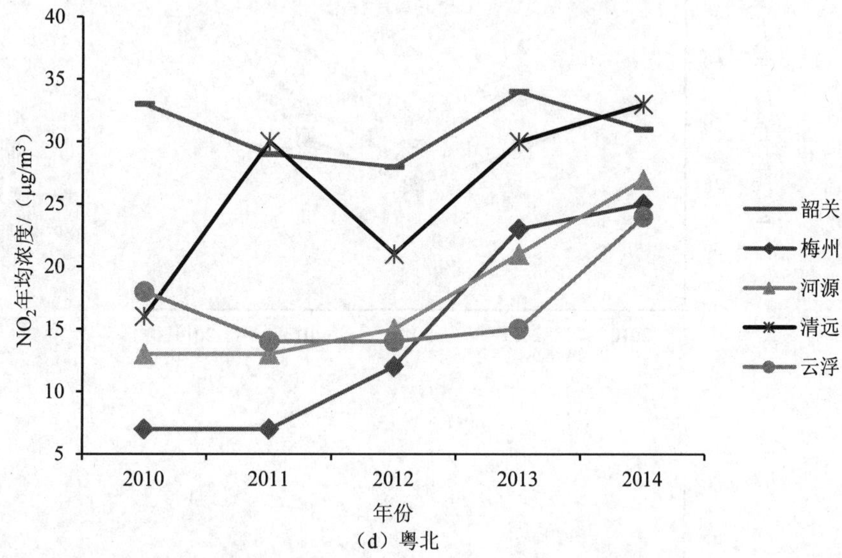

（d）粤北

图 6-5　2010—2014 年广东省四大区域 NO_2 年均质量浓度变化

6.1.2.3　可吸入颗粒物（PM_{10}）

2010—2014 年，全省的 PM_{10} 年均质量浓度在 50～60 $\mu g/m^3$，均低于 GB 3095—2012 二级标准。从变化趋势上看，2012 年以后，全省 PM_{10} 年均质量浓度有明显的上升趋势（其中也存在一定的新老标准监测及取值规定差异的影响）。珠三角地区在实施 GB 3095—2012 后，PM_{10} 达标压力增大[图 6-6（a）]。粤东地区 PM_{10} 近年来大有接近 GB 3095—2012 二级标准要求的上升趋势[图 6-6（b）]。粤西地区 PM_{10} 质量浓度保持平稳，常年低于 GB 3095—2012 二级标准[图 6-6（c）]。粤北山区 PM_{10} 质量浓度呈反弹上升趋势，部分城市接近超标限值[图 6-6（d）]。

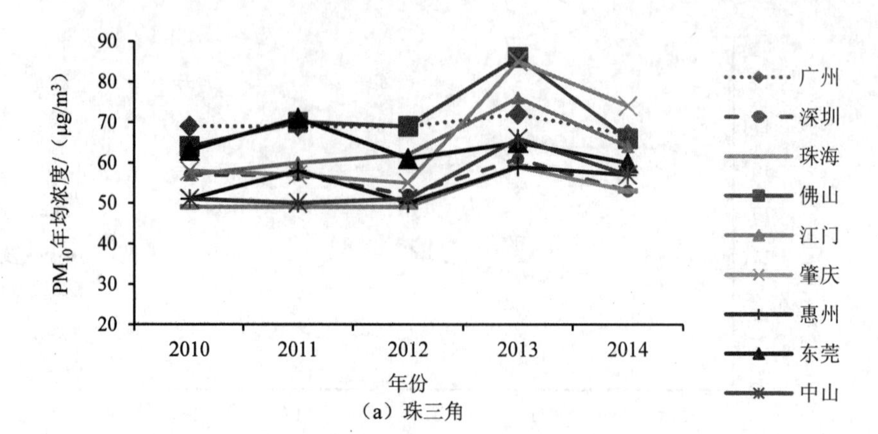
90
80
70
60
50
40
30
20
PM_{10}年均浓度/（μg/m³）
2010
2011
2012
2013
2014
年份
广州
深圳
珠海
佛山
江门
肇庆
惠州
东莞
中山

（a）珠三角

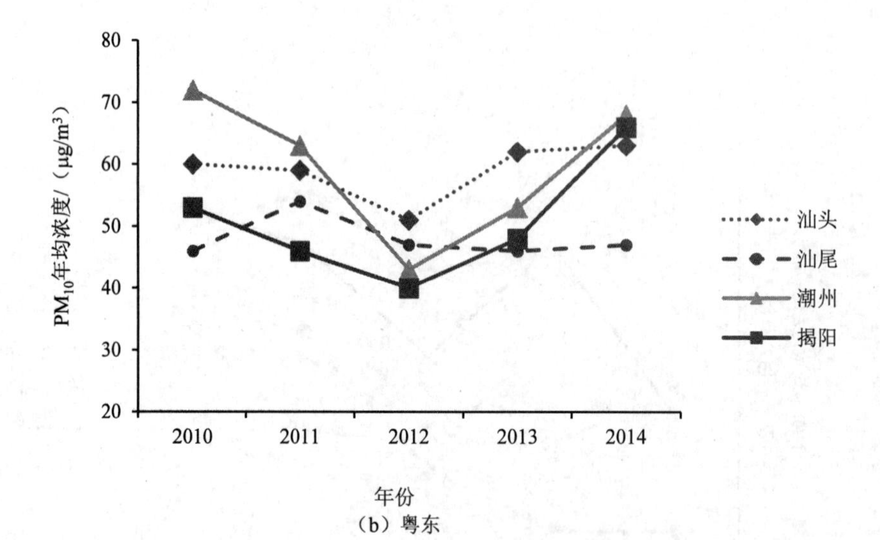
80
70
60
50
40
30
20
PM_{10}年均浓度/（μg/m³）
2010
2011
2012
2013
2014
年份
汕头
汕尾
潮州
揭阳

（b）粤东

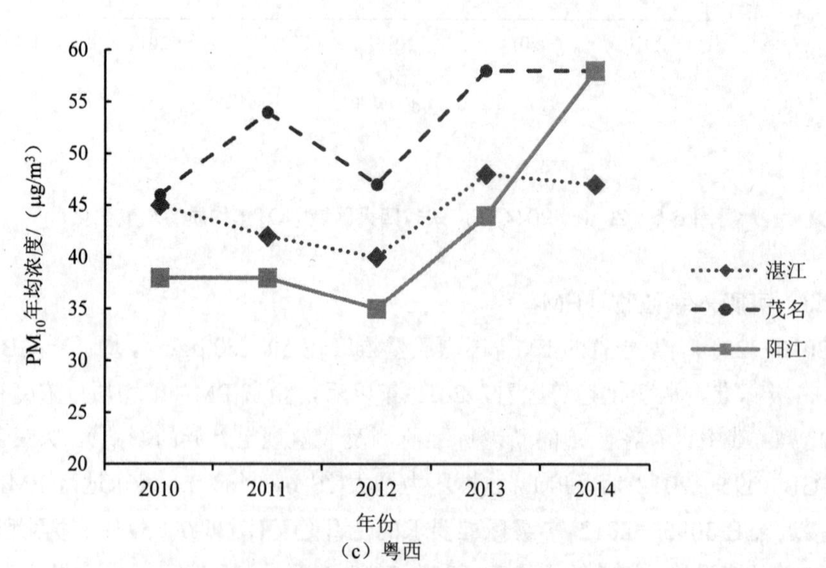
60
55
50
45
40
35
30
25
20
PM_{10}年均浓度/（μg/m³）
2010
2011
2012
2013
2014
年份
湛江
茂名
阳江

（c）粤西

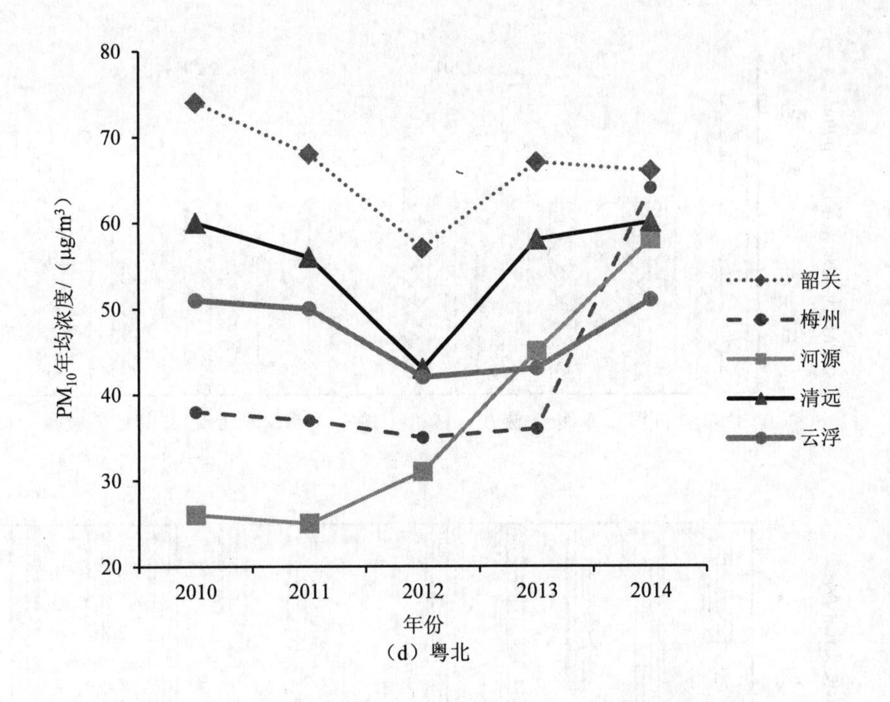

图 6-6　2010—2014 年广东省四大区域 PM_{10} 年均质量浓度变化

6.1.2.4　细颗粒物（$PM_{2.5}$）

珠三角地区自 2012 年 3 月起全面按照《环境空气质量标准》（GB 3095—2012）进行 $PM_{2.5}$ 和 O_3 的常规监测，到目前为止仅有两年的完整监测数据，而粤东西北地区直至 2013 年 12 月才全面开展 $PM_{2.5}$ 和 O_3 的常规监测，仅有 1 年的数据。如图 6-7 所示，2014 年珠三角地区 $PM_{2.5}$ 年均质量浓度为 42 μg/m^3，超过了 GB 3095—2012 二级标准（35 μg/m^3），超标幅度为 20%，但与 2013 年相比，区域浓度有所改善，下降 10.6%，其中中山的降幅最大（22%），肇庆的降幅最小（3%）。

6.1.2.5　臭氧（O_3）

广东省目前仅珠三角地区实施了不同年度的 O_3 监测。同时，广东省与香港特区自 2005 年 11 月开始建立了粤港珠江三角洲区域空气监控网络，共同开展 PM_{10}、SO_2、NO_2 和 O_3 的跟踪监测。按照 GB 3095—2012 的监测数据（图 6-8），2014 年珠三角地区 O_3 8 h 质量浓度年均值为 158 μg/m^3，与 2013 年持平。与 2013 年相比，2014 年广州、深圳、珠海、佛山、肇庆、东莞等五个城市的 O_3 8 h 质量浓度年均值有所上升，其中东莞的上升幅度最大（9%），江门、中山、顺德的 O_3 8 h 质量浓度年均有较大幅度下降，其中江门降幅最大（12%）。

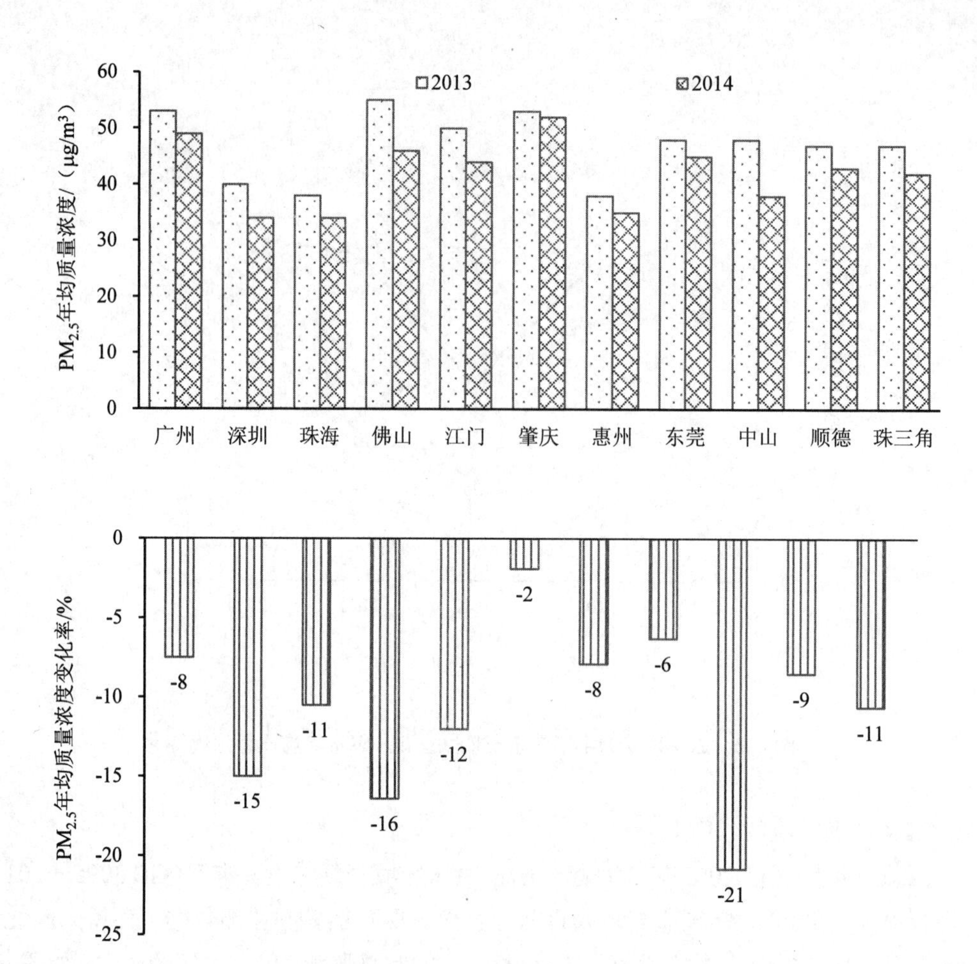

图 6-7　2013 年与 2014 年珠三角地区 $PM_{2.5}$ 年均质量浓度对比

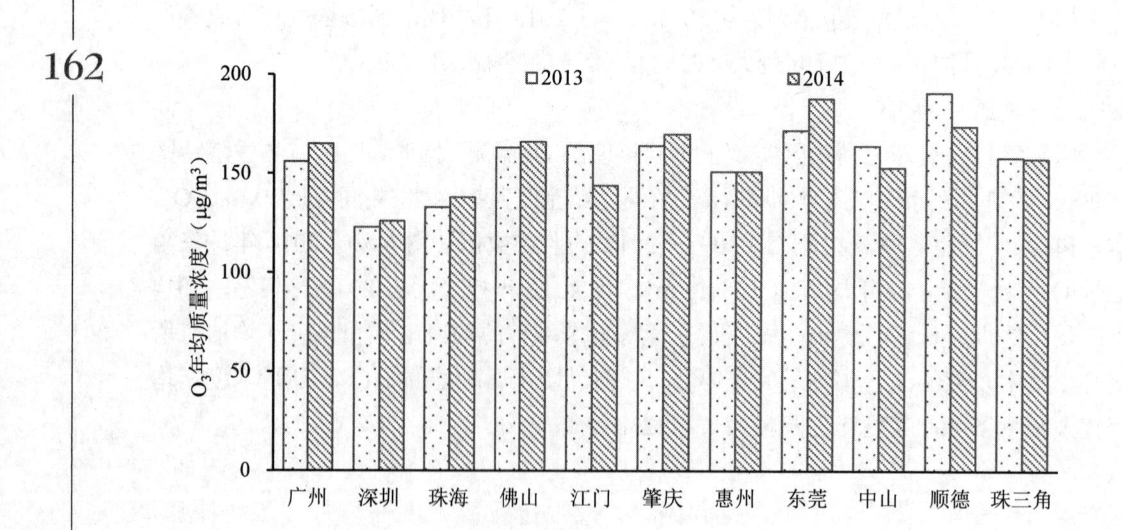

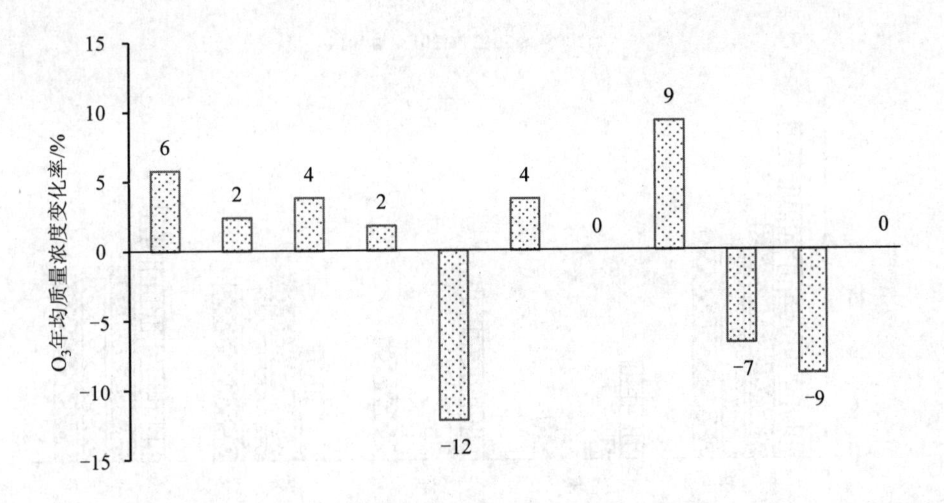

图 6-8　2013 年与 2014 年珠三角地区 O_3 8 h 质量浓度对比

6.1.2.6　酸雨

降水酸度总体有所好转，个别城市降水酸度没有改善[图 6-9（a）]。2013 年，全省 21 个地级以上城市降水 pH 均值为 5.20，pH 均值范围在 4.70（韶关）～6.75（汕尾）。与 2008 年相比，全省城市降水 pH 均值上升 0.3，全省降水质量状况有好转；从地区上看，粤北降水酸度有所下降，其他地区均有所好转；从城市上看，湛江、阳江、韶关、河源和清远 5 个城市的降水质量有所降低，其中韶关和清远属于重酸雨区（pH 均值＜4.5；4.5≤pH 均值＜5.0 且酸雨频率＞50%），酸雨污染并未得到改善；而广州、肇庆、惠州、东莞、中山、汕尾、潮州、茂名和梅州 9 个城市的降水质量有明显改善。

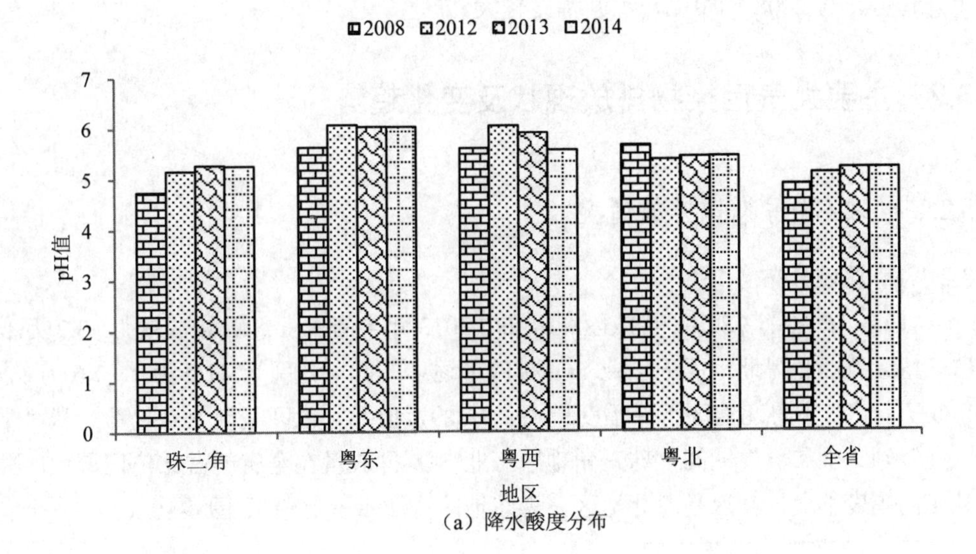

（a）降水酸度分布

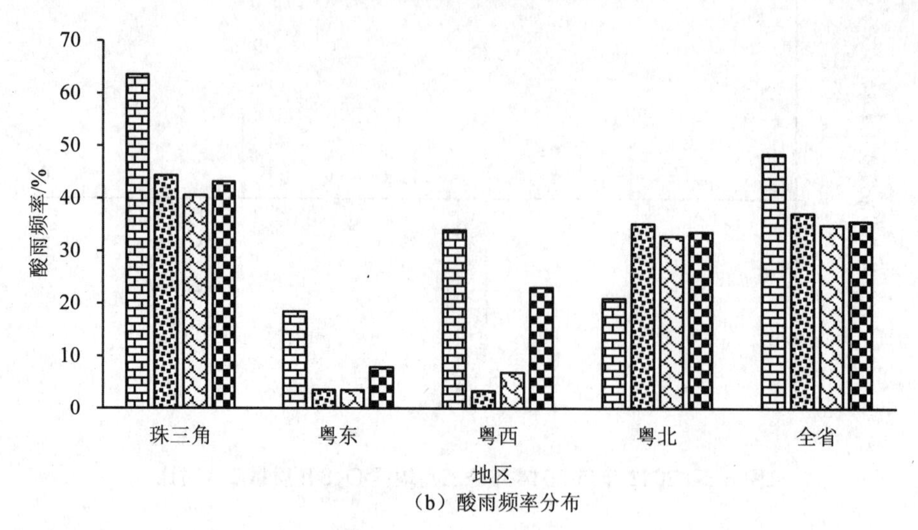

（b）酸雨频率分布

图 6-9　全省四大区域降水酸度及酸雨频率历史变化情况

珠三角酸雨频率[①]明显下降，但粤东西北地区酸雨频率有上升趋势[图 6-9（b）]。2013 年，广东省酸雨频率 35.0%与 2008 年相比下降了 13.5 个百分点，表明广东省受酸雨污染的次数明显下降。其中珠三角地区各市酸雨频率平均值为 40.6%，粤东各市酸雨频率平均为 3.6%，粤西各市酸雨频率平均为 6.9%，粤北各市酸雨频率平均为 32.9%，可见珠三角与粤北地区受酸雨污染较大，粤东与粤西地区的酸雨的污染较轻。从趋势上看粤东、粤西、粤北地区的酸雨频率在上升。珠三角地区，惠州与广州的酸雨频繁较低，并呈现下降趋势。潮州、湛江、清远近几年来酸雨频率呈现上升趋势，与 2008 年相比，上升幅度较大。

6.2　主要大气污染物排放现状及变化趋势

6.2.1　工业源污染物排放情况

6.2.1.1　区域分布

（1）二氧化硫（SO_2）排放区域分布。2013 年全省工业 SO_2 排放量为 73.2 万 t，珠三角、粤西、粤北地区的工业 SO_2 排放量逐年降低，分别为 41.9 万 t、7.5 万 t、15.6 万 t，其中粤北地区下降幅度最大（35%），但粤东地区呈现上升趋势。从“十一五”到“十二五”期间，珠三角地区工业 SO_2 排放量在全省的占比依旧最大，并且变化幅度不大，其次是粤北地区，粤东地区排放量占比最低[图 6-10（a）]。全省

① 酸雨频率是指该地区酸雨次数占总降雨次数的比例，即取降水 pH<5.6 的次数，除以当年 pH 值观测的总次数，即得到酸雨发生频率。

各区单位 GDP SO_2 排放强度相比 2008 年不断下降，其中粤北地区从 2008 年的 96.8 t/亿元下降到 2013 年的 37.3 t/亿元，降幅最为明显（达 61%），但总体上仍远远高于珠三角地区水平（2013 年为 7.9 t/亿元）[图 6-10（b）]。

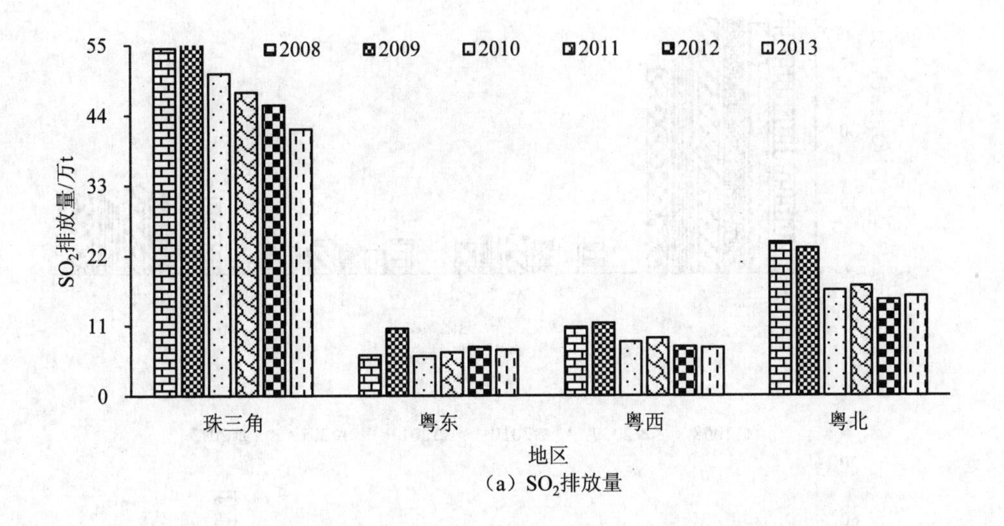

（a）SO_2排放量

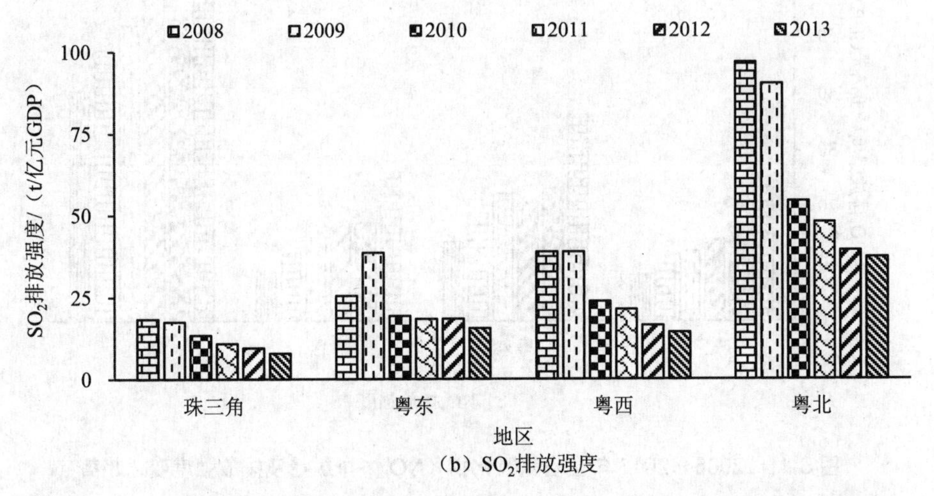

（b）SO_2排放强度

图 6-10　2008—2013 年全省工业二氧化硫（SO_2）排放量及排放强度变化趋势

（2）氮氧化物（NO_x）排放区域分布。2013 年，全省工业 NO_x 排放量为 72.26 万 t，珠三角、粤东、粤西的工业 NO_x 排放量呈先升后降趋势，其中珠三角总体下降幅度显著（38%），粤北相比 2008 年略有上升（5%）。从“十一五”到“十二五”期间，珠三角地区工业 NO_x 排放量在全省的占比依旧是最大，稳定在 60%左右，其次是粤北地区，并且占比在持续上升[图 6-11（a）]。各区的单位 GDP NO_x 排放强度在逐年下降，其中粤西降幅最为显著（66%），从 2008 年的 26.5 t/亿元下降到 2013 年的 9.0 t/亿元，基本接近珠三角地区水平（2013 年为 8.2 t/亿元）[图 6-11（b）]。

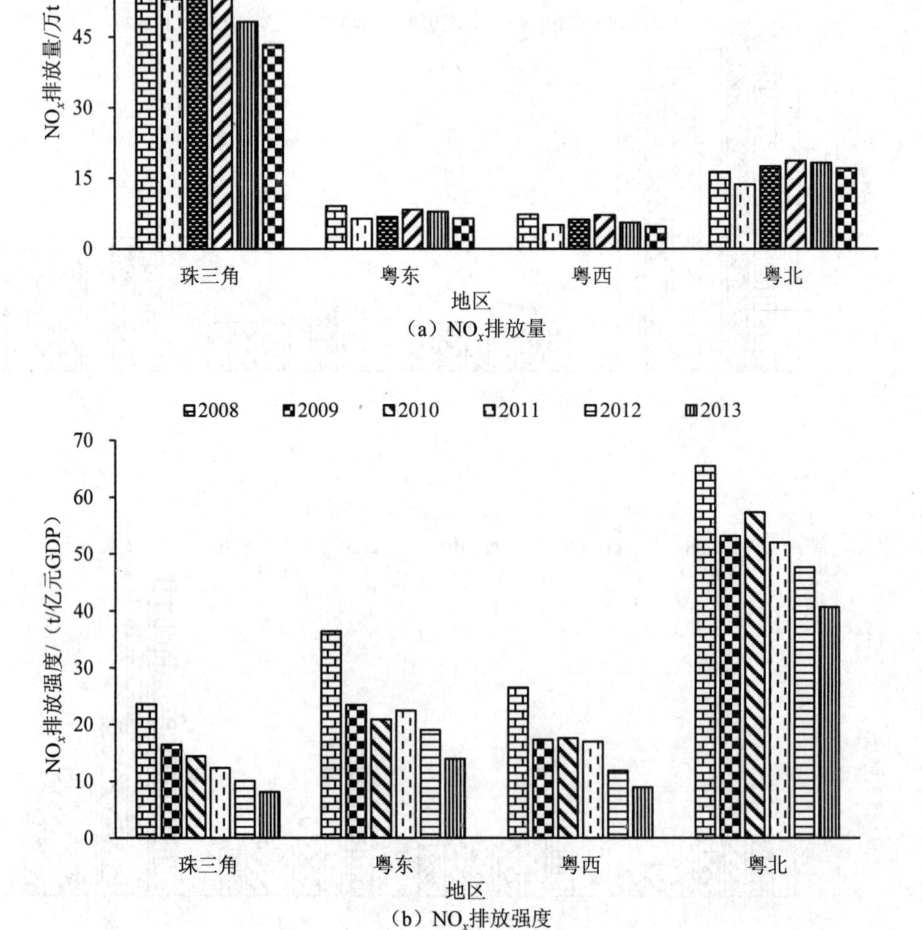

图 6-11　2008—2013 年全省氮氧化物（NO_x）排放量及排放强度变化趋势

（3）工业烟粉尘排放区域分布。2013 年全省工业烟粉尘排放量为 29.66 万 t，其中粤西地区的降幅最大（71%），珠三角和粤东地区在 2011—2013 年开始出现反弹上升趋势。从排放量占比的情况看，珠三角地区的工业烟粉尘排放占比逐年上升，粤西和粤北占比不断缩小[图 6-12（a）]。从排放强度上看，各地区相比 2008 年的排放强度都有大幅降低，其中珠三角地区降幅相对较小，粤西、粤北地区下降趋势显著，降幅高达 78%以上。粤北地区排放强度（15.3 t/亿元）远高于其他地区的 2 倍以上[图 6-12（b）]。

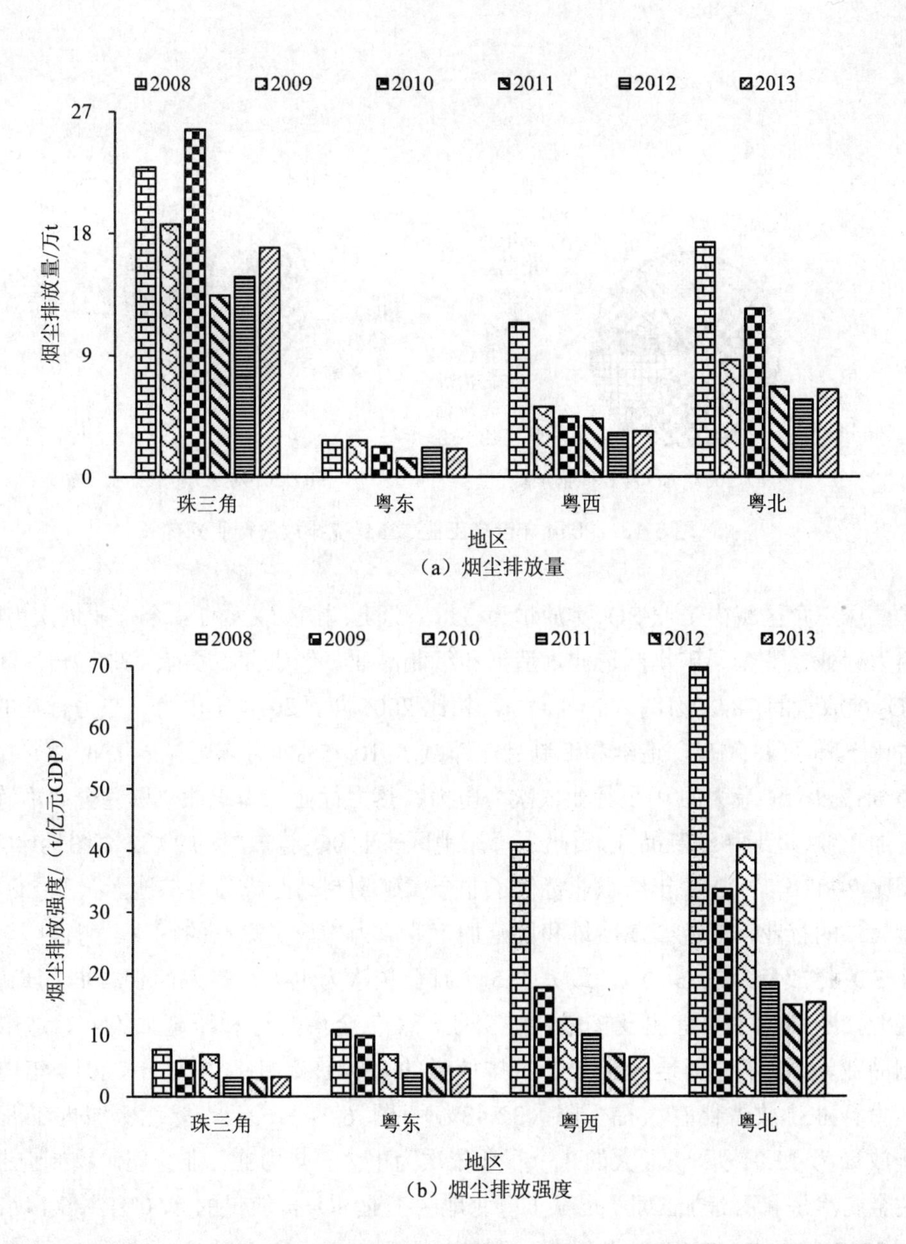

图 6-12　2008—2013 年全省四大区域工业烟粉尘（PM）排放量及排放强度变化趋势

6.2.1.2　行业分布

（1）二氧化硫（SO_2）排放的行业分布。2014 年全省工业 SO_2 排放量为 60.36 万 t，排前五位的行业分别是电力、热力行业、非金属矿物制品业、造纸业和纸制品行业、纺织行业、黑色金属冶炼和压延加工行业，共占全省工业 SO_2 排放量的 82.62%，其中电力、热力行业相比 2007 年的排放占比缩减了 15.50%，如图 6-13 所示。

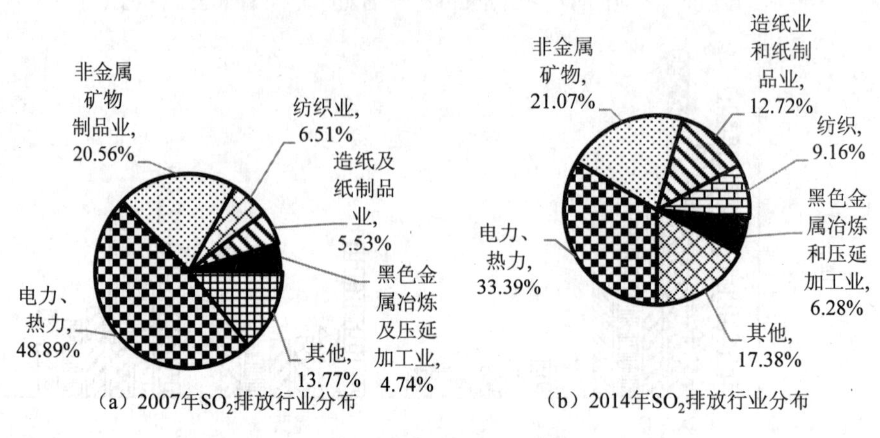

图 6-13　2014 年全省工业二氧化硫排放的行业分布

珠三角区域内工业 SO_2 排放量为 35.61 万 t，排放最大的 4 个行业依次为电力、热力行业，非金属矿物制造业，造纸和纸制品业，纺织业，贡献了珠三角地区工业 SO_2 排放量的 78.97%[图 6-14（a）]。相比 2007 年，2014 年电力、热力行业的排放占比下降了 13.31%，造纸和纸制品业缩减了 10.45%。粤东区域内工业 SO_2 排放量为 6.17 万 t，最大的 4 个行业依次为电力、热力行业，纺织业，黑色金属冶炼和压延加工业，造纸和纸制品业，贡献了粤东地区工业 SO_2 排放量的 90.32%[图 6-14（b）]。相比 2007 年，2014 年纺织业替代了非金属矿物制品业成为粤东地区工业 SO_2 排放量第二的行业，黑色金属冶炼和压延加工业成为排放量第三的行业。粤西区域内工业 SO_2 排放量为 6.56 万 t，最大的 5 个行业依次为电力、热力行业，非金属矿物制造业，石油加工、炼焦及核燃料加工业，黑色金属冶炼和压延加工业，造纸和纸制品业，贡献了粤西地区工业 SO_2 排放量的 83.23%。相比 2007 年，2014 年电力、热力行业排放占比有大幅下降（32.48%）[图 6-14（c）]。粤北区域内工业 SO_2 排放量为 12.01 万 t，最大的 3 个行业依次为电力、热力业，非金属矿物制造业，黑色金属冶炼和压延加工业，贡献了粤北地区工业 SO_2 排放量的 87.0%[图 6-14（d）]，与 2007 年相比，2014 年非金属矿物排放占比增加了 13.69%。

（2）氮氧化物（NO_x）排放的行业分布。2014 年，全省工业 NO_x 排放量为 62.98 万 t，排前五位的行业分别是电力、热力行业，非金属矿物制品业，造纸业和纸制品行业，纺织行业和黑色金属冶炼和压延加工行业，共占工业 NO_x 排放量的 90.76%[图 6-15（a）]。相比 2007 年，2014 年电力、热力行业的排放占比下降了 14.59%，非金属矿物制品业增长了 8.19%[图 6-15（b）]。

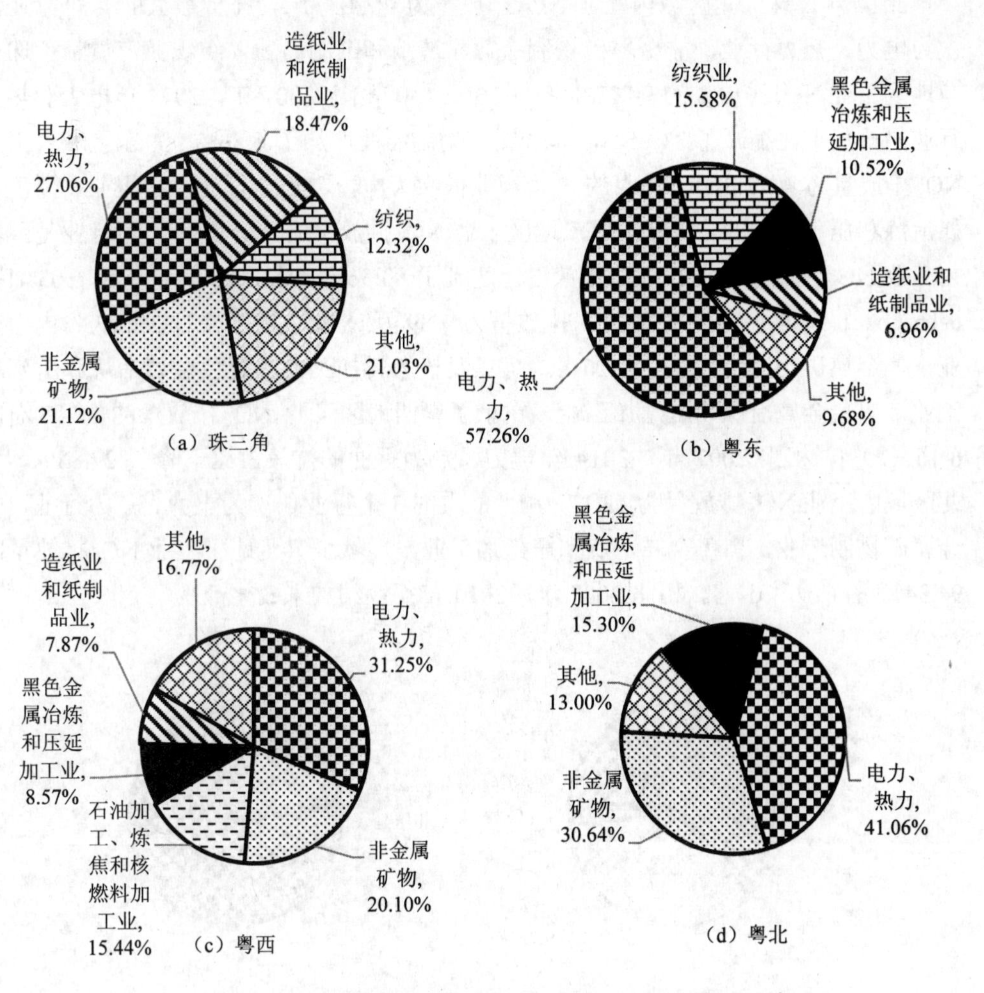

图 6-14　2014 年全省四大区域工业二氧化硫排放的行业分布

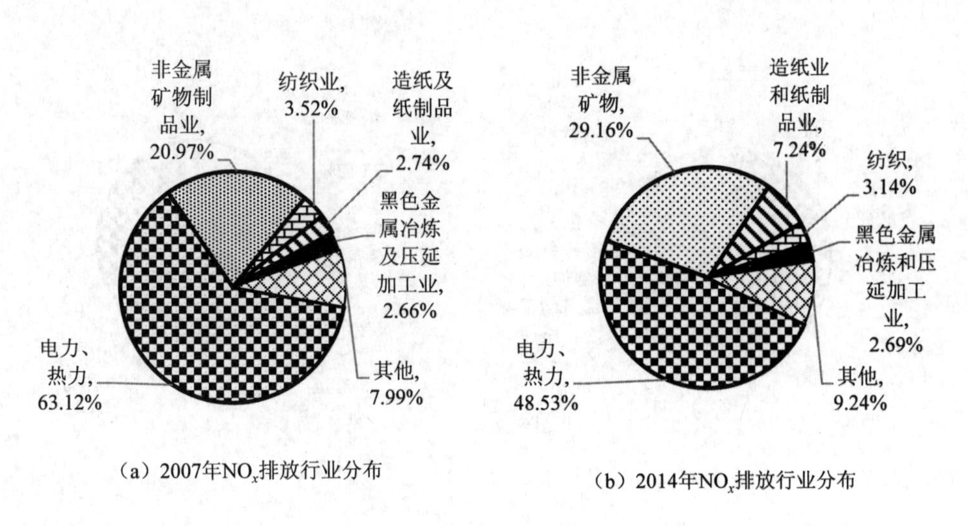

图 6-15　2007 年与 2014 年全省工业氮氧化物排放的行业分布

2014 年，珠三角区域内工业 NO_x 排放量为 40.42 万 t，排放最大的 4 个行业依次为电力、热力行业，非金属矿物制造业，造纸和纸制品业，纺织业，贡献了珠三角地区工业 NO_x 排放量的 90.27%[图 6-16（a）]。相比 2007 年，2014 年电力、热力行业的排放占比缩减了 11.95%，非金属矿物制品业增加了 6.56%。粤东区域内工业 NO_x 排放量为 4.49 万 t，最大的 3 个行业依次为电力、热力行业，纺织业，黑色金属冶炼和压延加工业，贡献了粤东地区工业 NO_x 排放量的 91.91%，电力行业是区域内工业 NO_x 排放最主要行业，排放占比达到了 83.56%，比 2007 年增长了 6.03%[图 6-16（b）]。粤西区域内工业 NO_x 排放量为 4.89 万 t，最大的 5 个行业依次为电力行业，非金属矿物制造业，石油加工、炼焦及核燃料加工业，有色金属冶炼和压延加工业，黑色金属冶炼和压延加工业，贡献了粤西地区工业 NO_x 排放量的 82.93%[图 6-16（c）]。相比 2007 年，2014 年电力、热力行业的排放占比下降了 27.83%。粤北区域内工业 NO_x 排放量为 13.17 万 t，最大的 3 个行业依次为电力、热力行业，非金属矿物制造业，黑色金属冶炼和压延加工业，贡献了粤北地区工业 NO_x 排放量的 94.34%[图 6-16（d）]。相比 2007 年，2014 年行业结构未发生改变。

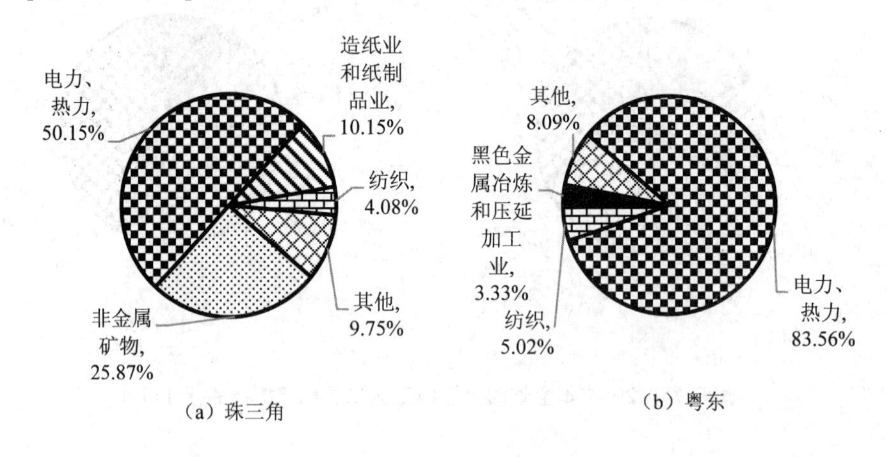

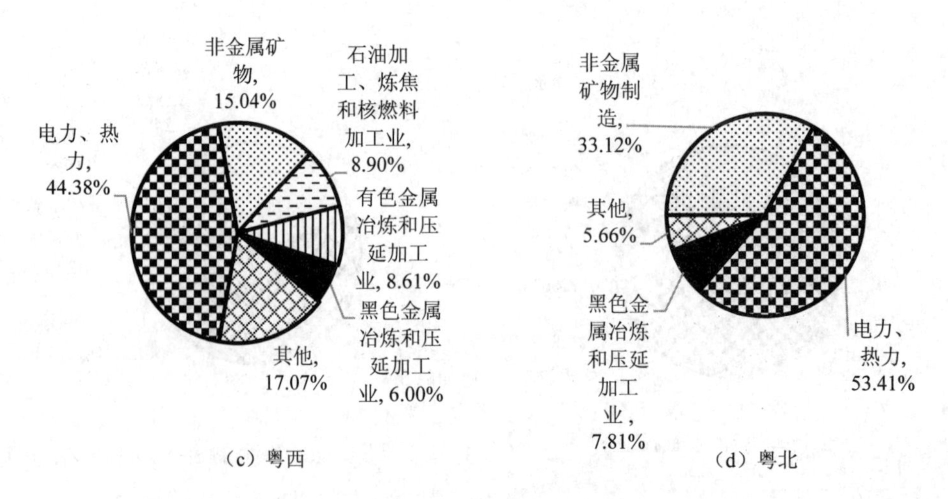

图 6-16　2014 年全省四大区域工业氮氧化物排放的行业分布

（3）工业烟粉尘排放的行业分布。如图6-17所示，2014年，全省工业烟粉尘（PM）排放量为 33.6 万 t，排前五位的行业分别是非金属矿物行业，电力、热力行业，黑色金属冶炼和压延加工行业，纺织行业，造纸业和纸制品行业，共占 PM 排放量的 89.03%。相比 2007 年，2014 年电力、热力行业所占的比例缩减了 14.98%，非金属矿物制品业的排放占比增加了 23.90%，成为 PM 排放量最大的行业，黑色金属冶炼和压延加工业占比增长显著。

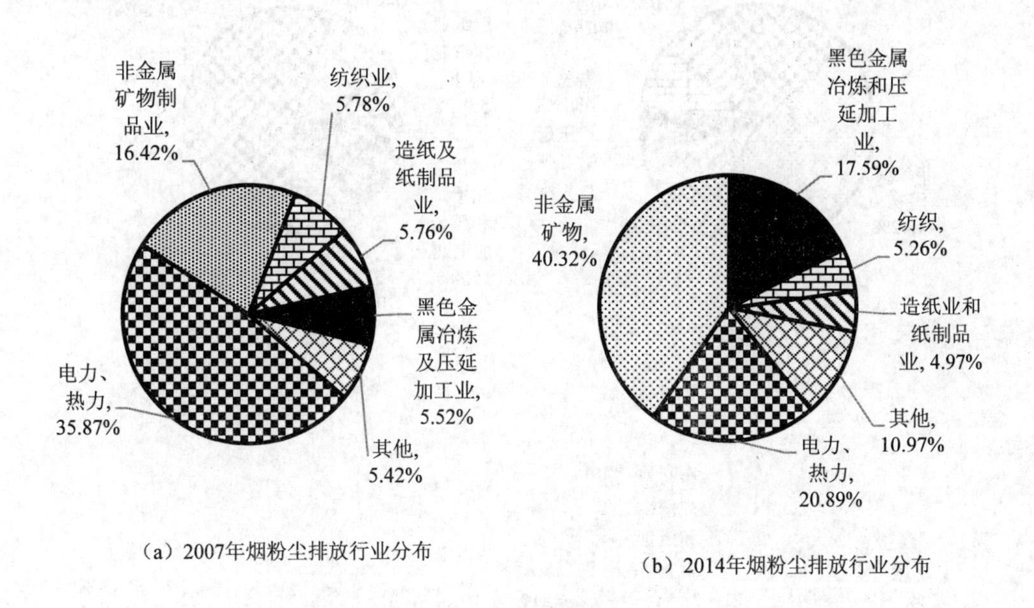

图 6-17　2007 年与 2014 年全省工业烟粉尘排放的行业分布

珠三角区域内 PM 排放量为 16.42 万 t，排放最大的 5 个行业依次为非金属矿物制造业、电力行业、纺织业、造纸和纸制品业、黑色金属冶炼和压延加工业，贡献了珠三角地区 PM 排放量的 86.79%[图 6-18（a）]。相比 2007 年，2014 年电力、热力行业的排放占比增加了 6%，非金属矿物制品业增加了 7.8%。粤东区域内 PM 排放量为 2.19 万 t，最大的 4 个行业依次为电力、热力行业，黑色金属冶炼和压延加工业，纺织业，造纸业和纸制品业，贡献了粤东地区 PM 排放量的 87.16%[图 6-18（b）]。相比 2007 年，2014 年电力、热力行业增加了 39.07%，跃居粤东地区 PM 排放量的第一位，而黑色金属冶炼和压延加工业替代黑色金属选矿业成为粤东地区 PM 排放量的第二位。粤西区域内 PM 排放量为 4.79 万 t，最大的 5 个行业依次为非金属矿物制造业、电力行业、黑色金属冶炼和压延加工业、农副产品加工业、有色金属冶炼和压延加工业，贡献了粤西地区 PM 排放量的 88.8%[图 6-18（c）]。相比 2007 年，2014 年电力行业、黑色金属冶炼和压延加工业排放占比分别增加了 4.5%、7.5%。粤北区域内 PM 排放量为 10.18 万 t，最大的 3 个行业依次为电力、热力行业，黑色金属冶炼和压延加工业，非金属矿物制造业，贡献了粤北地区 PM 排放量的

93.89%[图 6-18（d）]，相比 2007 年，2014 年电力、热力行业、黑色金属冶炼和压延加工业排放占比分别增加了 16.13%、25.08%，其中黑色金属冶炼和压延加工业排放占比增长显著，跃居粤北地区 PM 排放的第二位。

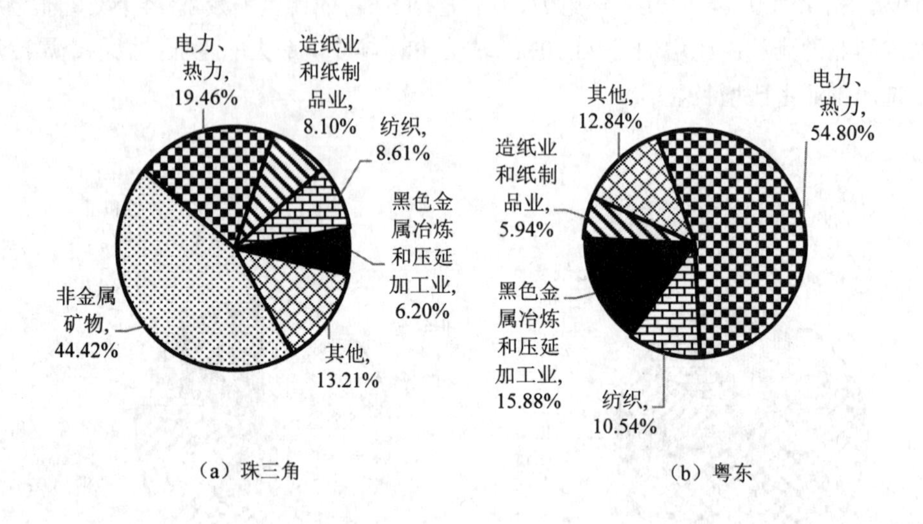

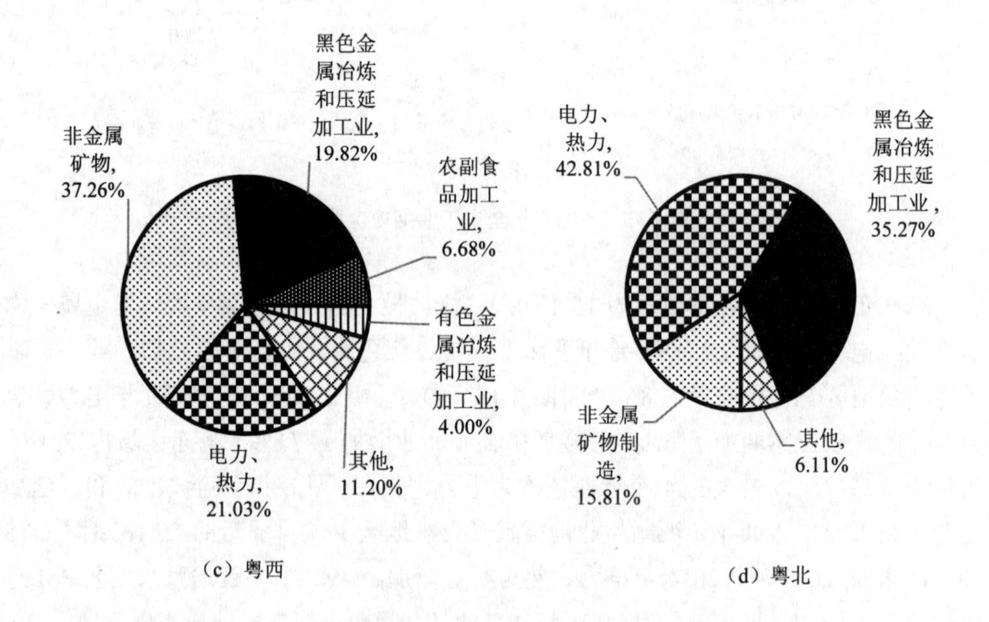

图 6-18　2014 年全省四大区域工业烟粉尘排放的行业分布

6.2.1.3　治理现状

（1）火电。全省火电机组脱硫除尘和降氮脱硝工作大力推进，全省 121 台 12.5 万 kW 以上燃煤火电机组已全部取消或不设置脱硫设施烟气旁路并完成降氮脱硝改造，4 台合计 160 万 kW 燃煤机组完成“超洁净排放”改造。根据广东省 2014 年大气减排核算表统计（图 6-19），全省燃煤火电厂脱硫设施投运率平均水平为 99%，合计装机容量占全省火电厂 98%的电厂进行了脱硫治理，其综合脱硫效率平均为 91%，整体脱硫水平达到了“十二五”规划要求（已投运脱硫设施电厂的综合脱硫效率达 90%以上）。其中合计装机容量占全省火电厂 94%的电厂的脱硫效率达到 90%以上，装机容量占全省火电厂 4%的电厂的脱硫效率为 60%～90%。从地区上看，粤北与珠三角的整体脱硫效率相对较低。

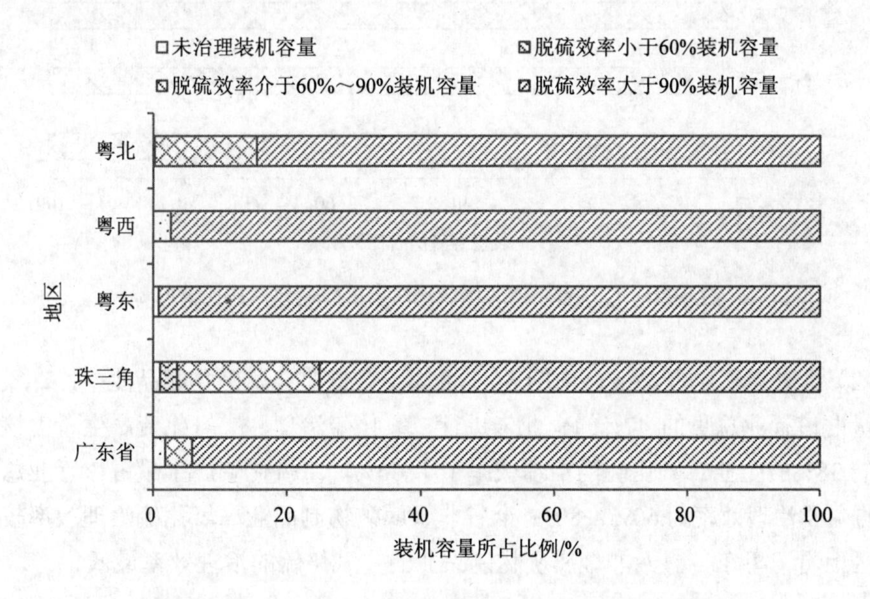

图 6-19　广东省及四大区域燃煤电厂脱硫效率占比情况

根据广东省 2014 年大气减排核算表统计（图 6-20），全省燃煤火电厂脱硝设施投运率平均水平为 97%，合计装机容量占全省火电厂 99%的电厂进行了脱硝治理，其综合脱硝效率为 77%，其中合计装机容量占全省火电厂 88%的电厂的脱硝效率达到 70%以上，还有装机容量占全省火电厂 12%的电厂的脱硝效率小于 70%。从地区上看，粤北地区燃煤火电厂脱硝治理水平最低。从全省装机容量 12.5 万 kW 以上的燃煤电厂来看，均进行了脱硝治理，脱硝设施投运率平均水平为 95%，平均脱硝治理效率为 79%，超过了 12.5 万 kW 以上机组的综合脱硝效率达到 70%以上的要求。其中，还有装机容量占全省 12.5 万 kW 以上火电厂 10%的电厂的脱硝效率小于 70%。从地区上看，粤北地区的脱硝治理效率最低，仅合计装机容量占粤北地区火电厂 55%的电厂的脱硝效率不小于 70%。

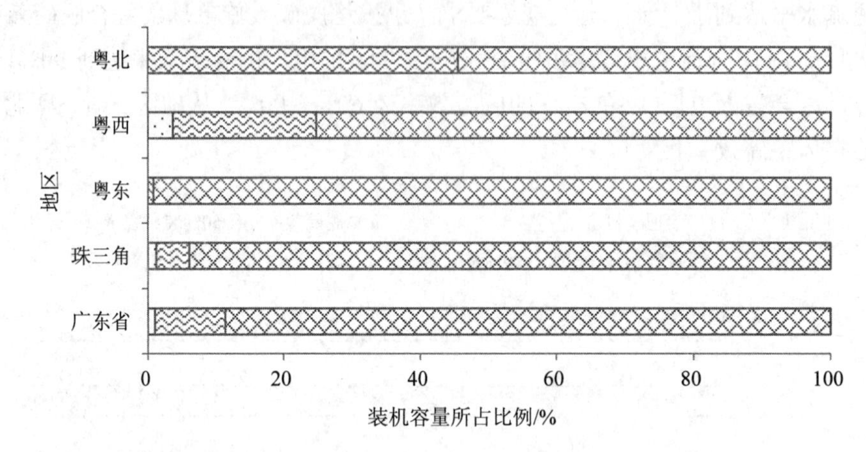

图 6-20　广东省及四大区域燃煤电厂脱硝效率占比情况

（2）非金属矿物制品业。由图 6-21 可知，全省非金属矿物制品业中，二氧化硫产生量占该行业总量的 47%的企业未进行二氧化硫治理，二氧化硫产生量占该行业总量的 38%的企业二氧化硫的治理效率小于 60%，二氧化硫产生量占该行业总量的 15%的企业治理效率为 60%～80%，全省非金属矿物制品业二氧化硫治理效率较低。从地区上看，粤东、粤西非金属矿物制品业的二氧化硫的治理效率最低。

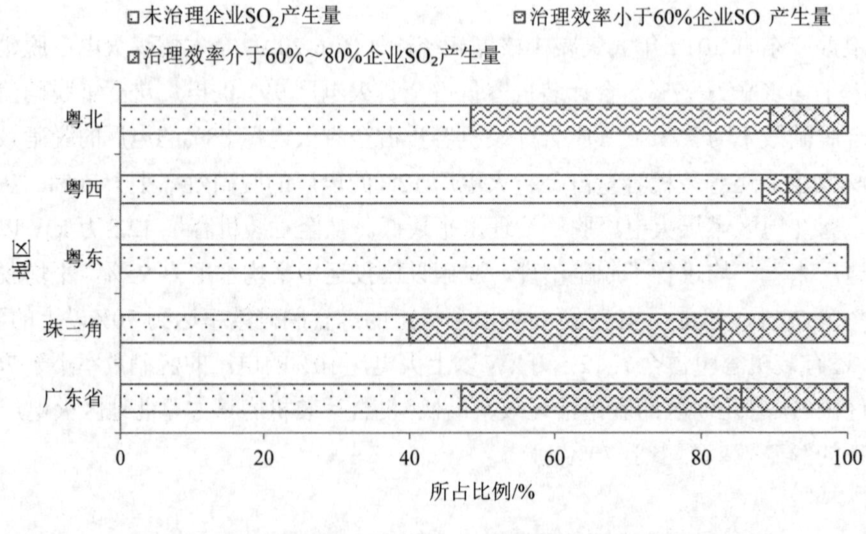

图 6-21　广东省及四大区域非金属矿物制品业二氧化硫的治理情况

由图 6-22 可知，全省非金属矿物制品业中，氮氧化物产生量占该行业总量的 42%的企业未进行氮氧化物治理，氮氧化物产生量占该行业总量的 52%的企业氮氧化物的治理效率小于 60%，氮氧化物产生量占该行业总量的 6%的企业治理效率为 60%～80%，全省非金属矿物制品业的氮氧化物治理效率偏低。从地区上看，粤东地区非金属矿物制品业的氮氧化物的治理效率最低，基本处于未治理水平。

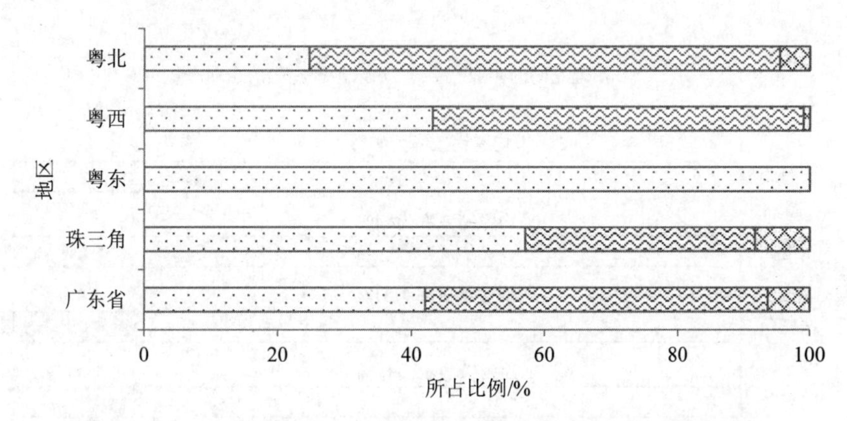

图 6-22　广东省及四大区域非金属矿物制品业氮氧化物的治理情况

由图 6-23 可知，全省非金属矿物制品业中，仅颗粒物产生量占该行业总量的 0.2%的企业未进行颗粒物治理，颗粒物产生量占该行业总量的 0.4%的企业颗粒物的治理效率为 0%～80%，颗粒物产生量占该行业的 99.4%的企业颗粒物治理效率在 80%以上，可见全省非金属矿物制品业的颗粒物治理已达到较高水平。从地区上看，粤东非金属矿物制品业在颗粒物的治理效率偏低，还有待提升。

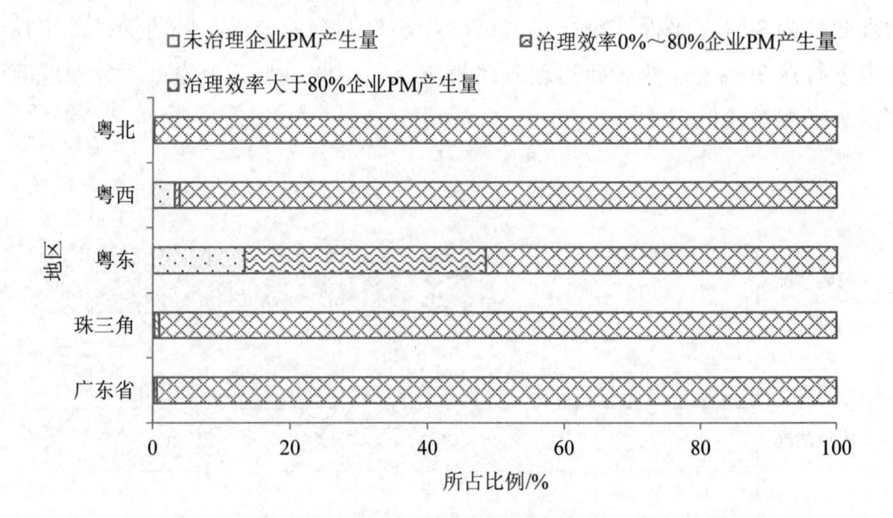

图 6-23　广东省及四大区域非金属矿物制品业颗粒物的治理情况

从水泥行业来看，截至 2014 年年底，全省水泥淘汰落后产能 413 万 t，另外 54 条日产熟料 2 000 t 以上的水泥生产线已全部按国家规范要求完成烟气脱硝治理。根据减排核算表水泥全口径统计表明（图 6-24），水泥产量占该行业总量的 30%的企业未进行脱硝治理，水泥产量占该行业总量 10%的企业脱硝治理效率小于 40%，水泥产量占该行业总量的 59%的企业脱硝治理效率为 40%～65%。由此可见，全省水泥行业脱硝治理水平还有较大提升空间，从地区上看，粤西地区的水泥脱硝治理水平最低。

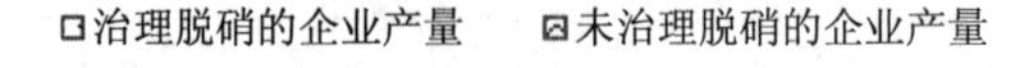

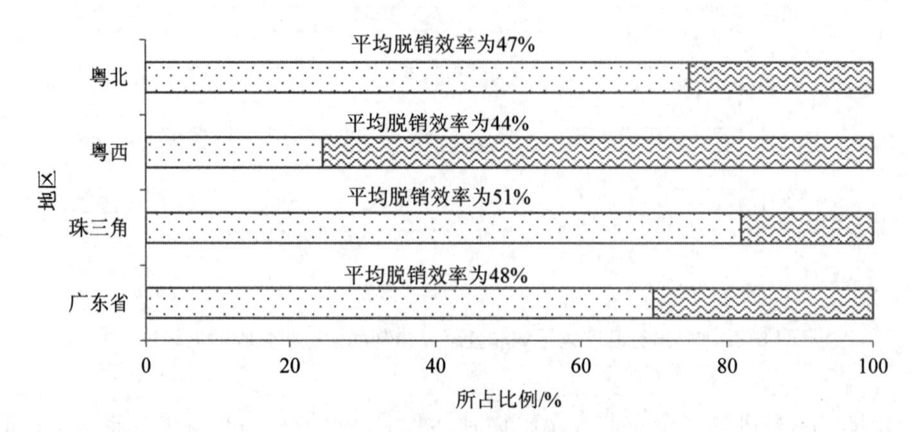

图 6-24　广东省及各地区水泥行业脱硝的治理情况

从玻璃行业来看，根据减排核算表平板玻璃全口径统计表明（图 6-25），平板玻璃产量占该行业 63%的企业未进行脱硝治理，平板玻璃产量占该行业 37%的企业脱硝治理效率为 30%；平板玻璃产量占该行业 61%的企业未进行脱硫治理，平板玻璃产量占该行业 39%的企业脱硫治理效率为 30%。由此可见，全省平板行业脱硫脱硝治理水平还相对较低。

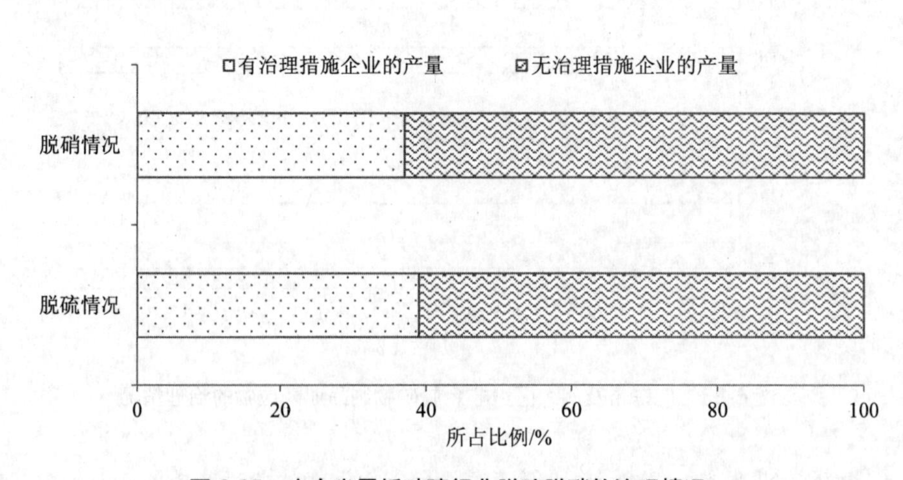

图 6-25　广东省平板玻璃行业脱硫脱硝的治理情况

（3）工业锅炉。2014 年全省淘汰燃煤工业锅炉 1 962 台，根据 2014 年环境统计数据（图 6-26），合计二氧化硫产生量占全省锅炉排放的 4%的工业锅炉采取了有治理措施，平均治理效率为 53%，从中可见粤西地区工业锅炉的二氧化硫治理效率最为落后。

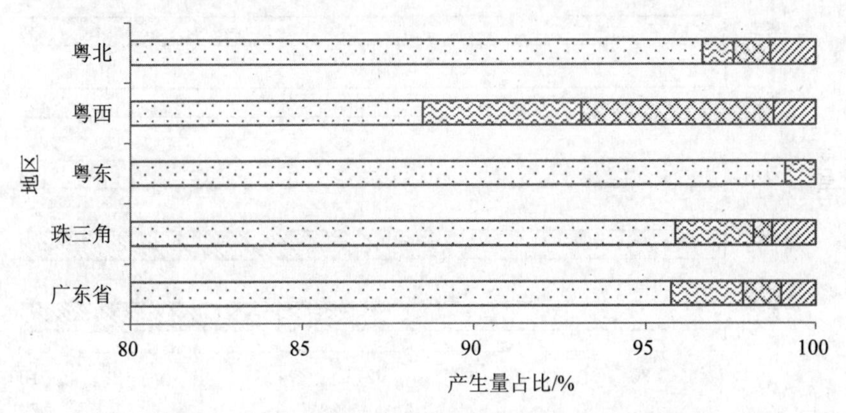

图 6-26　广东省及各地区工业锅炉二氧化硫的治理情况

全省工业锅炉在氮氧化物治理方面，根据 2014 年环境统计数据（图 6-27），合计氮氧化物产生量占全省锅炉排放的 58%的工业锅炉有治理措施，平均治理效率为 67%，其中合计氮氧化物产生量占全省锅炉排放的 26%的工业锅炉治理效率小于 60%，合计氮氧化物产生量占全省锅炉排放的 20%的工业锅炉治理效率为 60%～80%，合计氮氧化物产生量占全省锅炉排放的 12%的工业锅炉治理效率大于 80%，从地区上看，粤东地区工业锅炉的氮氧化物治理效率最低。

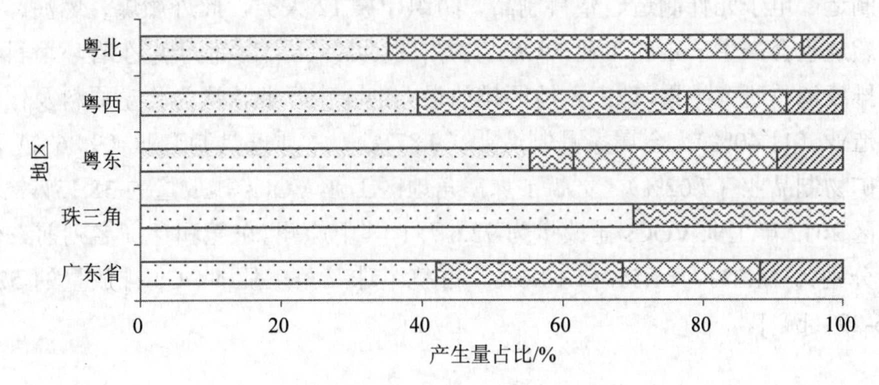

图 6-27　广东省及各地区工业锅炉氮氧化物的治理情况

全省工业锅炉在颗粒物治理方面，根据 2014 年环境统计数据（图 6-28），合计颗粒物产生量占全省锅炉排放量的 7%的工业锅炉有治理措施，平均治理效率为 61%，从地区上看，粤东与粤西地区工业锅炉的颗粒物治理效率相对较差。

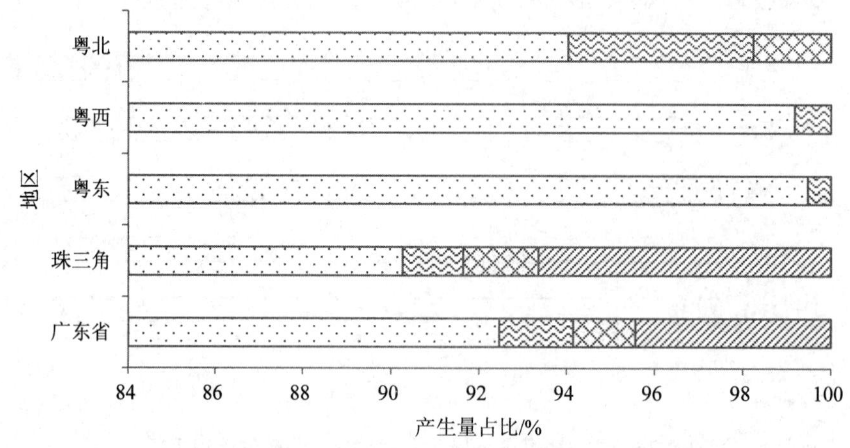

图 6-28　广东省及各地区工业锅炉颗粒物的治理情况

6.2.2　工业挥发性有机物排放情况

6.2.2.1　挥发性有机物排放现状

依据“广东省珠三角地区及清远市工业 VOCs 排放重点监管企业名单”“广东省重点行业挥发性有机物综合整治实施方案”等相关课题的调查研究，目前全省最主要的 VOCs 排放行业包括炼油石化、化学原料和化学制品制造、化学药品原料药制造、合成纤维制造、汽车和集装箱制造等表面涂装、印刷、制鞋、家具制造、人造板制造、电子元件制造、塑料制品、纺织印染 12 大类，此外燃煤、燃油、天然气等燃烧也会产生一定的工业 VOCs 排放[图 6-29（a）]。基于广东省环境科学研究院排放清单研究结果，珠三角地区排放最大的 4 个行业依次为化学原料及化学制品制造业（11.40%）、金属家具制造业（9.87%）、木质家具制造业（9.86%）和非金属矿物制品业（7.02%），贡献了珠三角地区工业 VOCs 排放量的 38.15%。珠三角地区 2012 年工业 VOCs 排放量为 92.6 万 t，其中广州、东莞和深圳名列前三位，占比分别为 24.7%、14.5%和 13.6%。占整个珠三角工业 VOCs 排放量的 52.8%[图 6-29（b）]。

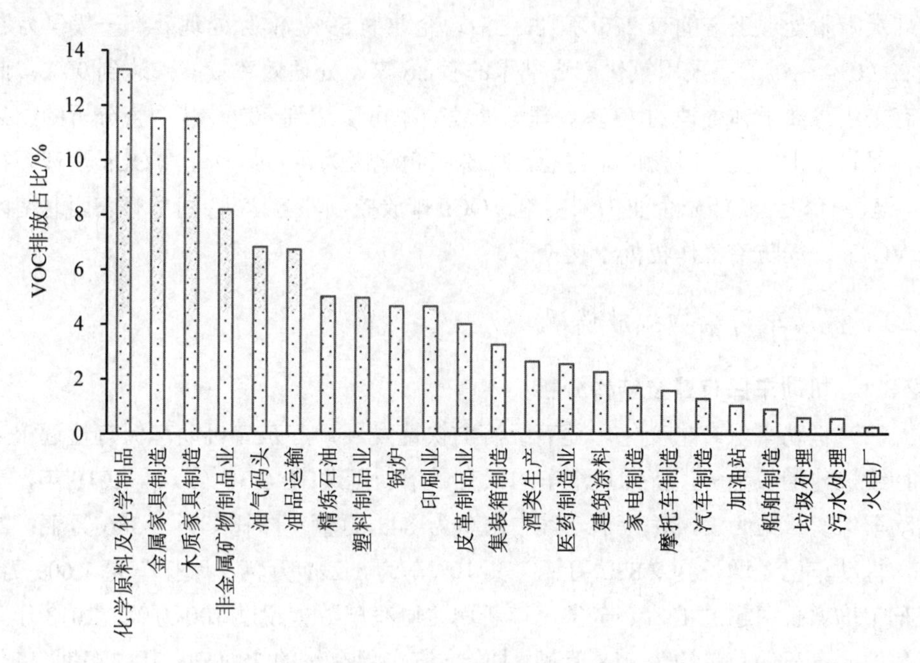

（a）行业分布

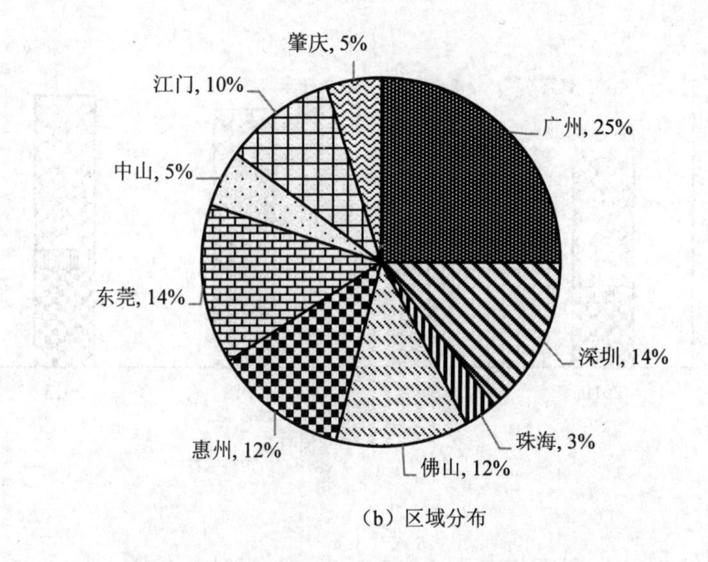

（b）区域分布

图 6-29　2013 年珠三角 VOCs 排放的行业及区域分布

6.2.2.2　挥发性有机物治理现状

据前期相关课题对全省 VOCs 重点企业的不完全调查，全省炼油石化企业 VOCs 无组织排放的泄漏检测与维修技术（LDAR）应用尚处于试点启动阶段，广石化、中海壳牌、中海油三家完成试点装置应用示范，但全厂 VOCs 综合治理工作还有待推进，茂名石化、湛江东兴石化 LDAR 工作方案正在制定。631 家受调查的工业企业中，仍有 269 家无 VOCs 治理设施；已开展治理的 362 家重点企业中采用简单的活性炭吸附处理工艺的有215家，占已治理企业的59%，实际处理效率一般仅为50%左右（0%～90%）；采用氧化燃烧技术的有26家，处理效率较高，达到90%；此外还有采用等离子体处理的13家，理论处理效率可以达到80%。从调查分析的结果来看，尽管"十二五"时期广东省已经以珠三角地区为重点启动了VOCs治理减排工作，但仍有相当一部分企业仍未实施VOCs排放控制，全省（特别是粤东西北地区）的VOCs污染防治工作仍处于初期。

6.2.3 机动车污染物排放情况

6.2.3.1 机动车保有量及结构分析

（1）机动车保有量变化。随着经济的快速发展，广东省机动车保有量近年来保持持续快速增长趋势，特别是汽车的保有量增长迅速[图6-30（a）]。2010年，全省机动车保有量约为2 430万辆，其中汽车为843万辆，摩托车为1 586万辆；2013年，机动车已经增长到2 830万辆，其中汽车为1 221万辆，摩托车为1 609万辆，汽车年均增长率超过13%，全省每年新增注册汽车数量超过100万辆。2013年，珠三角地区汽车保有量约为958万辆，占全省汽车保有量的78.46%，其中深圳、广州、东莞、佛山等市汽车保有量均已超过100万辆[图6-30（b）]。

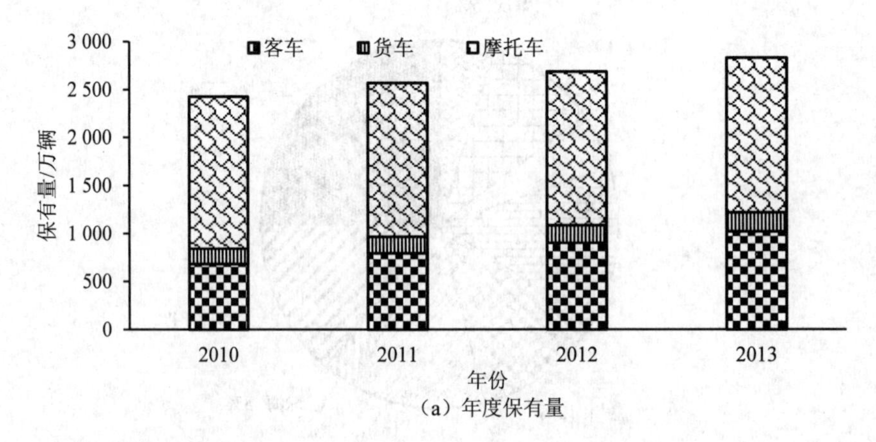

（a）年度保有量

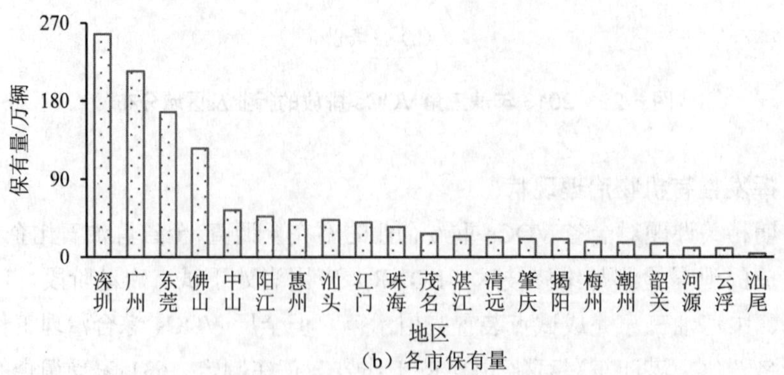

（b）各市保有量

图6-30 2010—2013年广东省机动车保有量变化及各市保有量

（2）全省汽车车型结构现状。2013 年，全省汽车保有量的车型结构中[图 6-31（a）]，小型载客汽车保有量最大，占到 79.7%，轻型载货汽车次之，占汽车保有量的 12.5%，两者总和占到汽车保有量的 92.2%，且其中绝大部分为轻型汽油车。从汽车排放标准看[图 6-30（b）]，国 0 标准汽车保有量占总保有量的 8%，国 3 和国 4 标准汽车保有量分别占总保有量的 35%和 23%。总体来说，目前全省汽车从排放标准来年以国 3 和国 4 为主。

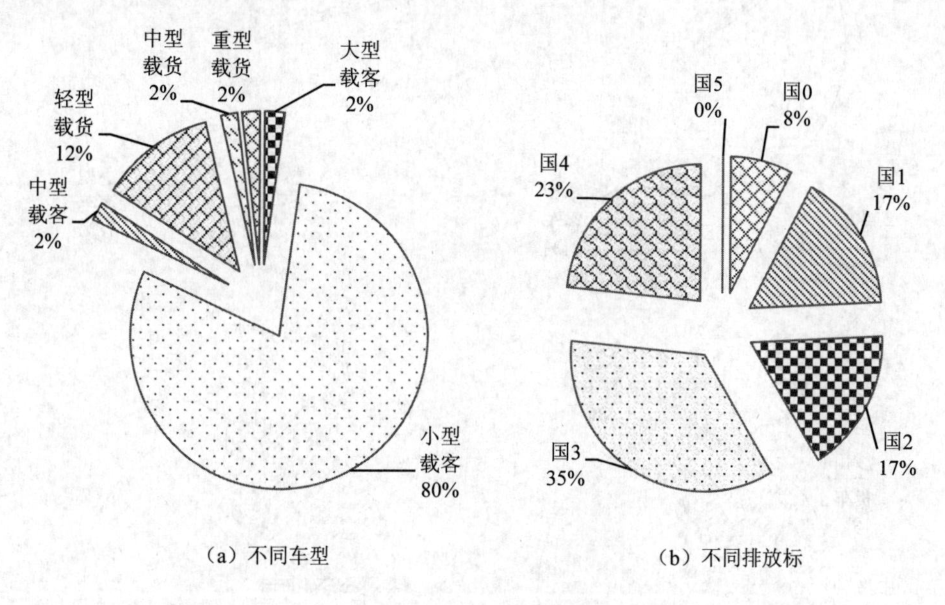

图 6-31　2013 年全省不同车型与排放标准汽车保有量占比情况

（3）四大区域汽车保有及车型结构现状。2013 年，珠三角地区汽车的保有量远超过广东省其他地区，占全省的 78.7%。各地区的车型结构基本类似，以小型客车和轻型货车为主，合计占比为 88%～93%，如图 6-32 所示。

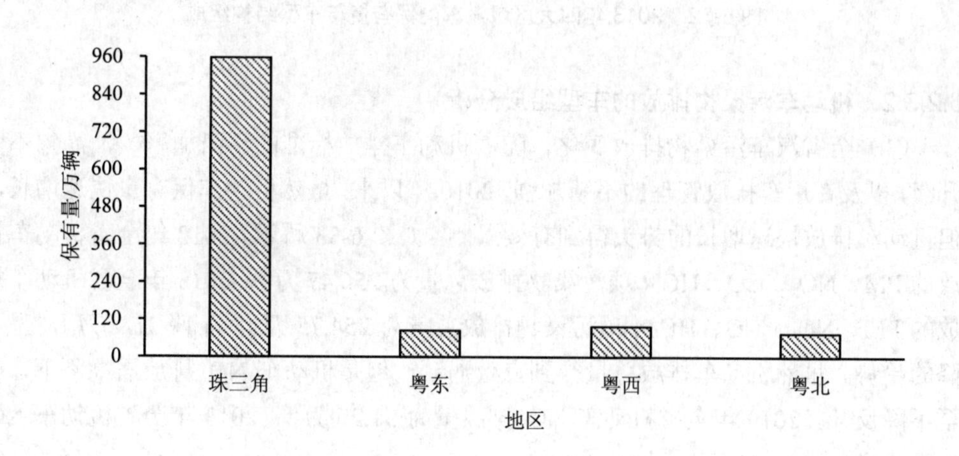

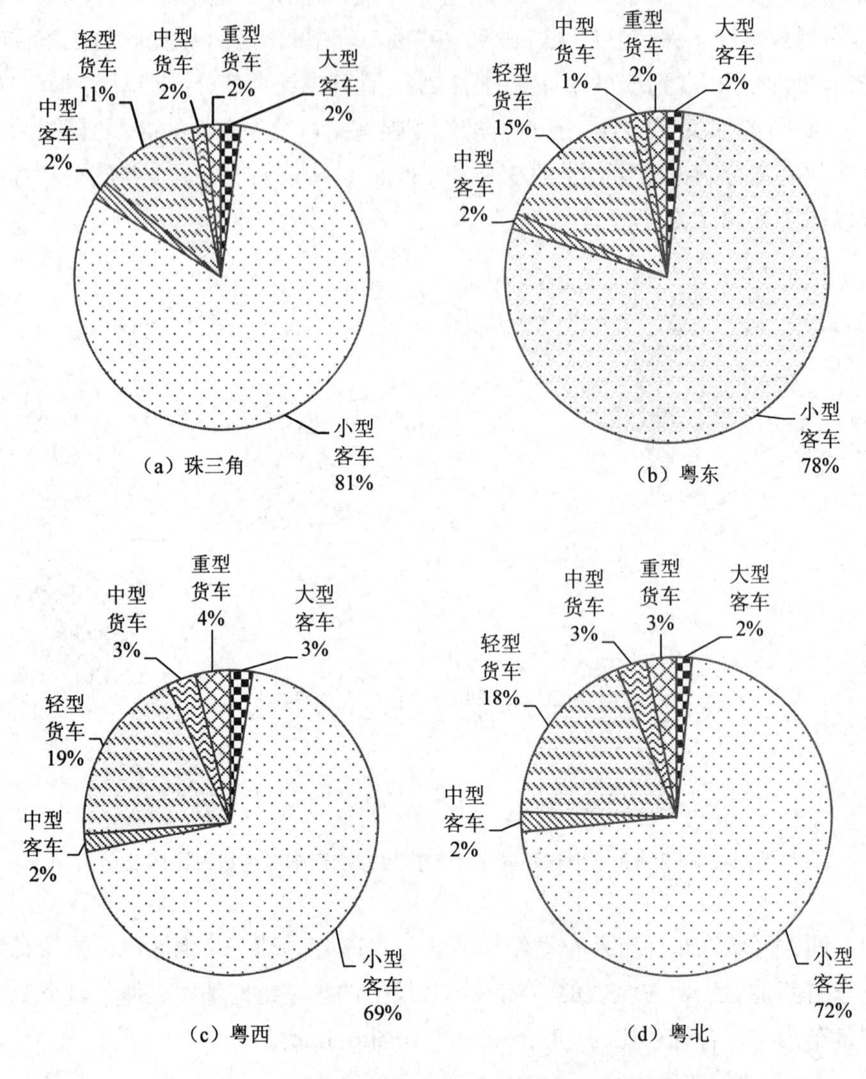

图 6-32　2013 年四大区域汽车的保有量与车型结构组成

6.2.3.2　机动车污染物排放的车型组成分析

（1）全省汽车污染物排放变化。随着机动车排放标准的不断加严、油品的不断升级，以及在用车排放管理的不断加强，2010 年以来，虽然机动车保有量快速增长，但机动车排放快速增长的势头得到有效遏制。如图 6-33 所示，2012 年全省机动车排放的 PM、NO_x、CO、HC 4 项污染物排放总量为 256.47 万 t，2013 年全省机动车排放的 PM、NO_x、CO、HC 4 项污染物排放总量为 254.75 万 t，下降 1.72 万 t，呈下降的趋势。虽然机动车排放总量得到有效遏制，但是机动车 NO_x 排放居高不下，甚至不降反升。2010 年全省机动车 NO_x 排放量为 51.27 万 t，2013 年全省机动车 NO_x 排放量增加到 57.33 万 t，增长 11.8%。

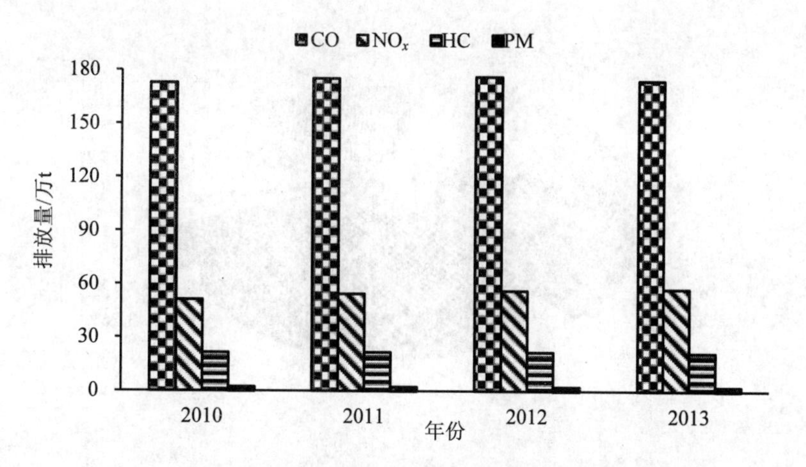

图 6-33　2010—2013 年广东省汽车污染物排放量的变化情况

（2）全省汽车大气污染物排放的车型组成。从不同车型排放分担率来看（图 6-34 和图 6-35），全省小型客车 CO 排放最高，主要为轻型汽油车所排放。全省轻型货车 HC 和 NO_x 排放最高。重型货车和大型客车 PM 排放最高，单一车型排放量均超过 20%，主要为大型柴油车所排放。

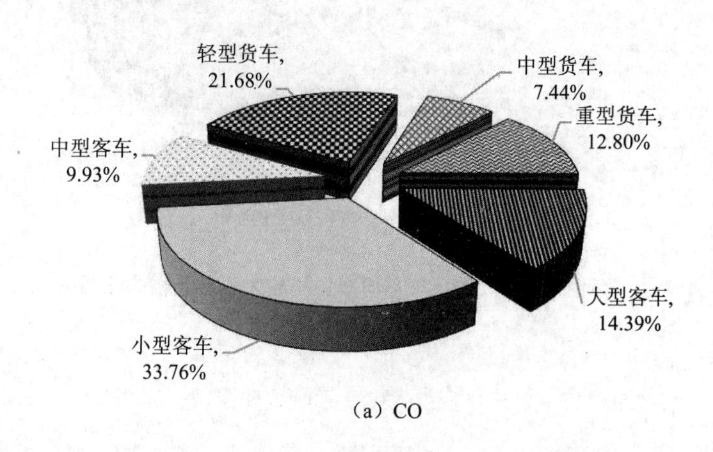

（a）CO

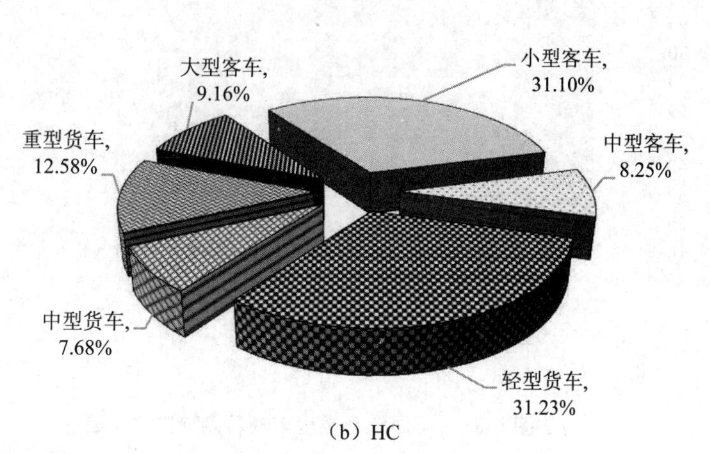

（b）HC

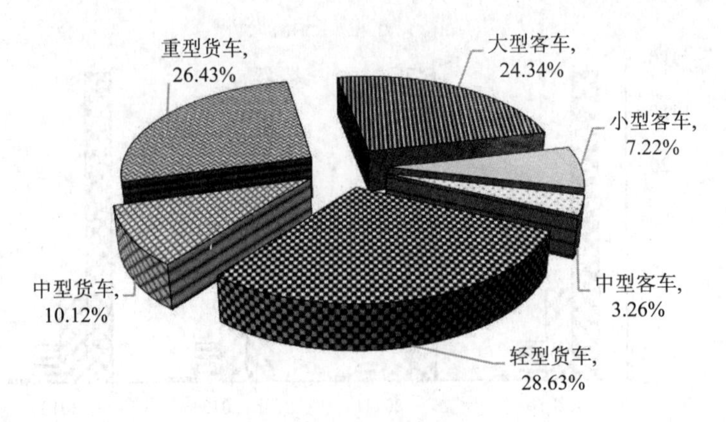

（c）NO_x

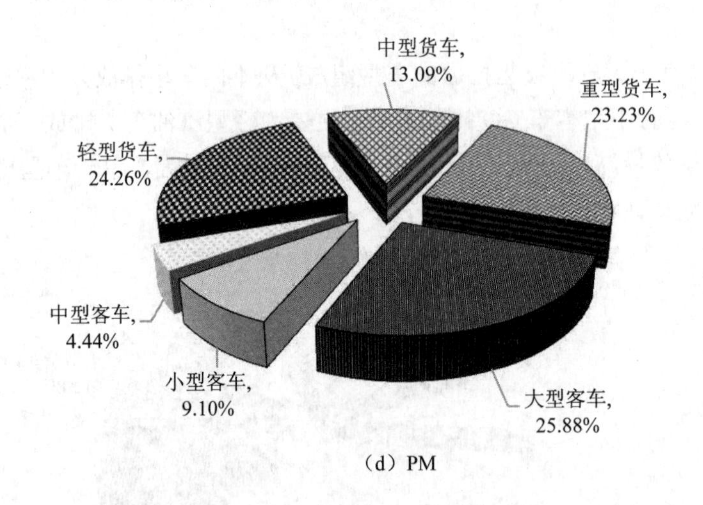

（d）PM

图 6-34　2013 年不同车型排放大气污染物的分担率

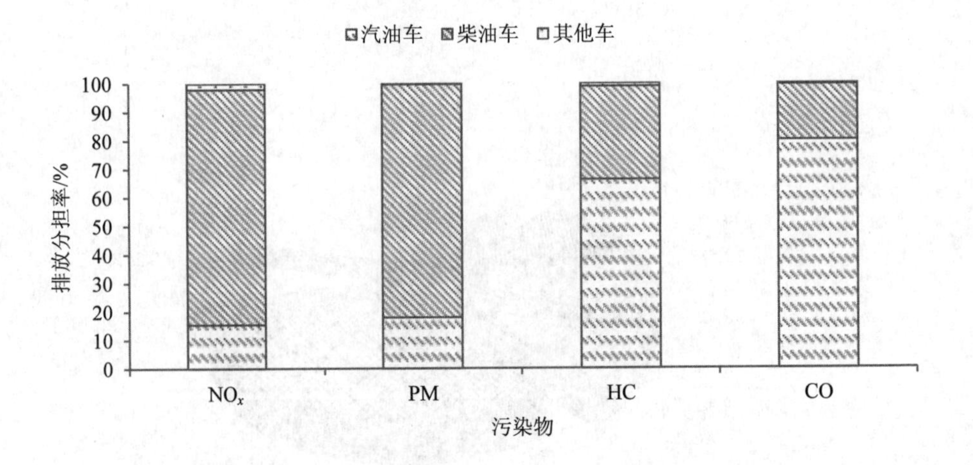

图 6-35　不同燃料类型车辆污染物排放分担率

（3）四大区域汽车大气污染物排放量与排放车型组成。珠三角地区。由图 6-36 可知，2013 年，汽车 CO 排放量前三位的车型依次是小型客车、轻型货车、大型客车，贡献了珠三角汽车 CO 排放量的 63%；NO_x 排放量前三位的车型依次是轻型货车、大型客车、重型货车，贡献了珠三角汽车 NO_x 排放量的 80%；HC 排放量前三位的车型依次是小型客车、轻型货车、中型客车，贡献了珠三角汽车 HC 排放量的 75%；PM 排放量前三位的车型依次是大型客车、轻型货车、重型货车，贡献了珠三角汽车 PM 排放量的 73%。

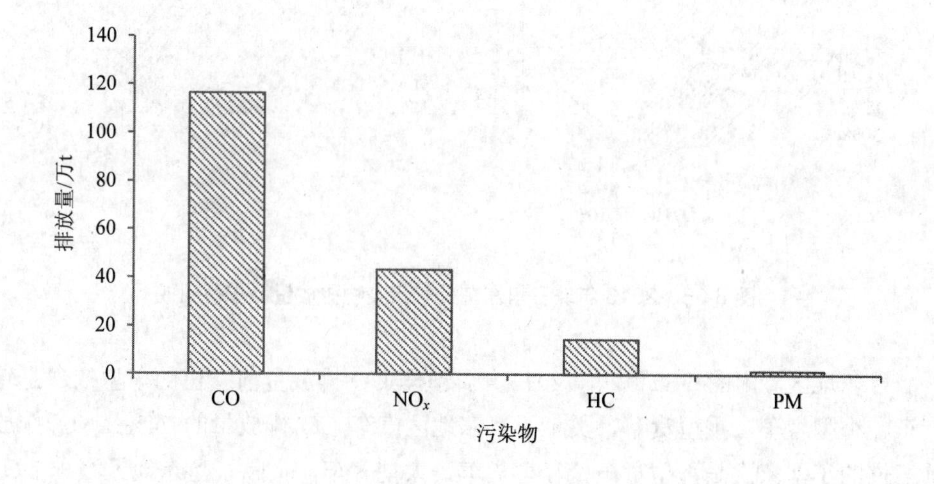

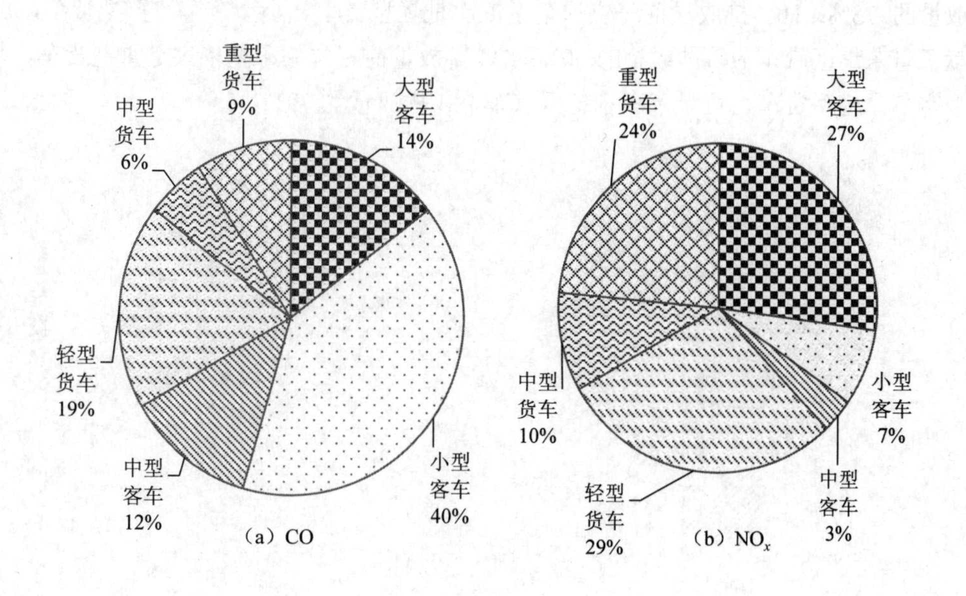

（a）CO　　（b）NO_x

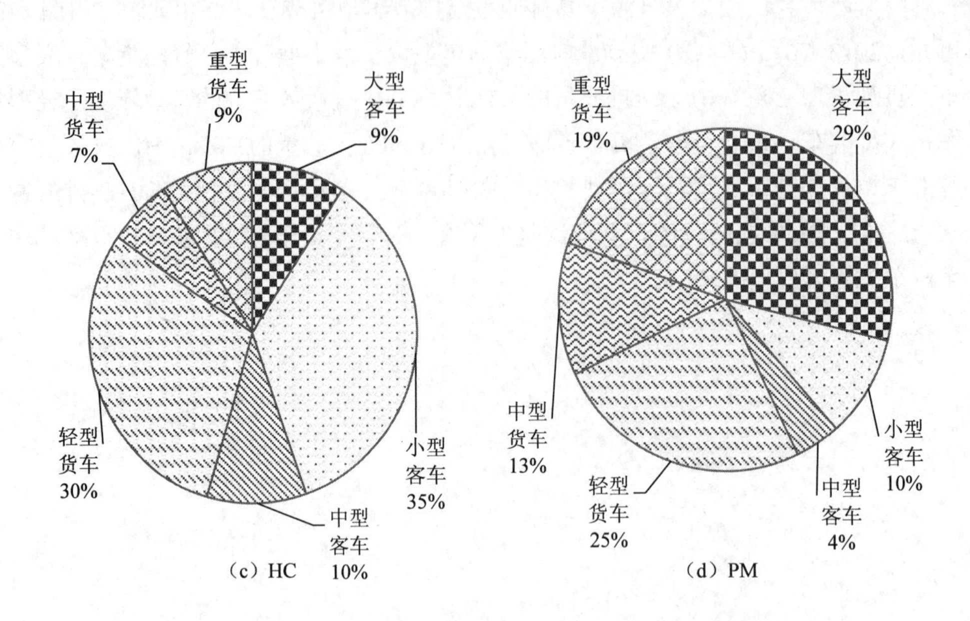

图 6-36　2013 年珠三角汽车大气污染物排放量及车型组成

粤东地区。由图 6-37 可知，2013 年，汽车 CO 排放量前三位的车型依次是轻型货车、小型客车、重型货车，贡献了粤东地区汽车 CO 排放量的 74%；NO_x 排放量前三位的车型依次是重型货车、轻型货车、大型客车，贡献了粤东地区汽车 NO_x 排放量的 73%；HC 排放量前三位的车型依次是轻型货车、小型客车、重型货车，贡献了粤东地区汽车 HC 排放量的 80%；PM 排放量前三位的车型依次是重型货车、大型客车、轻型货车，贡献了粤东地区汽车 PM 排放量的 79%。

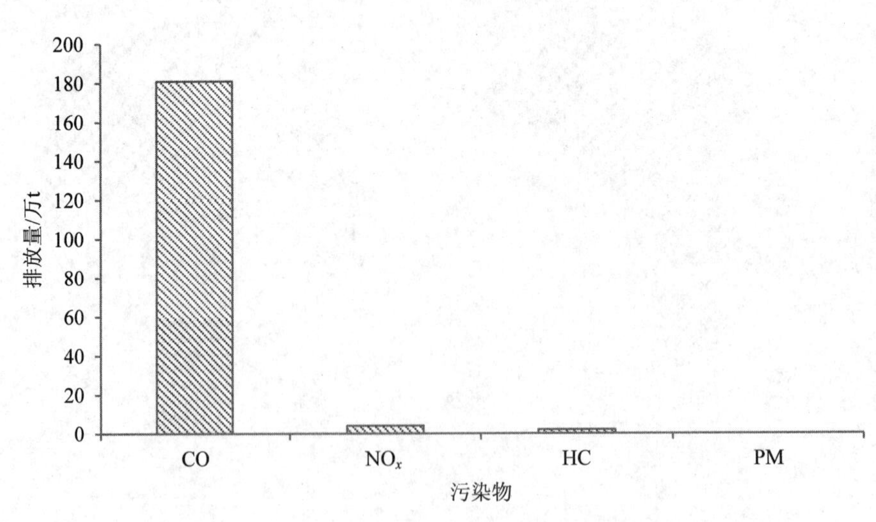

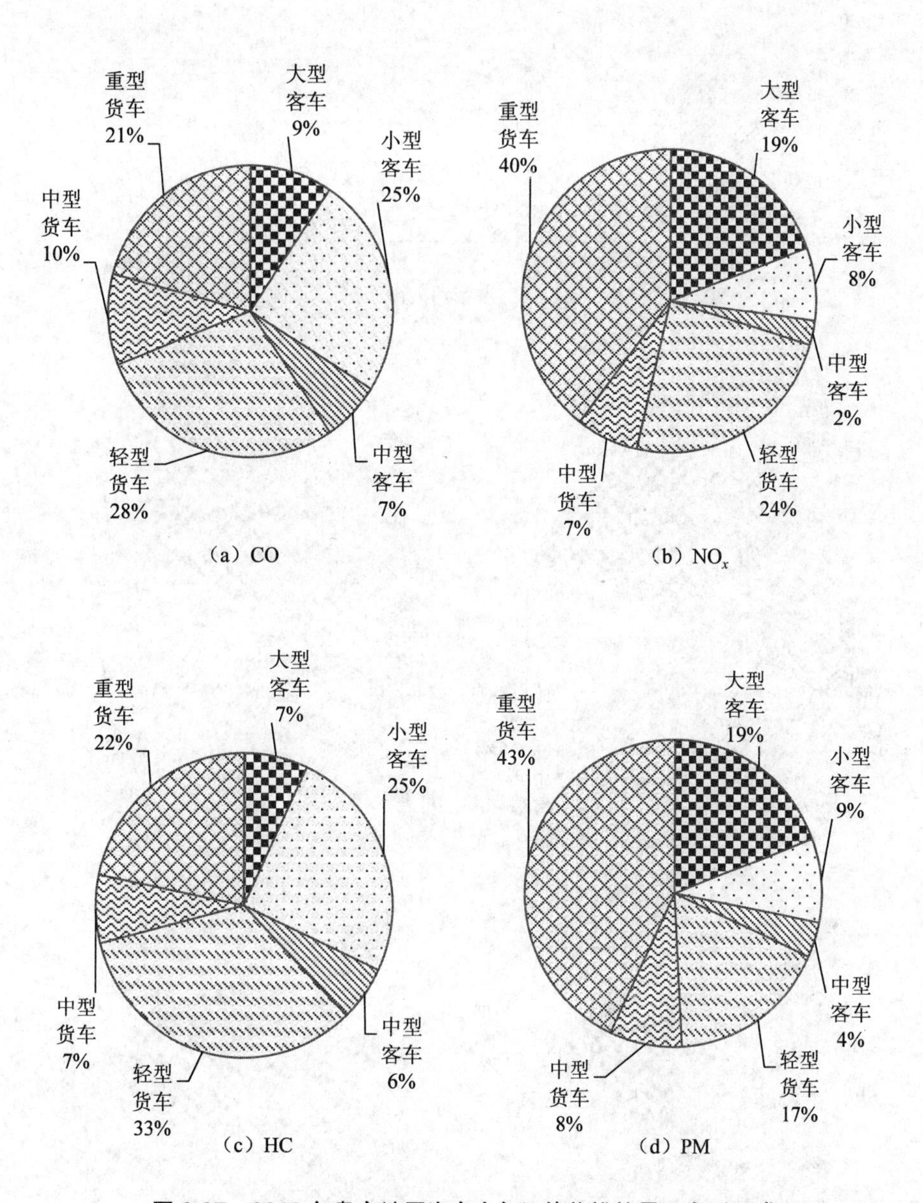

图 6-37　2013 年粤东地区汽车大气污染物排放量及车型组成

粤西地区。由图 6-38 可知，2013 年，汽车 CO 排放量前三位的车型依次是轻型货车、重型货车、大型客车，贡献了粤西地区汽车 CO 排放量的 70%；NO_x 排放量前三位的车型依次是重型货车、轻型货车、大型客车，贡献了粤西地区汽车 NO_x 排放量的 79%；HC 排放量前三位的车型依次是轻型货车、重型货车、小型客车，贡献了粤西地区汽车 HC 排放量的 74%；PM 排放量前三位的车型依次是重型货车、轻型货车、中型货车，贡献了粤西地区汽车 PM 排放量的 73%。

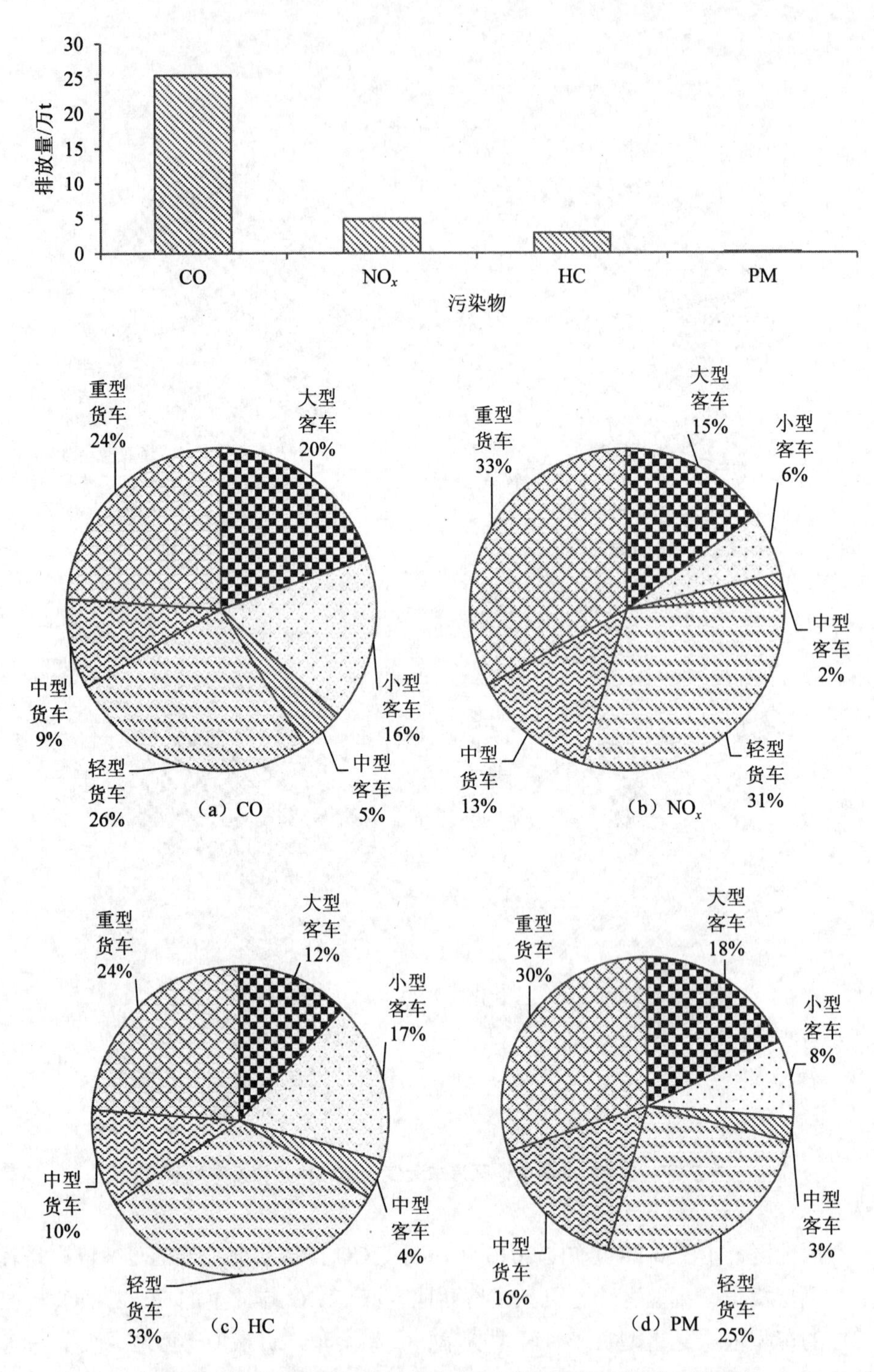

图 6-38　2013 年粤西地区汽车大气污染物排放量及车型组成

粤北地区。由图 6-39 可知，2013 年，汽车 CO 排放量前三位的车型依次是轻型货车、小型客车、中型货车，贡献了粤北地区汽车 CO 排放量的 72%，NO_x 排放量的主要车型是货车与大型客车，贡献了粤北地区汽车 NO_x 排放量的 92%，HC 排放量主要车型是货车与小型客车，贡献了粤北地区汽车 HC 排放量的 89%，PM 排放量前三位的车型依次是重型货车、轻型货车、大型客车，贡献了粤北地区汽车 PM 排放量的 73%。

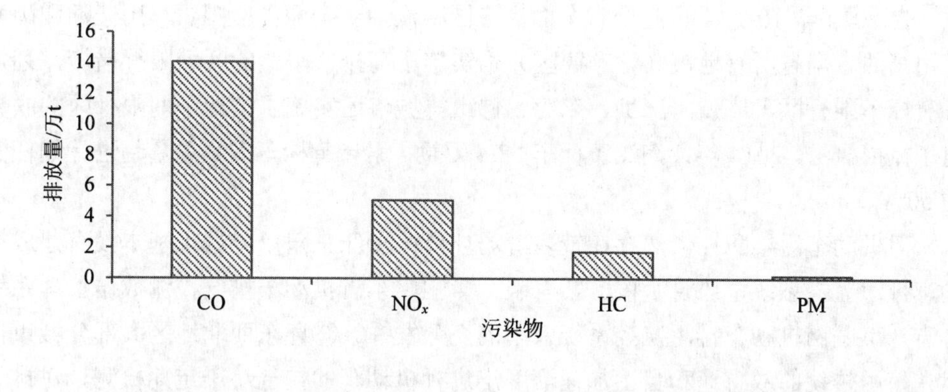

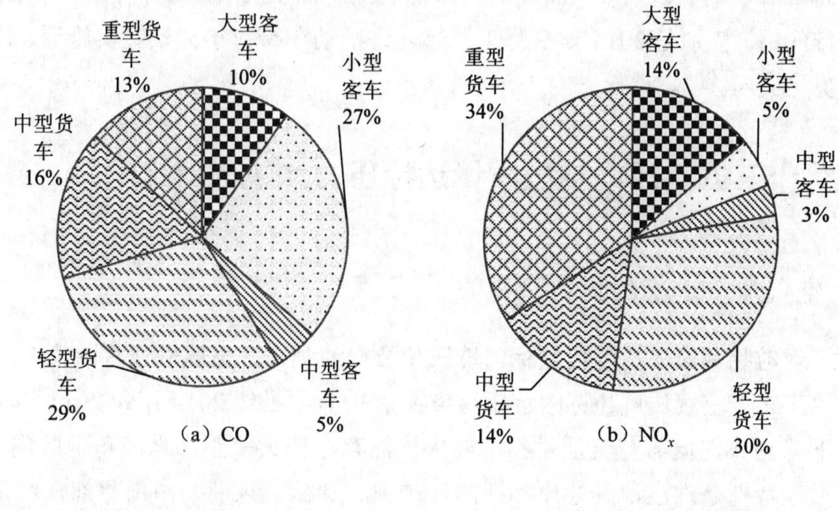

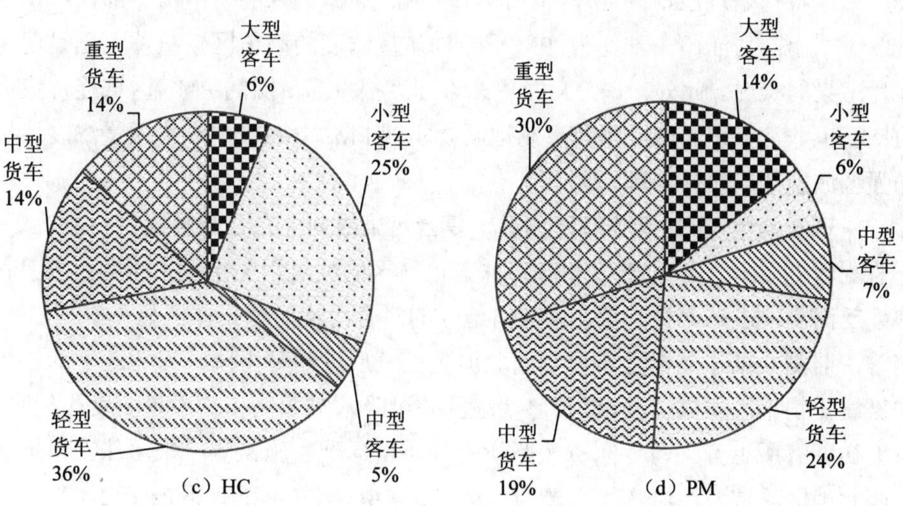

图 6-39　2013 年粤北地区汽车大气污染物排放量及车型组成

6.2.3.3 机动车污染防控现状

随着机动车污染防治纳入总量减排考核，全省机动车污染防治工作取得明显进展，超前完成油品升级任务。自2014年1月1日起全省范围内全面供应国Ⅳ车用柴油，自2014年10月1日起全省全面供应国Ⅴ汽油，全面供应国Ⅵ车用柴油和国Ⅴ车用汽油。全省所有地市（含顺德区）均实施了高排放车辆的区域限行措施，划定了黄标车限行区，广州、深圳、东莞、佛山等城市还实施了黄标车闯限行区的联合电子抓拍执法，2014年共淘汰黄标车68.4万辆，累计黄标车淘汰总量超过计划任务的50%。

但机动车污染防控依然存在较多薄弱环节：①珠三角以外城市基本没有建成机动车排污监控系统，监管手段非常有限，影响广东省机动车排气检测数据管理系统等省、市联网机动车排污监控系统效用的充分发挥。②粤东西北地区大部分城市依然在使用传统的双怠速和自由加速烟度法进行机动车的排气污染定期检测，对排气超标的高排放车辆的识别效果不理想，未能有效发挥I/M制度的高排放车辆筛查和维修减排作用。特别是2014年9月1日起允许机动车跨市年检政策实施后，该方面的漏洞更加突出。

6.3 “十三五”期间空气质量达标压力和挑战

6.3.1 空气质量达标的压力和挑战

6.3.1.1 颗粒物污染质量浓度超标，珠三角及“汕潮揭”呈区域连片污染

导致广东省空气质量超标的首要污染物是$PM_{2.5}$，虽然2014年和2015年上半年有一定下降趋势，但与空气质量标准要求依然存在较大差距。珠三角地区的$PM_{2.5}$污染严重，特别是珠江口的北岸和西岸，佛山、顺德、东莞、中山北部、广州西南部、肇庆东南部与江门东部均为$PM_{2.5}$年均质量浓度的高值区，整体上已呈现大面积连片污染的状况。此外，珠三角及粤东“汕潮揭”都市圈的PM_{10}区域连片集中污染的特征也非常突出。珠三角及粤东地区要实现$PM_{2.5}$和PM_{10}年均质量浓度达标需要加强区域整体的协同治理。

6.3.1.2 珠三角区域O_3污染有所加重，复合污染或向粤东西北蔓延

监测数据显示，自2005年以来，珠三角地区的臭氧污染不仅未得到改善，其质量浓度反而呈现震荡上升趋势，珠三角地区的复合污染问题日益凸显（图6-40）。与此同时，监测数据也显示近年粤东西北地区空气质量明显下降，粤北地区的二氧化硫和氮氧化物年均质量浓度，以及粤西地区的可吸入颗粒物年均质量浓度均相比“十二五”初期有所上升。自广东省按照新空气质量标准实施监测以来，珠三角地区和粤东西北地区的首要污染物均主要为$PM_{2.5}$和O_3，粤东西北地区的$PM_{2.5}$年均质量浓度已与珠三角地区基本持平，O_3对粤东西北地区空气质量超标的贡献也超过30%，

接近 O_3 对珠三角地区空气质量超标的影响水平，表明复合污染特征或已由珠三角扩展到全省其他地区。

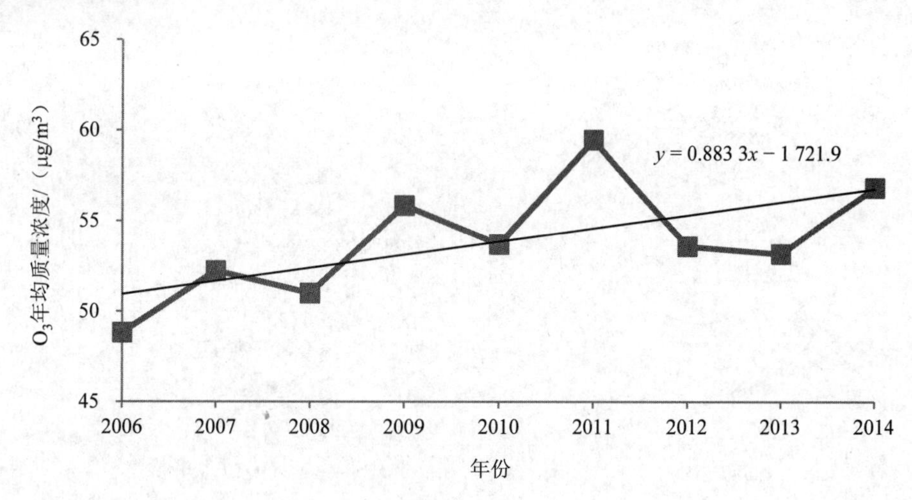

资料来源：粤港空气质量监测网。

图 6-40　2006—2014 年珠三角 O_3 年均质量浓度上升趋势

6.3.1.3　污染源排放的结构特征依然明显，主要污染物减排潜力下降

从工业污染物排放的行业分布看，目前粤东西北地区二氧化硫、氮氧化物和工业烟粉尘排放仍集中于火电、建材等少数传统重点行业，表现出明显的结构特征，重点行业以外的工业源污染排放贡献较小。

广东省工业脱硫脱硝设施建设成绩显著。截至 2014 年年底，全省 12.5 万 kW 以上燃煤火电机组（总装机容量 4 878 万 kW）全部建成脱硫设施，并且已提前一年全部取消或不设置脱硫烟气旁路和实施降氮脱硝工程（不包括循环流化床燃煤机组）；钢铁和水泥行业脱硫脱硝设施建设任务全面完成。重点行业大规模的治污设施建设任务接近完成，也预示着重点行业的污染潜力明显收缩，“十三五”期间必须依靠深化污染治理，确保治污设施高效稳定运行，进一步拓展治污领域等手段，实现工业源、机动车、船舶、生活源及其他污染源的综合减排。

6.3.1.4　区域间清洁能源供应失衡，东西北地区煤炭消费量上升

根据《广东省统计年鉴》及相关统计，2013 年全省 90%以上的天然气消费量集中在珠三角地区，而粤东西北地区合计占比不到 10%，这一现状对粤东西北地区清洁能源替代进度造成消极影响[图 6-41（a）]。随着近些年粤东西北地区经济的快速发展，这些地区工业煤炭消费量的明显上升趋势[图 6-41（b）]。统计数据显示，2013 年全省工业煤炭消费总量为 16 812.73 万 t，其中珠三角地区占比约为 52.16%，相比“十二五”初期（2010 年）的 70%下降了约 17.8%；粤东、粤北地区各自占 19.5%、20.3%，相比“十二五”初期（2010 年）分别占比 10%左右，其工业煤炭消费量占比均出现大幅上升。工业煤炭消费量上升带来污染物新增量，为粤东西北地区的主

要大气污染物减排带来沉重压力。

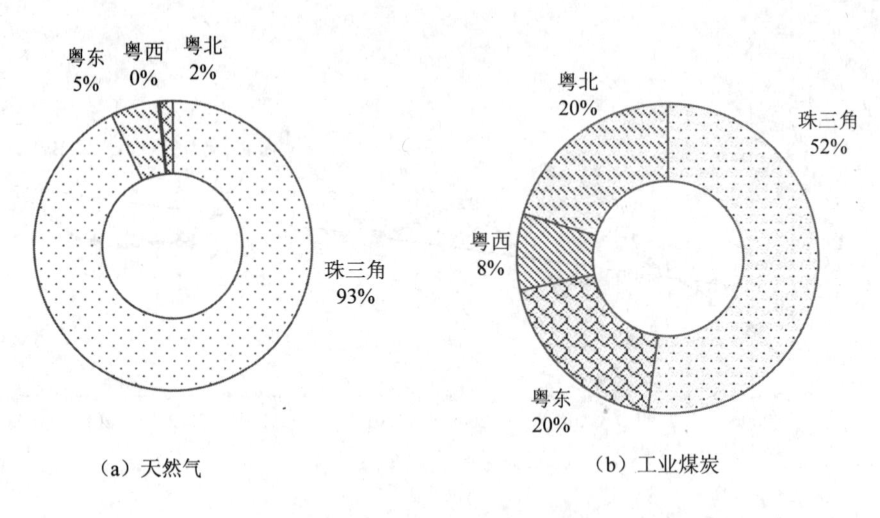

图 6-41　2013 年全省四大区域天然气和工业煤炭和消费量情况

6.3.1.5　在控领域监管水平尚未达标，未控领域已然压力重重

目前，广东省电力、钢铁等传统重点行业的污染治理设施建设已基本接近完成，印刷、工业涂装等挥发性有机物排放典型行业的排放治理项目通过专项治理等方式得以有效开展，黄标车淘汰也取得较大进展。然而调查显示，这些在控领域的污染治理仍表现出粗放式管理的特点，污染减排效果或有所打折。表现在：

（1）重点行业部分已建污染治理设施治理水平偏低、运行参数不符合到规划相关要求。全省现役燃煤发电机组中，约 6%的机组的脱硫设施运行率低于 80%，约 24.3%的机组综合脱硫率低于 90%，11%的机组综合脱硝率低于 90%；已完成脱硝设施建设的水泥生产线，其综合脱硝率普遍低于 65%，个别生产线仅为 35%左右，不符合广东省关于相关污染治理设施运行的要求。

（2）大中型工业锅炉脱硫除尘设施实际运行情况不清。“十二五”期间，广东省超过 1 万台大中型工业锅炉完成治理任务，但事实并未对大中型锅炉已建脱硫、脱硝和除尘设施的建设和运行情况进行有效评估，设施运行率和污染物综合去除率等情况不明，污染减排效果或有所打折。

（3）黄标车和老旧车辆淘汰的手段有限，淘汰工作后继乏力。黄标车及老旧车的淘汰工作由于缺乏法律依据，除到期报废的车辆外不能强制执行外，只能依靠相关的政策措施促进车主自愿提前淘汰。促进黄标车及老旧车提前淘汰的三大政策和手段 —— 排气检测、交通限行、给予提前淘汰补贴，其实施效果均不理想，如可以跨区域进行年审的制度使得珠三角的车辆可在尚未开展简易工况法排气检测的粤东西北地区轻易通过排气检测；大多数地市出台的鼓励黄标车提前淘汰的补贴政策，由于补贴金额与老旧车的价值相差甚远，使得车主淘汰老旧车领取补贴的热情也不高。

（4）挥发性有机物污染防治偏重污染治理设施建设，运行效果、验收、日常监管薄弱。除印刷、汽车制造、家具、制鞋行业外，广东省挥发性有机物重点监管企业的综合治理依靠大气污染物排放综合标准予以控制，针对性和力度不强。据初步调查，当前重点监管企业有机废气治理设施安装率低于50%，已建成的设施中约有70%以上采用活性炭吸附技术，且大部分为非可再生模式，治理效率随时间变化下降较快，活性炭的更换间隔偏久。此外，缺乏针对性的验收技术规范，也导致环保部门无法对设施的有效性、适用性、稳定性做出明确判断，加之重点监管企业量大面广，而各地市无论是在监管人员配备、挥发性有机物检测能力上均尚无法进行有效的全覆盖。除此之外，一些当前广东省重要的大气污染防治领域仍处于未控状态，如港口船舶污染污染影响日益凸显，而目前尚未实施有效管控；随着全省各地级市城市建设及新区开发面积的持续增加，如不加控制，必将带来严重的扬尘污染。

6.3.2 各城市空气质量面临的主要问题分析

依据近年来各地市的环境监测、统计数据、国民经济与社会发展统计数据，以及大气污染排放源清单等相关研究成果，梳理识别了各城市影响大气环境质量的主要超标污染因子、主要空气质量问题、主要的污染来源等（表6-1）。

表6-1 广东省各城市空气质量管理的主要问题汇总表

城市	主要超标污染因子	主要空气质量问题	污染来源重点工业行业和领域	经济社会发展等相关问题
广州	$PM_{2.5}$、O_3、NO_2	复合型污染，$PM_{2.5}$和O_3达标难度大。地处珠三角中心地带，受周边城市影响大	火电、锅炉（纺织）、水泥，炼油石化、化工、油品储存与运输、汽车和船舶的制造业涂装、塑料和人造革等；港口船舶	工业企业数量众多，分布广泛，工业能源消费仍以煤炭和油品为主，第三产业中交通运输、餐饮等服务业占比多，现代服务业比重仍相对较低，人均GDP超过1万美元，已经跨过库兹涅茨拐点
深圳	—	目前各项大气污染物年均质量浓度均达标且符合《大气污染防治行动计划》要求，需要关注区域传输的影响。	火电、家具、印刷、涂料制造、集装箱、汽车和家电制造的涂装、船舶港口等	经济发达，经济结构调整走在前列，人均GDP超过1万美元，已经跨过库兹涅茨拐点
珠海	—	目前各项大气污染物年均质量浓度均达标且符合《大气污染防治行动计划》要求，需要关注区域传输的影响。	火电、锅炉（造纸）、黑色金属冶炼与压延加工、家具、油品运输和仓储、合成材料制造、涂料制造、塑料制品、医药化工等	经济相对发达，继续深化产业结构优化升级，人均GDP超过1万美元，已经跨过库兹涅茨拐点

城市	主要超标污染因子	主要空气质量问题	污染来源重点工业行业和领域	经济社会发展等相关问题
汕头	$PM_{2.5}$、PM_{10}	$PM_{2.5}$ 年均值超标，PM_{10} 要完成《大气污染防治行动计划》考核目标有较大压力	火电、锅炉（纺织服装、造纸）、包装印刷、塑料制品、玩具、家具、电子制造及废旧电器拆解、化工	机动车保有量增速大，建筑施工面积大
佛山	$PM_{2.5}$、O_3、NO_2	复合型污染，$PM_{2.5}$ 和 O_3 达标难度大，灰霾污染严重	火电、陶瓷，锅炉（纺织、造纸）、家具、印刷、涂料油墨制造、塑料、家电制造	工业企业数量众多，分布广泛，交通运输发达，货运车辆排放影响也较大，人均 GDP 超过 1 万美元，已经跨过库兹涅茨拐点
韶关	$PM_{2.5}$、PM_{10}、O_3	$PM_{2.5}$ 年均值超标，PM_{10} 要完成空气质量考核目标有较大压力，O_3 浓度在粤北地区中最高	火电、黑色金属冶炼及压延加工、有色金属冶炼及压延加工、水泥、采矿、人造板、家具、涂料制造、印制线路板	产业结构中高耗能行业集中
湛江	—	目前各项大气污染物年均质量浓度均达标且符合《大气污染防治行动计划》要求	火电、锅炉（造纸）、石油加工、化学原料与化学制品制造、非金属矿采选、水泥，近年来纺织服装、家具、印刷行业增速较快，准备发展大型钢铁及炼油石化项目	经济落后，正在积极发展重化工业，环保监管与治理压力大
肇庆	PM_{10}、$PM_{2.5}$、O_3	复合型污染问题突出，近年来 PM 和 O_3 一直处在超标状态	陶瓷、水泥、锅炉（纺织）、火电、有色金属冶炼及压延加工、化工等	珠三角承接核心区产业转移的集中地，产业结构不合理，污染治理和监管相对滞后于产业发展
江门	$PM_{2.5}$	$PM_{2.5}$ 超标问题突出，完成考核目标有难度，空气质量容易受周边城市污染排放影响	火电、锅炉（纺织、造纸）、水泥、化学原料及化学制品、涂料油墨制造、家具、集装箱和摩托车制造业涂装等	即将到达库兹涅茨拐点
茂名	$PM_{2.5}$	$PM_{2.5}$ 年均值超标，其他污染因子尚可	炼油石化、火电、建材（水泥）、化学原料和化学制品，近年来塑料合成、家具等行业增长快	炼油石化及下游产业规模大
惠州	—	目前各项大气污染物年均质量浓度均达标，需要关注 O_3 影响	炼油石化、化学原料和化学制品、水泥、火电、锅炉（纺织、造纸）、集装箱制造、印刷、家具等	炼油石化及下游产业仍处于产能扩张阶段，控制新增污染排放压力大
梅州	$PM_{2.5}$、PM_{10}	$PM_{2.5}$ 年均值超标，PM_{10} 要完成空气质量考核目标压力巨大，近年 SO_2、NO_x、PM_{10} 浓度有上升趋势	火电、建材（水泥）、造纸、电子信息、机电制造、矿业加工、人造板	高耗能产业比重高，单位 GDP 污染排放强度大；水泥、火电规模还可能增加，近年来机动车保有量和建筑施工面积明显增加

城市	主要超标污染因子	主要空气质量问题	污染来源重点工业行业和领域	经济社会发展等相关问题
汕尾	—	目前各项大气污染物年均质量浓度均达标且符合《大气污染防治行动计划》要求，臭氧污染水平已接近珠三角地区，需引起重视	火电、锅炉（纺织服装），近年来电子、化学原料和化学制品、橡胶和塑料制品、制鞋、家具等行业增速快	经济落后，正在积极承接产业转移，发展工业，环保准入和监管压力大
河源	$PM_{2.5}$	$PM_{2.5}$年均值超标，近年SO_2、NO_x、PM_{10}浓度有上升趋势	火电、陶瓷、水泥、金属矿采选加工（铁、钨矿）、化学原料药和中成药的医药制造、电子电器、制鞋	承接珠三角产业转移，产业发展快，固定资产投资和机动车保有量增速较大
阳江	$PM_{2.5}$	$PM_{2.5}$年均值超标，近年PM_{10}浓度有上升趋势	黑色金属冶炼和压延加工、水泥、火电，近年来塑料制品行业增速较快	相对其他城市第一产业比重较大、第三产业比重较小，经济发展结构不尽合理
清远	$PM_{2.5}$	$PM_{2.5}$年均值超标，PM_{10}要完成空气质量考核目标有压力，SO_2浓度有上升趋势	陶瓷、水泥、金属制品、有色金属冶炼与压延加工、锅炉（纺织、造纸），近年来塑料制品、线路板等行业增长也较快	建材行业发展快，高度集中，污染排放强度大
东莞	$PM_{2.5}$、O_3、NO_2	复合型污染，$PM_{2.5}$和O_3达标难度大	火电、锅炉（造纸、纺织）、橡胶和塑料制品、化学原料及化学制品制造、家具、制鞋、塑料等行业	镇域经济发达，企业数量众多且分布分散，转型升级压力大，人均GDP超过1万美元，已经跨过库兹涅茨拐点
中山	$PM_{2.5}$	$PM_{2.5}$年均值超标，需要关注O_3影响	火电、锅炉（造纸、纺织）、家具、家电、涂料油墨制造、印刷、化工等	镇域经济发达，企业数量众多且分布相对分散，人均GDP超过1万美元，已经跨过库兹涅茨拐点
潮州	$PM_{2.5}$、PM_{10}、O_3	呈现一定复合型污染特征，$PM_{2.5}$年均值超标，PM_{10}完成大气污染防治行动方案任务难度巨大，O_3接近超标	火电、锅炉（造纸、纺织）、陶瓷、塑料、包装印刷、印染、电子、不锈钢加工制造	高耗能行业比重高，但近年来电力、陶瓷、塑料等主要产品产量未见明显增长，机动车保有量持续增长，近三年建筑施工面积逐年增大。2010年后NO_x浓度呈下降趋势，结合产业发展，可能是VOCs排放增加
揭阳	$PM_{2.5}$、O_3、PM_{10}	呈现一定复合型污染特征，$PM_{2.5}$和O_3年均值超标，PM_{10}完成大气污染防治行动方案任务难度巨大	火电、锅炉（纺织印染）、不锈钢制品（金属压延加工）、医药制造、塑料、印刷包装、制鞋，近年来服装、涂料、塑料制品、中成药等产量增幅较大	正在发展大型炼油石化及下游化工产业，VOCs排放控制压力将剧增

城市	主要超标污染因子	主要空气质量问题	污染来源重点工业行业和领域	经济社会发展等相关问题
云浮	—	目前各项大气污染物年均质量浓度均达标，但 PM_{10} 近三年有上升趋势	火电、水泥、石材加工、化学原料与化学制品制造等	经济落后，相对其他城市第一产业比重较大、第三产业比重较小，经济发展结构不尽合理
顺德	$PM_{2.5}$、O_3、NO_2	复合型污染，$PM_{2.5}$ 和 O_3 达标难度大，灰霾污染严重	火电、锅炉（纺织、造纸），家具、印刷、涂料油墨制造、塑料、家电制造	镇域经济发达，企业数量众多且分布相对分散，人均 GDP 超过 1 万美元，已经跨过库兹涅茨拐点

6.4 目标与总体策略

6.4.1 目标

以加快推进生态文明建设为统领，强化环境质量目标管理，努力破解关系经济社会与环境保护全局发展的重大矛盾与问题，系统推进节能减排和区域大气环境综合治理，率先打造全国大气污染防治重点区域空气质量达标示范区，维护南粤蓝天，为广东省率先全面建成小康社会和建设“美丽广东”提供坚实的环境基础。

6.4.2 策略

以城市空气质量改善为核心目标，以多污染物协同减排和精细化管理为重点，大力推进能源结构调整和产业结构优化，持续深化工业、移动源、面源等各类污染源综合治理，强化考核问责和联防联控，推动信息公开和社会共治，全面提升大气环境污染防治水平。

6.5 重点任务

6.5.1 倒逼产业结构调整，优化空间发展格局

6.5.1.1 严格落后产能淘汰和过剩产能控制

全面贯彻落实《国务院关于化解产能严重过剩矛盾的指导意见》（国发〔2 013〕41 号）要求，促进钢铁、水泥、平板玻璃、船舶、电解铝等行业结构调整，加快推进广东省传统产业优化升级。落实国家产业政策和广东省钢铁、水泥、船舶等行业结构调整方案，大力推进淘汰落后产能，在完成国家下达的重点行业“十二五”落后产能淘汰任务的基础上，到 2017 年前再淘汰 450 万 t 钢铁、323 万 t 水泥等产能，有序淘汰达到设计运行年限的火电机组、30 万 kW 以下且不实施供热改造的纯凝式

煤电机组，污染物排放不符合《广东省煤电节能减排升级与改造行动计划（2015—2020 年）》的环保要求且不实施改造的煤电机组。2017 年，全省钢铁产能控制在 4 000 万 t 左右；水泥落后产能全部淘汰，水泥熟料产能 11 000 万 t，新型干法水泥比重达 100%，粤北、粤西和粤东三大水泥生产基地产能占比达 90%以上；平板玻璃年均产能控制在 9 300 万重量箱。

以节能环保标准促进“两高”行业过剩产能退出，制订扶持政策推动“两高”行业过剩产能企业转型发展，鼓励行业优强企业跨地区、跨所有制形式兼并重组，进一步压缩过剩产能。加强产能严重过剩行业项目管理，遏制产能盲目扩张。依据法律法规以及能源消费总量控制指标、产业结构调整指导目录、行业规范和准入条件、环保标准等要求清理违规产能。加大钢铁、水泥、电解铝、平板玻璃等行业重点骨干企业的产品结构调整和技术改造，发展钢铁下游产品，延伸产业链，优化产品结构，提高资源综合利用水平，实现循环发展。

6.5.1.2 推动产业合理布局、集聚发展

坚持集聚发展和区域统筹协调，引导石化、钢铁、能源等重大项目优先向沿海重点开发区域布局。珠三角地区优先发展现代服务业，加快发展先进制造业，大力发展高新技术产业；粤东地区加快改造提升传统产业，适度发展重化产业；粤西地区重点发展临港重化工业和现代服务业；粤北地区优先发展生态旅游业，适度发展资源型产业和低污染产业。落实《广东省主体功能区产业发展指导目录（2014 年本）》，完善差别化环境准入政策，科学引导全省产业合理发展和布局。重点加强对钢铁、石化、火电等重污染企业规划选址的科学论证，对各地环境敏感地区及城市建成区内已建的钢铁、石化、化工、水泥、平板玻璃、有色金属冶炼等重污染企业和污染排放不能稳定达标的其他企业，于 2017 年年底前基本完成环保搬迁和提升改造工作。

严格落实产业园区项目准入和投资强度要求，积极促进产业向园区集中。珠三角以外的地区新建的钢铁、石化、水泥、平板玻璃、有色金属冶炼以及化工、陶瓷等项目，原则上应进入依法合规设立、环保设施齐全的产业园区。着力推进特色产业园区循环化改造，推进能源梯级利用、废物交换利用、土地节约集约利用，促进企业循环式生产、园区循环式发展、产业循环式组合，构建循环工业体系。推动钢铁、水泥等工业炉窑、高炉实施废物协同处置，推进再生资源利用产业发展。到 2017 年，50%以上的各类国家级园区和 30%以上的各类省级园区实施循环化改造。

6.5.1.3 积极发展绿色环保产业

实施节能环保产业重大技术装备产业化工程，推动环保产业链上下游整合以及横向联合，大力发展环境服务综合体。加强节能环保和绿色低碳技术国际交流合作，大力推动环保技术、产业发展，积极发展以节能降耗、污染治理和环境监测为重点的环保装备制造业。推进大气污染治理设施建设和运营的专业化、社会化、市场化，推行环境监测社会化，推进大气污染第三方治理，积极培育环保上市公司和骨干企业。依托现有生态工业示范园区、循环经济工业园等平台，推动在珠三角地区形成

以环保技术研发和总部基地为核心、在东西北地区形成以资源综合利用为特色的产业集聚带。

6.5.2 提高环境准入条件，严控污染物新增排放

6.5.2.1 严格实施环评制度

健全规划环评与项目环评的联动机制，对未通过规划环评的产业园区内建设项目环评文件不予审批。纳入专项规划或区域性开发规划的建设项目，在专项规划或区域性开发规划环评报告书经有审查权的环保部门审查通过后，其环评文件的内容可适当简化，其环评文件的审批权限可适当下放，具体由有审批权的环保部门确定。全面推进重点产业、重点区域的规划环评及其跟踪评价。

严格重大项目环评管理，将细颗粒物和臭氧因子纳入规划环评和相关项目环评内容。未通过环评审查的项目，严禁开工建设和运营。深化环评审批制度改革，推行并联审批，对可能造成跨行政区域不良环境影响的重大开发规划和建设项目，建立区域环境影响评价联合审查审批制度和信息通报制度。

强化污染物总量审核管理，全面落实环保部发布的《建设项目主要污染物排放总量指标审核及管理暂行办法》（环发〔2014〕197 号）要求，把主要污染物排放总量指标作为建设项目环境影响评价审批的前置条件。除“十二五”期间国家实施排放总量控制的二氧化硫、氮氧化物外，将重点行业的烟粉尘和挥发性有机物排放纳入广东省实施排放总量控制的污染物范围，加快制订该两项污染物排放总量的管理配套政策。实行建设项目主要污染物排放总量指标审核及管理与总量减排目标完成情况挂钩制度，对未完成大气主要污染物减排任务的地区实行区域限批，除民生工程外，一律暂停审批排放相应大气污染物的项目。

珠三角地区对排放二氧化硫、氮氧化物的建设项目实行现役源两倍削减量替代，对排放可吸入颗粒物和挥发性有机物的建设项目实行减量替代。广东省其他地区对排放二氧化硫、氮氧化物的建设项目实行现役源 1.5 倍削减量替代，推进对排放可吸入颗粒物和挥发性有机物的建设项目实行等量或减量替代。上一年度环境空气质量年平均浓度不达标的城市，相关污染物按照建设项目所需替代的主要污染物排放总量指标的两倍进行削减替代（燃煤发电机组大气污染物排放浓度基本达到燃气轮机组排放限值的除外）；细颗粒物（$PM_{2.5}$）年平均浓度不达标的城市，二氧化硫、氮氧化物、烟粉尘、挥发性有机物四项污染物均需进行两倍削减替代（燃煤发电机组大气污染物排放浓度基本达到燃气轮机组排放限值的除外）。

6.5.2.2 严控高污染行业新增产能

珠三角地区禁止新、扩建燃煤燃油火电机组和企业自备电站，禁止新建、扩建钢铁、石化、水泥（以处理城市废弃物为目的的除外）、平板玻璃（特殊品种的优质浮法玻璃项目除外）和有色金属冶炼等重污染项目。珠三角优化开发区（核心区）原则上不再新建废旧塑料基地。

各地级以上市高污染燃料禁燃区、城市建成区内不得新建燃煤、燃油等燃烧高污染燃料的集中供热项目；珠三角高污染燃料禁燃区和城市建成区之外的其他地区，除可实现煤炭减量替代、主要大气污染物两倍替代，且厂址位于沿江沿海、燃煤不需要陆路转运的项目外，严禁新建燃煤、燃油集中供热项目。

实施严格的节能评估审查制度，新建高耗能项目单位产品（产值）能耗须达到国内先进水平、用能设备达到一级能效标准，珠三角地区新建项目单位产品（产值）能耗须达到国际先进水平。严格落实固定资产投资项目节能评估审查对标管理，建筑、电力、钢铁、石化、水泥等行业建设项目必须达到《广东省建筑、电力、钢铁、石化、水泥行业固定资产投资项目能评对标准入值（试行）》要求。

6.5.2.3 提高排放标准要求

按照环境保护部《关于执行大气污染物特别排放限值的公告》(2013 年第 14 号）要求，珠三角地区钢铁、石化、水泥、有色金属冶炼、化工等行业及燃煤锅炉建设项目执行国家大气污染物特别排放限值。珠三角地区以外其他地区，新建燃煤发电机组大气污染物排放浓度执行国家发改委、环保部及能源局联合发布的《煤电节能减排升级与改造行动计划（2014—2020 年)》（发改能源〔2014〕2093 号）要求，须基本达到燃气轮机组排放限值（即在基准氧含量 6%条件下，烟尘、二氧化硫、氮氧化物排放质量浓度分别不高于 10 mg/m^3、35 mg/m^3、50 mg/m^3。力争到 2020 年，全省煤电机组大气污染物排放质量浓度基本达到燃气轮机组排放限值。粤东、粤西地区的钢铁、石化行业建设项目，参照执行国家大气污染物特别排放限值，严格控制大型工业项目新增污染排放对区域大气环境质量的影响。

6.5.3 优化能源消费结构，强化行业节能减排

6.5.3.1 控制煤炭消费总量

加强能源消费总量控制，在保障经济社会发展合理用能需求的前提下，控制能源消费过快增长。建立完善煤炭消费总量管理统计核算体系，实施煤炭消费总量中长期控制目标责任管理，到 2017 年煤炭占全省能源消费比重下降到 36%以下，珠三角全部地级以上城市开展能源需求侧管理试点，实现珠三角地区煤炭消费总量负增长。实施新建项目与煤炭消费总量控制挂钩机制，耗煤建设项目实行煤炭减量替代，通过燃用洁净煤、改用清洁能源、提高燃煤燃烧效率等措施，削减重点行业煤炭消费总量。力争到 2020 年年底，全省电煤占煤炭消费比重提高到 70%以上，煤炭在全省能源消费的比重降至 33%以下。

6.5.3.2 扩大清洁能源供应

着力保障清洁能源供应，推动转变能源发展方式，显著降低能源生产和使用对大气环境的负面影响有序。加强外受电通道能力建设，完善电网空间布局，逐步提高接受外输电比例。到 2017 年年底，向珠三角区域新增送电规模 500 万 kW，南方电网重点建设滇西北至广东输电通道。扩大天然气及其他清洁能源的供应与使用。

加快推进气源工程建设，加快推进中海油南海海上天然气高栏港接收站、深圳迭福LNG接收站和粤东LNG接收站等气源工程建设，积极发展生物质能转换天然气，积极扩大全省天然气供应规模。加快推进天然气主干管网建设，加快建成粤东、粤西LNG项目配套管道工程、西气东输三线广东段、广西LNG项目粤西支线项目及相关工程，加快推进向工业园区和产业集聚区供气的天然气管道项目建设，力争到2017年天然气管网通达全省采用燃气集中供热的工业园区和珠三角产业集聚区，天然气供应能力达到500亿 m^3/a。新增天然气优先保障居民生活或用于替代燃煤锅炉、窑炉，鼓励发展天然气分布式能源高效利用项目，限制发展天然气化工项目。积极有序发展水电，安全高效发展核电，加快开发风能、太阳能、地热能、生物质能、潮汐能等新能源和可再生能源。到2017年，建成核电机组装机容量达到1 400万kW，风电和太阳能光伏发电装机容量大幅提高，非化石能源消费比重提高到20%以上。合理布局一批生物质能发电项目，建设高环保标准的垃圾焚烧发电设施，结合垃圾填埋场、畜禽养殖场、废水处理设施等建设沼气利用工程。

6.5.3.3 强化高污染燃料禁燃区管理

2017年年底前，全省所有城市建成区均应划定为高污染燃料禁燃区，并逐步将禁燃区范围扩展到近郊，鼓励有条件的城市将全市域纳入高污染燃料禁燃区管理。禁燃区内禁止燃烧原（散）煤、洗选煤、水煤浆、蜂窝煤、焦炭、木炭、煤矸石、煤泥、煤焦油、重油、渣油、可燃废物，禁止直接燃用生物质等高污染燃料，禁止燃用污染物含量超标的柴油、煤油、人工煤气等燃料，禁止新建、改建、扩建燃用高污染燃料的锅炉、窑炉和导热油炉等燃烧设施。

6.5.3.4 大力推行节能减排

加强工业、建筑业、交通运输业节能减排。重点推进能源管理体系试点建设，积极推广工业节能技术装备、高效节能电器和新能源汽车等节能环保产品。推行绿色建筑标准，在广州、深圳市新建保障性住房全面执行绿色建筑标准的基础上，推动省内其他城市新建保障性住房绿色建筑标准的全面执行。大力推行公交优先战略，加快轨道交通建设，以创建“公交都市”为契机，推进省内国家公交都市示范城市建设。加快推进新能源汽车在公交、出租、公务、环卫、邮政、物流等公共领域的规模化、商业化应用，鼓励企事业单位和个人使用新能源汽车。充分利用网络信息技术加强交通需求管理，有效减少空驶率，降低单位运输产出的能耗与排放水平。

6.5.4 深化工业污染源治理，持续推进污染减排

6.5.4.1 深入推进重点行业主要污染物总量减排

深化电厂污染减排。新建燃煤机组污染防治设施应采用污染防治最佳可行技术，不得设置脱硫旁路，依照《污染源自动监控管理办法》的规定安装并运行污染物排放自动监控设备，确保达标排放并基本达到燃气轮机组排放限值。强化已建脱硫脱硝设施的稳定达标改造和日常运行监管，确保全省所有12.5万kW以上燃煤火电机

组综合脱硫率、综合脱硝率分别达到95%和85%以上。珠三角地区所有燃煤机组执行《火电厂大气污染物排放标准》（GB 13223—2011）烟尘特别排放限值，其他地区执行烟尘排放限值。鼓励现役燃煤机组按照燃气轮机组排放水平实施升级改造，力争到2020年，全省煤电机组大气污染物排放浓度基本达到燃气轮机组排放限值（即在基准氧含量6%的条件下，烟尘、二氧化硫、氮氧化物排放浓度分别不高于10 mg/m^3、35 mg/m^3、50 mg/m^3）。

全省所有钢铁烧结机、球团设备及石油石化催化裂化装置烟气脱硫设施综合脱硫效率应达到85%以上；2017年年底前全省所有钢铁烧结机完成脱硝，实施电力、钢铁和水泥等重点行业工业烟粉尘总量控制。

6.5.4.2 加大工业锅炉和窑炉污染综合治理力度

以推广节能环保锅炉、开展集中供热建设，推进高污染锅炉更新替代统筹，规划全省工业园区和产业集聚区集中供热项目，根据用热需求和工业发展等条件分步有序实施建设。到2017年，全省具有一定规模用热需求的工业园区和珠三角产业集聚区实现集中供热，集中供热范围内的分散供热锅炉全部淘汰或者部分改造为应急调峰备用热源，不再新建分散供热锅炉，力争全省集中供热量占供热总规模达到70%以上；燃煤热电联产项目热电比不低于60%、能源综合利用效率不低于65%。工业园区和产业集聚区内或周边已有纯凝发电机组或供热锅炉的，鼓励改造为合理供热规模的抽凝、背压型热电联产机组或分布式能源站作为集中供热热源点；鼓励现有自备热电联产机组适度扩大供热规模，作为集中供热热源点；鼓励利用现有分散供热锅炉改造或新建过渡集中供热锅炉作为应急调峰备用热源。

强化工业锅炉污染综合治理。摸底调查全省工业锅炉污染排放现状和废气污染治理设施运行情况，建成工业锅炉动态监管系统。各地级以上市及顺德区政府要逐步扩大禁燃区范围，2016年年底前，要将城市建成区全部划为高污染燃料禁燃区，2017年年底前拆除禁燃区内全部高污染燃料锅炉。新建每小时20蒸吨及以上燃煤锅炉应同步设计、安装和运行高效脱硫和高效除尘设施。全面实施大中型工业锅炉高效脱硫、脱硝和除尘改造，完成全省每小时35蒸吨及以上燃煤锅炉脱硝设施建设，10 t/h以上的燃煤锅炉应改燃清洁能源或实施烟气高效脱硫、除尘改造并积极开展低氮燃烧技术改造示范，实现稳定达标排放。珠三角地区城市建成区的燃煤锅炉，应按照国家有关规定达到特别排放限值要求。每小时20蒸吨及以上燃煤锅炉和14 MW及以上热水锅炉应安装污染物排放自动监控设施，并与环保部门的监控中心联网。纳入国家重点监控名单的企业应建立企业自行监测制度。禁止直接燃用生物质，加强对使用生物质成型燃料锅炉管理。生物质成型燃料必须符合《工业锅炉用生物质成型燃料》（DB 44/T 1052—2012）的标准，并在专用燃烧设备上使用。

提高工业窑炉污染治理水平。珠三角地区禁止新建和扩建水泥、玻璃、陶瓷建设项目，在PM_{10}年均质量浓度不达标的非珠三角地区各城市实施水泥、陶瓷、玻璃制造建设项目限批。水泥行业2 000 t/d以下（不含本数）规模的现役新型干法水泥熟料生产线完成低氮燃烧改造，陶瓷窑炉、平板玻璃生产企业必须改用清洁能源或安装烟气脱硫及高效除尘设施。对水泥、建筑陶瓷、平板玻璃制造企业已建脱硫、脱硝和除尘设施的运行和管理实施审核和评估，评估结果纳入排污费征收调整的依据。研究并实施水泥、陶瓷等行业工业烟粉尘总量控制。

6.5.4.3 开展典型行业挥发性有机物全过程控制

加强源头控制。在挥发性有机物排放典型行业推广使用符合环境标志产品技术要求的水基型、非有机溶剂型、低有机溶剂型产品，提高环保型涂料使用比例。制定涂料、油墨产品等溶剂类产品的挥发性有机物含量标识规范，逐步实行含挥发性有机物产品的环保绿色认证制度和挥发性有机化合物含量限值管理。

完善过程管理。大力推进清洁生产，鼓励企业采用先进的技术、设备和密闭一体化的生产工艺，加强生产、输送、进出料、干燥以及采样等易挥发性有机物泄漏环节的密闭性和安全性，加强生产过程中有组织和无组织废气的集中收集和处理。

强化末端治理。开展 VOCs 污染源摸底排查，重点加大石油炼制与化工行业有机废气综合治理力度。加强石化企业无组织泄漏、有组织工艺排气、存储和装卸、废水处理系统和非正常工况的挥发性有机物排放控制，全面推广泄漏检测与修复（LDAR）技术，2017 年年底前，全省所有石油炼制与化工企业建立符合国家和广东省要求的 LDAR 管理体系，在有机化工和医药化工行业开展 LDAR 试点和建立示范项目。深化印刷、家具、汽车制造、制鞋、集装箱制造、电子设备制造等行业挥发性有机物排放达标治理工作，对挥发性有机物治理设施的设计、建设和运行的全过程实施规范化验收和评估。在化学原料和化学制品制造、合成纤维制造、表面涂装、人造板制造、纺织印染、塑料制造及塑料制品等典型行业大力实施综合整治，统一收集挥发性有机物废气并净化处理，净化效率应大于 90%。加强油类（燃油、溶剂）储存、运输和销售过程中挥发性有机物的排放治理，储罐及运载工具应安装密闭收集系统，建立油气回收在线监控系统。

6.5.5 强化机动车排放控制，推进移动源污染治理

6.5.5.1 强化新车和在用车污染防治

全面淘汰“黄标车”。进一步加强与公安部门的沟通协作，开展专项清理行动，对达到强制报废年限而未办理报废手续的车辆依法强制注销并公告牌证作废。全面推行“黄标车”限行和闯限行区电子抓拍执法，加强省、市黄标车数据信息共享，推广跨城市、跨区域的电子执法系统，对进入限行区的“黄标车”进行实时抓拍并依法处罚。加强黄标车淘汰进展的通报和督促，继续推行黄标车淘汰补贴。到 2017 年年底基本淘汰全省黄标车，逐步淘汰老旧车辆。

提升在用车辆排放监管水平。加强与公安交管部门的协调联动，严格实施机动车环保定期检测与维护制度（I/M）。2017 年 6 月 30 日前全省各地市全面转换采用简易工况法进行机动车排气定期检测，逐步在营运车辆综合性能检测中推广使用简

易工况法，并纳入机动车排气检测管理体系，2020 年年底前各地机动车环保定期检测率应达到 85%以上。加大大型客车、重型货车等高排放车辆的排放监管，加大机动车停放地抽检、道路抽检力度。加快机动车环保检验合格标志发放工作，未取得环保合格标志的车辆以及排气超标的车辆不得上路行驶。研究缩短出租车强制报废年限，鼓励每年更换高效尾气净化装置。加强在用车环保监管能力建设，完善广东省机动车排气监管系统，2016 年年底前全省各城市必须建成排气检测监控系统并与省环境保护厅联网，机动车排气检测和环保管理数据必须定期上传省机动车排气监管数据中心。

严格新车准入管理。加强新车登记注册和外地车辆转入管理，严格按国家环保达标车型目录进行新车登记和转移登记。按照国家有关要求，重点抓好新车排放一致性检查。逐步提高新车排放标准，珠三角地区适时提前实施柴油车国 V 和汽油车国Ⅵ排放标准。全面实施道路运输车辆燃料消耗量限值标准和准入制度，不符合限值标准的新购车辆不得进入道路运输市场。

6.5.5.2 积极推进非道路移动源污染治理

推动粤港澳合作控制远洋船舶污染排放，探索建立粤港澳船舶排放控制区。珠三角地区新建邮轮码头须配套建设岸电设施，新建 10 万 t 级以上的集装箱码头须配套建设岸电设施或预留建设岸电设施的空间和容量。2017 年年底前，全省原油、成品油码头完成油气综合治理；2020 年年底前，开展有机化工码头的挥发性有机物排放治理工作。改善港口用能结构，加快流动机械、运输车辆和港口内拖车“油改电”“油改气”进程，鼓励开展船舶液化天然气（LNG）燃料动力改造试点。2017 年年底前，工作船和港务管理船舶基本实现靠港使用岸电；到 2020 年年底，完成全省沿海和内河港口轮胎式门式起重机（RTG）“油改电”工作。开展工程机械等非道路移动机械排放状况调查，开展工程机械废气排放环保治理，推进大气污染物后处理装置安装工作，逐步限制冒黑烟机械在建筑工地、工厂和货运站场的使用。

6.5.5.3 持续推进油品质量升级

推动船用油品低硫化，加快船用燃料油和船用柴油的油品质量升级，力争到 2020 年船用燃料油硫含量不高于 1%，船用柴油的硫含量限值达到普通柴油标准要求。开展车用汽、柴油专项整治工作，加强油品质量监督检查，禁止加油站销售和供应不符合标准的车用汽、柴油。适时制定并实施粤Ⅵ车用油品标准。

6.5.6 强化面源污染控制，实现多污染物协同减排

6.5.6.1 加强道路和建筑施工扬尘控制

强化道路、工地、堆场和码头的扬尘污染治理。推行城市道路清扫标准化作业，提高城市机械化清扫和洒水保洁水平，加强道路扬尘控制。以新区开发建设和旧城改造区域为重点，实施重大扬尘源清单动态更新和在线监控管理，落实扬尘污染控制属地责任，推行绿色文明施工，各市主城区内施工工地渣土和粉状物料逐步实现

封闭运输，总建筑面积在 10 万 m^2 以上的施工工地规范安装远程视频监控设备，强化施工扬尘防治。加强散货堆场、码头的防风抑尘，2020 年完成全省港口码头和工业散货物料堆场的扬尘污染综合治理。

6.5.6.2 加强商用及家用溶剂产品的限值管理

研究制定和实施含挥发性有机物产品卷标制度，就建筑涂料、民用干洗机、家用清洁用品及和个人护理产品的挥发性有机化合物含量实施强制登记及含量限值管理。在建筑装饰装修行业推广使用符合环保要求的水性或低挥发性建筑涂料、木器漆和胶黏剂，禁止使用挥发性有机物含量高的非环保型建筑涂料。各地应建立涂料产品政府绿色采购制度，在政府投资的工程中优先采用水性或低挥发性产品。在服装干洗行业淘汰开启式干洗机，推广使用配备制冷溶剂回收系统的封闭式干洗机。

6.5.6.3 严控餐饮业油烟排放

合理布局规划饮食服务业新建项目，新设可能产生油烟、烟尘的饮食服务业项目必须使用管道煤气、天然气、电等清洁能源。城市建成区内所有排放油烟的餐饮企业和单位食堂全部使用燃气、电等清洁能源，安装油烟净化装置，设施正常使用率不低于 95%，确保实现达标排放。推广使用高效净化型家用吸油烟机。各城市主城区内不得从事露天烧烤或有油烟产生的露天餐饮加工。各地级以上市至少选择一个典型区域开展规模化餐饮企业在线监控试点，建立长效监管机制，实施有效监管。

6.5.6.4 开展大气氨排放控制试点

开展区域大气氨源排放清单研究，进行农田化肥、畜禽养殖业以及生物质燃烧、污水处理厂、化工行业、废物处理和机动车尾气等典型氨排放源的排放特征及控制对策研究，对氨减排对策环境治理改善效果进行分析和预测。开展大气环境氨监测分析。在粤东西北地区开展大气氨减排试点。

6.5.7 加强大气环境监管，提升精细化管理水平

6.5.7.1 推进空气质量精细化管理

夯实区域空气质量精细化管理基础，加快建立高分辨率动态大气污染源清单，开展大气污染来源解析，识别空气污染敏感区和污染传输规律，优化区域空气质量多模式集合预报业务系统，加强数据共享平台、专家会商系统、信息发布系统等区域环境空气质量监测、预报、预警和应急体系，系统提升空气质量管理调控能力。建立空气质量管理调控机制，定期实施大气污染防治政策措施落实成效及空气质量改善情况的评估，动态调整优化区域和城市空气质量管理政策和任务措施，形成“识别问题—诊断来源—确定目标—实施控制—定期评估—动态调控”相结合的区域空气质量管理新模式。

6.5.7.2 坚持实施严格的考核问责

完善以大气环境质量改善为核心的环境保护目标责任制和考核评价机制，将防治大气污染的主体责任落实到地方政府和企事业单位。通过广东省大气污染防治联

席会议，组织和协调每个年度的大气污染防治责任考核，对重点任务落实情况进行检查，并对社会公开考核结果。实施大气污染防治责任落实与政府负责领导人考评挂钩，与区域污染限批挂钩，与大气污染防治支持资金挂钩的机制，对工作责任不落实、项目进度滞后、环境空气质量不合格的地市予以约谈问责，要求编制空气质量达标规划或限期改善计划，明确改善空气质量的行动措施，通过严格的考核问责引导地方树立正确政绩观，推动大气治理工作的有效落实。

6.5.7.3 全面提升区域联防联控和部门协调联动水平

建立完善的区域大气复合污染综合防治体系，完善省、市两级的区域大气污染联防联控机制、粤港澳区域合作机制和跨部门的协调联动机制。深化珠三角大气污染联防联控，建立“汕潮揭”都市圈大气污染防治协作机制，定期召开大气污染防治联席会议，协调解决重大环境问题和跨市大气污染纠纷，指导各地、各有关部门建立统一协调的大气污染防治政策，着力解决区域大气复合污染。进一步完善区域大气重污染应急，将大气重污染应急响应纳入各级地方人民政府突发事件应急管理体系，各级地方人民政府设立大气重污染应急指挥机构，组织和协调重污染天气应急行动，定期开展重污染天气预警演练。加强环保部门与相关部门的信息共享和联动合作，加强省市及环保与公安交管部门黄标车和老旧车信息互通，全面实施跨区域联合限行执法；联合加强产业布局的优化引导，协力推进能源结构优化调整，加强产业、能源、交通发展的源头防控。

6.5.7.4 建立大气污染防治专项投入机制

通过稳定独立的渠道建立完善区域大气污染防治科技支撑体系，激励和推动全面治理。大气污染防治科研经费重点加强区域大气科学研究中心和各类大气污染防治重点实验室等科研平台建设，加强对本地化污染源排放特征、区域动态排放源清单、空气质量预测预报系统、大气污染防治政策措施评估优化等方面的研究。大气污染治理经费以奖励、补助为主，继续对锅炉和黄标车淘汰等工作予以支持，重点加大对挥发性有机物等特殊污染物治理的激励，推动企业实施高效治理。

6.5.7.5 完善以排污许可为核心的挥发性有机物排放源监管体系

以挥发性有机物的排放控制为突破口，率先探索推进排污许可、排放总量控制和环境统计等企事业单位污染排放管理制度的改革。率先建立以排污许可为基础，包括环评准入、总量控制、环境统计、排污收费在内的挥发性有机物排放源监管制度体系框架，逐步完善相关的具体规范和细则，推广应用至其他主要大气污染物，至“十三五”末形成完善且协调统一的污染物排放管理制度体系。根据 VOCs 排放的复杂性，近期以总 VOCs 作为统一指标，不过分细分具体的挥发性有机物物种，“十三五”期末相关制度体系建立完善后，有序探讨细分挥发性有机物物种，分别进行排放控制和管理的可能性和可行性。

6.5.7.6 优化环境信息管理机制，推动社会治理

建设排放源信息化监管平台，开发设计科学合理的排放源信息数据汇交格式及

渠道，将各类工业企业的基本信息、污染排放及环境监测信息数据进行信息化管理，在石化行业挥发性有机物无组织排放控制等领域建立信息化审核评估与现场抽查相结合的环境信息化监管模式。依托国家第二次污染源普查工作，提前谋划做好准备，在国家调查工作要求基础上适当增加完善 VOCs、大气重金属等有毒有害污染物的调查统计办法，摸清全省各类大气污染物的排放源，为实施精细化监管奠定基础。全面推进环境信息公开，依据国家新《环境保护法》及环境信息公开的有关规定，建立完善的信息公开发布渠道，规范信息公开时限和方式，实行环境质量监测、大气污染防治责任考核、污染治理措施及效果、重点污染源排放和自行监测信息的充分公开。各级环保部门开通举报专线电话，鼓励公众监督和举报大气污染行为，支持环保社会组织和个人开展社会监督。逐步探索将政府对企事业单位的环境监管由家长式的全面管控向政府监督抽查、第三方治理监测、社会公众监督举报与全面严格环境执法的新模式转变。

第7章 土壤污染防治规划

土壤是经济社会可持续发展的物质基础，关系人民群众身体健康，保护土壤环境是推进生态文明建设和维护生态安全的重要内容。当前土壤环境状况总体不容乐观，为切实加强土壤污染防治，逐步改善土壤环境质量，本章对全省土壤环境质量现状进行分析，厘清当前土壤污染防治存在的主要问题以及面临的压力，在此基础上提出加强源头防治、加强土壤分区分类管理、开展土壤污染治理与修复示范、提升土壤环境监管能力等四方面重点任务措施，为全省土壤环境质量保持稳定全面夯实基础。

7.1 现状、问题与挑战分析

7.1.1 土壤环境质量现状

全省土壤污染总体特征表现为：以单项污染物污染为主，多因子复合污染为辅；以轻微污染为主，轻度污染为辅，少量的中度、重度污染；同时污染区域具有相对集中性，主要集中在以五金、化工等污染行业发达的珠江三角洲地区及粤东、粤西、粤北的矿山地区。土壤中污染物主要是重金属和有机污染物。全省局部土壤重金属超标，但多以轻微至轻度污染为主；而有机污染物指标中多环芳烃、酞酸酯、有机氯检出率较高；有机氯浓度较低。

7.1.2 存在的主要问题

近年来，随着重金属污染防治规划的实施，广东省启动了污染土壤修复工作，取得了一定的示范作用；但长期以来，广东省经济发展方式粗放，产业结构和布局不合理，污染物排放总量居高不下，土壤作为大部分污染物的最终归宿，其环境质量受到显著影响，广东省土壤环境保护薄弱短板日益凸显，部分土壤及重金属污染问题呈现频繁趋势。

（1）全省土壤环境状况总体不容乐观。土壤环境调查结果显示，虽然全省土壤以轻微污染为主，轻度污染为辅，但由于长期以来重金属矿山的持续污染、涉重金属企业数量和排放量的增加、农药和化肥的高强度使用等导致广东省土壤环境质量呈下降趋势。珠三角及粤北矿区土壤污染面积较大，工业企业、采矿区、固体废物集中处理处置场地等主要类型场地及周边土壤污染严重，场地及周边地表水、地下水和农产品中主要污染物存在超标现象，给人民群众身体健康带来严重隐患。

（2）土壤污染严重危害逐步凸显。长期以来，土壤污染由于没有得到应有重视，历史欠账较多，多年累积的土壤环境问题逐步凸显，局部地区土壤污染危害事件频繁发生，引起党中央、国务院高度重视和国内外广泛关注。如汕头贵屿镇、清远龙塘镇、韶关大宝山矿区等长期不合理的工业生产和矿产资源开发导致区域性土壤污染问题加剧，对群众生产生活和身体健康造成严重影响，成为社会不安定、不和谐的重要因素。

（3）土壤环境监管体系建设整体滞后。目前，我国尚无土壤环境保护专项法律法规，各级政府和有关部门缺乏对土壤环境实施有效监管的法律依据。土壤环境环保标准体系不健全，现行土壤环境质量、监测分析方法、标准样品等标准已不能满足新时期土壤环境保护工作需要，亟待修订和完善。各地土壤环境监测、监督执法、风险预警体系建设相对滞后，尤其是粤东西北县（区）级土壤环境监管能力建设几乎空白，难以对辖区内土壤环境实施有效监控。各级政府统一组织、有关部门分工负责、各有关方共同参与的土壤环境保护管理体制尚未形成，土壤环境保护监管体系亟待完善。

（4）土壤环境保护科技支撑能力不强。目前，广东省尚未建立土壤环境保护科技支撑体系，基础研究不足，缺乏适合我国国情的土壤环境保护实用技术和设备。土壤污染修复技术尚不成熟，大部分技术仍停留在实验室模拟研究阶段，缺乏大规模具体的工程实践经验。现有的各种修复技术存在许多难以解决的问题，现有的技术支撑条件难以满足污染耕地和场地修复工作的需求。

（5）污染土壤修复治理资金缺乏有效保障。污染土壤的修复治理需要全面考虑受污染土壤及地下水的治理，资金需求巨大。当前我国污染土壤调查评估与治理修复工作的资金一般来自政府相关部门和土地开发商，资金来源有限且没有保障，修复治理工作难以开展，资金问题成为很多污染地块再开发的主要障碍。

7.1.3 面临的压力与挑战

“十三五”是广东省率先基本实现现代化、全面建成小康社会的决胜时期和建设“美丽广东”的关键时期。随着全省城镇化和工业化进程加快，产业结构调整的逐步推进，以及社会各界对食品安全和人体健康的日益关注，土壤环境保护面临压力将持续加大。

（1）经济发展方式尚未实现根本转变，土壤环境保护压力持续增加。目前，广东省仍处于工业快速发展时期。未来 5 年，广东省有色金属产量仍将保持增长态势，随着矿产资源开发范围和规模逐步扩大，污染物排放总量将呈增加态势，对土壤环境的压力仍将加大。未来一段时期内，随着煤炭消耗量的逐年增加，土壤中多环芳烃和汞的负荷量将逐步增加，石油化工生产与消费排放出大量的污染物，也给土壤环境造成极大压力。在现有农业生产条件下，为保障粮食需求，化肥、农药、地膜等农用化学品使用量将持续增加，大量的重金属和有机农药等污染物将最终进入环境，对土壤环境构成严重威胁，农产品安全保障压力大。

（2）土壤环境问题趋于复杂化，有效管控土壤环境风险的难度加大。土壤环境问题将呈现多样性和复合性特点，出现前所未有的复杂局面。出现了土壤重金属的无机污染和持久性有机污染物、环境激素类污染物等共同存在的态势，如防控措施不到位，多年累积的土壤环境问题将呈现集中爆发的态势。如不尽早采取有力措施，今后一段时期内广东省土壤污染加重的趋势将难以根本扭转，“米袋子”“菜篮子”和“水缸子”安全将难以得到有效保障。此外，随着产业结构调整力度加大，将有大批石油化工企业、有色金属冶炼企业、印染企业、农药制药企业、电镀企业等进行搬迁、关闭或停产。这些企业关停并转后遗留的场址，将成为城市土地再开发的重要来源，存在潜在的环境风险，如果不进行评估和治理，盲目开发利用，将对人体健康造成严重的安全隐患，土壤污染问题有可能成为影响群众健康与和谐社会建设的重要因素。

（3）历史遗留土壤污染问题突出，治理任务任重道远。近年来，广东省淘汰了小造纸、小化工、小印染、小冶炼、小电镀、土焦等高污染的行业，但这些企业遗留土壤污染问题尚未得到有效的解决：部分企业遗留污染场地责任主体灭失或难以查找。偿还历史形成的土壤污染治理欠账任务相当艰巨，全省土壤污染正处在偿还历史旧账难、防治新污染压力大的关键阶段，全面解决土壤环境问题需要相当长的时间。

7.2 总体思路与目标

7.2.1 总体思路

“十三五”期间，土壤环境保护将从“数量保护”向“数量和质量保护并重”转变，实行“清洁土壤区域重点保护”和“高风险土壤污染区域综合治理”并重的道路。土壤环境保护将以保障和改善民生为出发点，以改善土壤环境质量、保障农产品质量安全和建设良好人居环境为目标，既要治理已经污染的“内源”，还要控制“水、大气和固废”等“外源”对土壤环境的威胁。对受污染土壤进行分类管理，严格保护土壤环境安全，逐步推进土壤污染修复试点示范，逐步改善土壤环境质量，为建设“美丽广东”和全面建成小康社会提供土壤环境安全保障。

7.2.2 总体目标

到2020年，全省土壤环境质量总体保持稳定，耕地土壤环境得到有效保护，建设用地土壤环境安全得到基本保障；污染土壤环境风险得到管控，突出的土壤环境问题得到有效缓解；土壤环境管理体制机制基本健全，土壤环境监管能力全面提升；工业污染场地再开发健康风险得到有效控制，土壤环境质量得到改善。

7.3 主要任务

7.3.1 加强源头防治，严格控制新增土壤污染

7.3.1.1 严格建设项目环境准入

制定并落实产业环境准入条件，禁止有色金属采选和冶炼、铅蓄电池制造、皮革及其制品制造、化学原料及化学制品制造等重污染行业在耕地、集中式饮用水水源保护区等周边落户。禁止在西江流域片区、北江上游片区、韩江上游片区、鉴江上游片区新建化学制浆、印染、鞣革、重化工、电镀、有色、冶炼、发酵酿造和危险废物处置（不含医疗废物处置）等排放重金属及有毒有害污染物的工业项目。新建、改建相关项目必须符合环保、节能、资源管理等方面的法律、法规，符合国家和省的产业政策和规划要求，符合土地利用总体规划、土地供应政策和产业用地标准。强化清洁生产和污染物排放标准等环境指标约束，新建项目废水产生量、重金属排放量等指标要达到国际清洁生产先进水平，新建项目其他指标和改建、扩建项目要达到国内清洁生产先进水平。严格矿产资源开发利用准入管理，优化矿产资源特别是有色金属矿开发利用布局，基本农田保护区、集中式饮用水水源地、居民集中区等环境敏感地区以及主要重金属污染超标地区不予审批新增有重金属排放的矿产资源开发利用项目。对重点规划环评和有色金属、皮革制品、石油煤炭、化工医药、铅酸电池、采矿选矿、印刷、危险废物、加油站等可能对土壤造成重大影响的项目，要将土壤环境影响评价作为环评的重要内容，并监测特征污染物的土壤环境质量本底值，防止新建项目对土壤造成新的污染。

7.3.1.2 严格工矿污染源环境监管

强化化工、焦化、农药、有色金属冶炼、电镀等重点行业和污染治理力度，确保企业达标排放。规范污水处理厂污泥处置，完善垃圾处理设施防渗措施，加强对非正规垃圾处理场所的综合整治。定期对排放重金属、有机污染物的工矿企业以及污水、垃圾、危险废物等处理设施周边土壤进行监测，造成污染的要限期予以治理。对位于耕地、集中式饮用水水源保护区等周边地区的现有高风险、重污染企业要逐步关停、搬迁或转产。深入开展环保执法专项行动，对重点污染源加大现场巡查力度和监测频次，从严从重查处未批先建、违反环保“三同时”制度、故意偷排等违法行为，对超标、超总量排放污染物的排污单位责令限期治理，逾期未完成限期治理任务的依法予以强制关停；对造成土壤污染的企业要挂牌督办、限期整改或搬迁，不具备整改条件的，要坚决关停。

7.3.1.3 加强农业污染源头管控

加强农用化学品环境监管。制定和完善肥料中有毒有害物质限量标准。科学施用肥料，在主要粮食生产区普及测土配方，禁止使用重金属等有毒有害物质超标的

肥料，严格控制稀土农用，减少因施肥带来的土壤污染。合理使用农药，引导和鼓励使用生物农药或高效、低毒、低残留、高选择性的农药新品种，从根本上降低农药对土壤环境的影响。逐步建立肥料、农药使用备案制度，加强农药、化肥的使用跟踪，严格控制投入品中重金属、POPs等污染物含量。严格执行国家有关高毒、高残留农药生产、销售和使用的管理规定。建立农药生产和使用的废弃物回收及无害化处置体系。加大补贴力度，鼓励废弃农膜回收和综合利用。积极引导和推动生态农业、有机农业，通过建设绿色、有机等农产品生产基地，有效降低农业化学品使用量。

强化污水灌溉和污泥农用的控制。禁止利用污水灌溉生产生食蔬菜和瓜果农田。严禁利用含重金属、难降解有机污染物有毒有害物质的污水灌溉农田。污水处理厂污泥、河道清淤底泥、尾矿等未经检验和安全处理，禁止向农田直接施用。加强污泥农用的技术指导和监督检查，降低污泥农用造成的土壤污染。

7.3.2 加强土壤分区分类管理，确保土壤安全利用

7.3.2.1 加强耕地土壤的分级管理

在全国土壤污染状况调查和农产品产地土壤污染调查基础上，开展全省土壤污染状况详细调查，重点在主要粮食产区、蔬菜基地等重点区域开展土壤环境加密调查，全面掌握耕地土壤环境质量状况，掌握耕地土壤污染程度和范围。开展耕地土壤环境安全性评估，评定和划分耕地土壤环境安全等级，建立耕地土壤环境质量数据库及信息管理系统。开展受污染耕地土壤环境监测和农产品质量检测，加强受污染耕地土壤安全利用管理，对污染耕地实施分级利用。土壤污染较轻的，要加强土壤环境监控，掌握耕地土壤环境质量变化及其对农产品质量安全的影响；土壤污染较重的，要结合当地实际，采取农艺措施调控、种植业结构调整、土壤污染治理与修复等措施，确保耕地土壤环境安全；土壤污染严重且难以修复的，当地政府应依法确定农产品禁止生产区域。建立耕地土壤环境定位监测点，进行定期监测；开展耕地土壤保护优先区定期巡查，严格查处环境违法行为，到2020年，全省污染耕地安全利用率达100%。

7.3.2.2 加强污染场地风险管控

强化污染场地的分类管理。以拟再开发利用的已关停并转、破产、搬迁的化工、金属冶炼、农药、电镀、危险化学品企业原有场地及其他重点监管工业企业场地为对象，组织开展土壤环境调查和风险排查，划分风险等级，建立场地污染调查档案和信息管理系统，并实现动态管理。存在土壤环境风险的场地，要明确治理修复的责任主体、技术要求和修复标准，开展治理修复工作，经环保验收合格后，方可开工建设。禁止未经评估和达不到治理修复标准的污染场地进行土地流转和二次开发。对于拟开发利用的污染场地，严控原址开发建设环评审批，严控流转和开发建设审批，杜绝毒地开发。

对遗留遗弃污染场地实施环境无害化管理。矿产资源开发利用活动集中的地区，提出重点监管企业名单和环境管理要求，开展工业遗留遗弃污染场地调查，建立遗留遗弃污染场地清单和信息管理系统。对于受技术、经济等条件限制暂时或长期不能修复的高风险遗留遗弃污染场地，要明确监管措施和责任单位，采用地下水隔离、土壤异地处置、覆盖、封闭等工程措施或改变场地规划用途等制度措施，以及降低污染水平、限制暴露途径的其他措施，控制污染迁移扩散，最大限度降低对污染场地周边地区的环境风险。加强各类场地土壤环境的日常管理。重点加强对化工、电镀、金属冶炼、农药、油料存储等重点行业、企业的监督检查，发现土壤污染问题，要及时进行处理。加快城市生活垃圾无害化处理设施的建设，严格禁止非正规垃圾填埋场建设。及时清理因危险化学品和危险废物泄漏、突发环境事件污染的土壤。到 2020 年，全省污染场地土壤环境风险管控率达 100%。

7.3.3 开展土壤污染治理与修复示范，逐步改善土壤环境质量

以大中城市周边、重污染工矿企业、集中污染治理设施周边、重金属污染防治重点区域、集中式饮用水水源地周边、废弃物堆存场地等为重点，开展土壤污染治理与修复试点示范，建设一批示范工程，逐步改善土壤环境质量。

7.3.3.1 开展典型区域土壤污染综合治理示范

在珠江三角洲、粤北、粤东等地区，选择土壤环境问题突出的典型区域，以污染耕地为重点，在科学论证的基础上，采取农艺、种植业结构调整、土壤污染修复等综合治理措施，建设一批土壤污染综合治理工程。

（1）珠三角地区。深入实施珠江三角洲典型区域土壤污染综合治理方案，强化土壤污染源头控制和风险管控。以东莞水乡特色片区、顺德区为重点，积极开展受污染耕地和场地土壤综合治理，重点对受重金属污染的耕地、涉重金属行业搬迁场地、简易垃圾填埋场以及石化、陶瓷、五金、漂染等受污染场地进行修复。到 2020 年，完成 9 项污染耕地综合治理与修复试点示范工程，完成 15 项以上受污染场地土壤治理修复示范工程，区域突出土壤环境问题基本得到解决。

（2）韶关地区。着力推进《大宝山矿区及周边地区环境综合整治工作方案》《仁化县董塘镇环境综合整治方案》和《韶关市涉重金属行业环境综合整治方案（2015—2020 年》的实施，以大宝山矿、凡口铅锌矿及周边地区、翁源县新江镇、翁城镇和仁化县董塘镇等矿区周边地区的受污染耕地为重点，实施耕地土壤污染综合治理试点示范，为全市土壤环境质量改善夯实基础。到 2020 年，按照国家要求完成翁源县、曲江区、仁化县土壤综合治理项目，创建 1 个国家级土壤污染综合防治示范区。

（3）历史遗留工矿污染整治示范。全面实施《汕头市贵屿地区电子废物污染综合整治方案》和《清远市电子废弃物污染环境整治规划（2012—2020 年）》，加大电子废物拆解场地污染整治力度，坚决取缔非法拆解电子废物企业和个体户，严厉打击非法焚烧、酸溶等污染严重的电子废物处理行为，减少电子废物拆解活动对土壤

环境造成的影响。持续推进汕头贵屿、清远龙塘等历史遗留电子废物拆解和堆存场地污染土壤综合治理试点示范，建设一批土壤综合治理工程，区域突出土壤环境问题基本得到解决。

7.3.3.2 推进其他区域土壤污染治理试点示范

典型区域以外的地级以上市，应以污染农田土壤、蔬菜基地、设施农业为重点，选择连片区域，按照“风险可接受、技术可操作、经济可承受”的原则，综合集成土壤污染修复技术，因地制宜开展受污染耕地综合治理试点示范。到2020年，各地方每个要完成1项以上耕地或场地综合治理与修复试点示范工程。

7.3.4 夯实土壤环境监管基础，提升土壤环境监管能力

7.3.4.1 完善土壤环境保护政策、法规和标准

开展土壤污染防治法规修订。在国家土壤环境保护法律法规框架下，先行先试，研究、制定《广东省土壤环境保护条例》，为广东省土壤环境实施有效监管提供法律依据，强化土壤环境保护。针对广东省工业企业关停、搬迁及原址场地再开发利用的情况，研究制定广东省污染场地再开发环境管理办法，明确污染场地调查评估、治理修复、土地流转和再开发利用审批的环境管理要求及工作程序，规范污染场地的管理。

完善土壤环境保护标准体系。针对广东省实际，根据国家规范，制定广东省污染场地环境调查和风险评估、环境监理、验收等技术规范；探索制定广东省土壤环境质量相关地方标准，加快制定涉重金属污染排放行业特征污染物相关排放标准。制定污染场地土壤环境保护监督管理办法，实施污染土壤环境影响评价制度，对新建、改建、扩建有较大污染风险的项目开展风险评价，初步构建广东省土壤污染防治的监督管理体系。开展土壤污染风险评价技术研究及污染土壤修复技术导则的编制，加快研究出台土壤及重金属污染防治技术、政策及工程技术指南及技术规范，逐步建立土壤环境与健康评估办法和技术规范。

7.3.4.2 加强土壤环境监测能力建设

深入实施环境监测站标准化建设，着力提升各级环境监测站土壤环境监测能力，将土壤环境监测纳入环境质量例行监测，逐步建立省、市、县三级土壤环境质量监测网。建立耕地和集中式饮用水水源地土壤环境质量监测点位及土壤环境质量定期监测制度，定期对排放重点防控污染物的工矿企业以及城镇生活污水、垃圾、危险废物等集中处理设施周边土壤开展环境质量监测，逐步扩大农村土壤环境质量监测范围和数量。环保部门会同农业、国土、地质等部门充分整合相关资料，建立和完善土壤环境监测调查信息部门共享机制。2015年年底前，基本建成省级土壤环境状况数据库，实现土壤环境质量信息互通共享。

7.3.4.3 加强土壤环境执法能力建设

各地要加强土壤环境执法能力建设，将土壤环境纳入环境监察工作范围，配备

专门土壤环境执法人员和现场执法装备，并定期开展土壤环境保护和监管技术人员培训。2016 年年底前，基本建立土壤环境执法监督体系，完成省级和 21 个地级市土壤环境污染事故应急预案的制定，配备土壤环境污染事故应急设备和人员，着力提升土壤污染环境执法和土壤污染事故应急处置能力。建立土壤环境信息公开制度，增加社会公众对环境保护的知情权、参与权、监督权，强化土壤污染的社会监督。

7.3.4.4 强化土壤环境保护科技支撑

设立和实施广东省土壤环境保护重大科技专项，加强土壤环境安全性评估与等级划分、土壤环境风险管控、土壤污染与农产品质量关系等基础研究。整合现有资源，建设一批土壤环境保护重点实验室和区域土壤污染治理与修复工程技术中心，研发、筛选和推广适合广东省实际的土壤环境保护实用技术和装备。积极开展国内、国际合作与交流，不断提升广东省土壤环境保护科技水平。

第 8 章

重金属污染综合防治规划

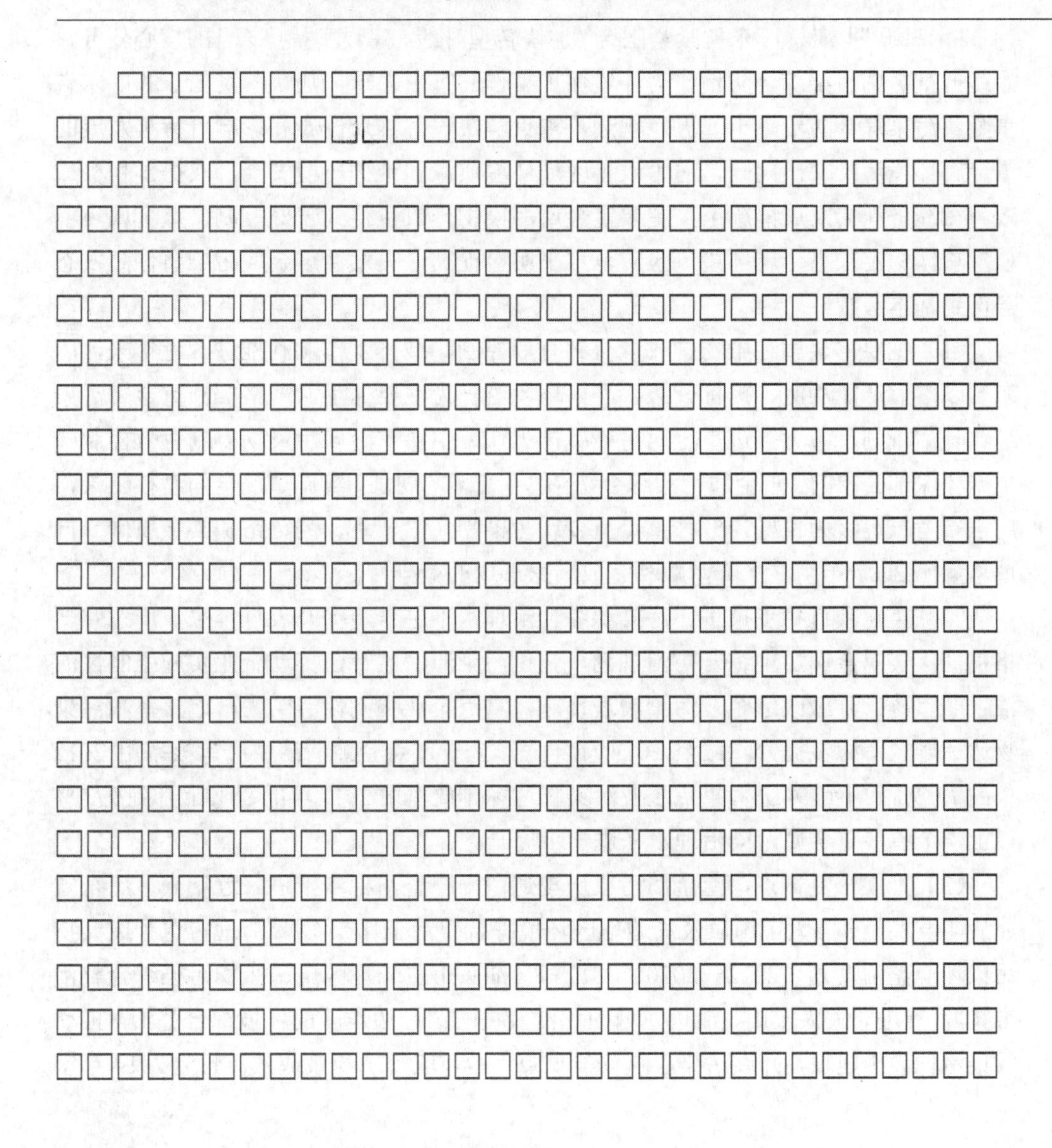

重金属污染具有长期性、累积性、潜伏性和不可逆性等特点，危害大、治理成本高，广东省历史遗留重金属污染问题较为突出，涉重金属行业呈快速发展态势，对生态环境和群众健康构成威胁。为切实抓好重金属污染防治，本章对“十二五”以来全省重金属污染防治工作取得的成效及存在的主要问题进行系统评估，分析“十三五”期间重金属污染防治面临的压力与挑战，明确重金属污染防治工作的思路，以“优布局、调结构、严整治、强监管、保安全”为主线，构建总量控制-质量改善-风险防范的重金属综合防控体系。

8.1 现状、问题与挑战分析

8.1.1 取得的成效

“十二五”以来，广东省紧紧围绕“加快转型升级、建设幸福广东”的核心任务，始终把重金属污染综合防治作为环境保护工作的重中之重，加快落实国家和广东省重金属污染综合防治“十二五”规划，重点解决危害群众健康和影响可持续发展的重金属环境污染突出问题，着力改善区域环境质量和维护环境安全，取得了积极成效。在经济社会发展情况下，主要重金属污染物排放量得到较好控制，重金属环境质量总体稳定，重金属环境风险防范水平明显提高，突发性重金属污染事件高发态势得到基本遏制。

（1）主要重金属污染物排放量得到有效控制，减排工作顺利推进。近年来，广东省以落后产能淘汰、提标升级、严格环境监管为主要抓手，严格实施重金属污染综合防治规划，着力推进重金属污染减排工作，主要重金属污染物得到有效控制。根据环保部公布的《重金属污染综合防治“十二五”规划》实施情况全面考核结果，广东省考核等级为良好，5 种重点重金属污染物（铅、汞、镉、铬和类金属砷）排放总量比 2007 年明显下降，顺利完成国家下达的减排目标。

（2）重点项目稳步推进，污染源综合治理水平进一步提升。近年来，广东省严格贯彻落实重金属污染综合防治规划，强化污染源的监管，推动企业实施强制性清洁生产审核，升级改造企业污染治理设施，重点企业强制性清洁生产审核率和污染物达标排放率稳步提升。截至 2014 年年底，全省重点企业清洁生产审核率由 2012 年的 77.2%上升到 94.7%，重点企业污染物达标排放率由 2011 年的 80%上升到 97.5%以上，全省涉重金属污染治理水平进一步提升。

（3）开展修复试点，重金属污染历史遗留问题整治稳步推进。近年来，广东省先后印发实施了《大宝山矿及周边地区环境综合整治工作方案》《清远市电子废弃物污染环境整治规划（2012—2020 年）》和《汕头市贵屿地区电子废物污染综合整治方案》，推进韶关大宝山、清远龙塘镇和汕头贵屿镇周边地区的环境综合整治，推动污染治理设施建设，开展污染土壤修复试点示范，取得了积极成效。截至 2014 年年底，完成李屋拦泥库腾出有效调节库容工程 1#、2#、3#坝体之间共 12 万 m^3 的清渣工程和李屋拦泥库 2#坝坝体加高工程等一系列环境保护和污染治理工程；完成贵屿 TCL 德庆环保公司整机拆解废旧家电项目已建设，危险废物转运站主体框架已基本完工，重金属污染历史遗留问题整治工作有序推进，初见成效。

8.1.2 存在的问题

近年来，虽然广东省重金属污染综合防治规划实施工作取得了一定成效，但当前广东省重金属污染综合防治工作仍面临一些不容忽视的问题，主要表现在以下几方面。

（1）重金属污染防治法规标准体系仍不完善，政策保障不足。涉重金属污染防治相关法律法规制修订未完成，环境污染责任保险制度、规划环境影响评价制度、环境影响后评价制度、责任追究制度等推进难，环境风险评估办法和分级技术规范、重金属环境与健康风险评估技术规范等制定慢，产能退出的财政奖励、贷款贴息等经济激励政策不完善。已有资金投入与需求差距大，资金需求量大与治理资金投入不足的矛盾依然突出。

（2）重金属环境监测体系不健全，环境监管能力与实际需求不相适应。目前全省重点区域环境质量监测主要依靠现有国控和省控大气、水环境质量监测点位，但现有国家和省级环境质量监测点位从设置到运行侧重常规污染物监测，尚不能全面、准确、有效反映重点区域环境中重金属的分布和污染水平，特别是对重金属污染企业集中以及重金属污染敏感区域，缺乏针对性的环境质量监测点位。重金属污染防治监管能力不强、法规制度建设滞后、标准体系不完善、基础支撑能力不足的问题依然普遍存在。基层环保部门人员少，工作人员身兼多项职责，重金属防控管理专业技术力量不强，距离管理需求仍有较大差距。

（3）涉重金属企业环境管理不到位，主体责任尚未完全落实。目前，全省涉重企业大都为中小企业（如电镀行业中有超过 70%的企业规模偏小），污染治理能力普遍不足，要实现全部企业稳定达标排放情况不容乐观；涉重企业安全防护距离、环境信息公开、环境风险防控和环境应急保障等未严格落实相关规定的仍较普遍，企业环境污染防治责任落实的政策制度抓手单一，行业全过程监管、企业环境信息披露、污染损害鉴定赔偿制度不健全，企业环境成本外在化，守法成本高、违法成本低问题依然突出，污染治理工程连续稳定运行保障能力较差，重点企业强制性清洁生产审核“重审核、轻实施”问题突出。

（4）历史遗留重金属污染环境问题依然十分突出，短时间内难以全面解决。“十二五”期间，全省启动了韶关大宝山矿区综合整治等历史遗留问题试点工程项目，但由于污染持续时间长、累积性强，导致治理周期长，已有资金投入与需求差距大，重金属污染历史欠账多、资金需求量大与治理资金投入不足的矛盾依然突出，短时间内很难见到成效。

8.1.3 压力与挑战

（1）涉重金属行业呈快速发展态势，污染物排放增量压力大。与 2007 年相比，2013 年全省铜采选业、精炼铜和锌冶炼产品产量分别增长 96.4%、11.2%和 40.2%，铅蓄电池产量增长 64.4%，电镀行业产量增长 9.0%，随着大宝山 330 万 t 铜硫矿项目的上马以及韶关市打造中国铅锌加工基地规划的实施，未来几年全省新增重金属污染物排放量将进一步增大。而近年重金属污染物排放量削减很大程度上得益于铅冶炼、电镀等部分涉重金属行业短期经济形势低迷，企业处于长期停产或半停产状态导致重金属排放量自然减少，但这部分削减量可控性差、易反弹，一旦行业形势企稳向好，压缩的产能可能会大规模释放，排放量出现反弹的风险压力不容忽视。

（2）污染物排放标准不断收严，企业升级改造压力大。随着《电镀污染物排放标准》（GB 21900—2008）特别排放限值的进一步实施以及《工业废水铊污染物排放标准》（DB 43/T 968—2014）和《广东省电镀水污染物排放标准》（DB 44/ 1597—2015）的实施，企业要实现稳定达标排放需要投入大量资金对其工艺和污染治理设施进行大幅度升级改造。而当前广东省电镀行业主要是以中小企业为主，企业治污设施的大幅度升级改造势必导致企业产品的附加成本提高，产品市场竞争力下降，其升级改造所面临的压力逐步增大。

（3）重金属污染防治工作基础能力薄弱，重金属污染防控形势依然严峻。“十二五”期间，广东省重金属污染防治主要是在铅、汞、砷、铬和镉 5 类重点重金属，而对于铊、锑、铜等重金属污染防治的关注度不够。近几年，有关铊、锑污染的事件也时有报道，而当前对于铊、锑等元素的防控能力还比较薄弱。随着经济发展、人口增长、工业化和城镇化的加快推进，涉重金属排放行业快速发展引起的重金属排放量控制难度将进一步加大，大部分涉重金属排放企业布局分散、遍地开花。当前在社会环境权益观日益增强，环境健康问题关注度日益提高的情况下，各级政府和社会公众对重金属污染等涉及人体健康的环境问题更为关注，重金属污染问题将更为敏感，而重金属污染问题涉及大气、水、土壤、固体废物等多个领域，其环境影响更涉及人体健康和生态损害多个层面。而目前涉重金属排放企业环境管理不到位、监测监管基础能力薄弱、配套政策制度仍不完善、布局性和管理型环境风险等问题依然较为突出。如何全面防范重金属污染风险，确保环境安全，使人民“呼吸清洁的空气、喝上干净的水、吃上安全的食品”，将使重金属污染防治工作面临更多的挑战和压力，重金属污染防治工作依然任重道远。

8.2 总体思路与目标

8.2.1 总体思路

坚持以人为本，以保障社会稳定和群众健康为出发点，以“优布局、调结构、严整治、强监管、保安全”为主线，以落实责任体系和社会监督为抓手，按照分区防控、分类指导的原则，突出重点防控地区、行业和企业，强化大气、水和土壤污染防治行动计划协同控制。创新重金属污染防治长效机制体制，构建总量控制-质量改善-风险防范的重金属综合防控体系，实现区域换进质量的改善，全面保障环境安全。

8.2.2 总体目标

构建完善的总量控制-质量改善-风险防范的重金属综合防控体系，实现重金属污染的全过程管控，推进重金属污染防治工作向精细化发展。到2020年重点区域、重点行业重金属污染物排放量与2015年相比进一步削减，在一些有条件重点地区实现重金属环境质量的改善，重金属污染物达标排放率为100%，城镇集中式地表饮用水水源重点污染物指标全面达标，水环境重金属监测断面及重点地区空气质量重点重金属指标达标率为100%，含重金属固体废物得到妥善处置，重金属污染环境风险得到全面管控。

8.3 重点任务

8.3.1 强化源头预防控制，优化行业布局结构

8.3.1.1 加强产业布局环境约束引导

落实重金属污染分区防控要求。根据资源禀赋和环境容量总体要求，继续严格推行重金属污染防治分区防控策略，重金属污染重点防控区内禁止新建、扩建重金属污染物排放的建设项目，现有技术改造项目必须通过实施“区域削减”，实现增产减污。重金属污染防控非重点区内新建、改建、扩建重金属排放项目，须严格落实重金属总量替代与削减要求，没有总量指标来源的一律不得建设。着力提升现有企业的污染治理和清洁生产水平，强化铊、锑、铜等的污染治理，加大落后产能的淘汰力度，削减重金属污染物排放量。到2020年，重点区域、重点行业重金属污染物排放量与2015年相比进一步削减，非重点区域重点重金属污染物总量零增长。

推动产业合理布局。新建、改建、扩建增加铅、汞、镉、铬、类金属砷、铊、锑、铜排放的建设项目选址须符合主体功能区划和环境保护规划的规定，禁止新建

向河流排放含汞、砷、镉、铬、铅等重金属污染物的项目；禁止在水源保护区、自然保护区、风景名胜区、森林公园、重要湿地、林地保护利用规划和林业生态红线中Ⅰ、Ⅱ级保护区域、环保规划中的严格控制区等环境敏感区新建排放重金属项目或设置排污口，区域内现有企业2016年年底前须依法关闭，历史保留的矿山企业，原则上不得扩大范围及规模。

引导产业集聚有序发展。新建涉重金属排放项目原则上应进入基地（园区），加强污染集中控制，实现产业集聚发展。继续稳步推进电镀、皮革鞣制、危险废物处置等重污染行业的统一规划、统一定点管理，科学规划涉重产业基地（园区）建设，将环境承载能力和重金属总量控制作为基地（园区）发展的先决条件，确保园区有序发展。严格涉重产业基地（园区）的环境管理，产业基地和园区须设置产业负面清单，不得引进与主导产业无关的项目。加快推进涉重金属产业基地（园区）环保基础设施建设，确保污染治理设施与基地同步规划、同步建设、同步投入使用。

8.3.1.2 严格涉重金属排放项目环境准入

强化重点行业空间准入要求。

（1）有色金属矿采选业。自然保护区、饮用水水源保护区等环境敏感区、矿产资源禁采区、南水水库等重点水库集雨范围内，一律不得新建有色金属矿采选项目；其他区域要严格控制矿山开发布局及规模，不得审批矿产资源开发项目，现有企业选矿废水须全部回用。

（2）有色金属冶炼业。自然保护区、饮用水水源保护区等环境敏感区、西江流域片区、北江上游片区、韩江上游片区、鉴江上游片区以及生态发展区域，除国家重点项目外原则上不得新建有色金属冶炼项目。对工艺落后、不符合环保要求，不符合卫生防护距离的有色金属冶炼企业，2017年年底前实施淘汰退出或搬迁。

（3）铅酸电池业。自然保护区、饮用水水源保护区等环境敏感区，生态发展区域禁止新建铅酸电池生产线。其他地区要控制铅酸蓄电池项目的发展，除现有企业的升级改造外，原则上不再新建铅酸蓄电池项目，对现有不符合安全、卫生防护距离和城市规划要求的铅酸蓄电除企业2016年年底前实施淘汰退出或搬迁。

（4）鞣革、电镀业。西江流域片区、北江上游片区、韩江上游片区、鉴江上游片区禁止新建鞣革和电镀工业项目，其中在已审批的电镀基地内的电镀项目，在达到环境保护、清洁生产、安全生产等有关要求的情况下，可有限度地建设。

强化建设项目的环境指标约束。提高重金属污染行业在节能、环保、安全、土地使用和职业安全卫生等方面的准入标准（表8-1），新建、改建相关项目必须符合环保、节能、资源管理等方面的法律、法规，符合国家和省的产业政策和规划要求，符合土地利用总体规划、土地供应政策和产业用地标准。涉重金属排放的新建、改建、扩建项目，其废水产生量和重金属污染物产生量等指标要达到国际清洁生产先进水平，其他指标要达到国内清洁生产先进水平。有色金属矿采选和冶炼、电镀等新改扩建项目逐步执行水污染物特别排放限值要求，珠三角地区的钢铁、有色、化工等行业实施大气污染物特别排放限值。

表 8-1　重点行业准入要求

金属表面处理及热处理加工	在确保实现所在区域重金属污染物总量减排目标的基础上，新建、改建、扩建项目必须进入统一定点的电镀基地，且达到国际清洁生产先进标准
皮革鞣制	在确保实现所在区（县）重金属污染物总量减排目标的基础上，新建、改建、扩建项目必须达到 30 万标张/a 以上的生产规模，且实现各工艺环节废液循环利用和铬回收利用
铅蓄电池	改建、扩建铅蓄电池项目建成后同一厂区年生产能力不应低于 50 万 kVA・h（按单班 8 h 计算），禁止新建、改扩建干式荷电铅蓄电池、开口式普通铅蓄电池及镉含量高于 0.002%（电池质量百分比，下同）或砷含量高于 0.1%的铅蓄电池及其含铅零部件生产项目。再生铅企业从事废铅酸电池收集和处置的，必须依法取得危险废物经营许可证
铅锌矿采选	新建铅锌矿山规模不得低于单体矿 3 万 t/a，服务年限 15 年以上，中型矿山单体矿规模大于 30 万 t/a。浮选法选矿工艺处理矿量 1 000 t/d 以上。露采区必须按照环保和水土保持要求完成矿区环境恢复，尾矿库采取防渗漏措施，废渣、废水必须实施再利用，弃渣要求实施固化、无害化处理
金属冶炼及压延加工	新建、改建、扩建项目必须采用国家产业政策鼓励发展的工艺、技术和设备，且不增加区域重金属污染排放总量
金属废料和碎屑的加工处理	新建、改建、扩建项目必须严格按照危废经营项目准入条件严格控制，生产经营过程中必须严格按照《危险废物贮存污染控制标准》(GB 18597—2001，2013 年版）的要求，从源头上减少含重金属污染物的烟尘、飞灰、含重金属污泥等废渣的产生量
基础化学原料制造	新建、改建、扩建项目必须符合国家与地方产业政策及行业准入条件，必须进入园区发展

严格环境影响评价和总量削减替代。将环境与健康风险评价作为重金属建设项目环境影响评价的重要内容，全面推进规划环境影响评价、建设项目主要重金属污染物排放总量前置审核，对排放重金属建设项目实行重金属污染物排放削减替代。在国家相关环境影响评价制度实施前建设的企业，2016 年年底前完成竣工环保验收，达不到验收要求的限期关停。

8.3.2　全面推进绿色升级，实施污染源综合防治

8.3.2.1　持续实施落后产能淘汰

严格执行国家和广东省的有关产业政策、产业结构调整指导目录、行业调整振兴规划和行业准入等的相关规定，依法持续推进不符合产业政策、污染严重的涉重金属排放过剩产能以及落后生产工艺、设备、技术和产品的淘汰，坚决取缔关停淘汰类重污染企业，对于潜在环境危害风险大、升级改造困难的企业，也要逐步予以淘汰，减少重金属存量污染。工业和信息化主管部门要进一步扩大重金属相关过剩及落后产能和工艺设备的淘汰范围，将其纳入工业领域淘汰落后生产工艺装备和产

品目录。省发展和改革委员会、省经济和信息化委员会和地级以上市政府要制订和实施过剩及落后产能淘汰计划，将淘汰的工艺、设备要分解落实到具体企业，并按期完成。以重有色金属矿（含伴生矿）采选、有色金属冶炼、金属表面处理及热处理加工、皮革鞣制加工、照明器具制造等涉重金属排放重点行业的落后工艺、设备、技术和产品为重点淘汰方向，达不到相关方面要求的企业，应实施改造、转产转型或者取缔关停。

8.3.2.2 全面推行企业清洁生产

依法实施强制性清洁生产审核，全面推进涉重金属排放行业企业清洁生产，大力推广安全高效、能耗物耗低、环保达标、资源综合利用效果好的先进生产工艺，推动产业技术进步。各地级以上市环保部门要会同有关部门编制涉重金属排放行业企业清洁生产实施计划，定期公布依法实施强制性清洁生产审核企业名单，对不依法实施清洁生产审核或者虽经审核但不如实报告审核结果的企业，应责令限期改正，对拒不改正的要依法予以处罚。重点企业每两年进行一次强制性清洁生产审核并将审核结果依法向有关部门报告，建立清洁生产审核方案实施评估制度，督促企业落实清洁生产审核确定的相关方案措施，切实提高企业清洁生产水平。

涉重金属排放企业应结合清洁生产标准要求，实施清洁生产审核所确定的中高费方案，改造提升生产工艺，减少重金属污染物的产生和排放。推广《国家重点行业清洁生产技术导向目录》中相关的清洁生产技术，设立引导奖励资金，优先支持重金属污染企业生产工艺改进项目和先进清洁生产技术示范项目，鼓励研究开发和推广应用无重金属或低重金属排放的生产工艺技术和环境标志产品，全面提升各重点行业内企业的清洁生产水平，对于实施采用先进清洁生产技术的企业在财政资金、科技资金、上市等相关方面给予倾斜和优先，切实鼓励清洁生产的推广。在有色金属采选业中，推广共生、伴生矿产资源中有价元素的分离回收技术和选矿废水（含尾矿库溢流水）循环利用技术；铅锌冶炼行业，推广氧气底吹-液态高铅渣直接还原铅冶炼技术和铅冶炼废水分治回用集成技术，到 2017 年技术普及率均达到 100%；在铅酸电池行业中，推广扩展式（拉网式、冲孔式）连铸轧式铅蓄电池栅制造工艺，到 2017 年实现技术普及率 70%以上；在电子电气行业中，推广无铅焊料技术，到 2017 年实现技术普及率 90%以上；在氯碱工业中，推广低汞触媒技术、高效汞回收技术，到 2017 年技术普及率达到 100%；在荧光灯行业中，普及固态汞注入技术，推广汞含量 2 mg 以下的长寿命节能灯，到 2017 年实现技术普及率达 100%；在电镀行业中，推广代铬镀层、低铬镀铬技术和在线回收铬技术，到 2017 年技术普及率均达 50%以上；在皮革行业中，推广高吸收铬鞣及其铬鞣废液资源化利用技术，到 2017 年实现技术普及率达 70%以上；在无机酸制造行业中，推广生物氧化法脱砷技术。到 2017 年，涉重金属排放企业全部完成清洁生产第一次审核，并实施清洁生产审核确定的中、高费方案；到 2020 年，涉重金属排放企业全部达到“清洁生产先进企业”水平。

8.3.2.3 深入开展污染源环境治理

按照“分类整治、强化执法、规范发展”的原则，深入开展涉重金属排放企业环境治理，推动污染治理设施的提标升级改造，抓好工艺技术、技术装备、运行管理等关键环节，建设重金属风险单元围堰和事故应急池，加强回用，减少排放，降低环境风险。

有色金属矿（含伴生矿）采选业要加强矿区废水治理设施的建设，实施雨污分流，强化矿山开采、转移、运输及选矿过程粉尘和废气排放控制，提升无组织排放粉尘的收集处理率，削减重金属污染物排放。升级改造废水处理和回用设施，强化铊、锑的污染治理，提升废水回用率，确保污染物达标排放，到2017年矿山企业选矿废水回用率达100%。加快推进在用尾矿库三级环境事故应急保障设施建设，强化尾矿库防渗漏、污水处理设施建设，确保废水稳定达标排放。加快推进矿区废石堆场、排土场、露天采场、运输道路植被以及尾矿库生态恢复工程建设，2017年年底前完成矿山开发区域的复绿以及在用尾矿库坝体和坝肩绿化复垦，2020年年底前闭矿的金属矿山全矿区绿化率达100%。

2016年年底前有色金属冶炼行业要淘汰烧结机-鼓风炉炼铅等落后生产工艺。着力完善有色金属冶炼企业粉尘和废气收集及处理设施，采取密闭车间、炉窑炉口、出渣口处加装集气罩和收尘设施、炉料输送系统增加封闭和收尘设施等措施，提高生产车间无组织排放粉尘和废气收集率达90%以上，确保收集粉尘和废气达标排放。切实落实企业汽车密闭运输、车辆清洗、道路清扫等措施，提高物料湿度，减少细微物料的扬散；采取加高围挡、堆体表面覆盖、增湿等措施，提高固体废物和物料堆存场所的密闭性，减少固体废物和其他物料的扬散，确保厂界大气污染物达到《铅、锌工业污染物排放标准》（GB 25466—2010，2013 年版）控制要求。升级改造污水处理设施，强化涉铊排放冶炼企业废水治理设施的提标升级，做好废水分质回用，提高废水的回用率，确保稳定达标排放。完善企业清污分流体系建设，设置初期雨水和清洁雨水的分流装置，加强初期雨水的收集和处理，实施清污分流，其中铅锌冶炼企业2017年年底前要实现主要生产区的雨水全收集处理。

金属表面处理及热处理加工等电镀行业要在 2016 年年底前完成高六价铬电镀工艺淘汰，对超标或超总量排放水污染物的企业，经限期治理后仍不能达到治理要求的，要依法关闭。鼓励采用全自动控制的节能电镀装备，全面推行三价铬电镀技术替代传统六价铬电镀工艺，推广铜、镍、铬等重金属污染物的循环回收利用技术。加快推进粤东西北地区电镀企业污水治理设施的升级改造，鼓励企业在稳定达标排放的基础上采用离子交换、膜分离等相结合的治理工艺技术，对废水进行深度处理，稳定达标排放。进一步提升废水回用处理设施建设，2017年年底前，企业废水回用率需达60%以上。加强废气收集处理设施的提标升级，强化无组织排放的控制，2017年年底前实现车间无组织排放废气、酸雾收集率达90%以上。

2016年前铅酸电池行业要完成不符合安全、卫生防护距离和城市规划要求企业的关闭或异地搬迁。升级改造铅尘、铅烟收集和处理设施，采取车间密闭、铅烟及铅尘产生点密闭负压、增加集气罩等措施，强化对铅尘、铅烟无组织排放的控制，提升车间无组织排放铅尘、铅烟收集率达 95%以上，并实现有效处理，切实减少含铅污染物排放。推进燃煤电厂和大型工业锅炉除尘、脱汞技术的应用，完善皮革加工业、化学原料及化学制品业、废弃资源和废旧材料回收加工业等涉重金属排放行业企业污染治理设施提标升级改造，保证稳定运行、达标排放。

8.3.2.4 实施重点区域综合整治

以重金属重点防控区域为重点，进一步深化综合防控，实施大宝山周边地区等重点区域的环境综合整治。制定重点区域污染综合防治规划，突出区域特征，强化产业结构调整、清洁生产、污染物末端治理等防治措施，明确各重点区域的防治任务，按照“一区一策、分区指导”的原则，统筹区域水、气、土壤的防控要求，在促进产业优化协调发展的基础上，对不同地区提出不同的产能控制、环境空间管控、优化产业布局等管控任务和要求，实行差异化目标指标和政策管理。在重点区域实施环境质量和重金属污染物排放总量双控制，加大综合防治力度，实现区域重点重金属污染物排放量明显下降，重金属环境质量指标明显改善。先行启动大宝山周边地区和汕头潮阳区污染治理，加大政策、资金、技术支持力度，推动大宝山周边地区和汕头潮阳区重金属污染治理切实取得进展，区域重金属污染问题基本解决，重金属环境质量率先实现明显改善。

8.3.3 严格污染源监管，提升环境风险管控水平

8.3.3.1 加大污染源环境执法力度

建立完善重金属排放污染源环境信息库，将企业生产、日常环境管理、清洁生产、治理设施运行情况、在线自动监测装置安装及联网情况、监测数据、污染事故、环境应急预案、环境执法及解决历史遗留污染问题等情况纳入数据库，实施综合分析、动态管理。全面贯彻实施新《环境保护法》，依法关闭并拆除饮用水水源保护区内所有重金属排放企业，从严查处未经环评审批许可开工建设、未执行“三同时”和环保验收、采用淘汰生产工艺、重金属污染物超标排放等环境隐患问题突出的企业，2016 年年底前不符合国家产业政策、无牌无证等违法排污企业一律依法关停。加大违法排污行为查处力度，对超标、超总量排污行为，责令采取限制生产、停产整治等措施；提高环境违法成本，实施按日处罚，对造成严重污染的，依法查封、扣押排污设施，采取更加严格的措施予以整治，直至依法关停取缔。建立完善重金属排放企业监督性监测和检查制度，加强对重点企业的监督性监测和检查，各地环保部门每两个月对辖区内重金属排放企业车间（或车间处理设施排放口）、企业总排口水质、排气筒及厂界无组织排放情况开展一次监督性监测，重点检查物料的管理、重金属污染物处置和应急处置设施情况等。

8.3.3.2 着力推进企业落实主体责任

督促落实企业主体责任，加强涉重金属排放企业内部环境的规范化管理，切实提高涉重金属排放相关企业员工污染隐患和环境风险防范意识，制定并完善企业重金属污染环境应急预案，定期开展培训和演练。规范企业物料堆放场、废渣场、排污口的管理，减少无组织排放，保证污染治理设施正常稳定运行。完善相关企业重金属污染产生、排放台账，并纳入厂务公开内容，公布重金属污染物排放和环境管理情况。企业产生量和原辅材料发生变化时应及时向当地环保部门报告，实施动态管理。建立完善特征污染物日监测制度，每月向当地环保部门报告。建立企业环境信息披露制度，每年向社会发布企业年度环境报告，公布含重金属污染物排放和环境管理等情况，接受社会监督。环保部门要及时向有关部门通报执法监管等有关信息。

8.3.3.3 加强污染源环境风险评估和隐患排查

全面推进涉重金属排放企业的环境风险评估，准确掌握企业环境风险等级及防范的重点和难点，2016 年年底前涉重金属排放企业须完成环境风险评估，并报环保部门备案。建立企业环境风险申报登记制度，推动涉重金属排放企业做好环境风险申报工作，全面掌握企业环境风险现状，并逐步将企业环境风险及含重金属原辅材料纳入常态化管理。完善预案备案管理制度，推广“标杆式”“卡片式”预案管理模式，建立涉重金属企业环境风险隐患排查和治理制度，企业要定期对其环境风险隐患进行排查，对环境风险隐患登记、报告、治理、评估、销号进行全过程管理；各级环保部门对企业环境风险隐患排查情况定期巡查监督，督促企业落实安全生产主体责任，健全环境应急体系和环境风险防范措施，加强内部管理，消除环境隐患，建设环保应急处置设施，提高重金属污染事故应急反应能力。

持续开展环境安全检查，强化对重点风险源、环境敏感区域定期进行专项排查，对存在环境安全隐患的高风险企业限期整改或搬迁，不具备整改条件的，要坚决予以关停，消除环境隐患。根据风险排查与评估情况，明确、落实企业环境风险防控措施。建立环境风险源数据库和分级分类动态管理平台，着重抓好北江、西江、东江流域干流及其重要支流沿岸排放废水企业的污染治理和监管，加强饮用水水源保护区等敏感区域环境风险排查整治，从源头防范、化解环境风险。

8.3.3.4 加强含重金属危险废物风险管控

各级政府要落实相关职能部门职责，逐步配备重金属危险废物管理专职人员和仪器设备，充实危险废物管理队伍，强化重金属危险废物存储、转移运输、处理处置过程的全过程监控。加大申报登记制度执行力度，以排污申报登记为基础，建立危险废物管理台账，逐步实现各类含重金属危险废物产生源申报、转移管理及经营管理的信息化。逐步建立危险废物交换网络体系，对重金属危险废物转移实施电子标签管理，控制各类含重金属危险废物污染隐患。要加大危险废物的转移监管力度，严格执行危险废物转移联单制度。加强对危险废物处置企业的监管，规范企业内部危险废物管理。结合危险废物规范化管理工作，定期对重金属危险废物产生和经营单位的开展指导和培训，加强对回收利用及处理处置业企业的管理，确保含重金属危险废物得到妥善处理处置，防范环境风险。加快推进危险废物处理处置中心建设，着力提升危险废物处理处置中心的危险废物安全处理处置能力，加强含重金属危险废物的集中处理处置，切实降低含重金属危险废物环境风险隐患。

8.3.3.5 引导公众和媒体参与监督

建立涉重企业环境信息公开制度，使公众能及时了解环境状况，并通过部门联系通报制度和违法案件定期公示制度，严格实行办事标准、程序、依据、结果四公开，充分保障公众的环境知情权。鼓励公众积极参与重金属污染环境保护，监督污染企业的排污情况，通过环保投诉热线、新闻媒体、网络等多种途径检举揭发环境违法行为，对有效举报者给予奖励。将群众举报的环境违法情况，纳入各级政府的年度考核内容。要加大新闻宣传力度，组织编写、发放重金属污染防治科普宣传品，广泛开展重金属健康危害预防、控制的宣传工作。

8.3.4 加强重金属污染管理基础，健全重金属防控能力体系

8.3.4.1 完善重金属环境质量监测体系

加强重金属污染环境监测能力。以重金属污染重点防控区的县（区）环境监测站为重点，深入推进环境监测站标准化建设。完善各环境监测站土壤与大气环境采样与前处理设备、重金属专项实验室设备的配备和技术队伍建设，拓展地表水水质、土壤和大气的重金属监测项目，切实提升重金属环境监测能力。2016年年底前，各县（区）环境监测站标准化建设全面达标。到2020年，重金属污染重点区域县级环境监测站标准化建设达到二级水平，具备铊、锑、硒、汞等指标的监测能力，重金属环境监测和应急监测能力大幅度提升。

完善重金属环境监测网络。加大对北江、东江、西江等主要河流断面及城市集中式饮用水水源水质监测断面铊、锑等特征重金属污染物监测频次和监测密度，逐步在重要的跨界交接监测断面开展重金属污染物通量监测。继续对河流底泥开展重金属污染物环境监测，并根据区域水环境的变化，逐步增加河流底泥监测点位的布设，扩大河流底泥的环境监测。加快推进在重要的敏感河流、交接断面以及大型工业园区或危险源下游区域等的河流监测断面水质自动监测站的建设，开展重金属特征污染物自动监测。根据大气环境质量变化发展，在重点区域重点企业周边敏感地区建设空气自动监测站，开展铅、汞等污染物指标自动监测；逐步在重金属统一定点基地、重要园区建设空气监测点位，并配备相应的仪器设备，开展特征重金属污染物自动监测。逐步将土壤环境监测纳入日常监测，构建省、市、县三级土壤重金属监测网络，全面提升重金属污染环境监测能力。

8.3.4.2 大力强化环境监督执法能力

强化环境监察能力建设。以重金属污染重点区域县级环境监察机构为重点，深

入推进环境监察机构标准化建设，强化交通、取证和信息化等执法仪器装备的配置，提升重金属污染执法仪器设备水平。推进监测手段的现代化，采用遥感卫星、无人机等先进技术设备，开展环境执法监督，实现环境执法全覆盖，不留死角，逐步实现自动化、网络化和智能化。进一步提高环境执法队伍业务素质，重点加强重金属污染企业生产工艺及污染治理知识、政策法规、标准等方面的培训，使环境监察人员具备相应的现场监督执法能力。加强对执法人员工作过程的监督，对执法不严的相关人员予以严肃处理。

加强重点污染源在线监控。加快推进涉重金属排放企业在线监控平台建设，强化对涉重金属排放企业的实时监控。逐步开展重金属重点污染源在线监控系统的安装建设，建立运行制度、加强自动监控设备运行维护和数据质量控制，确保污染源在自动监控设施的正常稳定运转及数据的真实准确。“十三五”期间，涉重金属排放重点污染源基本实现主要防控重金属污染物在线监控，并与环境保护部门联网。

建立完善重金属环境监管长效机制。创新环境监管手段与方法，采用遥感卫星、无人机等先进技术设备，持续打击非法开采矿山、非法排污等环境违法行为，实现环境执法全覆盖，不留死角。健全环境监管联动机制，加强环保与公安、法院、检察院的司法联动，加大打击涉嫌环境犯罪力度，完善涉嫌环境犯罪案件的移送制度，设立环保警察，加大对环境违法行为的震慑力度。加强与发改、经信、监察、工商、安监等部门的联动，重点加强与工商部门联手打击无证无照污染企业，与发改部门联手对落后产能等实施严格的差别电价和差别水价，与经信部门联手淘汰重污染落后产能，与安监部门联手防范企业环境安全风险，与监察部门联手破解地方保护主义问题。加强与海关、出入境管理等部门联动，严格出口企业的环境监管，取消环境违法企业从事出口活动的资格。加强与人民银行等金融监管机构的联动，将企业环境违法信息纳入人民银行征信系统，压缩环境违法企业的金融空间。加强上下级环保部门的和上下级环境监察机构之间的联动，做到纵向联动、信息沟通、协同工作；各级环保部门的环境监察执法、污染控制、总量减排、行政许可、法制、宣传、纪检监察、环境监测等部门要加强联动，实现信息共享，形成执法合力。

8.3.4.3 健全重金属污染事故应急体系

要加快推进北江、西江等重点流域和重金属防控重点区域环境预警体系建设，重点是加强城市集中式饮用水水源地、跨省河流重金属污染预警体系建设。县级环境监测站要加强配置现场采样、现场调查及定性与半定量等应急仪器设备，全面提升环境监测机构应急能力建设。健全重金属环境风险源风险防控系统和企业环境应急预案体系，建设精干实用的环境应急处置队伍，储备必要的药剂和活性炭等应急物资，完善环境应急物资储备网络，加强应急演练，建立统一、高效的环境应急信息平台，做好风险防范工作。各级政府要依法妥善处理群发性重金属污染健康危害事件，建立快速反应机制，有限保证食品和饮用水安全，控制事态发展。

8.3.4.4 完善重金属污染健康危害监测与诊疗系统

加强重金属污染生物检测、健康体检和诊疗救治机构和能力建设。全省各地级市和各重点区域所在的县（市、区）要确定定点医疗机构，根据当地重金属污染特征，按照《职业病防治机构能力建设指导意见》要求，加快推进职业卫生技术服务机构标准化建设，强化重金属检测仪器设备的配置，对市级职业卫生技术服务机构给予重点扶持，从工作用房、相关检测设备和专业人员编制等方面优先实现达标。对位于重金属重点防控区域的县（区）级职业卫生技术机构重点配置重金属检测仪器设备，提升涉重金属职业卫生监测能力。引进高级专业人才，加强人员重金属监测等技术业务培训，完善职业危害因素重金属检测项目的计量认证，提高涉重金属的职业卫生技术服务水平。完善重金属污染高风险人群健康监测网络和人体重金属污染报告制度，定期对重点区域内食品、饮用水进行重金属监测，对幼儿和中小学生等高风险人群进行生物监测，发现人体重金属超标应及时报告。

健全重金属污染健康危害评价、体检及诊疗和处置等工作规范。开展环境污染健康调查和风险评估，对可能发生的环境污染健康危害进行预警。建立环境污染健康危害事件高风险人群定期体检制度，对确诊患者给予积极诊疗。加大对涉重金属污染的企业职业卫生监督检测和职业健康监护情况的监督检查力度，落实企业职业卫生防护设施和职业卫生管理制度，加强职工安全防护，提高职业病防治水平。

第9章 固体废物污染防治规划

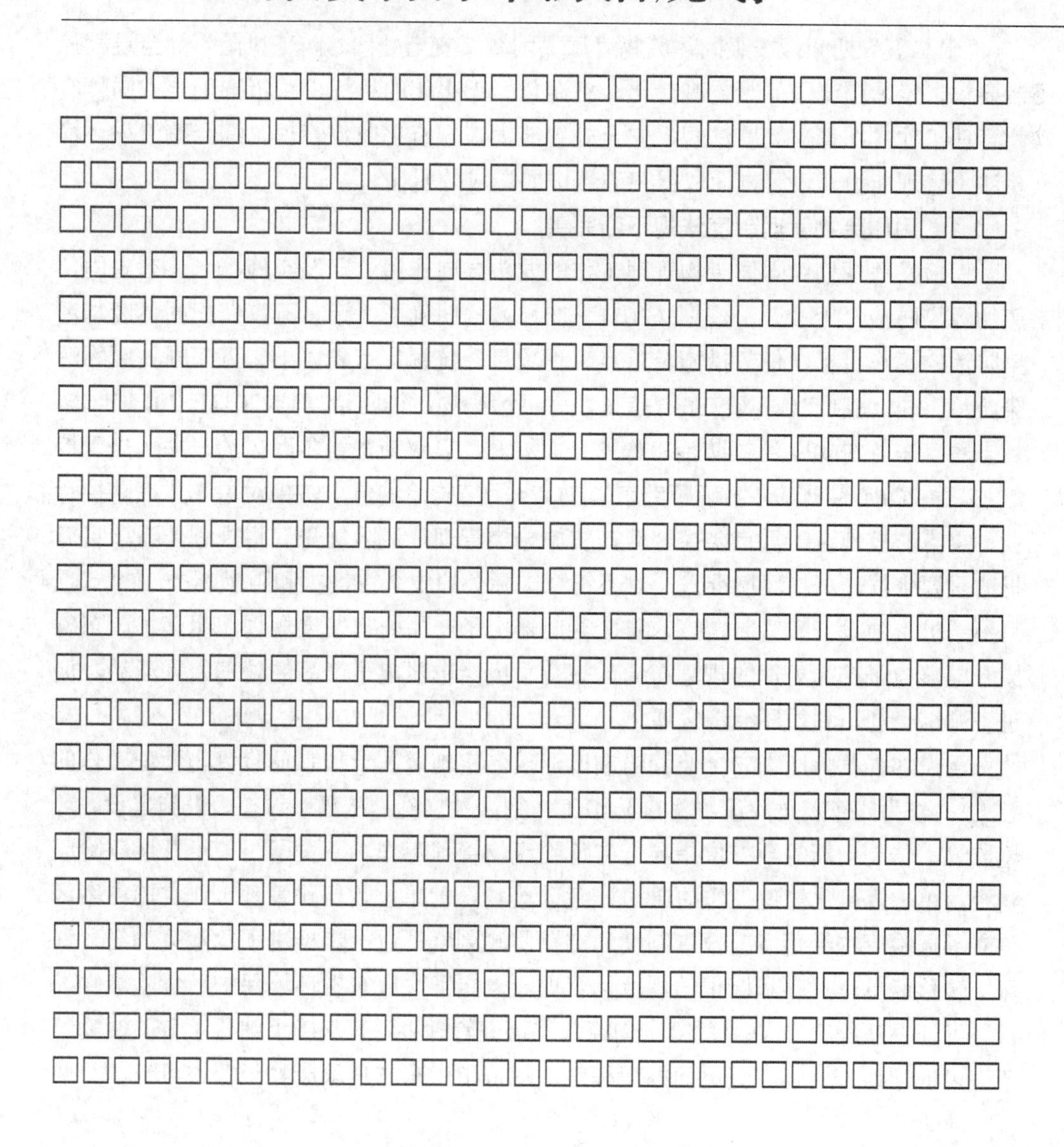

发达国家经验表明，加强固体废物污染防治是环境保护工作进一步深化的重要标志，是进一步巩固并推进污染减排的重要措施。妥善利用、处置固体废物是防范环境风险的重要措施之一，是整体改善水、大气和土壤环境质量的重要保障。本章系统调查广东省固体废物污染防治现状，深入分析当前固体废物管理工作存在的主要问题及面临的压力与挑战，科学制定“十三五”期间固体废物污染防治工作的目标指标，并对一般固体废物、危险废物、医疗废物、电子废物等提出针对性的防治措施。

9.1 现状与问题分析

9.1.1 取得的成效

“十二五”期间，按照固体废物“源头削减、安全处置、防范风险”的全过程控制要求，紧紧围绕固体废物减量化、资源化、无害化的目标，积极推进全省固体废物管理工作，在管理制度法规、安全处置能力、规范化监督管理、综合整治与环境执法、管理能力建设等方面取得突破性进展，成效明显。

9.1.1.1 固体废物管理制度法规不断完善

积极发挥规划对固体废物管理工作的龙头导向作用。印发实施了《广东省固体废物污染防治“十二五”规划（2011—2015）》，明确了“十二五”期间固体废物污染防治的工作目标、任务措施及重点工程项目，统领广东省“十二五”固体废物污染防治工作。编制实施了《广东省持久性有机污染物污染防治规划(2011—2015 年)》，标志着广东省 POPs 污染防治工作的全面展开，以《斯德哥尔摩公约》中优先受控的 12 种 POPs 为重点，明确了广东省 POPs 污染防治的重点防控对象、重点防控行业、重点防控地区、重点防控企业，实施分类管理，风险优先。将规划作为项目审批的重要依据，严格环境准入，对不符合国际公约中杀虫剂类和阻燃剂类 POPs 项目不予批准建设。研究制定广东省废弃电器电子产品处理发展规划，明确了广东省废弃电器电子产品处理的规划布局，规范了废弃电器电子产品的处理处置活动，促进资源综合利用和循环经济发展。

重点加强危险废物安全监管的制度建设。实施《关于加强危险废物管理工作的意见》，作为广东省危险废物污染防治工作纲领性文件，从源头调控、设施建设、环境监管、体制创新等全方位指导全省危险废物管理工作。下发了《关于开展危险废物经营单位规范化管理工作的通知》《危险废物经营单位规范化管理工作实施方案》，建立了危险废物经营情况报告制度和定期监测制度，进一步推进了危险废物经营许可、转移联单、贮存和标识的规范化管理。制定了《广东省环境保护厅危险废物经营许可证办理程序》，在《危险废物经营许可证管理办法》基础上细化了危险废物经营许可证申请、延续、变更的办理程序，规范了广东省危险废物经营许可证的行政许可行为。印发了《广东省环境保护厅关于危险废物贮存环境防护距离有关问题处理意见的通知》《广东省环境保护厅关于进一步加强危险废物处理处置管理工作的通知》，建立了危险废物经营企业贮存环境防护距离环境影响后评估机制，明确规定了危险废物申报登记、动态管理、清洁生产、能力评估、工程建设、试点示范、执法监管等各项工作要求，危险废物处理处置管理水平得到提升。特别是2015年印发并实施了《关于进一步提升危险废物处理处置能力的通知》，对已具备建设条件件的，鼓励建设危险废物填埋和焚烧的综合处理处置项目，经环评审批后一并纳入"十三五"环境保护规划批准建设。

强化严控废物管理。颁布了《关于进一步加强广东省城镇生活污水处理厂污泥处理处置工作的意见》（粤环发〔2010〕113 号），明确了"十二五"期间城镇生活污水处理厂污泥处理处置的工作目标及任务，并将工作职责"点对点"落实到具体部门，对广东省城镇生活污水污泥的规范化管理进程起到了大力推动作用。会同省物价局出台了《广东省物价局、省环境保护厅关于我省严控类污泥处理处置价格管理问题的通知》（粤价〔2010〕25 号），加强了生活污水污泥、印染污泥、造纸污泥处理处置的价格监管，制定了《广东省环境保护厅关于我省严控废物处理许可证审批权下放有关事项的通知》《广东省严控废物处理单位审查和许可指南》等指导性政策文件，将严控废物许可证的严格审查作为规范处理行为的重要支撑，为严控废物污染防治的环境监管提供了行动指南。

优先解决损害群众健康的突出环境问题。2013年佛山市医疗废物流失事件引起社会的广泛关注，暴露出当前医疗废物管理的薄弱环节及无害处置不当等突出问题。广东省固体废物管理工作把"群众高兴不高兴、满意不满意、答应不答应"作为标尺，及时下发了《关于全面开展医疗废物无害化处理处置专项检查的紧急通知》，联合省卫生和计划生育委员会紧急出台了《广东省环境保护厅　广东省卫生和计划生育委员会关于进一步加强医疗废物管理的通知》，对医疗卫生机构、医疗废物集中处置单位的主体责任及卫生计生与环保部门的监管责任予以明确，规范了医疗废物分类收集、贮存、转移、处置的全过程管理工作，全面提升了广东省医疗废物的风险防控管理水平，有力保障了人民群众身体健康和环境安全。

健全 POPs 污染防治制度法规。颁布了《进口再生有色金属利用行业和进口再生塑料利用行业持久性有机污染物（POPs）监测技术规范》《广东省金属冶炼二噁英排放标准》等多项规范标准，初步形成了与国家 POPs 污染防治方针和政策相配套的地方规范标准体系。组织编制了《广东省履约行动计划（2009—2025）》，施行企业固定源和无组织排放源 POPs 削减管理模式，基本实现了 POPs 排放的动态管理，为加强履约能力建设提供了强有力的制度保障。特别是，组织开展《广东省持久性有机污染物削减和控制管理办法》的编制工作，积极引导 POPs 污染防治工作走上法制化轨道。

强化进口废物"圈区管理"。颁布了《关于贯彻实施国家固体废物进口管理有关规定的意见》，积极推行进口废塑料“圈区管理”制度，进一步规范了固体废物进口的环境管理工作。出台了《关于限制类进口可用作原料固体废物加工利用单位环境监管方案》，进一步加强了广东省对限制类进口废物加工利用过程环境保护的监管机制，强化属地监管责任，防范和减少限制类进口废物环境违法行为。

加强生活垃圾处理的环境监管。印发实施了《关于进一步加强生活垃圾处理厂（场）环境监管的通知》，从源头管理、日常监管和部门协作等三方面加强广东省生活垃圾处理厂（场）的环境管理工作，减少生活垃圾处理造成的二次环境污染。

9.1.1.2　固体废物安全处置能力建设显著加强

工业固体废物安全处置基本得到保障。“十二五”期间，广东省工业固体废物增长趋势基本得到遏制如图 9-1 所示。2014 年区域工业固体废物产生量达到 5 374.41 万 t，而 2011—2013 年产生量分别为 6 507.86 万 t、5 965.49 万 t、5 911.84 万 t，“十二五”中后期相比初期固体废物源头减量达 15%以上，固体废物“减量化”雏形初现。2014 年广东省工业固体废物综合利用量为 4 642.3 万 t，工业固体废物综合利用率稳定保持在 85%以上，满足“十二五”工作目标，安全处置基本得到保障。

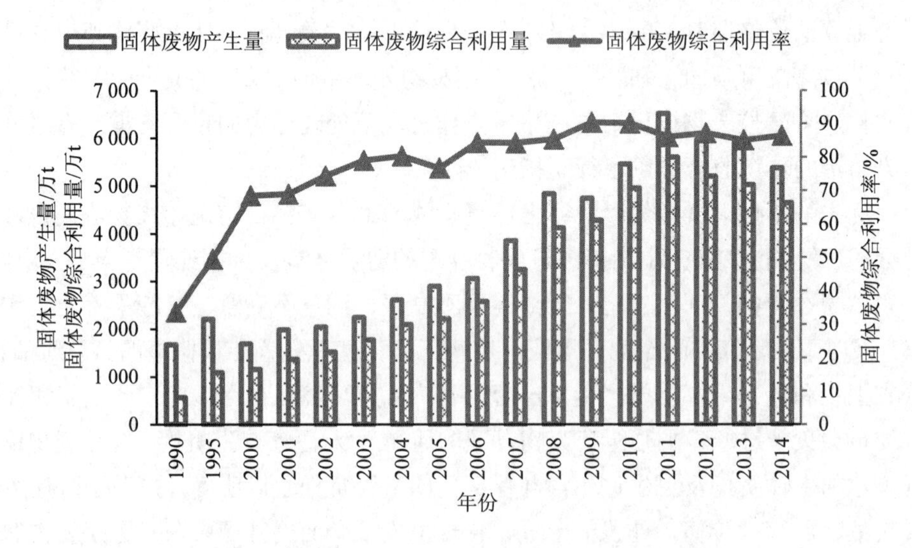

图 9-1　1990—2014 年广东省工业固体废物产生及综合利用情况

危险废物处理处置能力大幅提升。着重推进危险废物处置设施建设，列入“十二五”规划的广州废弃物安全处置中心（危险废物安全填埋设施）、深圳市危险废物综合处理中心和广东省危险废物示范中心（一期）均已建成并投入运行。韶关粤北危废处理处置中心已基本建成并投入试运行，危废填埋场也已通过环评审批，正在抓紧施工建设。而茂名粤西和江门危险废物处置中心已初步完成选址工作，区域危险废物处置能力建设取得积极进展。危险废物核准经营能力逐年增加，2010 年全省核发危险综合经营许可证 102 家，医疗废物收集和处理许可证 18 家，机动车维修行业及废矿物油收集证 8 家，核准危险废物核准经营能力（含医疗废物处置规模）273.05 万 t；2013 年全省核发危险综合经营许可证 117 家，医疗废物收集和处理许可证 20 家，机动车维修行业及废矿物油收集证 14 家，核准总经营能力达到 306 万 t，相比 2010 年提升了 11.9%，处理处置能力大幅提升（图 9-2）。

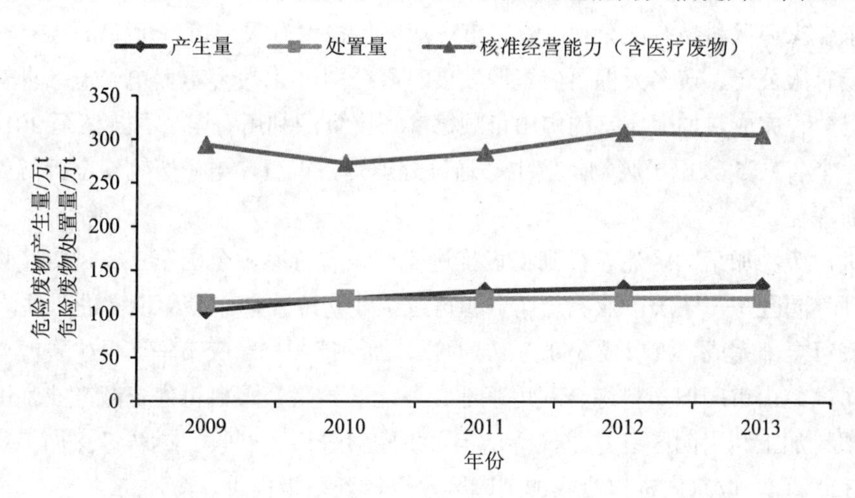

图 9-2　2009—2013 年广东省危险废物产生、处置及核准经营能力情况

医疗废物基本得到处置。2011—2012 年新增惠州市宝业医疗污物处理有限公司、珠海市医疗废物焚烧厂 2 个医疗废物处置单位，到 2013 年，全省已有 20 个地级市均已建成医疗废物集中处置中心。如图 9-3 所示，2010 年广东省医疗废物核准处置能力为 5.8 万 t，实际处置量为 5.48 万 t，“十二五”期间全省医疗废物处理处置能力不断加强，成效显著，2013 年医疗废物核准处置能力达到 8.1 万 t/a，实际处置量为 7.7 万 t，核准处置能力完全满足实际处置需求，全省医疗废物基本得到处置。

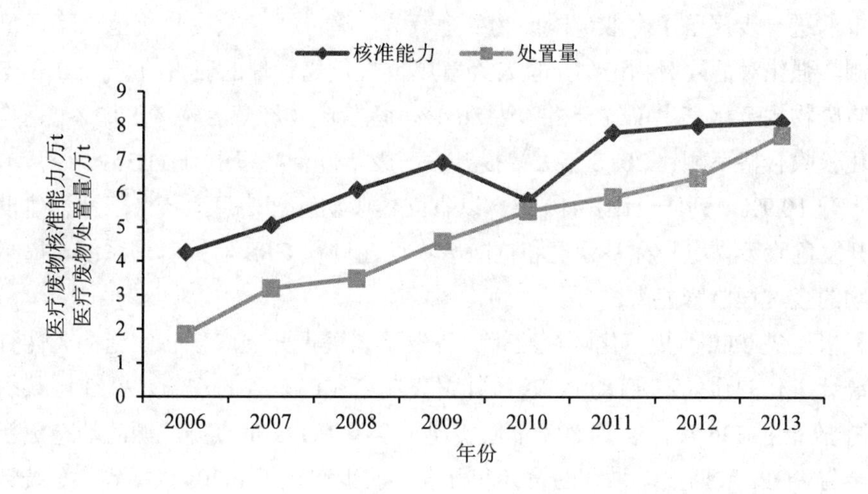

图 9-3　2006—2013 年广东省医疗废物处置情况

电子废物安全拆解处置得到不断深化。积极推进区域定点拆解处理中心建设，以《废弃电器电子产品处理企业资格审查和许可指南》为准则，严格规范废弃电器电子产品处理资格企业的审查和许可工作。截至2013年年底，列入“十二五”规划的广东赢家环保科技有限公司、清远市东江环保技术有限公司、汕头市TCL德庆环保发展有限公司、茂名天保再生资源发展有限公司4家废弃电器电子产品拆解处理中心已建设完成，加上原有的佛山市顺德鑫还宝资源利用有限公司，截至2014年3月底，全省共5家电子废物拆解中心通过处理资格审查，电子废物安全拆解处置得到不断深化。

进口废物加工园区建设得到积极推进。广东省首家、全国第三家进口废物“圈区管理”园区——肇庆市亚洲金属资源再生工业基地二期建设稳步推进，预计2015年年底可全部完成，将形成350万t/a拆解、加工能力。肇庆市华南再生资源产业有限公司、鹤山市废旧塑料综合利用基地、粤北（始兴）塑料再生资源产业基地共3个废塑料加工利用园区已建成投产，年再生塑料进口、回收、拆解、深加工总能力达到320万t，广东省进口废物加工园区建设得到积极推进。

9.1.1.3 固体废物规范化监督管理初见成效

强化固体废物规范化监督管理。率先建成了全省固体废物管理信息系统，初步实现了危险废物的申报登记、转移与经营管理以及进口废物的许可证申请、加工利用情况报告等网上申报与审核，并与深圳、广州等地市固废管理信息系统实现数据对接。进一步完善了危险废物转移电子联单功能模块，并在全省全面试行使用，为下一步实现全省危险废物转移运输全过程GPS跟踪监控奠定基础。

深化危险废物规范化管理工作。建立了危险废物产生单位及经营单位危险废物处理处置管理台账制度，出台《广东省环境保护厅关于加强固体废物管理信息平台使用管理的通知》，对危险废物产生单位实行按月申报，对危险废物经营单位实行按日申报，进一步规范了企业危险废物处理行为。建立了危险废物规范化管理督查考核机制，强化对危险废物产生单位及经营单位规范化管理的监督检查。2013年广东省危险废物规范化产生单位合格率达86.4%，危险废物经营合格率80.2%。危险废物规范化验收合格率相比2012年大幅提升，产废单位合格率上升11.3%，经营单位合格率上升10.9%，列居全国第10位。以省固体废物管理信息系统（三期）建设为载体，开发危险废物电子标签管理和危险废物运输过程GPS监控管理系统，提高了危险废物的全过程监管能力。

积极推进POPs规范化环境监管。下发了《关于开展广东省实施持久性有机污染物统计工作的通知》，启动POPs统计报表制度在广东省的实施，2013年共统计二噁英排放企业336家，装置823个，实现了全省POPs重点排放源的动态更新。完成了全省POPs数据报送系统的设计和开发，初步实现了POPs数据收集、统计、上报与POPs排放的动态监管。利用GIS技术与企业数据耦合，实现了全省POPs污染防治重点监管企业信息的直观展示，为POPs监管提供了信息技术支撑，全省POPs

规范化环境监管工作得到积极推进。

9.1.1.4 固体废物综合整治与环境执法力度加大

全面启动危险废物专项检查行动。印发了《广东省环境保护厅关于开展危险废物专项整治的通知》，全面启动广东省危险废物污染防治专项整治工作，将危险废物规范化管理作为环保专项行动的环境执法重点，严格查处违法收集、贮存、转移、处理处置危险废物行为。2013 年对全省 2 401 家涉危险废物重点单位检查，共排查出环境安全隐患 76 起，下发整改通知书 74 份，对存在环境违法行为的 14 家企业立案查处，有效降低了危险废物的环境风险隐患。

大力推进电子废物环境污染整治。认真落实《汕头市贵屿地区电子废物污染综合整治方案》，狠抓督办和指导，着力解决贵屿电子废物拆解导致的环境污染问题。继续保持对电子废物违法拆解企业的严打高压态势，2013 年广东省关停取缔了 2 028 家电子废物违法拆解单位，纳入环保、工商、税务管理 3 141 家，加快了循环经济产业园区建设步伐。目前拆解楼一期工程基本建成，TCL 整机拆解项目和危险废物转运站已全部建设完成，电子废物综合污染整治取得积极进展。

加大 POPs 污染防治重点行业环境执法力度。持续加大对再生有色金属生产、炼钢生产、废物焚烧、水泥制造等重点行业排放设施的执法监管力度，对国控重点企业每季度开展一次现场检查，并将现场督查和监督性监测情况纳入广东省重点污染源环境保护信用管理，通过现场督查、信访案件查处、排污费征收等综合手段强化执法力度，切实减少了重点行业 POPs 污染排放。

严格进口废物环境执法监管。配合海关开展打击进口废物违法行为专项整治“绿篱”行动，全省共检查了进口废物加工利用企业 1 494 家，对发现问题的 28 家企业依法进行严肃查处，初步建立了进口废物联合执法监管机制，进口废物的环境执法工作取得了初步成效。

9.1.1.5 固体废物管理能力逐步加强

推进固体废物管理机构建设。“十二五”以来，汕头、江门、佛山等地先后成立了固体废物管理中心，目前广东省共有 11 个地级市（广州、珠海、汕头、佛山、惠州、江门、肇庆、河源、梅州、茂名、阳江）设立了专门的固体废物管理机构，机构建设得到稳步推进。

加强危险废物鉴别与 POPs 检测能力建设。积极推进省级危险废物鉴别实验室项目建设，提升危险废物鉴别能力。强化 POPs 监测能力建设，省环境监测中心 POPs 检测实验室已建成并投入使用，是国内首家省级监测站自行建立的二噁英实验室，承担广东省 POPs 监督性监测与环保验收监测任务。

9.1.2 存在的问题

广东省固体废物种类繁杂，产生量巨大，妥善处置的环境安全隐患突出。“十三五”时期广东省固体废物污染防治仍将面临工业固体废物资源化利用水平不高、危险废物管理薄弱与处置能力不均、医疗废物处置设施亟待升级、污泥与焚烧飞灰等处置设施建设滞后、生活垃圾无害化处理率有待进一步提升等诸多难题，形势严峻。

9.1.2.1 工业固体废物资源化利用水平不高

固体废物综合利用率低。广东省工业固体废物源头减量工作初显成效，但整体综合利用体系仍未健全。如图 9-4 所示，2014 年全省工业固体废物综合利用率为 86.38%，比 2010 年（90.1%）下降近 4%，工业固体废物资源化利用不足问题凸显。2014 年全省有深圳、东莞、中山、茂名、肇庆、韶关、河源和云浮共 8 个地市的工业固体废物综合利用率未能达到 85%的“十二五”规划指标，特别是河源和深圳两市的固体废物综合利用率极低，均不足 60%，而韶关和东莞两市由于工业固体废物产生基数大，目前仍有大量的工业固体废物没有得到综合利用，也大大增加了处置压力。

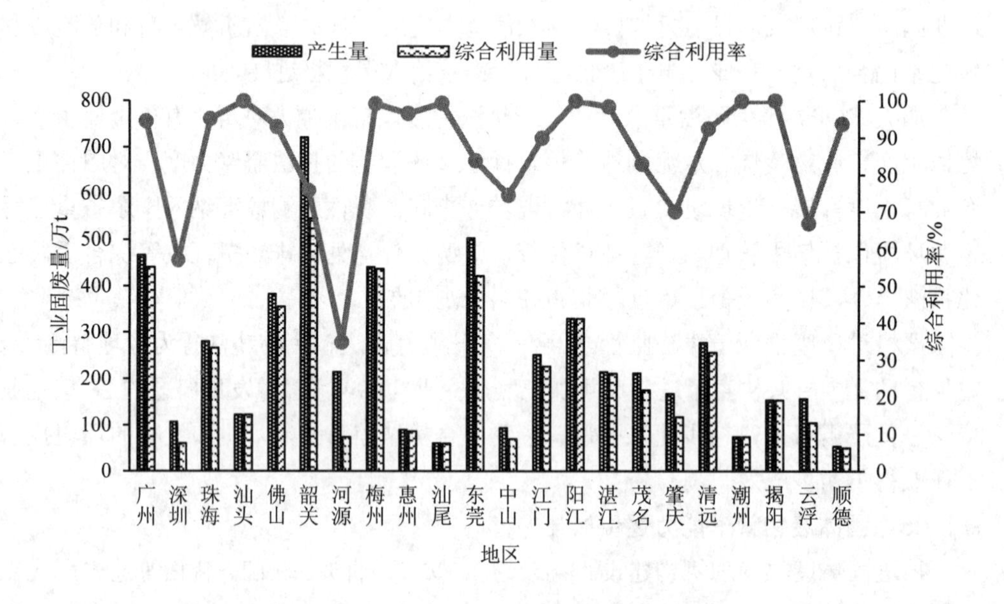

图 9-4 2014 年各市工业固体废物综合利用情况

固体废物倾倒丢弃时有发生。“十二五”以来，广东省固体废物丢弃情况得到有效控制，倾倒丢弃量明显减少，下降趋势明显。如图 9-5 所示，与 2010 年相比，2014 年工业固体废物丢弃量减少达 85%以上，但 2011—2014 年全省仍有 10 万 t 工业固体废物倾倒丢弃。从区域分布来看，首先是珠三角的中山、东莞两市，累计排放约 6 万 t，占丢弃总量的 60%；其次是粤北山区，累计丢弃量约 2 万 t，占总量的 20%，主要是 2012 年韶关市倾倒丢弃工业固体废物约 1 万 t，达到当年全省丢弃量的 30%（图 9-6）。

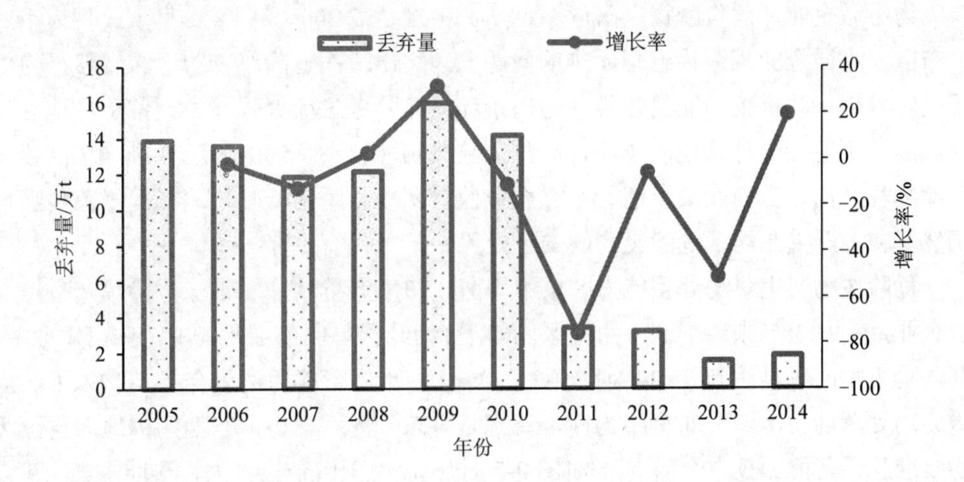

图 9-5　2005—2014 年全省工业固体废物丢弃情况

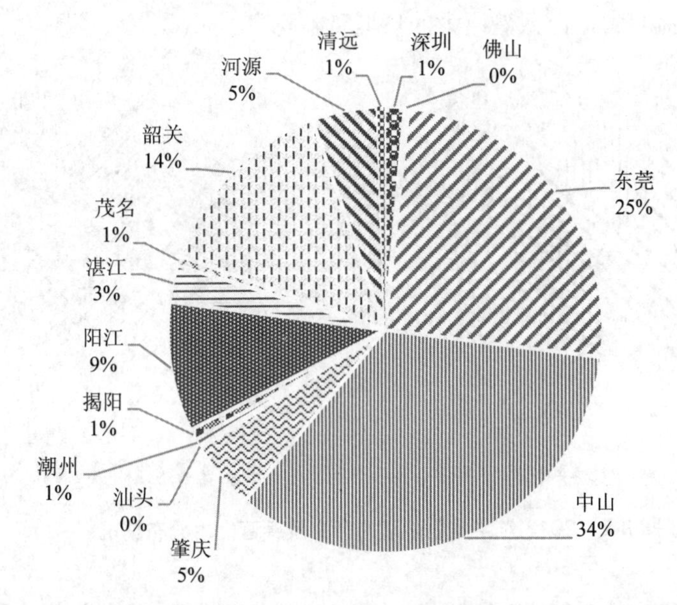

图 9-6　2011—2014 年各市工业固体废物累计丢弃情况

9.1.2.2　危险废物管理薄弱与处置能力不均

危险废物规范化管理仍然薄弱。固体废物管理信息系统的建成使用的确在一定程度上推进实施了广东省废物申报登记、转移与经营管理，但危险废物产生单位规范化管理仍然薄弱。瞒报、少报甚至不报现象普遍，危险废物信息申报不足、统计数据与实际存在较大偏差的现状仍未发生根本改变。2013 年最高人民法院、最高人民检察院《关于办理环境污染刑事案件适用法律若干问题的解释》出台实施以来，广东省危险废物申报量大幅增加，有的地市增加了 30%～40%，有的地市增加超过 50%，充分暴露出危险废物产生量申报不实的问题。而全省仅纳入统计范围的涉危险废物小微企业（危险废物产出量不足 1 t/a）就达 2 300 多家，数量大、规模小、分布散，小微企业规范化管理困难的问题尤为突出。而危险废物跨区域转移行为由于受转入地行政审批的制约，转入地出于环境风险考虑或处置能力预留于本地处理等原因，不愿接受外来危险废物，导致危险废物转移不顺畅的问题也进一步凸显。危险废物产出、去向底数不清、小微企业监管困难、跨区域转移不畅等规范化管理仍然薄弱，严重制约了危险废物的安全处置。

危险废物产生量与处置能力区域不均衡。2013 年全省 7 371 家危险废物重点监管企业，有 93.38%来源于珠三角地区，危险废物经营单位也主要集中在珠三角地区，其危险废物产生量达到 85.34%[图 9-7（a）]。核准经营能力达到全省 80%以上，危险废物处置能力区域分布极不均衡，特别是粤东、粤西较少，东西两翼地区危险废物核准总经营能力仅占全省 3.28%[图 9-7（b）]。由于资金投入大、选址困难、建设周期长等原因致使“十二五”规划建设的茂名粤西、江门区域性危险废物处置中心建设进展缓慢，东西两翼地区危险废物区域利用处置功能严重缺失，危险废物最终处置服务难以覆盖全省，潜藏着巨大的环境风险隐患。

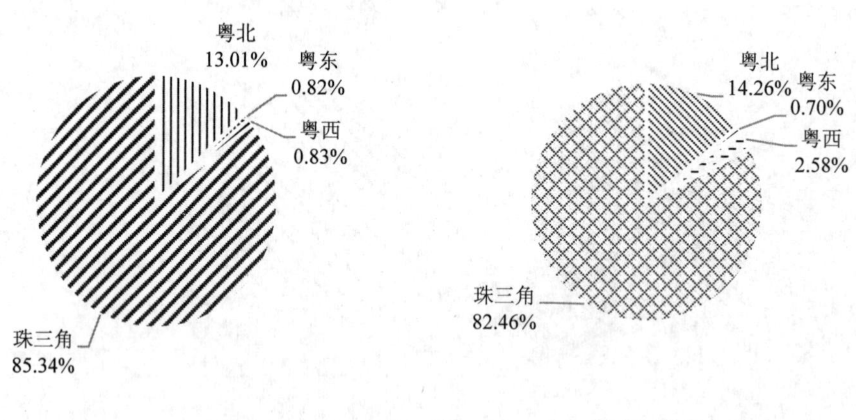

（a）危险废物产生量　　（b）危险废物核准经营能力

图 9-7　2013 年全省危险废物产生及经营能力分布情况

各类别危险废物处置能力“纺锤式”结构错位。全省危险废物产出类别涉及《国家危险废物名录》所列 49 类中的 46 类，量大繁多，主要为含铜废物 HW22、表面处理废物 HW17、其他废物 HW49、有色金属冶炼废物 HW48、废酸 HW34、含铅废物 HW31、含铬废物 HW21、废碱 HW35、废矿物油 HW08、焚烧处置残渣 HW18 等 10 个类别危险废物，占产出总量的 90%。各类别危险废物处置能力呈现“纺锤式”结构错位，回收利用价值高的危险废物处置能力严重过剩，而难回收利用或回收利用价值较低的危险废物处置能力不足。如图 9-8 所示，2013 年广东省核定处理处置能力 306 万 t，其中废矿物油 HW08 类约 120 万 t，表面处理废物 HW17、含铜废物 HW22 类共约 120 t，过剩处置能力竟达到 170 万 t 以上，而含铬废物 HW21、废碱 HW35、废酸 HW34、含铅废物 HW31、焚烧处置残渣 HW18、染料、涂料废物 HW12、有机树脂类废物 HW13、油/水、烃/水混合物或乳化液 HW09、有机溶剂废物 HW06 等其他种类废物处理处置能力严重不足，总缺口超过 30 万 t。部分城市仅能利用少数类别废物，大部分类别废物严重依赖外市，不可利用危险废物的产生量与处置能力不足的矛盾在短期内难以得到根本解决。

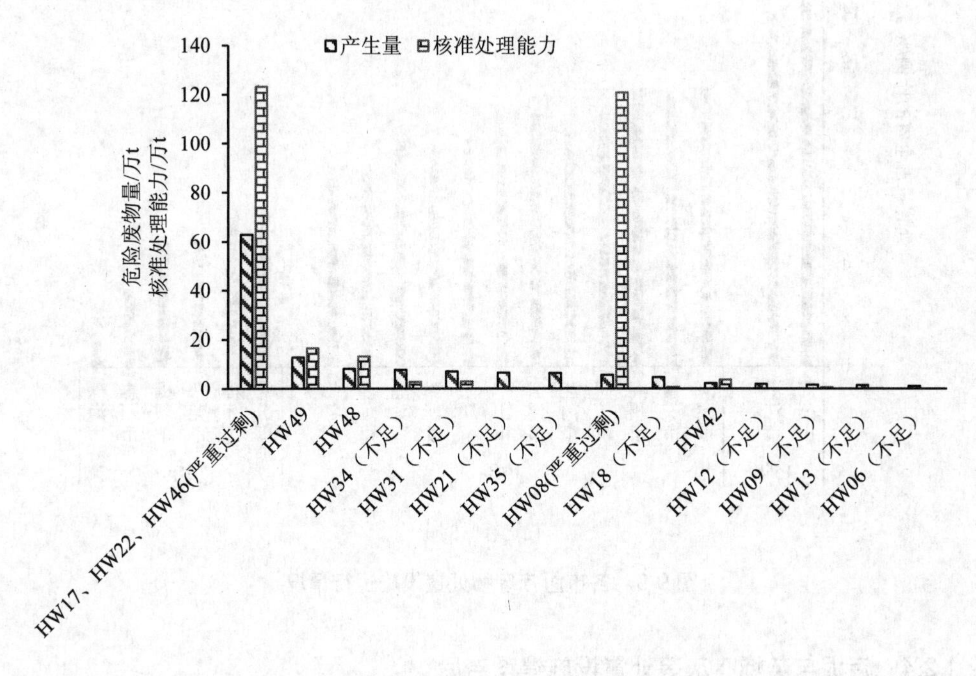

图 9-8　2013 年产生占全省总量 98%的 16 类危险废物产生量与核准经营规模情况

9.1.2.3　医疗废物处置设施亟待升级

医疗废物处置能力不足。汕尾市和顺德区仍未完成“十二五”规划的医疗废物处置设施建设，目前汕尾市医疗废物交由陆丰市人民医院集中焚烧处理，顺德区交由佛山威立雅医疗废物处置有限公司处理。2013 年广州、佛山、湛江、韶关、东莞、清远、汕尾、中山 8 个市均存在超负荷营运现象，医疗废物超负荷总处置量达到 1.2 万 t，占全省医疗废物处置量的 15%。首先为广州市超负荷营运 7 600 多 t，占该市核准能力近 80%；其次为佛山市，由于顺德区危险废物暂时交由佛山处置，造成超负荷处置约 1 900 t。

普遍存在医疗处置设施简陋、设备老化等环境安全隐患。14 个地市的医疗废物集中处置焚烧炉均使用差不多 10 年的时间（图 9-9），其中，广州和湛江两市更是在 2000 年已建成运行，而深圳、汕头、韶关、河源、中山、江门、阳江、肇庆、潮州、云浮 10 市均为“非典”前后 1～2 年内建成的焚烧炉，难以做到稳定达标排放，亟待改造升级。而江门市以 BOT 方式筹建运营的医疗废物处置中心，医疗垃圾处理中心项目特许权经营合同在“十三五”即将到期，肇庆市医疗废物处置中心位于肇庆市三榕水厂饮用水保护区的陆域准保护区范围内，濒临西江不足 200 m，不符合《医疗废物管理条例》相关规定，安全处置难以保障。

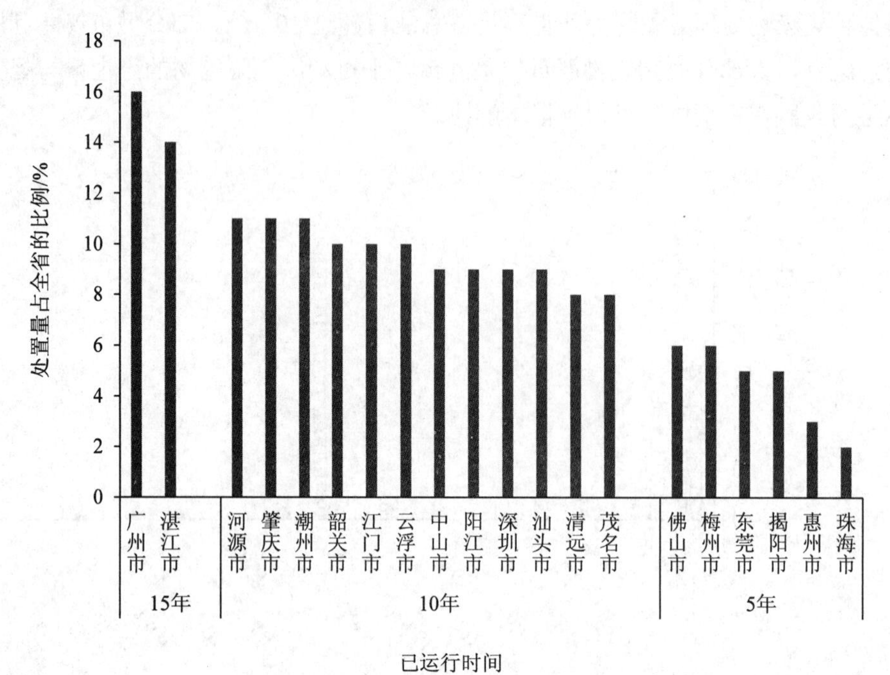

图 9-9 各市医疗废物处置设施运行情况

9.1.2.4 污泥与焚烧飞灰等处置设施建设滞后

2012 年广东省污泥的产生量为 296.6 万 t（含水率约为 80%），比 2011 年增长 10.5%，无害化处理率为 75.1%，云浮、韶关、清远、梅州、潮州、汕头、揭阳、汕尾 8 个地市污泥无害化处理率为 0，对填埋场地构成严重环境安全隐患。2012 年生活垃圾焚烧处置量为 389.6 万 t，每年产生约 12 万 t 飞灰，但全省目前仅 4.5 万 t 安全填埋能力，其他大部分采用生活垃圾填埋场卫生填埋或固化后厂内堆存，环境风险隐患突出。生活污水处理污泥、印染污泥、造纸污泥及垃圾焚烧飞灰等新的典型固体废物集中处置设施建设滞后，污泥、焚烧飞灰的无害化处置是“十三五”固体废物污染防治亟待解决的难题。

9.1.2.5 电子废物回收拆解能力明显不足

回收是电子废物处理处置体系的首要环节，目前广东省废弃电子电器规范、定向的回收体系仍不健全，小商贩上门收集或临街零星收购的废旧电子电器回收方式仍然普遍，回收后通过二手市场维修拼装再翻新的电子产品主要流向深圳、广州、东莞、惠州、佛山等地，不可二次利用的电子电器产品大多就近简单拆解，无序收集的废弃电子电器产品大多得不到规范处理，环境污染风险隐患十分突出。而“十三五”广东省仍处于电子电器产品报废的高峰期，电子废物拆解利用能力明显不足的问题突出。

9.1.2.6 生活垃圾无害化处理率有待进一步提升

“十二五”以来，广东省生活垃圾无害化处置设施建设得到大力推进，城镇生活垃圾无害化处理率逐年提升，2013 年为 84.6%，相比 2010 年上升了 12.48%（图 9-10）。但珠三角地区的东莞市生活垃圾无害化处理率低，仅为 63.7%，而惠州市生活垃圾无害化处理率相比 2012 年显著下滑，降幅达到 17.8%，生活垃圾无害化处理率有待进一步提升。

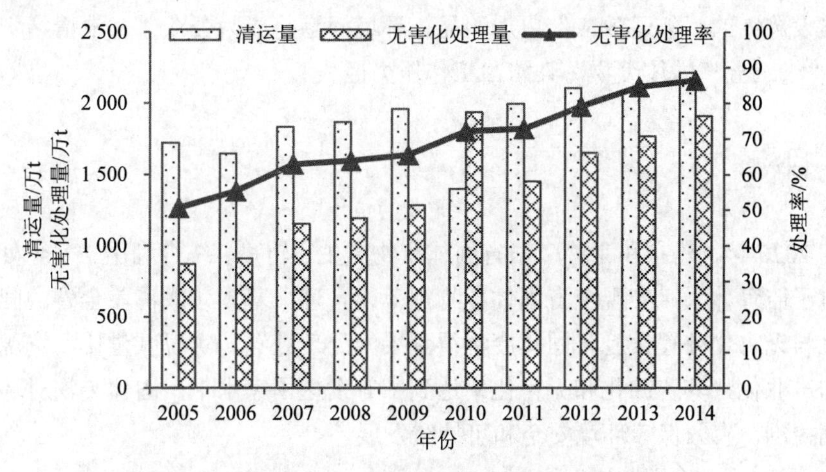

图 9-10 2005—2013 年全省生活垃圾无害化处理情况

9.2 压力与挑战

随着城市人口增加和社会经济的持续发展，广东省危险废物产生量快速增长。2014 年全省危险废物产生量接近 170 万 t，相比 2010 年大幅增加达 40%，区域危险废物产生量增加趋势明显，安全处置压力不断增大（图 9-11）。

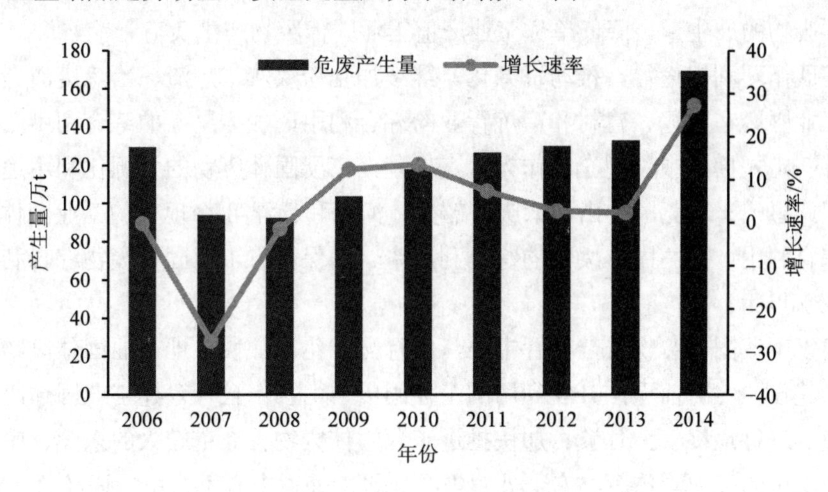

图 9-11 2006—2014 年全省危险废物产生情况

“十三五”广东省仍处于电子电器报废的高峰期，电子废物流向汕头贵屿等东西两翼深度拆解将产生大量的危险废物，而产业结构调整引导大型钢铁、石化基地向东西两翼地区发展，随着粤西石化、钢铁和粤东炼油等重大项目的陆续建设投产，也将产生大量的危险废物，危险废物区域处置能力不均衡的矛盾将更为突出，危险废物的最终去向问题对环境安全造成巨大威胁。

与此同时，公众环境诉求处于高涨期，公众环境权益观空前高涨，对公共处置设施建设选址的“邻避效应”更加明显，环境问题将成为公众“发泄情绪”的重要出口，“十三五”固体废物污染防治工作压力巨大。

9.3 目标

到 2020 年，建立和完善广东省固体废物产生、转移、综合利用、安全处置的全过程电子监管体系，实现全省固体废物规范化管理。基本建成覆盖全省的固体废物资源化与无害化处置设施，固体废物得到妥善处理处置，实现减量化、资源化、无害化和产业化，其资源化和无害化率达到中等发达国家水平，固体废物对环境的影响得到控制，有效保障环境安全和可持续发展。

9.4 重点任务

9.4.1 提升工业固体废物资源化利用水平

加强源头控制，推行减量化。大力推进工矿企业清洁生产。对固体废物产生量大、污染严重的企业实行强制清洁生产审核。通过技术改进、降低能耗和原材料消耗，减少废物的产生。调整产业结构和工业布局，发展高新技术领域，减少传统工业固体废物的产生量，降低单位工业产值工业固体废物产生负荷。

拓展循环利用途径，推动资源化。继续加强粉煤灰、炉渣、冶炼废渣、脱硫石膏等工业固废在水泥、建材和冶炼行业的综合利用，加大尾矿的综合利用。扶持一批具有一定规模的中大型企业作为试点工程，拓展固体废物的资源化利用途径，加强深圳、惠州、东莞、中山、肇庆、韶关、河源和云浮 8 个地市的工业固体废物资源化综合利用，提高固体废物的综合利用率，确保全省工业固体废物综合利用率保持在 85%以上。

建设工业固体废物安全处置中心，实行无害化。加快各地工业固体废物处理处置体系建设，对目前无法开发利用的工业固废，由各市自行筹建工业固体废物安全处置中心进行最终安全处置。加快推进工业固体废物丢弃量较大的东莞、中山、韶关 3 个地市的工业固体废物安全处置中心建设，处置中心可采用特许经营、BOT 等方式筹建和运营，可配套污泥干燥、焚烧、安全填埋、综合利用等设施建设。

9.4.2 优先危险废物的安全处置

深化危险废物规范化管理。严格落实危险废物申报登记制度，全面推行危险废物管理信息系统，对全省所有危险废物产生单位全面施行按月申报，强化危险废物的动态管理。加强危险废物产生单位的规范化管理，特别加大对小微企业的现场核查，严格整改落实和违法处罚。加强对危险废物持证经营单位的监管，严禁无证经营和超范围经营。完善危险废物跨区转移机制，完善危险废物交换网络和转移监控网络，深化实施危险废物转移的电子联单管理，全面推行危险废物转移运输全过程GPS跟踪监控，切实加强危险废物转移的电子化全过程监管。到2020年，全面实现全省危险废物产生、转移、经营、处理处置的全过程电子化管理。

确保危险废物的安全处置。加快推进粤西茂名和江门危险废物处置中心建设，鼓励湛江、中山、东莞、揭阳等有条件的地市单独建设危险废物处理处置中心，珠三角地区新增2～3个危险废物处置中心，粤东、西、北地区各增加1～2个危险废物处置中心，确保建成服务覆盖全省范围的危险废物处置中心。着力加强对含铬废物HW21、废碱HW35、废酸HW34、含铅废物HW31、焚烧处置残渣HW18、染料、涂料废物HW12、有机树脂类废物HW13、油/水、烃/水混合物或乳化液HW09、有机溶剂废物HW06类等处置能力严重不足的危险废物处理处置，确保不能资源化的危险废物最终实现无害化处置，到2020年全省重点监管单位危险废物基本得到安全处理处置。

9.4.3 加快医疗废物处理设施升级改造

新建一批，加快推进汕尾、江门、肇庆等3个地市医疗废物焚烧处置设施建设，实现“一市一厂”；整治一批，严格整治广州、佛山等地市严重超负荷营运处置医疗废物情况，以另寻出路或就地改造的方式规范医疗废物处置行为；提升一批，升级改造阳江、河源、清远等地市设施简陋、设备老化、不符合环保要求的医疗处置设施，积极推动稳定达标排放；淘汰一批，在肇庆等地市医疗废物焚烧处置设施新建完成后，对该地原有的周边敏感、治理技术落后的处置设施予以淘汰关闭。鼓励医疗废物区域协同共治，确保全省医疗废物得到妥善处理处置。

9.4.4 加强污泥、焚烧飞灰的无害化处置

加强污泥源头控制、协同处置。加强源头控制，大力引导污水处理厂提高污泥脱水率，从源头上减少污泥的产生量。推广污泥深度脱水、厌氧消化、好氧发酵、余热干化等技术在污泥减量化、稳定化处理的应用，在确保无害化前提下，充分利用热电厂、垃圾焚烧厂、水泥厂等设施协同处置污泥。确需填埋处置的，污泥的泥质和填埋方式应符合国家有关行业标准要求，防止二次污染。

大力推进污泥无害化处置设施建设。大力加强生活污水处理厂污泥、印染污泥、

造纸污泥的无害化处置，加快推进云浮、韶关、清远、梅州、潮州、汕头、揭阳和汕尾 8 个地市污泥无害化处理处置设施建设，扩大辐射范围至周边县、镇级污水处理厂，引导县级、镇级污水处理厂开展污泥稳定化处理或脱水设施升级改造。珠江三角洲地区优先建设集中式污泥处置设施，粤东、西、北地区因地制宜推动污泥无害化处置。鼓励社会各类投资主体参与污泥无害化处置设施的投资和运营，实现投资多元化、运营主体企业化、运行管理市场化。

加强焚烧飞灰的无害化处置。积极开展焚烧飞灰处理处置技术研究，解决生活垃圾焚烧厂焚烧飞灰的安全处置问题。加快区域安全填埋场的规划、选址和建设，扩建广州、惠州等地市现有危险废物安全填埋处置规模，全面提高焚烧飞灰的无害化处理能力，降低环境风险。

9.4.5 加强电子废物的规范回收和拆解利用

建成全面覆盖城乡的废弃电器电子产品回收网络，县级建成集中贮存转运设施，镇级布有回收网点。加强拆解电子产品的资源利用，着力提升废弃电器电子产品的规范拆解处理能力。加快区域综合性电子废物拆解利用设施建设，珠三角地区新增两家电子废物拆解处置中心，粤东、西、北地区新增两家电子废物拆解处置中心，确保全省电子废物得到规范拆解利用。

9.4.6 强化生活垃圾无害化处理

提高城乡生活垃圾处理水平。鼓励有条件的地方推广使用焚烧发电、水泥窑协同处置、生物处理等综合处理方式，重点推进东莞等生活垃圾无害化处置率低的地市加强无害化处理设施建设，到 2020 年全省城镇生活垃圾无害化处理率达到 90%以上。完善农村生活垃圾收运处理模式，加快推“一县一场、一镇一站、一村一点”建设，实现城乡生活垃圾收运处理设施全覆盖，到 2020 年珠三角地区全部建制镇、其他地区 80%建制镇实现生活垃圾无害化处理。

第10章 农业与农村环境保护规划

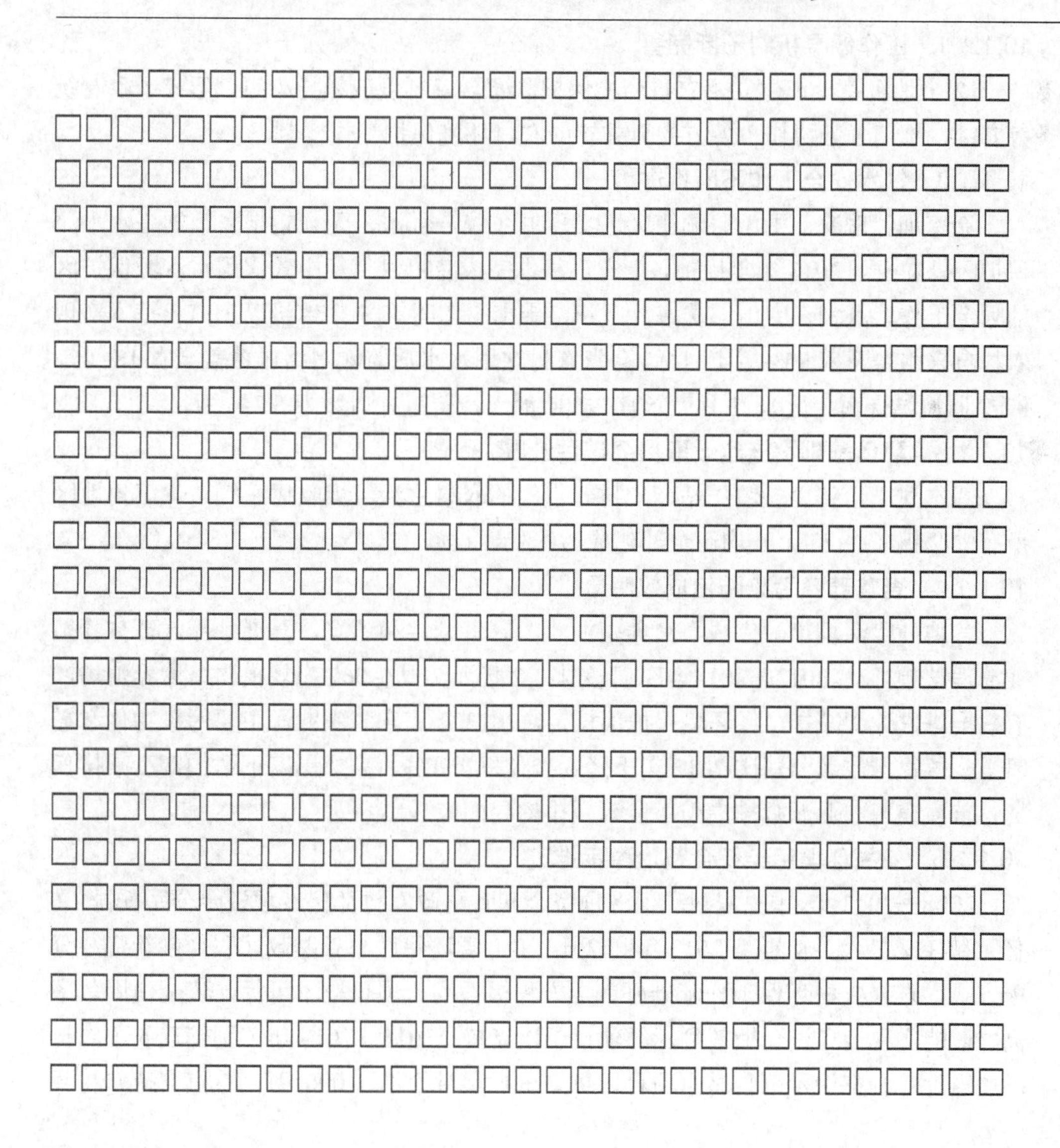

全面建成小康社会，农业、农村是短板，最突出的体现在生态环境方面。农村环境保护是关系到人民群众切身利益，是涉及“米袋子”“菜篮子”“水缸子”的重大民生问题，需加快补齐农业农村短板。本章总结了“十二五”期间广东省农村环境保护工作取得的成效与存在的问题，并对全省农业畜禽养殖、化肥和农药使用量变化情况进行了分析，提出了“十三五”农业与农村环境保护的总体思路和目标，从农村饮水安全、农村环境整治、农业环境安全监管、农村环境监管能力建设、美丽乡村建设等方面提出了任务措施。

10.1 现状与问题分析

10.1.1 农村环境保护现状

10.1.1.1 工作领导机制不断完善

12 个地级以上市建立了农村环境保护联席会议制度或领导小组，形成了政府统筹安排、部门分工协作、各方齐抓共管的农村环境保护工作机制。

10.1.1.2 饮水安全工作不断推进

除深圳、珠海、中山、顺德区已实现城乡统一供水，无须划定乡镇饮用水水源保护区外，截至 2013 年年底前，全省已基本完成乡镇以上集中式饮用水水源保护区的划定工作。深圳、中山、珠海、广州、佛山、东莞等 6 个地级以上市已基本实现农村自来水普及率 95%以上目标。全省农村饮用水水质监测网络已覆盖全省 18 个市、89 个监测县（市、区）、1 149 个集中式监测点，覆盖人口数为 6 744 万。

10.1.1.3 环境基础设施建设取得突破性进展

基本建成全省“一镇一站、一村一点”的农村生活垃圾收运系统，珠三角地区所有中心镇（共 73 个）均已全部建成污水处理设施。

10.1.1.4 畜禽养殖污染防治成效明显

各地（除深圳市）完成畜禽养殖业“三区”划定和备案，开展禁养区畜禽养殖业清理整顿行动。2012—2014 年共计安排 1.2 亿元奖励 1 067 家规模化畜禽养殖场，有效推进农业源减排。经环境保护部核定，2013 年广东省农业源主要污染物化学需氧量、氨氮排放量分别比 2012 年下降 3.12%和 4.96%，完成国家下达的年度减排任务，首次出现农业源减排高于工业源减排的局面。

10.1.1.5 农村环境污染综合整治稳步推进

2008—2013 年，中央农村环保专项资金和省财政农村环保专项资金分别安排 1.6 亿元和 3 亿多元，特别是 2013 年和 2014 年，省环保厅与省财政厅联合创新资金分配方式，选择农村环保工作基础好、地方积极性高、项目技术可行、资金使用效率高、最能实现专项资金绩效目标的项目予以支持。2013—2014 年分别筛选 5 个农村环境连片综合整治示范县试点项目，每个试点项目给予 1 000 万元重点支持农村环境综合整治。6 年来，共扶持了 288 个农村环境综合整治项目，涉及 871 个村庄，受益人口约 226 万；扶持了东江等重点流域的连片村庄整治，以点带面推动农村环境综合整治。各地因地制宜，加大农村生活污水处理、生活垃圾收运设施，规模化畜禽养殖污染防治设施等基础设施建设力度，有效改善农村环境状况。

10.1.1.6 农村生态文明建设取得新进展

印发了《广东省环境保护厅关于省级生态建设示范区的申报和管理办法(试行)》，进一步完善省级生态县（市）、生态乡镇、生态村指标体系，加强对地方开展创建活动的指导。全省共建成国家生态村、镇 87 个，省生态村、镇 620 个。各地通过生态示范建设，加强了对农村环境保护的组织领导，加大投入力度，提升了环保能力建设。制定农村环境保护规划，推进农村环境综合整治及环境基础设施建设，发展生态农业，促进农村地区环境质量改善。农民环保意识不断提高，农村经济社会与环境保护协调发展。

10.1.2 存在的问题

10.1.2.1 农村生活垃圾收运处理体系尚不完善

大部分村庄保洁和乡镇转运站运营经费不足，村镇生活垃圾未被有效收运至无害化处理场处理。全省农村生活垃圾无害化处理率仅为 47.6%。

10.1.2.2 农村饮用水水源地保护形势不容乐观

目前全省近千个乡镇集中式饮用水水源保护区，仅有 134 个开展了常规监测，80%以上仍未开展常规监测。基层环境监测能力严重不足，大部分地区乡镇无环保机构或机构不健全，有的甚至没有专职管理人员；仍有 36 个县（市）级站未通过监测能力达标验收，14 个县级监测站甚至不具备水源基本项目的监测能力，难以满足常规的监测和执法工作。

10.2 畜禽养殖污染防治分析

10.2.1 畜禽养殖量变化分析

广东省牛养殖结构主要以役用牛和肉用牛为主，分别占全省牛养殖总量的 52%和 46%。根据统计（图 10-1），2008—2013 年，广东省年际间牛养殖量波动性较大，2009 年年末存栏头数为 233.14 万头，2010 年降低到 229.18 万头，2011 年又回升到 233.82 万头。2012 年与 2011 年牛养殖头数基本持平。2013 年回升到 238.19 万头。

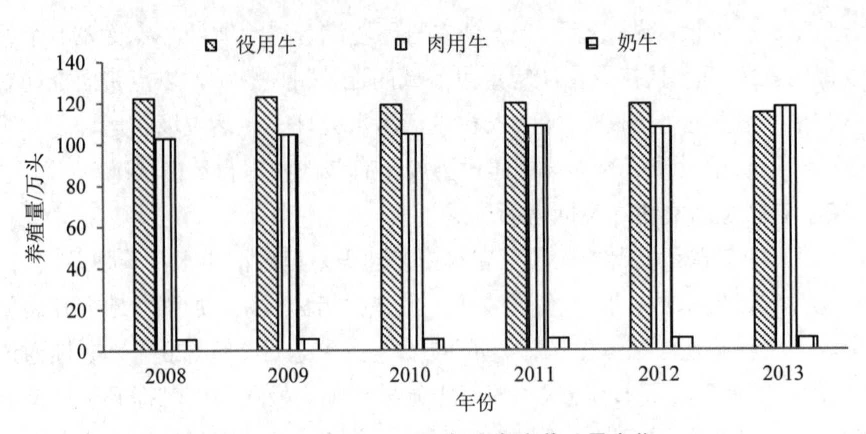

图 10-1　2008—2013 年广东牛养殖量变化

2000—2013 年，广东省山羊养殖量呈缓慢波动上升趋势，2013 年山羊养殖数量为 39.34 万只，较 2000 年增加了 34%（图 10-2）。

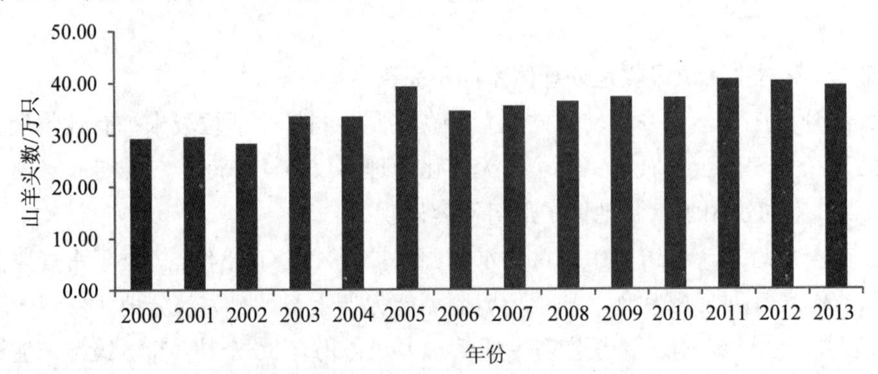

图 10-2　2000—2013 年广东省山羊养殖量变化

2000—2013 年，广东省肉猪出栏头数呈现波动上升趋势，2013 年肉猪出栏头数为 3 744.79 万头，较 2000 年增加了 27%（图 10-3）。

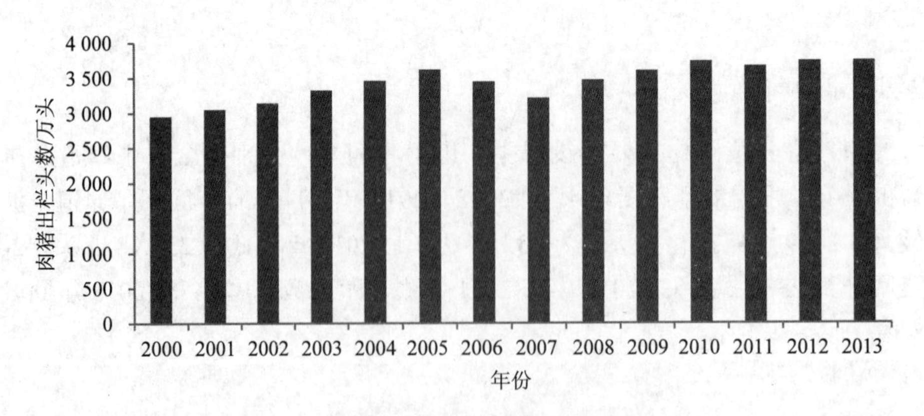

图 10-3　2000—2013 年广东省生猪出栏数变化

10.2.2 畜禽养殖减排评估

10.2.2.1 优化畜禽养殖业布局

通过实施《关于加强规模化畜禽养殖污染防治促进生态健康发展的意见》，推动地方政府优化畜禽养殖产业布局，依法划定畜禽养殖业禁养区、限养区、适养区；开展禁养区养殖场清理工作，从源头上控制畜禽养殖污染，促进畜禽养殖业有序、可持续发展。“十二五”期间，全省大部分地级以上市制定了畜禽养殖业发展规划，20 个地级以上市完成了畜禽养殖禁养区、限养区和适养区划定工作，全省共取缔拆除禁养区养殖场 9 767 家，减少禁养区生猪养殖量 264.5 万头。

10.2.2.2 推进规模化畜禽养殖场治理工程

广东省列入“十二五”国家减排责任书的畜禽养殖污染治理项目有 47 个，基本全部完成。如表 10-1 所示，“十二五”前四年，广东省认定生猪减排项目有 3 058 个，养殖量为 1 326 万头；蛋鸡减排项目有 107 个，养殖量为 1 164 万只；肉鸡减排项目有 203 个，养殖量为 5 570 万只。经环保部初步核定，2014 年全省农业源化学需氧量和氨氮排放量分别为 55.8 万 t 和 5.1 万 t，比 2010 年分别下降 8.8%和 12.8%，已提前完成“十二五”减排任务（表 10-2）。

表 10-1 “十二五”规模化养殖治理情况

户数：家，养殖量：万头/只

年份	猪		奶牛		肉牛		蛋鸡		肉鸡	
	户数	养殖量	户数	养殖量	户数	养殖量	户数	养殖量	户数	养殖量
2011	32	43	1	0.02	0	0.00	0	0	1	7
2012	214	343	0	0.00	0	0.00	11	214	24	929
2013	606	308	4	0.72	2	0.10	52	502	54	2 385
2014	2 206	631	5	0.51	6	0.13	44	447	124	2 249
合计	3 058	1 326	10	1.25	8	0.23	107	1 164	203	5 570

表 10-2 2011 年和 2014 年农业源总量减排进展

类别	2010 年减排量/t	2014 年减排量/t	减排比例/%	农业源减排方案目标/%
广东农业源 COD	612 127.47	557 958.8	−8.8	8
广东农业源氨氮	58 456.92	50 980.77	−12.8	10

10.3 农业化肥和农药使用量趋势分析

10.3.1 广东省农业种植面积变化

2000—2013 年，广东省农作物总播种面积呈现一个先降后升的变化趋势（图 10-4）。2001 年，广东省农作物总播种面积为 7 868.21 万亩，2007 年降到 6 544.56 万亩，2013 年又逐渐增加到 7 047.13 万亩，2013 年农作物播种面积比 2007 年高近 8%。

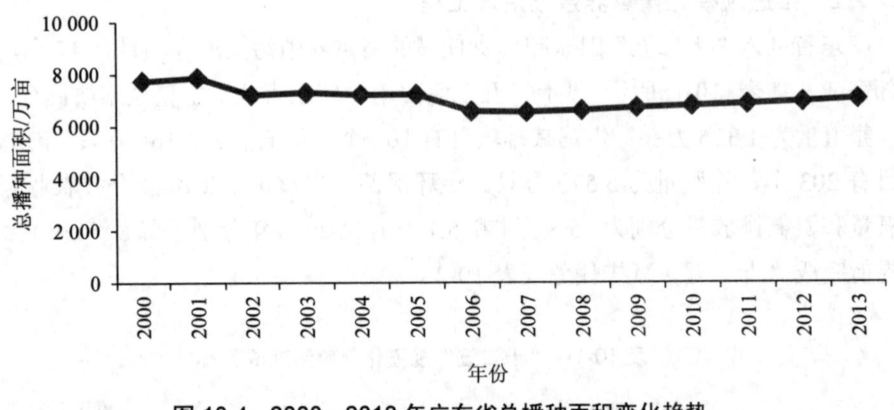

图 10-4 2000—2013 年广东省总播种面积变化趋势

10.3.2 化肥施用量变化

化肥施用量与农作物播种面积变化趋势不同，总体呈现持续上升的趋势（图 10-5）。氮肥、磷肥、钾肥的施用量分别从 2000 年的 95.9 万 t、18.36 万 t、35.84 万 t 上升到 2013 年的 100.54 万 t、21.9 万 t、48.38 万 t，分别增加了 5%、19%、35%。

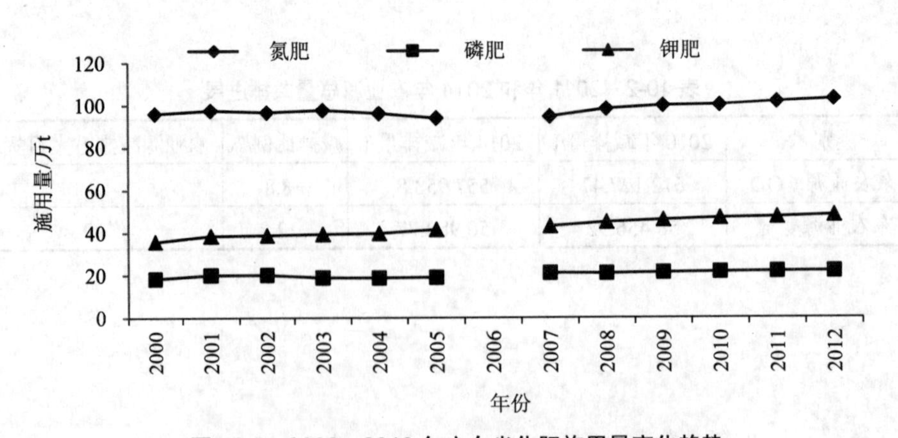

图 10-5 2000—2013 年广东省化肥施用量变化趋势

根据《2014 年中国统计年鉴》，全国各省、直辖市、自治区平均化肥施肥强度为 23.9kg/亩，广东省化肥施肥强度为 34.6kg/亩，比全国平均水平高 45%，位列全国第 27 位（图 10-6）。

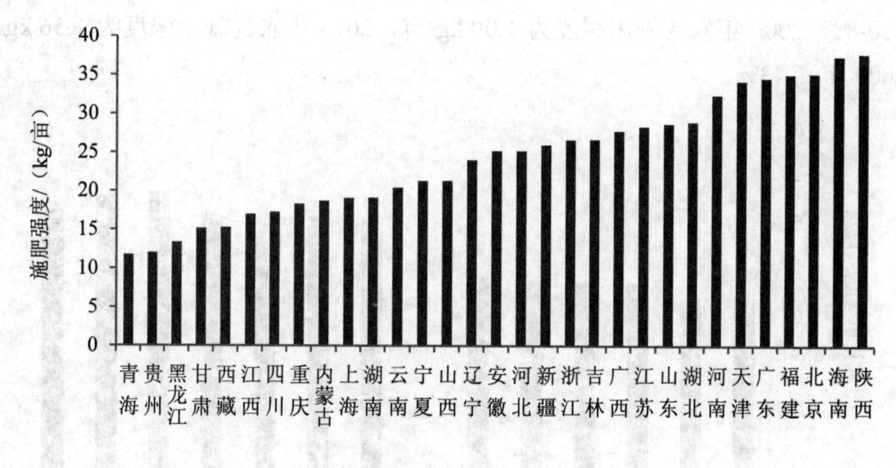

图 10-6　2013 年全国化肥施肥强度

从全省范围来看，有 8 个地市的化肥施用强度高于全省平均水平（图 10-7）。化肥施用强度较高的地市主要为深圳市、茂名市、潮州市、湛江市，分别为 57.5 kg/亩、54.5 kg/亩、50.1 kg/亩、48.1 kg/亩。化肥施用强度较低的地市主要为东莞市、河源市、珠海市、韶关市，分别为 19.7 kg/亩、20.6 kg/亩、21.7 kg/亩、23.5 kg/亩。

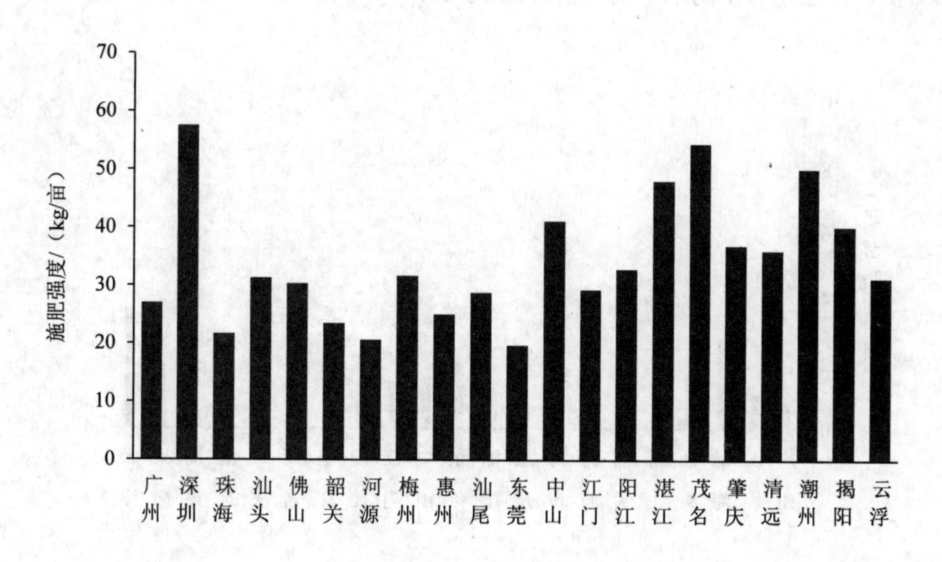

图 10-7　广东省各地市化肥施用强度

10.3.3 农药使用量变化

在农药施用量方面，2000—2013 年，广东省的农药使用强度也呈逐年上升趋势（图 10-8）。2000 年农药施用强度为 1.09 kg/亩，2013 年农药施用强度为 1.56 kg/亩，比 2000 年高 43%。

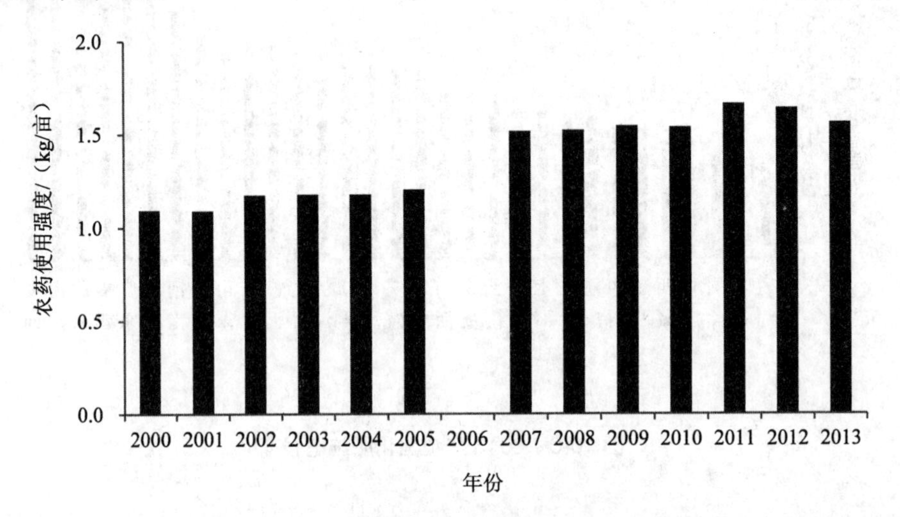

图 10-8 2000—2013 年广东省农药使用强度变化

从全省范围来看，农药使用量较高的地市有潮州、云浮、珠海、东莞、茂名等几个地市，农药使用量都在 2 kg/亩以上，其中最高的潮州市农药使用量达到了 8 kg/亩，接近全省平均水平的 5 倍（图 10-9）。

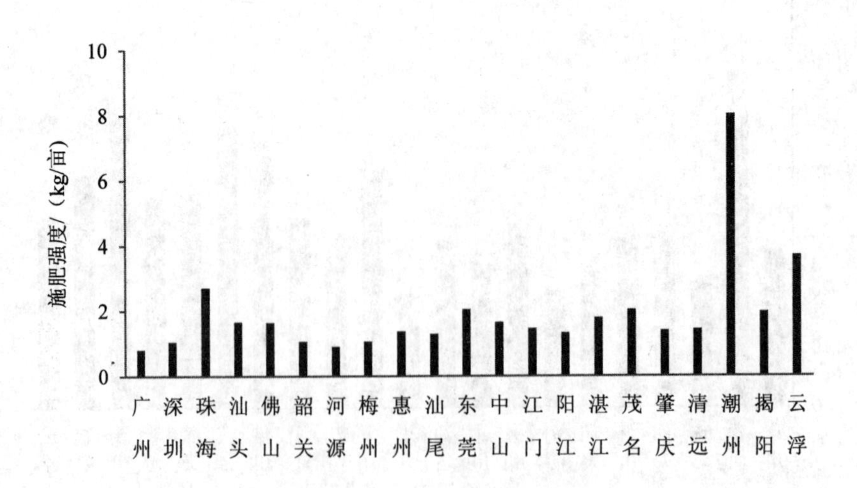

图 10-9 2012 年广东省各地市农药使用量

10.4 总体思路与目标

10.4.1 总体思路

以科学发展观为指导，大力推进生态文明建设，以保障农村饮水安全、改善农村人居环境为目标，坚持因地制宜、分类指导、规划先行、完善机制、突出重点、城乡统筹的原则，以农村环境连片整治畜禽养殖污染减排、生态示范建设为抓手，加快推进农村环境基础设施建设。健全农村环境管理机制，提高农村环境监管能力，着力解决损害群众健康和影响农村可持续发展的突出农村环境问题，为广东省全面建成小康社会提供环境安全保障。

10.4.2 目标

到2020年，基本解决严重损害群众健康的农村突出环境问题，农村饮水安全得到基本保障，农村环境基础设施建设、畜禽养殖污染减排取得明显成效。土壤环境保护和综合治理取得积极进展，基层环境监管能力得到加强，村民环境意识逐步提高，农村人居环境得到改善。

10.5 农村环境保护主要措施

10.5.1 加强农村饮水安全保护

10.5.1.1 强化农村饮用水水源地保护

各地要严格饮用水水源保护区环境监管。加强乡镇集中式饮用水水源地水质监测，并定期进行环境风险排查，对威胁饮用水水源水质安全的重点污染源和风险源优先予以整治、搬迁或关闭。加大执法力度，采取联合执法等专项行动，依法拆除饮用水水源保护区内违法排污口，清理整治保护区内的采砂、网箱养殖和生活污水垃圾等污染源。到2020年全省乡镇集中式饮用水水源地水质监测率达到80%。

10.5.1.2 加快推进村村通自来水工程建设

各地要统筹规划，加快推进城乡供水一体化建设。实施《广东省村村通自来水工程建设规划（2011—2020年）》，加快推进村村通自来水工程建设，形成覆盖全省的农村供水安全保障体系。对已建成的农村饮水安全工程，要继续强化和规范建后管理，加强县级农村供水行业管理和水质卫生检测，保障农村饮水安全。到2020年，农村饮用水水质合格率稳定在80%以上。

10.5.2 农村环境综合整治

10.5.2.1 加快农村生活垃圾收运处理体系建设

大力实施《关于进一步加强广东省城乡生活垃圾处理工作的实施意见》和《广东省生活垃圾无害化处理设施建设“十二五”规划》，建立和完善“户收集、村集中、镇转运、县处理”的农村生活垃圾收运处理模式，加快县（市、区）垃圾无害化处理场、镇转运站、村收集点的建设，实现“一县一场”“一镇一站”“一村一点”。各地要加快建立统一高效、各司其职的县域农村生活垃圾收运处理体系。县（市、区）政府负责统筹“镇转运、县处理”工作，制定统一的镇垃圾转运站建设标准，合理划分垃圾收运范围，确定垃圾运输路线，统筹调配垃圾转运车辆，适时高效地将镇级垃圾转运站的生活垃圾转运至县生活垃圾无害化处理场处理，采取有效措施切实避免运输过程的二次污染；镇政府负责结合实际，统筹制定辖区内从村收集点到镇级转运站的生活垃圾运输方案，落实“户收集、村集中、镇转运”的工作责任，指导村庄做好保洁工作；各村负责建立保洁制度，配备固定的保洁人员，重点清理农村路边、河边、池边及公共区域积存垃圾，积极开展环卫整治，扩大环卫保洁示范带（片）覆盖面。到2020年，珠江三角洲地区90%建制镇、其他地区80%建制镇实现生活垃圾无害化处理。

10.5.2.2 加快推进农村生活污水治理

开展农村生活污水污染状况调查，摸清辖区内农村生活污水污染现状和治理设施情况，制定统筹推进全省农村生活污水治理的措施和方案。各地要重点对饮用水水源保护区、具有饮用水功能的重点水库库区、重要河流上游地区，加快推进镇级生活污水处理设施及配套管网建设。珠江三角洲地区城市周边乡镇要加快生活污水处理设施和配套污水输送管网的统一规划、统一建设、统一管理，尽可能将城乡接合部乡村的生活污水纳入城镇管网处理。粤东西北地区乡镇可根据人口密度、经济发展情况因地制宜，采取分散和集中相结合的方式建设生活污水处理设施，在满足污染减排和水环境质量保护要求下，可根据实际条件采用“分散式、低成本、易管理”的处理工艺，鼓励采用投资较少、运行费用较低的生物滤池、强化人工湿地等处理方式。到2020年，主要供水通道两岸敏感区建制镇建成生活污水处理设施。

10.5.2.3 推动农村生活污染的减量化和资源化

鼓励农村实施生活垃圾分类收集处理，引导社会企业和村民积极参与，开展农村生活垃圾减量化和资源化试点工作，采取适用技术，将有机易腐垃圾通过堆肥或沼气池就地处理，砖瓦、渣土等无机垃圾作为农村废弃坑塘填埋或道路垫土使用；在乡镇转运站采取分类处理，配套建设有机易腐垃圾处理设施，产生的有机肥料还林还田，减少垃圾收运和最终处理处置量。鼓励农村畜禽散养户实现人畜分离，采用沼气池处理人畜粪便，将沼渣、沼液用作农肥施用。逐步完善农村污水收集系统，鼓励雨污分流，雨水利用边沟或自然沟渠引入坑塘、洼地进入地表水系统，经处理后符合要求的生活污水可用于农田灌溉。

10.5.2.4 深入推进农村环境连片整治

深入实施"以奖促治"，重点围绕生态发展区、重点流域、重要饮用水水源地周边村庄开展农村环境连片整治，扎实推进农村饮用水水源地保护、农村生活污水和垃圾处理、畜禽养殖污染防治、历史遗留的农村工矿污染治理等设施建设，着力解决农村突出的环境问题。加快推进始兴、龙川、平远、陆河、新兴 5 个农村环境连片整治示范县试点项目建设，进一步扩大农村环境连片整治示范试点县，积极探索整县推进农村环境综合治理，通过"抓点、带线、促面"，集中资金投入一批、整治一批、见效一批、分批分片滚动推进，形成农村环境连片整治示范片区，切实解决区域性农村突出环境问题。禁止露天焚烧可能产生有毒有害烟尘和恶臭的物质，或将其用作燃料。到 2020 年，全省完成农村环境连片整治示范点 150 个。

10.5.2.5 加强畜禽养殖业监管

深入实施《关于加强规模化畜禽养殖污染防治促进生态健康发展的意见》，严格"禁养区、限养区、适养区"管理。新建、改建、扩建规模化畜禽养殖场（小区）要严格执行环境影响评价制度和主要污染物总量前置审批制度，建设项目新增主要污染物排放量必须来自本行业。要加大畜禽养殖业监管执法力度，定期组织开展畜禽养殖业污染防治专项执法检查，采取联合监督、专项监督和日常性监督等多种形式，严格查处畜禽养殖业违法行为，确保规模化畜禽养殖场污染物达标排放。加强畜禽养殖业饲料生产和使用的环境安全监督管理，按照《饲料添加剂安全使用规范》和《饲料卫生标准》（GB 13078—2001）等规定，严格控制饲料中抗生素、铜、锌、砷等超标。

10.5.2.6 加快推进规模化畜禽养殖场重点减排工程建设

继续实施"以减促治"政策，各地要督促规模化畜禽养殖场（小区）按照国家和省的畜禽养殖业污染防治和总量减排要求，加快重点减排工程项目建设进度，配套建设废弃物综合利用和污染治理设施。对规模化畜禽养殖场周边消纳土地充足的，引导种养结合、以地定畜，废物就近还田利用；对消纳土地不足的，引导固液分离处理，固体废物生产有机肥，废水经处理后综合利用或达标排放。河源、惠州、江门要加快推进世界银行贷款广东农业面源污染治理项目中牲畜废弃物管理示范工程建设，通过大中型沼气、污水净化、高床发酵生态养殖技术示范等工程，积极探索畜禽粪便资源化利用和环境治理技术。到 2020 年，完成 300 家牲畜废弃物管理示范工程，并在全省推广应用。

10.5.2.7 积极推进畜禽养殖专业户污染治理

各地要积极引导散养密集区域的畜禽养殖专业户适度集约化经营，采用"共建、共享、共管"的模式建设污染防治设施。鼓励依托现有规模化畜禽养殖场（小区）的治污设施，实施养殖专业户废弃物的统一收集、集中处理。通过政策激励、资金扶持、技术指导等措施，推动有条件的地区建设集中治污设施。生猪年出栏量 50 万头以上的县（市、区），应加快建设畜禽养殖废弃物集中式综合利用或无害化处理设施示范工程。

10.5.3 农业环境安全监管

研究拟定农药使用环境安全监管制度、农业源污染监测方法及制度等基本方法和制度；建立健全农村环境的监测、统计和考核评估体系。

10.5.3.1 大力推动农业清洁生产

以惠州市博罗县、惠阳区、惠城区和江门市台山、恩平、开平市为重点，开展化肥农药污染治理示范工程，探索研究农田化肥农药减量增效技术。扶持使用生物农药和高效、低毒、低残留农药，鼓励使用有机肥、绿肥，禁止剧毒农药的生产和销售，推广各类生物、物理病虫害防治技术，提高施肥施药效率，降低化肥、农药施用量。改进农膜使用技术，推广使用可降解塑料薄膜，减少农膜对土壤的危害。建立农村定点有偿回收站点，对农业用品包装物等难降解废物进行回收和资源化利用。大力发展农业循环经济，开展农业废弃物资源化利用。进一步完善认证制度，鼓励农民种植无公害、绿色、有机农产品。

10.5.3.2 开展耕地污染状况调查及风险控制

加快实施《广东省农产品产地土壤重金属污染防治实施方案》，开展全省农产品产地土壤重金属污染状况调查，建立农产品产地土壤环境质量档案和土壤污染分级管理制度。在调查基础上，按照耕地受污染程度实施分类管理，对未污染耕地土壤，采取有效措施进行保护；对污染程度较低、仍可作为耕地的，采取种植结构调整、农艺调控、土壤污染治理与修复等措施，确保耕地安全利用；对于污染严重且难以修复的耕地，及时调整种植结构，对不适宜种植的土地，依法调整土地用途，划分农产品禁止生产区。在全省不同区域开展具有代表性的禁止生产区试点示范，2020年年底前，完成本地区内农产品禁止生产区域的划定，并按规定补充相应的农用地。

10.5.3.3 强化工矿企业环境监管与综合整治

贯彻落实《关于进一步加强矿产资源开发利用生态环境保护工作的意见》，强化部门联动，定期组织开展矿产资源开发利用项目专项执法检查，切实加强环境监管和风险应急管理。加大矿产资源开发利用项目的生态环境综合治理与修复力度，落实和完善矿山自然生态环境恢复治理保证金制度，督促采矿权人履行矿山自然生态环境治理恢复义务。对采矿活动引起的矿山地质环境问题和历史遗留的工矿污染开展综合治理，全面推进“矿山复绿”行动。到2017年，“三区两线”（重要自然保护区、景观区、居民集中生活区、重要交通干线、河流湖泊直观可视范围）范围内的重要矿山地质环境问题基本得到整治。

10.5.4 加强农村环境监管能力

10.5.4.1 加强基层环境监测能力建设

各地要建立和完善农村环境监测评价体系，开展乡镇集中式饮用水水源地水质、环境空气、地表水、土壤环境监测，逐步建立农村环境监测网络。建立以县（市、区）级环境监测机构为主的农村环境监测工作模式，重点加强县（市、区）级环境监测机构标准化建设，优先扶持环境问题突出、环保能力相对薄弱的欠发达地区，并对技术人员加强业务培训，提高基层环境监测水平，加快形成水、气、土壤常规监测能力。到 2020 年，县（市、区）级环境监测机构标准化建设达标率达到 100%。

10.5.4.2 加强基层环境监察能力建设

各地要加强农村环境监察执法能力建设，增强基层环境监察执法力量，装备必要的交通、通信、现场快速检测和调查取证等设备，加强农村环境监察人员培训，提高执法水平。建立健全农村环境监察制度，对农村地区工矿企业、环境连片整治项目、环境保护基础设施和规模化畜禽养殖场（小区）污染防治设施运行及污染物排放达标情况加强日常现场监督检查，严格执法，保障农村环境安全。

10.5.5 建设美丽乡村

10.5.5.1 加快村庄规划编制和实施

各地要按照城乡一体、整体推进和分类指导的原则，以《村庄整治规划编制办法》（建材〔2013〕188 号）为指导，加快编制村庄规划。注重规划的科学性、协调性、实用性，密切衔接县（市、区）总体规划、城镇发展规划、土地利用规划以及道路、管网等专项规划，细化生产、生活、服务各项区块功能定位，明确供水、污水处理、垃圾收集处理等基础设施建设时序和要求。强化村庄规划实施管理，统筹涉农资金安排，落实乡镇政府的责任和权力，发挥村民主体作用。以村庄规划为指导，全面推进村庄整治，重点加强农村生活污水处理、生活垃圾收运、农业生产废弃物回收利用及坑塘河道疏浚等工作，加快解决农村突出环境问题，持续改善农村人居环境。

10.5.5.2 深入开展农村生态示范建设

建立健全省级生态文明示范建设标准体系、考核办法、激励机制，以生态文明建设试点示范推进生态文明建设。按照“省级指导、分级管理，因地制宜、突出特色，政府组织、群众参与，重在建设、注重实效”的原则，实施“以创促治”政策，鼓励各地开展生态文明示范区创建工作。各地要充分发挥本地生态自然优势，因地制宜开展生态乡镇和生态村等细胞工程建设，不断巩固建设成果，及时总结、推广成功经验，不断提升建设质量，促进农村环境质量持续改善。到 2020 年，全省力争建成 300 个国家级、省级生态乡镇。

10.5.5.3 建设美丽宜居村镇

各地要按照国家和省委、省政府有关部署，大力推进宜居村镇、名镇名村示范村及美丽乡村建设。加快实施村庄整治规划，结合农村特色组织开展村庄环境综合整治，抓好村镇环境“四整治一美化”（整治镇村垃圾脏乱现象、整治镇村生活污水乱排放现象、整治农村畜禽污染、整治镇村厕所卫生设施，全面提高农村绿化美化水平），引导城镇基础设施和公共服务向农村延伸。加强镇村基础设施和整体风貌建设，突出农村特色和田园风貌，弘扬岭南传统建设文化，保持村庄整体风貌与自然环境相协调。结合水土保持等工程，保护和修复自然景观与田园景观。开展农房及院落风貌整治和村庄绿化美化，保护和修复水塘、沟渠等乡村设施。发展休闲农业、乡村旅游、文化创意等产业。

第11章 环境监管能力建设规划

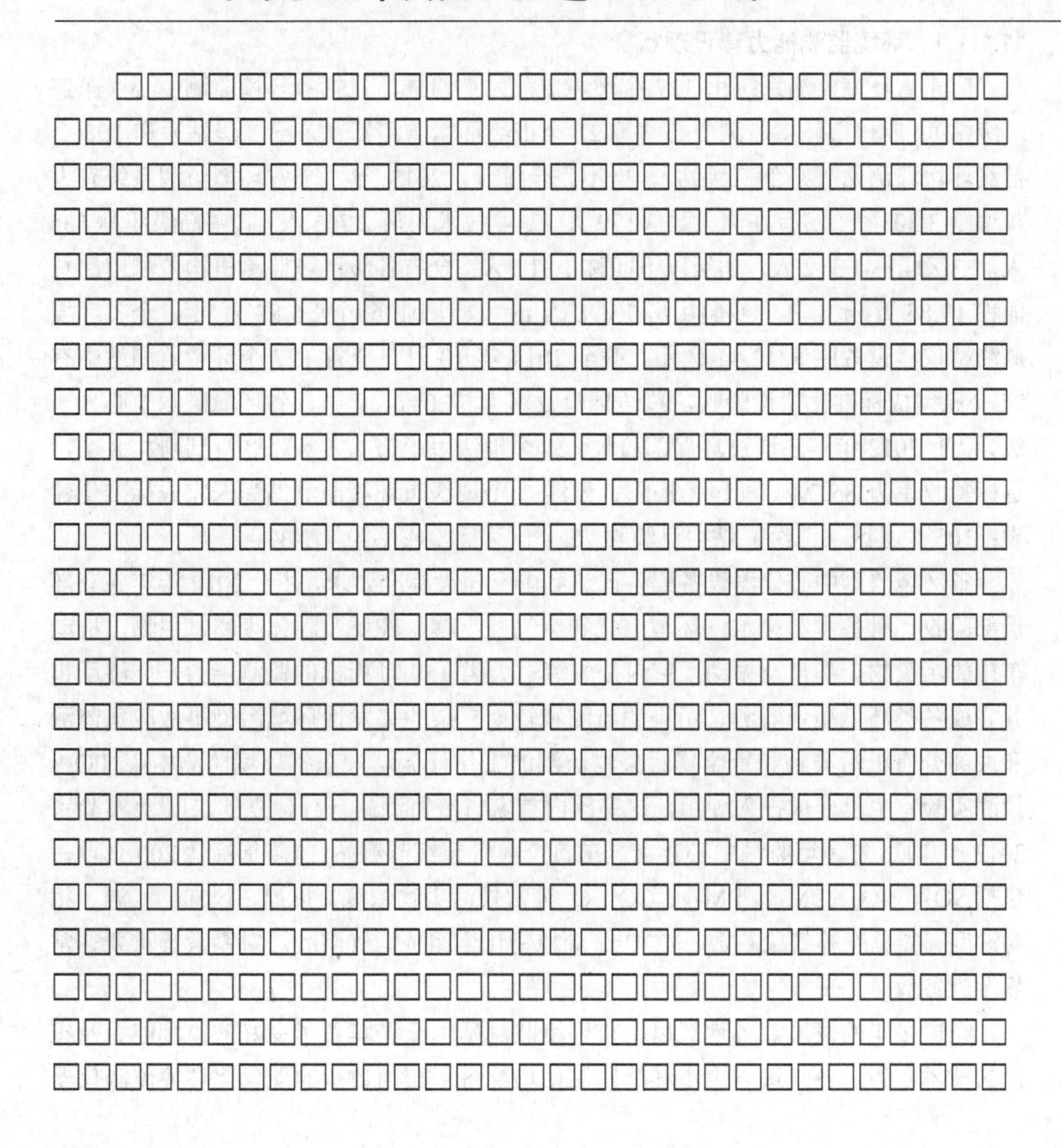

环境监管能力建设是实现环保事业发展的重要保障，新修订的《环境保护法》更是对环境监管能力提出更高要求。为使环境监管能力建设与新时期、新形势的需要相适应，与阶段环境保护任务需求相匹配，本章系统分析环境监测预警、环境风险防范、环境应急响应、环境监督执法、环境信息能力等建设现状，识别存在的主要问题，并对环境监管面临的新形势及新要求进行分析，提出完善环境质量监测体系、环境风险防控与管理体系、应急响应体系、监督执法体系及信息体系等战略任务。

11.1 环境监管能力现状

11.1.1 环境监测预警能力现状

11.1.1.1 环境监测能力建设现状

广东省环境监测系统由 127 个环境监测站点组成，包括省环境监测中心（东部一级站）、广州市环境监测中心站等 21 个市级环境监测站（东部二级站）和 105 个县级环境监测站（东部三级站）。据不完全统计，2013 年，全省环境监测系统有人员编制 3 303 个，实有在岗人数 3 179 人，专业技术人员 2 765 人，其中高级职称 635 人，中级职称 1 312 人，初级以下职称 1 312 人；全省各级环境监测机构监测用房总面积 19.85 万 m^2，其中实验用房 13.98 万 m^2，监测业务用房 5.87 万 m^2；全省环境监测站仪器设备原值 12.44 亿元。截至 2014 年 10 月，全省 127 个环境监测站中有 94 个已完成标准化建设验收，总达标验收率为 74.0%。其中，省环境监测中心（一级）已于 2012 年年底通过环保部验收，21 个地级以上市（二级）站中已验收 18 个，达标验收率为 85.7%，汕尾、揭阳、云浮 3 个地级市环境监测站尚未完成标准化建设；105 个县区（三级）站中已验收 75 个，达标验收率为 71.4%。

省环境监测中心仪器设备配备已达到国家建设标准要求，并于 2012 年年底获环保部验收，具备水和废水，环境空气和废气，土壤、底质及固体废物，生物，机动车排放污染物，噪声及振动，室内空气等七大类 159 项指标的监测能力，能够承担并完成各类环境质量监测、污染源监测和较为复杂的突发性环境污染事故应急监测和大部分有机污染物和重金属污染物监测的工作任务。广东省环境监测中心 POPs 检测实验室也已建成投入使用，这是国内首家省级监测站自行建立的二噁英实验室。2012 年年底，省环境监测中心建立全国首个大气超级监测站，监测指标达 200 余项，包括 SO_2、NO_2、PM_{10}、$PM_{2.5}$、CO、O_3 等常规污染物浓度，风速、风向、气温、相对湿度、能见度等气象参数，VOCs、颗粒物化学组成、气溶胶散射系数等重要非常规污染参数。

经过多年的发展，各地级以上市环境监测站也已经具备了良好的监测能力及雄厚的技术实力。各地级以上市环境监测站均配备了相当数量的现代化环境监测仪器设备，包括空气质量自动监测系统、水环境质量自动监测系统、水环境监测船，环境污染应急监测车、环境空气监测车、环境监测综合信息演播室、气质联用仪、总有机碳测定仪、流动注射仪、原子吸收分光光度计、红外仪、测汞仪、离子色谱仪、液相色谱仪、气相色谱仪、紫外分光光度计、离子发射光谱仪、原子荧光分光光度计、生物显微镜、噪声分析仪，以及其他大气、水质、生物、水文、气象、噪声、电磁辐射、电离辐射等仪器设备。各地级以上市环境监测站普遍具备了水和废水、环境空气和废气、土壤、底质、固体废物、燃料、生物、噪声、辐射、振动、机动车排气污染物、室内污染物等多种环境要素的监测能力。

全省各县（区）级监测站配备的仪器主要有流动注射仪、红外分光光度计、可见分光光度计、紫外分光光度计、电子天平、溶解氧仪、pH 计、噪声仪、浊度仪、水质毒性检测仪、有毒有害气体检测仪等常规监测仪器，部分实力比较强的站点还配备了原子吸收分光光度计、气相色谱仪、离子色谱仪等精密仪器。各县（区）级监测站基本具备大气、水质、噪声等环境要素的常规监测能力，能开展区域内常规环境质量监测、污染源监测、应急监测等方面工作任务。但由于仪器设备和人才缺乏，全省大部分县（区）级监测站仍缺乏重金属、有机污染物、VOCs 等污染物的监测能力。

11.1.1.2 环境监测预警网络建设现状

广东省环境质量监测网络不断完善，根据“重点建设、就近应急、以点带面”的原则，将全省分为珠江三角洲、粤东、粤西和粤北四大区域，重点建设省环境监测中心以及广州、深圳、汕头、茂名、韶关 5 个区域性监测中心站，目前已初步建立了以省环境监测中心为龙头，带动广州、深圳、汕头、韶关、茂名 5 个区域性监测中心，基本形成技术梯度合理、便于协同作战的环境监测预警应急监测网络体系，综合防范能力得到有效提升。

（1）大气环境监测预警网络建设现状。广东省已初步建成较为先进的大气复合污染立体监测网络。据不完全统计，广东省省、市、县三级共建成 171 个空气自动监测站点，其中包括国家建设农村站、背景站各 1 个、省建区域站与超级站 9 个、各地级市建设的城市站点 102 个、县（区）级建设的空气自动监测站点 58 个。“十二五”期间，广东省在省级层面运行的空气质量监测网络共有 2 个，即广东省城市空气质量监测网络（简称“城市网”）和粤港珠江三角洲空气监控网络（简称“粤港网”）。其中，城市网由 111 个省控以上城市站点组成，包括全省 21 个地级市和顺德区的国家环境空气质量监测点位（即“国控点位”）共 102 个，以及省直管的 8 个区域站和 1 个超级站，监测点位全部纳入国家空气监测网。从 2013 年 12 月 23 日起，城市网所有站点全部按照《环境空气质量标准》（GB 3095—2012）实施监测并实时向公众发布空气质量自动监测结果。粤港网目前由省建的 3 个区域站、珠三角 15 个城市站、香港特别行政区 4 个监测站及澳门特别行政区 1 个监测站组成，每天向公众发布 RAQI（区域空气质量指数）。

基于环境空气质量监测网络建设，广东省空气质量预报预警系统也在逐步发展完善。2013 年，通过国家“863”重大项目，广东省初步建立珠三角区域空气质量预报预警系统（主要预报 SO_2、NO_2 和 PM_{10} 三项指标）。随后，广东省环保厅与气象部门签署合作协议，成立了珠三角区域空气质量预报预警中心，建立环境空气质量季度会商制度，为科学应对社会各界空气质量的广泛关注提供技术支持与服务。自 2014 年 12 月 29 日起，广东省环保厅与广东省气象局联合向公众发布珠江三角洲区域空气质量预报。主要内容包括第二天区域总体和各片区空气质量指数等级范围及首要污染物名称等，同时发布未来 3 天区域空气质量的变化趋势。当遇到空气重污染过程时，还将根据应急预案要求进行预警。此外，广东省在湛江临港工业园、广州南沙小虎岛、惠州大亚湾化工园区推进“化工园区有毒有害气体预警体系”建设，上述园区已入围环保部有毒有害气体预警体系建设试点。

（2）水环境监测预警网络建设现状。广东省江河水质监测预警体系主要包括全省水质自动监测系统及常规监测系统。近年来，广东省不断加强各流域水环境管理能力建设，现已基本形成了覆盖省内主要江河水体和交界断面的水质自动监测网络。在全省重要的交界断面、饮用水水源及入海河流河口共建立 76 个水质自动监测站，珠三角地区 33 个水质自动站纳入了实时监控网，基本覆盖区域所有饮用水水源地、重点河流交界断面、重点湖库等主要水体，实现区域水环境质量监测数据的实时采集、统计分析、汇总上报等工作。广东省水质常规监测系统主要包括全省地级以上城市及顺德区共 78 个城市集中式饮用水水源地、69 个省控江段的 124 个省控断面、3 个省控湖泊和 34 个省控水库的监测；广州、深圳、珠海、汕头、汕尾、东莞、中山、江门、阳江和湛江 10 市对 19 条主要入海河流河口开展的水质监测；全省 13 个沿海城市对 52 个近岸海域环境质量监测点位、67 个功能区监测点位的监测。其中，全省 78 个城市集中式饮用水水源地每年开展一次水质全分析监测，监测比例为 100%。珠江流域共布设有 89 个省控断面，其中，西江 9 个，北江 12 个，东江 23 个，珠江三角洲 45 个，较 2010 年增加 6 个断面，监测频次为每月监测一次，监测项目共 24 项。这些监测点位是根据环境管理实际需求、通过多年优化形成的，通过规范的水质监测和评价，全面、系统了解全省水环境质量状况。

基于广东省水质监测体系建设，广东省水质监控预警系统也在逐步建设完善过程中，2014 年，成功预警了 5 起水污染事件，包括 4 起跨省、1 起跨市污染事件。为加强北江流域饮用水水源水质安全保障能力，构建流域水源水质监控预警综合信息管理平台，2012 年省环保厅启动了“北江流域饮用水水源水质预警监控系统”建设。到 2014 年，北江流域已经基本建成水源水质风险评估和监控预警综合信息管理平台，基本形成北江流域水环境风险预警及应急指挥实时数字化、可视化能力，北江流域水质监测预警和应急能力得到显著提高。此外，在东江流域也建立了省环境保护厅与深圳、东莞、惠州市环境保护主管部门、广东粤港供水公司保护东深供水环境安全的联动机制，实施东深水质环境监管联动，建立水环境监测、环境执法的监控预警体系，确保东江水的供水安全。

（3）重金属环境监测预警网络建设现状。广东省已全面开展国家重金属重点防控区水和环境空气重金属专项监测工作。2013 年，广东省共设置 35 个水环境重金属专项监测断面，监测范围涵盖了韶关、清远、肇庆、佛山、江门、云浮、河源、梅州、惠州、东莞、中山、深圳和汕头 13 个地级市，监测频率为 12 次/a。2012 年下半年起广东省在 10 个国家重金属重点防控区开展环境空气重金属专项监测工作，即珠三角电镀重点防控区、韶关大宝山矿区及周边地区、韶关凡口铅锌矿周边、汕头潮阳区、韶关乐昌市、云浮云安县、清远清城区、韶关浈江区、清远英德市、粤东莲花山钨矿周边。监测范围涵盖了广州（4 个点位）、深圳（2 个点位）、佛山（4 个点位）、东莞（4 个点位）、中山（1 个点位）、惠州（3 个点位）、江门（6 个点位）、肇庆（4 个点位）、清远（3 个点位）、韶关（12 个点位）、汕头（4 个点位）、云浮（1 个点位）等 12 个地级市以及顺德区（2 个点位），共计 50 个监测点位。上述点位均按月开展重金属污染物监测。此外，广东省在典型地区还推进建设大气重金属污染监控预警体系，切实提高重金属污染监测与预警工作，韶关、梅州等典型地区已按照部署着手启动大气重金属预警监控平台的建设。

（4）土壤和生态环境监测预警网络建设现状。广东省不断推动全省土壤状况调查项目和全省生态遥感监测与评价工作，在农村环境质量监测领域也尝试开展了系列开拓性的工作。广东省在全国率先建立覆盖全省地级以上城市和顺德区的农村环境质量监测体系，完成全省各地级以上市及顺德区 21 个农村环境空气、地表及地下饮用水水源、河流湖库、土壤等监测工作，建立起覆盖全省地级以上城市的农村环境监测网络。广东省已制定了《广东省土壤环境国控点位优化布设方案》，为广东省乃至全国土壤环境监测网建设提供理论依据和技术支撑。广东省已初步建立基于卫星遥感的生态环境监测体系，完成了《广东省生态系统质量十年变化（2000—2010）遥感调查与评估》及《广东省典型矿区十年变化遥感调查与评估》等生态遥感监测及评价工作。

11.1.1.3　污染源监测能力建设现状

“十二五”以来，广东省国控、省控污染源监督性监测工作取得了很大成绩，为广东省和地方政府准确掌握污染减排的进展、完成污染减排任务发挥了重要作用。完善污染源监测制度，规范污染源监测行为，向社会公布污染源超标排放企业名单。强化污染源自动监测设备运行情况监督考核和自动监测数据有效性审核工作，确保污染源自动监测数据真实可靠。对排污单位的监督力度不断加大，纳入国控、省控污染源监督性监测的企业数量逐年增加，覆盖面逐渐扩大。2011 年，全省纳入国控、省控污染源监督性监测的企业共 682 家；2015 年，全省纳入国控、省控污染源监督性监测的企业达 1 278 家，五年增长近一倍。新增了重点重金属企业污染源监督性监测工作，逐步推进企业自行监测工作的开展。

11.1.1.4　监测质量管理建设现状

“十二五”以来广东省组织开展了一系列环境监测质量管理工作，取得了很好的成效。①出台了一系列质量管理技术规定及工作方案。规定和方案的内容全面涵盖污染源监测与核查、地表水手工监测、地表水自动监测、空气自动监测、近岸海域监测、应急监测、持证上岗考核等方面。②加强持证上岗考核力度。2011—2014 年省中心组织全省二级、三级监测站共完成了 4 559 人次、114 762 项次的持证上岗考核，考核的合格率平均为 92.9%。省中心于 2012 年接受了中国环境监测总站持证上岗考核，共 71 人、3 539 项次通过考核，考核合格率为 98.9%。③认真开展计量认证（资质认定）和实验室认可。目前，省中心的认证认可检测能力范围达到共 8 大类 343 项（857 个参数）。21 个地市级（二级）监测站全部通过了计量认证，其中有 15 个监测站通过了实验室认可。在 105 个区县级站中，97 个监测站通过了计量认证，其中 7 个监测站还通过了实验室认可；个别没有通过计量认证区县站主要是仅建立了机构，尚未具备开展监测工作的条件。

11.1.2　环境风险防范能力现状

11.1.2.1　环境风险全过程管理体系建立现状

广东省切实加强环境安全监管工作，突出预防为主，着力做好环境风险和污染事件防控。通过进一步完善环境风险防范相关政策、标准和工程建设规范，把环境风险防范纳入环境管理体系，将环境风险防范作为环评审批和环保“三同时”验收的重要内容，严格落实环境风险防范和应急措施建设，落实源头防控。开展重点环境风险源和环境敏感点摸底调查工作，逐步建立了以排放重金属、危险废物、持久性有机污染物和生产使用危险化学品的企业为重点的环境风险源数据库，为环境风险管理提供数据支撑。组织开展环境安全月活动、岁末年初环境安全大检查活动和重点环境风险源、环境敏感点的专项环境安全检查活动。“十二五”期间开展了对电镀、石化、火电、钢铁、水泥、有色金属、尾矿库、危险废物、涉铊企业等重要和敏感区域进行定期专项检查，排查环境安全隐患，降低环境风险。逐步建立以环境损害赔偿为基础的环境责任和环境管理体系，合理、合法地追究环境损害者的刑事和民事责任。

探索开展重点行业（企业）环境风险评估工作。推动企业落实环境风险隐患排查主体责任，以中国石化湛江东兴石油化工有限公司为重点企业，以肇庆市四会陶瓷行业为突破点，探索开展环境风险评估工作，采取措施，推动加强环境风险隐患防控监督管理，提高企业环境风险隐患防控能力。先行先试环境污染责任保险工作，利用保险工具参与环境风险管理和事故处理，有利于提高企业防范环境风险能力，促进政府职能转变。

11.1.2.2 重点环境风险源管控现状

涉重企业管理方面。广东省实施了涉重金属企业“一厂一策”监测方案，针对每家企业分别编制具体的监测方案，加强对涉重金属企业的排放监测监督。开展了企业环境管理档案建设工作，全面完成了列入国家规划的 507 家重点企业的重金属减排台账建档工作，完善了涉重金属企业的重金属减排台账建档制度。对列入国家规划的重点企业严格开展重金属监督性监测，为重金属规划实施考核工作提供重要材料和核算依据。开展专项安全监察和风险评估工作，初步建立以 102 家涉铊企业、136 个尾矿库为基础的环境风险源动态管理数据信息。对重点企业严格实施每两年一次的强制性清洁生产审核，从源头防控污染。

危险废物管控方面。广东省已建立起危险废物经营情况报告制度和定期监测制度，初步实现了危险废物的申报登记、转移管理、经营管理以及进口废物的许可证申请、加工利用情况报告等的网上申报与审核。建立了危险废物产生单位及经营单位危险废物处理处置管理台账制度及危险废物规范化管理监督考察机制，强化对危险废物产生单位及经营单位规范化管理的监督检查。初步建立了重点监管的危险废物产生单位清单，包括国家级重点监管源 911 家，省级重点监管源 1 718 家，市级重点监管源 2 441 家。初步开发应用危险废物电子标签管理和危险废物运输过程 GPS 监控管理系统，提高了危险废物的全过程监管能力。全面启动了广东省危险废物污染防治专项整治工作，有效降低了危险废物的环境风险隐患。

危险化学品管控方面。“十二五”期间广东省开展了危险化学品道路运输安全管理、港区危险化学品企业安全管理、特种设备安全监察、危险化学品领域安全监察督查以及石油化工企业、石油库和油气装卸码头的安全专项督查行动，有效降低了危险化学品的环境风险隐患。实行将化学品环境风险评估作为化学品建设项目环境影响评价的重要内容，强化突发环境事件潜在环境风险分析。为进一步加强化学品环境管理，推进危险化学品环境管理登记工作，开展了危险化学品环境管理登记试点工作。认真履行法定的危险化学品安全监管职责，有力促进了全省安全生产形势的持续稳定好转。

持久性有机物管控方面。初步形成了与国家持久性有机物污染防治方针和政策相配套的地方规范标准体系，实施企业固定源和无组织排放源持久性有机物削减管理模式，基本实现了持久性有机物的动态管理。启动了持久性有机物统计报表制度，实现了重点排放源的动态更新，初步实现了数据收集、统计、上报与排放的动态监管。利用 GIS 技术与企业数据耦合，实现了全省污染防治重点监管企业信息的直观展示。对国控重点企业每季度开展一次现场检查，并将现场督查和监督性监测情况纳入广东省重点污染源环境保护信用管理，通过现场督查、信访案件查处、排污费征收等综合手段强化执法力度，切实减少重点行业持久性有机物排放。

11.1.2.3 核与辐射环境监管能力现状

（1）核与辐射监测能力现状。“十二五”以来，广东省的核与辐射环境监管能力进一步得到提升，在省本部已建立了省环保厅核安全处（在编 9 人）和广东省环境辐射监测中心（在编 52 人）两个辐射安全监管机构的基础上，在核电站所在地深圳和阳江分别设立了深圳分部（共 10 人）和粤西分部（共 15 人），为辐射环境行政管理部门及时掌握核电站周围的辐射环境状况提供了技术保证。全省 21 个地级市除云浮市以外均已建立了辐射安全监管机构，除深圳外的辐射环境技术支持机构基本设在各市环境监测站内。但除深圳和广州两个城市的专职辐射环境监管人员配备较多外，其余地级市专职从事辐射环境管理的人员不多，部分监测站实际并没有专职的辐射监测人员，同时培训不足，技术不强。全省大部分地级市配有基本的监测仪器，基本仪器配置较齐的有广州、深圳、东莞、汕头、中山、韶关、阳江、珠海、江门、揭阳和顺德 11 个市（区），上述地市已基本具备辐射环境现场监测能力；但尚有部分市（区）的监测仪器偏少或已损坏或未认证，亟须对仪器设备进行配置或升级。部分市（区）监测站的监测设备老化陈旧。对照《全国辐射环境监测与监察机构建设标准》，全省大部分地市的辐射环境监测能力仍明显不足。

（2）核与辐射监管现状。广东省建立了核技术应用单位的动态基础信息库，并与广东省环保厅网上办事大厅对接，实现了辐射项目环评、验收审批网络化，以及辐射安全许可证发发证和换证、放射源的转让与转移网上申报和审批。以许可证换发为抓手，加强对辐射工作单位的监管，完成了涉源单位与射线装置应用单位许可证发放率 100%的目标。初步建立了放射源管理信息系统，放射源管理进一步规范，开展了全省放射源安全专项检查，核与辐射安全得到有效保障。稳步推进核技术利用与电磁辐射设施建设项目的环保验收工作，对稀土和伴生放射性企业加强了监管，开展相关单位的辐射项目专篇审查以及专项监督检查。各市着力运用各种科技手段，对重点源特别是流动作业探伤源实施自动化、信息化监控，对废旧放射源及放射性废物收贮也能做到底数清，并积极组织送贮。

（3）核与辐射环境监测网络的建设现状。目前广东省建成 4 个辐射环境自动站（1 个标准站、2 个基本站、1 个接入站）以及 11 个水体（2 个地表水、1 个饮用水水源地水、1 个地下水、7 个海水）监测点、8 个陆地土壤监测点、11 个不同地域γ辐射空气吸收剂量率监测点、9 个电磁辐射环境质量和 2 个电磁辐射源监测点、1 个宇宙射线测量点、7 个海洋生物监测点，设置了对大亚湾核电站、岭澳核电站、北龙放射性废物处置场、深圳微堆、粤北 2 个铀矿冶（741、745）的监督性监测网，辐射环境监测网络框架初步形成。增加开展铀矿冶设施地表水和生物样品的 Po-210、Pb-210 分析测试，各运行核电站空气中 C-14 的分析监测，调整了空气中氚、气溶胶的监测频次，增设了γ累积剂量、降水、沉降物、饮用水及地表水样品的对照点。深圳市市属监测点位开展了环境地表γ辐射剂量率监测、环境γ辐射累积剂量监测、大气气溶胶辐射环境监测、水源水中总α、总β监测以及土壤中放射性核素含量监测。

珠海市开展了土壤、饮用水放射性水平监测调查。江门、阳江、东莞市也启动了辖区辐射水平本底监测调查。

（4）核与辐射环境应急能力建设现状。广东省持续强化应急制度体系建设，修改完善《广东省民用核设施核事故预防和应急管理条例》和《广东省核电站场外应急计划》，各应急组织成员单位也及时修改完善本组织的应急预案和执行程序。通过完善一系列的法规制度，使广东省的核应急管理工作有法可依，有章可循，有序发展。建设完成省辐射监测中心粤西分部和阳江核电站核应急前沿指挥所，推进江门核应急指挥中心建设和台山核电站前沿指挥所选址工作，强化核应急队伍建设。不断加强核应急基础设施建设，省核应急指挥中心升级完善了核应急综合管理平台，实现了省核应急指挥中心与国家、地（市）、省级各核应急小组指挥中心、核电站运营单位间的互联互通，核与辐射应急监测调度平台也已完成硬件和软件系统的安装、调试工作。以泛珠三角区域环保合作为平台，联合福建、广西、海南签订了四省区核应急合作协议，实现了区域核应急支援兼容互补、信息共享、协同应急和核应急能力共同提高。继续深化粤港交流与合作，建立了粤港核应急信息通报机制。加强舆论引导，积极引导新闻媒体科学、客观、公正地报道相关核应急信息，充分结合环境、救灾等其他专题宣传开辟新的宣传途径，消除公众恐核心理，提高应急意识。

11.1.3 环境应急响应能力现状

11.1.3.1 应急机构能力建设现状

“十二五”以来，全省高度重视环境应急能力建设，各级财政加大投入，全省用于开展省、市、县三级监测站环境应急能力标准化建设的资金达 2 000 多万元，应急能力得到有效加强。初步建立了以省环境监测中心为龙头，带动广州、深圳、汕头、韶关、茂名 5 个区域性监测中心协同作战的环境应急监测网络。环境应急机构达到省级一级建设标准的 1 个；全省 21 个地市级环境应急机构达到地市级一级建设标准的 5 个，二级建设标准的 10 个，三级建设标准的 6 个，其中达到地市级一级标准占 23.8%，二级标准占 47.6%，三级标准占 28.6%；县（区）级环境应急机构环境应急能力也得到迅速发展，特别是珠三角地区各县（区）的环境应急机构基本都能达到县（区）级一或二级建设标准。此外，广东省各地市均配备了一定数量的应急装备及应急处置物质，包括多台应急监测基本仪器，如便携式多种气体分析仪、多功能水质检测仪、BOD 快速测定仪、应急监测车等；以及船只、水泵、吸污车、收油机等应急保障设备、防化服、防毒面具、防护眼镜、安全帽等应急保障及防护装备。但由于经济发展不平衡，粤东、粤西大部分县（区）环境应急机构建设水平相对落后，软硬件条件相对较差，制约了处理处置环境风险的能力。

11.1.3.2 应急响应体系建设现状

（1）环境应急预案体系建设现状。“十二五”期间，广东省修编了《广东省突发环境事件应急预案》《广东省环境保护厅突发环境事件应急预案》，制定了《广东省环境应急体系建设“十二五”规划》《广东省突发环境事件应急预案操作手册》《珠江三角洲区域大气重污染应急预案》《东深供水工程水质安全保障与应急处置方案》，起草了《泛珠三角区域内地跨省（区）特别重大、重大突发环境事件应急预案》。为建立健全广东省主要流域及水库突发环境事故的应急监测机制，提高应急监测和处置能力，保障饮水安全，2012 年广东省编制完成了东江、西江、北江、韩江四大流域及高州水库、鹤地水库的突发环境事故应急监测预案，明确了重点风险源的分布情况。推进了各地级以上市、顺德区政府环境应急预案制定、修订工作，监督指导国家重点监控企业、重点环境风险源环境应急预案的编制、评估、备案、修订、宣教培训和演练等管理工作，不断完善“横向到边，纵向到底”的环境应急预案体系。

（2）环境应急响应机制建设现状。全省环境应急机构建立了环境应急信息接警制度，建设了紧急信息接报平台，强化突发环境事件信息网络化管理，环境应急机构实行 24 小时轮流值守，确保环境应急信息传递通畅。建立了省级应急视频会议系统和视频指挥调度系统建设工程，部分市、县级应急指挥中心安装了视频会议终端。政府职能部门、专业应急队伍、社会力量的三级应急梯级队伍不断完善，环境应急演练和培训不断强化，应急快速反应能力和战斗力不断提高。

（3）环境应急决策支持机制建设现状。广东省已制定《广东省环境保护厅关于环境应急专家库的管理办法》，有效整合水污染防治、大气污染防治、生态污染防治、海洋和船舶污染防治、辐射污染防治、化学品和危废处理、卫生和饮用水安全、环境工程、环境地质、环境评估、环境监测等领域的专家，组成环境应急专家库，发挥专家在环境应急处置中的咨询与辅助决策作用。

（4）环境应急联动与协作机制建设现状。广东省不断深化跨区域环境应急联动与协作机制，积极主动与广西、湖南、江西、福建等交界省（区）签署了跨界河流水污染联防联控协作框架协议。推进跨部门应急合作，与省安全生产监督管理局、省海洋与渔业局、省公安消防总队签订应急联动工作机制协议。推动建立重点行业（企业）联动机制，与中石化安环局、粤电集团及广晟集团建立重点企业环境保护联动机制。

11.1.4 环境监督执法能力现状

11.1.4.1 全省环境监察机构标准化建设现状

广东省环境监察执法系统共有省、市、县（区）三级环境监察机构 126 个，其中省级 1 个、地级市级（含顺德区）22 个、县（区）级 103 个。截至 2013 年年底，全省环境监察机构执法编制人员共有约 2 100 人，全省环境监察执法人员全部持证上岗，岗位培训率达 100%。截至 2013 年年底，全省已有 70 家环境监察机构按照《全国环境监察标准化建设标准》要求完成了装备的达标建设，其中，省级 1 家，地级市 16 家，县（区）级 53 家，地市级机构的装备达标率已超过 70%，县（区）级机构的装备达标率已超过 50%。截至 2013 年年底，珠三角九市一区和汕头市的环境监察机构已全部通过标准化建设复检验收，广州、深圳、惠州、江门市辖县区级环境监察机构标准化建设也全面达到标准，全省的环境监察能力建设有明显进步。

11.1.4.2 全省在线监控能力建设现状

“十二五”以来，广东省环保厅继续大力推进国家重点监控企业在线监控系统建设和运行管理，切实加强重点污染源自动监控系统现场监督检查及有效性审核工作。截至 2013 年年底，全省共建成 1 个省级和 21 个地市级的污染源自动监控中心，且已全部通过验收并投入使用。截至 2013 年 11 月底，全省 683 家国控企业（除涉重金属、畜禽养殖业外）共安装自动监控设备 1 668 套，已验收自动监控设备 1 608 套，已安装企业验收率为 96%，已安装企业联网率为 80.2%，历史数据传输率平均为 94.16%，为污染减排提供了有力的监管手段。

根据 2014 年上半年对广东省重点污染源自动监控系统建设、联网及运行管理情况的一次调查，2014 年上半年，广东省传输有效率为 64.12%，传输有效率整体仍然偏低。本次调查共考核可控国控企业 636 家，考核监控点位数 852 个，其中传输有效率在 75%以上监控点位数有 393 个，75%以下监控点位数有 459 个；传输有效率在 75%以上的地市（区）有 10 个，75%以下的有 12 个，其中深圳、肇庆、惠州、河源、东莞远低于全省平均值。

11.1.4.3 高效精准的环境监管体系建设现状

跨部门联合执法取得了很大的突破。2014 年 1 月，省环境保护厅与省公安厅联合发文，要求全省各级环保部门和公安机关加强部门联动执法，加大对环境违法犯罪行为的打击力度。同年 3 月，省环境保护厅与省公安厅、省检察院联合印发《广东省环境保护系统移送涉嫌环境犯罪案件标准》，明确了 45 类移送涉嫌环境污染犯罪案件的标准，为“两法衔接”工作提供有效的参考依据。2014 年 1 月，深圳市人居环境委与市公安局已正式联合发布了《关于做好环境污染犯罪案件联合调查和移送工作意见》，标志着深圳已形成环境行政执法与刑事司法联动机制，将用最严格的环境监管执法加大对环境污染犯罪的打击力度，全力保护深圳的碧水蓝天。2014 年 10 月 8 日，佛山市公安局经济犯罪侦查支队环境犯罪侦查大队挂牌成立，成为广东省首支在公安经侦部门组建的打击破坏生态环境犯罪的专门队伍。同日，佛山市下辖的顺德区公安局经侦大队也增设环境犯罪侦查中队。随着“环保警察”的组建，环境违法案件的查处不再受到环保部门行政执法权所限制，在警方提前介入和配合下，无论是证据搜集、案件认定还是违法人员抓捕、审查，都更为迅速高效。

在全省全面推行网格化环保监管的新模式。根据国家关于环境监察网格化管理的有关要求，结合广东省实际情况，广东省环保厅在 2013 年 10 月制定了《广东省环境监察网格化管理工作实施方案》。要求全省各级环保部门在全面掌握辖区内国控重点污染源、省控重点污染源、非煤矿山尾矿库、其他重点污染源和环境风险源等环境监管对象信息的基础上，结合移动执法信息系统，科学划分网格，通过建立“三清三到位”（即区域清、底数清、职责清和监管到位、互通到位、服务到位）的立体环境监管机制，在全省逐步建立“纵向到底、横向到边”的网格化责任管理体系。并要求全省环境监察网格化管理工作分四个阶段稳步推进，2015 年下半年以后全省的环境监察网格化管理工作要进入正常运行阶段。

全面推进环保监管执法的信息化。广东省环保厅已建成建设项目环保审批、总量减排、排污许可证管理、污染源自动监控、环保信用、污染源普查、环境统计、排污收费等环保业务管理系统，建成了污染源数据中心，并与空间地理信息系统平台实现了集成，以此为基础加强环保部门内部对污染源管理的协同和数据的共享。2012 年，省环保厅完成了省级移动执法系统的建设，包括省级执法数据中心与现场执法移动终端应用，并于 2013 年将试点工作扩展至珠海、惠州、佛山、河源 4 个试点地市级环境监察机构，以及惠州市的惠城区与仲恺高新区、佛山市的禅城区与顺德区 4 个试点区级环境监察机构。广东省环境监察移动执法系统能充分利用广东省污染源自动监控系统、广东省污染源数据中心和广东省重点污染源动态管理综合系统以及市、区原有的业务信息资源，与环境监察业务紧密结合，为省、市、县三级的环保执法工作提供高效、安全、便捷辅助工具，大大增强了各级环境监察执法部门的工作效率。从 2014 年开始，佛山、清远等城市在日常环境监督执法中逐步引入无人机辅助执法的手段，大大强化了打击非法排污、非法破坏生态环境等行为的监管手段。

11.1.5 环境信息能力现状

11.1.5.1 全省环境信息机构规范化建设现状

2013 年 11 月，广东省环境信息中心规范化建设通过环保部组织的专家组验收，成为全国首个通过一级甲等标准的环境信息机构。据不完全统计，全省 21 个地市中只有 19 个地市已成立了专门的环境信息机构，124 个县（市、区）中更只有 25 个设立了专门的环境信息机构，县区级环境信息机构的建立水平约只有 20%。就算已成立了专门环境信息机构的市和县（市、区），由于受人员编制、财政投入等方面的影响，大部分环境信息机构的规范化建设也仍未能达标。

11.1.5.2 全省云计算平台和数据中心建设情况

目前，《广东省环境管理大数据应用及市县试点项目》已获得省发改委立项，该项目将建成全省的开放式污染源综合管理系统、全省的污染源数据中心和环境空间信息服务共享平台，实现污染源数据业务系统的集成管理、污染源信息的全面整合以及污染源环境空间信息展示和管理等功能，大大提升全省污染源数据信息的管理和应用水平。同时，该项目以云技术手段，推进试点市县的信息化建设，协助试点地区建设统一的公众网站、协同办公平台、建设项目审批管理系统、污染源综合管理系统、污染源在线监控管理系统、环境监察移动执法系统以及环境质量信息管理系统等，大幅提升基层的环境信息化水平。

11.1.5.3 全省环境信息化服务水平发展现状

目前，省环保厅已建成了省污染企业综合服务平台、全省固体废物管理信息系统、广东省建设项目环评管理电子信息系统、环境监察移动执法管理系统等主要业务信息系统，各地市也已基本实现了建设项目的环评审批、建设项目的环境保护设施竣工验收管理、排污许可证核发管理等核心业务的信息化管理，全省的环境信息化服务水平有了较大的提升。

11.2 环境监管能力存在的问题

11.2.1 环境监测预警能力存在的主要问题

（1）各级监测站定位不够明确。事业单位分类改革，缺乏国家层面的统一指导，导致各级监测站属性不一致。有的是参公管理，有的是公益一类，有的是公益二类。定位不同必然导致发展方向不同，有的偏重管理，有的偏重技术，还有的要靠创收来维持生存。同时，省、市、县各级环境监测站的任务越来越重，任务分配缺乏顶层设计，尚未结合实际情况进行优化。

（2）整体环境监测能力仍然不足。全省21个地级市仍有汕尾、揭阳、云浮3个市环境监测站尚未完成标准化建设，县区（三级）站达标率更仅有 71.4%，距离全省达标还有一定差距。基层（特别是县级）环境监测机构正式人员编制不足，监测用房面积不够，实验室环境条件较差，仪器设备不足，应急监测装备较为简陋。除珠三角地区部分县区级站具有较强的监测能力外，广东省东西北地区还有部分县区级站监测能力薄弱，仅能开展少数工业污染源监督性监测和部分常规项目环境质量监测，其他常规监测设备和应急监测所需车辆、仪器、装备距离标准化建设的要求还有一定差距，更不具备生态/生物、重金属、POPs、挥发性有机物、有毒废气监测能力。此外，各级监测站仍普遍存在监测人员数量与监测任务不匹配，高素质人才缺乏，监测运行经费不足等现象。

（3）全省环境监测网络整体不够完善。广东省现行的环境质量监测预警网络覆盖面及监测指标仍不够全面。大气监测预警网络监测点位数量偏少，且大部分点位集中在珠三角及城市地区，粤东西北农村地区偏少，无法反映全省整体的空气污染情况，且缺乏对大气中重金属等污染指标的监测能力。粤东西北地区水质自动站尚未纳入实时监控网络，北江流域水环境质量监测网络尚未完善，西江、东江及韩江等主要流域内水质预警监测站建设进展缓慢，各主要流域水污染监测预警能力亟待加强。

2014年上半年，全省废水重金属监测完成率为91.7%，废气重金属监测完成率为88.3%，企业周边大气和地表水重金属监测完成率仅为71.3%和68.5%，重金属排放监测仍有待进一步加强。广东省生态环境质量监测工作刚刚起步，监测能力薄弱，不具备完全、系统的生态监测能力，全省尚未形成综合性、系统性的生态监测网络。全省土壤环境监测水平相对滞后，部分地区缺乏监测的仪器和人员配备，基本农田和集中式饮用水水源地等重点区域存在监测站点布置过少、监测项目少、监测数据信息流通不畅等多方面问题。全省农村水及大气环境质量监测网络才刚起步，依然存在环境监测点位不够、代表性不强、环境监测项目不全等问题。全省重金属、生态、土壤、农村环境等方面的监测工作才刚刚起步，亟待进一步加强。

（4）环境监测质量管理体系尚不完善。广东省环境监测数据质量监督考核和责任追究制度不够健全，个别地方存在行政干预或利益干扰，影响了监测数据的真实性、准确性。大部分环保局还没有设置环境监测管理行政部门，未能实现环境监测行政管理和技术支撑的分离；全省环境监测资源未能整合，没有形成全省一盘棋的格局；环境监测市场缺乏有效监管和合理引导，难以满足新时期环境保护工作的需要。在国家环境监测总站组织的考核中，广东省部分城市考核成绩不理想；在数据认可工作中，监测报告的修正率高达 78%，监测过程不规范、报告信息不完整等问题较为突出，致使监测数据的合法性、公正性和有效性遭到质疑，在查处环境违法行为上站不住脚。广东省环境监测社会化工作才刚起步，社会环境监测机构监测质量尚未得到全面有效监管。部分环境监测站虽然采用了比对监测、抽测、巡检或盲样考核等方式开展了对社会环境监测机构的质量控制，但由于人员、时间精力、经费不足等原因，质控范围非常有限，如监测人员的技术水平、仪器设备是否检定，现场操作是否规范，分析方法是否正确等方面仍出现质控不到位现象。

（5）人员和经费保障较缺乏。广东省环境监测站正式人员编制不足，缺编较严重的主要是地市站，平均编制仅有 64 个，远远达不到国家要求的 150 个编制。合同用工、临时用工人员流动性大且不稳定，不利于技术能力的提高。监测系统近年来新进人员较多，学历高、阅历浅、轮岗快，缺乏实际工作经验和综合分析能力，需要长期磨炼和培养，才能造就一批环境监测和环境管理方面的学术带头人和技术骨干。2014 年，广东省开始免征省级行政事业性收费，地方开始推行免征小微企业监测费，使得监测站收入锐减，在当前监测任务每年不断增加的情况下，一些监测站因编制不足外聘人员的经费得不到保障，影响了工作的正常开展。近年来，国家和省财政在监测系统仪器设备购置方面给予了极大的支持。但在一些经济落后的县区级地区，很难提供足够的经费来保障所有仪器设备的正常运转和维护。

11.2.2 环境风险防范能力存在的主要问题

（1）环境风险源监管不足。广东省环境风险源动态管理数据库、环境风险源分类分级管理制度尚不完善，环境风险源调查、环境风险评估和安全隐患排查专项行动尚未全面开展，重点环境风险源监测网络体系建设及全过程管理制度尚不完善。特别是涉重金属、危险化学品、危险废物以及持久性有机污染物等重点环境风险源的综合管理工作尚处于初级阶段，管控能力亟待加快推进，对环境风险源的监管仍需进一步强化。

（2）核与辐射环境监管能力仍不足。从目前的核与辐射监管能力建设，特别是队伍建设来看，离广东省核与辐射监管的实际需要尚有一定的距离。核与辐射监管人员队伍和资源配备还很不足，省环境辐射监测中心人员编制尚未满足涉核省份最低人员标准要求，除深圳和广州两个城市的专职核与辐射监管人员配备较多外，其余地级专职从事核与辐射监管工作人员更是明显不足，与《全国辐射环境监测架构建设标准》的差距明显。同时由于培训不足，大部分地市核与辐射工作人员的工作能力仍有待进一步加强。核与辐射监测配套建设存在缺项，虽然大部门地级市配有基本的监测仪器，但部分市的监测仪器偏少或已损坏或未认证。县、区仪器设备非常缺乏，一些县、区基本没有仪器，其他各县、区设备也非常有限。广东省核与辐射监管队伍人员配备、防护装备、防护技术、监测技术装备、通信传输设备等均与广东省高速发展的核电、核技术应用实际不相适应。

（3）核应急指挥与辐射环境监测网络亟待完善。全省辐射环境质量监测工作尚未全面展开，监测网络尚不健全，应急监测能力不足，重点污染源流出物监督性监测尚不规范。省内核电站污染源在线监控系统尚未实现全部安装，还没有实现对辐射环境的全面实时监控，随着核电站的不断建设，辐射环境自动监测站也出现缺口。全省电磁辐射环境质量监测网络尚未建成，铀矿开采及冶炼、稀土矿重点开采区及伴生放射性企业等重点污染源监督性监测尚未实现全覆盖。部分重要河流以及重点水源地的水环境安全监测工作尚未开展。重要农产品基地、饮用水水源保护区、高本底地区、稀土开采区、采矿区等周边地区的土壤放射性污染监测工作存在不足。全省伴生放射性矿的监督性监测，水体、生物、土壤、海洋环境放射性的监测等还需要进一步加强。

核与辐射应急管理体系、核与辐射环境监测预警与应急监测体系等尚不完善，核与辐射应急监测快速响应能力配置存在不足，没有建立全省核与辐射环境风险源数据库，不利于核与辐射应急管理工作的开展和部署，核与辐射应急能力薄弱。

11.2.3　环境应急响应能力存在的主要问题

（1）全省大部分地区应急能力建设仍有待进一步加强。目前全省部分地区仍存在应急专业技术人员匮乏、应急监测仪器装备紧缺等现象，应急监测能力仍明显不足，部分地市应急机构应急支撑能力仍有待加强。此外，由于经济发展不平衡，粤东、西、北地区大部分县（区）环境应急机构建设水平相对落后，应急人员配备、应急装备及应急处置物质等软硬件条件较差，严重制约了应急机构处理处置环境风险的能力。

（2）全省应急预案体系仍不完善。全省部分地市环境应急预案制定、修订工作尚未完成，国家重点监控企业、重点环境风险源环境应急预案的编制、备案等管理工作仍需进一步加强。大多基层单位应急预案的内容简单，部分条款直接照搬上级或同级相类似的预案，并未结合本地区环境风险隐患、环境敏感点、应急能力等实际情况提出预防、预警、应急等具体措施，预案缺乏实际可操作性。此外，由于缺乏足够的应急演练，大多数应急人员并不熟悉相关应急预案，使得实际应急过程常不按应急预案操作，仅凭主观意愿和经验应对，导致大多数的环境应急预案实际并未发挥应有的作用。

（3）应急联动与协作机制仍有待加强。跨省、跨部门环境应急联动工作仍处于初步探索阶段，尚未建立完善的应急联动与协作机制；各应急管理机构之间缺乏沟通、信息共享及联合应急演练机会。一旦出现突发环境污染事故，各应急队伍仅作为临时"救火队""消防员"出现，各部门之间联动应急处置突发事件配合的默契程度不高，难以迅速整合形成以应对突发污染事件的合力。

11.2.4 环境监督执法能力存在的主要问题

（1）跨部门环境监督执法合作仍有待加强。现行法律规定的环境污染防治的主体多，权责分散在各个部门，环保部门难以实现有效的统一监督管理。由于环保部门并非很多行业的主管部门，对很多行业仍缺乏有效的监督执法手段，对相关行业的环保监管仍必须依托于其主管部门。如对农业源、城市建筑扬尘、机动车等方面的排放监管，目前广东省各级环保部门实际上都缺乏有效的执法手段，只能依靠农业、住建、公安交管等部门来实际执法。而公安、水利、农业、住建等相关部门由于要忙于自身的主要业务，且工作职责中也很少有明确的环境保护监管职责，在实际工作中很少会主动去履行环保执法职责。环保部门又是与这些相关部门同级的机构，无法直接协调或监督这些部门的环保执法，更加不能具体行使这些部门的执法权力，使得实际的监督执法仍存在很大的困难。

（2）环境监督执法能力建设有待加强。截至2013年年底，全省仍有6个地市和50家县（区）级环境监察机构的装备建设没有达标，县（区）级环境监察机构装备不达标率接近50%，其中装备不达标的所有城市和90%以上的县（区）级环境监察机构都分布在粤东西北地区，该地区县（区）级环境监察机构的装备不达标甚至仍超过70%。一方面是粤东西北地区在未来很长一段时间里工业将迎来持续的大发展，对环境监督执法带来了空前的高要求；另一方面是粤东西北地区环境监督执法投入明显不足，导致环保监察机构的执法人员数量、执法装备等仍远远达不到标准。环保投入与经济社会发展水平不相适应，引起环境监督执法人员和设备严重滞后于形势需要，导致环境监督执法难度大、效果差，在一定程度上已经影响到当地经济社会发展的成果。

（3）基层监督执法力量薄弱。目前，全省各县（区）虽然都已建立了本级的环境监察机构，但大部分区（县）的环保监督执法人员配制不足，东西北地区部分区（县）的环保监督执法人员甚至只有3～5人，远不能满足所在地区全部环境监管任务的需求。全省范围内仅有佛山市（含顺德区）、深圳市以及广州市的番禺、增城等少数地区设立了镇（街）一级的基层环保机构。但就算已成立镇（街）一级基层环保机构的地区，由于所配备的基层执法人员也非常有限，要同时处理区域内的审批、监督检查和执法等业务，也还是显得力不从心。此外，由于基层的工作条件等限制，基层一线环保执法人员的专业素质和业务能力总体上也并不高。根据未来实施环境监察责任下沉和网格化管理的需求，按照目前广东省县和镇一级的环境监督执法机构的设置情况，大部分地区并不能够承担下放的监管责任，完成如此繁重的监督执法任务。

（4）环境监督执法手段仍不足。“十二五”以来，广东省的环保信息化监管手段得到了很大的发展，但仍不能很好地满足今后环境保护监管的需求。虽然广东省21个地市均已经建成了污染源自动监控中心，绝大多数的重点污染源也已经完成了自动监控系统的建设，但是由于对自动监控系统的监管和数据有效性审核不到位，导致重点污染源在线监控设备的数据传输有效率总体仍偏低，并不能充分发挥自动监控系统的作用。虽然广东省已经建成了省级及珠海、惠州、佛山、河源等试点市、区的环境监察移动执法系统，但是并未在全省范围内全面推开，环境监察移动执法手段的全面应用仍有所滞后。此外，由于缺乏GIS信息数据平台和遥感监测等手段，各地对生态严控区的管理和生态环境的监察还相当薄弱。由于受环境信息公开、公众参与制度与途径、第三方监督机制等仍不完善的影响，公众参与环境监督管理的程度也仍比较低。

11.2.5 环境信息能力存在的主要问题

（1）基层信息化能力建设有待加强。目前，全省各地各级环保机构的信息化建设水平的差异仍比较大，粤东西北地区的大部分县（区）的环境信息化建设工作仍处于初级阶段或起步的阶段。由于受当地人事、财政和经济发展水平等条件的限制，粤东西北地区的部分县（区）的环境信息机构仍未建立。即使成立了环境信息机构的市县（区），由于投入不足，大多仍面临着专业技术人员不足、硬件设备不完善和应用软件系统缺乏等方面的困境。随着简政放权的逐步推进，基层环保部门需要处理的审批、监督执法、预警应急等业务逐步增多，大部分县（区）的环境信息能力建设水平不能满足承担相应业务的需求，县（区）的环境信息能力建设有待进一步加强。

（2）数据共享的深度和广度均不足。近年来，广东省各级环境管理、监察、监测、应急等业务部门均很重视环境信息化的应用，建立了各级各类的业务管理系统，使得全省的环境监控管理网络得到了进一步完善，环境监管水平也有了大幅提升。但是由于各业务系统基本都是由业务部门自行组织开发，缺乏统一的信息标准和技术规范，使得这些系统互联互通性差、数据交换也难以开展，造成大量的监管数据没有得到很好的应用开发，环境信息化支撑和集成力度实际并不够，环境监管未能形成强大的合力。此外，由于全省的数据中心仍未建立，各部门、地区之间基于数据保密等方面的考虑，导致全省环境信息资源之间的共享程度相当有限，不但会导致不同部门或地区之间常常出现重复工作的情况，还不利于跨区域污染防治工作的开展或预警应急工作的开展。

（3）环境管理信息化覆盖面仍不足。经过近年来的发展，广东省已经基本实现了建设项目的环评和验收管理、排污许可证管理、固体废物管理、重点污染源管理等核心业务的信息化管理。随着新时期环境保护的需求不断提升，各级环保部门环境管理的业务也在不断拓展和变化。但是目前各级环保部门的信息化管理手段并未拓展到很多新的业务领域，如对机动车和畜禽养殖企业的排污监管很多地方并未实现监管的信息化，从而也导致了相关环境管理业务的开展受到了很大的制约，必须要进一步拓展环境管理信息化应用的领域。

11.3 环境监管形势和需求分析

当前，我国正处于经济转型发展和全面深化改革阶段，十八届三中全会对加快生态文明制度建设提出了明确的要求，从中央的顶层设计到广东省的贯彻落实，无不体现了党和政府推进改革、整治污染、保护生态、改善环境的决心。随着改革的不断深入，“两高”司法解释和新《环境保护法》的出台，公众对环境质量关注度的不断提高，环境监管工作面临新形势、新要求。

11.3.1 强化环境监测预警能力的形势与需求分析

（1）环境监测需从“说说看”到“说了算”转变。新《环境保护法》通过按日计罚、刑事问责等条款对环境违法重拳出击，赋予环境监测前所未有的法律效力；“两高”司法解释也将环境监测数据作为量刑证据之一，在环境执法活动中，环境监测已经从辅助的角色跃升至能够决定违法与否的关键证据。监测数据已成为各项工作的基础、依据和导向，环境监测在环保工作中的地位日益凸显，这势必对监测质量管理的持续性和有效性、监测数据的真实性和准确性、监测行为的合法性和规范性等提出了更高的要求。

（2）环境监测需从“知现在”到“算未来”转变。环境监测已不局限于用数据反映环境质量现状，还要利用数据综合分析得出污染预警预报的结果，为政府采取治污手段和公众防范污染天气提供科学依据。十八届三中全会和新《环境保护法》均提出要建立环境资源承载能力监测预警机制，环保部也将空气质量预警预报作为工作的重中之重来抓，我们基层监测部门要按照国家和省里的部署，加紧开展监测预警预报工作。

（3）环境监测需从“内部参”到“全民享”转变。2013 年国家出台了企业自测、监督性监测两个信息公开办法，并将信息公布率与减排监测体系考核和总量减排考核挂钩，2014 年正式开始考核。环境监测数据已不再是政府的独家资源，而是社会的共享资源，必须要转变观念，做好环境监测信息公开工作，保证减排监测体系考核和总量减排考核的顺利完成。

（4）环境监测需从“政府管”到“社会化”转变。2014年，环保部提出“研究推进向社会购买服务特别是环境监测社会化”的问题，同时“开展环境保护监测社会化试点”已列入省委贯彻落实中央关于全面深化改革若干重大问题的决定意见中，这是势在必行的举措，是破解监测任务繁重与环保系统监测能力不足、创新监测管理机制的需要。广东省各地监测站要积极配合管理部门，通过更多地发挥市场机制作用、简政放权、政府购买服务、加强政府监管等手段，更好地为社会提供公共产品，提升公共服务效能。

11.3.2 强化环境风险防范能力的形势与需求分析

（1）工业的进一步发展需要更加注重环境风险的防范。广东省东西两翼沿海片区正在建设石化、钢铁、能源基地，环境风险因素正在不断增多。2013年广东省危险废物产生量已达到130万t，而且全省危险废物持续增加的趋势明显。广东省列入国家规划的重点涉重金属企业就超过500家，随着大宝山330万t铜硫矿项目的上马以及韶关市打造中国铅锌加工基地规划的实施，未来几年全省新增重金属污染物排放量将进一步增大。广东省危险化学品的现有存量大，随着化工园区的不断建设，危险化学品的存储量将进一步上升。总体来讲，广东省仍处于工业化中后期和城镇化快速发展阶段，各类环境风险源数量处于上升阶段，环境风险日益凸显，环境安全保障压力不断加大，环境风险防范的能力必须要进一步提升。

（2）核与辐射应用的快速发展给监管带来了新的要求。截至2013年年底，广东省辐射工作单位共有3 670家，放射源12 570枚，其中Ⅰ类放射源1 549枚，Ⅱ类放射源1 258枚，Ⅲ类放射源164枚，Ⅳ类放射源4 000枚，Ⅴ类放射源5 318枚，其他放射源281枚；射线装置7 128台，其中Ⅱ类射线装置513台，Ⅲ类射线装置6 615台。正在运行的核电站共有3个，分别为大亚湾核电站、阳江核电站和岭澳核电站，台山核电计划2015年投入运行，广东未来还将陆续投建规划中的阳西核电站、揭阳核电站、韶关核电站、肇庆核电站等项目。预期2020年广东省核电装机容量将达到2 400万kW，核电比重达到总发电量的1/5，超过世界水平，率先建成核大省。广东省核与辐射技术应用水平大幅提升的同时也给核与辐射的环境风险管理带来极大挑战，核设施与辐射设施一旦发生事故，将会对环境带来极其严重的灾难性后果，增强核与辐射环境风险防范能力尤为重要。

11.3.3 强化环境应急响应能力的形势与需求分析

（1）经济社会的快速发展对环境应急响应带来了新的需求。随着广东省社会经济的高速发展，当前广东省已进入环境污染事故的高发期，环境安全形势日趋严峻，环境风险因素不断增多，有效防控环境污染突发事故已经成为广东省当前以及未来中长期环境保护工作的重中之重。广东省粤东西北地区未来经济发展尤为迅速，环境风险因素不断增多，“十三五”时期将是突发环境事件的高发期，然而粤东西北地区环境应急响应能力仍十分薄弱。为保障环境安全，广东省亟须进一步完善环境预警与应急机制，不断增强环境预警与应急监测能力，建立并完善环境预警应急指挥信息平台，加强应急保障体系建设，提高突发环境事件的应急处置能力。

（2）环境安全形势严峻对环境应急响应带来了更高的要求。环境应急响应能力已经成为衡量政府执政能力和公信力的重要指标。近年来，广东省环境安全形势十分严峻，环境风险异常突出，事件总量居高不下、类型多、发生区域广，事件诱因复杂、预警防范难，事件危害大、处置难、社会关注度高。如何及时响应突发环境事件，最大限度减小突发环境事件造成的损失是新时期亟须解决的重要问题。为满足新形势下环境应急管理工作的基本需要、保障环境安全和广大人民群众的生命和财产安全，广东省亟须大力加强全省各级环境应急能力建设，包括建立完善的应急体系，强化应急基础能力及应急处置能力等。

11.3.4 强化环境监督执法能力的形势与需求分析

（1）新的法律法规对环境监管执法提出了新的要求。2013 年 6 月 19 日，《最高人民法院、最高人民检察院关于办理环境污染刑事案件适用法律若干问题的解释》开始正式实施，针对“两高”司法解释出台后的新形势、新要求，要求全省环境监督执法部门必须要进一步提高监管执法水平，加强对排污企业的监管力度，严厉打击危害人民群众身体健康的违法排污行为。同时，为更有效地推动“两高”司法解释的实施，要求全省各级环保部门与公安部门必须形成更密切的联系。除了环保部门自身需要补短板之外，更重要的还需要充分借助公安部门的力量，尽快提高环境监督执法的效能。新《环境保护法》授予了各级政府、环境执法部门更多的监管权力，但同时也对一线执法人员的执法能力、专业素质、业务水平等提出了更高的要求，特别是对环境保护调查取证的手段、监测分析的能力等的要求更高。各级环境执法部门需要做细做实执法工作，不断提升执法水平和能力，以适应新《环境保护法》的要求。此外，当前的环境执法机构、编制等均已跟不上当前环境执法形势的发展和需要，为更好地适应新《环境保护法》的最新执法要求，需进一步完善各地的环境监察标准化建设，切实增加基层一线环境执法人员的力量配备，形成金字塔形的执法力量架构。

（2）深化改革、简政放权要求环境监管执法要进一步强化。减少事前审批、加强事中事后监管、强化监管执法是政府工作重要内容之一。为积极适应政府职能转变及环保审批制度改革的要求，广东省环保部门必须在环保综合监管上进行系列改革，力争有所突破，加强简政放权背景下的环境保护工作。为落实“向污染宣战”的政治宣言，针对《大气污染防治行动计划》《水污染防治行动计划》和《土壤污染防治行动计划》等一系列重要文件，广东省方面印发并实施了《广东省大气污染防治行动方案（2014—2017 年）》《南粤水更清行动计划（2013 —2020 年）》《广东省土壤环境保护和综合治理方案》等一系列重要文件，相关工作的落实也需要加强监管执法来实现。

（3）人民群众的环境保护诉求对环境监管执法提出了更高要求。近年来，在省委、省政府的高度重视下，广东省的各地区、各部门不断加大环境保护工作力度，环境保护工作取得了积极成效，全省的环境形势总体趋稳向好。但广东省的环境监管形势依然严峻，环境违法违规案件高发频发，突发性环境事件以及由环境问题引发的群体性事件仍时有发生，城乡接合部、相当比例的乡村的确成为监管的死角盲区。一方面是随着人们生活水平的不断提高对生活环境质量提出了更高的要求，另一方面是在经济建设的过程中不可避免地出现了一些环境问题，必须要进一步加大环境监管执法的力度，以更好地适应人民群众对环境保护的诉求。当前，我国已进入全面建成小康社会的决定性阶段，经济发展和社会进步对生态文明建设提出了更高的要求，对环境质量要求也日益提高，环境监管的重要性更加凸显。广东省要实行“率先全面建成小康社会、率先基本实现社会主义现代化”的目标，必须要有效解决在环境保护方面的短板问题，全面加强环境监管执法，以实实在在的行动回应全面建设小康社会的需求。

11.3.5　强化环境信息能力的形势与需求分析

（1）创新环境保护管理工作要求提升环境信息化水平。广东省环境保护监管对象复杂、范围广泛、任务繁重，仅依靠有限的环境执法队伍和“靠腿跑、用眼盯”的执法手段无法有效做好监管工作。根据以往的经验，只有通过运用科技信息化手段，利用卫星对地观测“站得高、看得远、大范围”的优势，利用地面自动监测监控“自动、实时、在线”的优势，利用信息技术能从大量繁杂的信息中“发现趋势、把握重点、找准问题”的优势，才能及时、准确、全面获取各种信息，提高环境管理决策水平。进入“十三五”以后，广东省将面对环境保护的新形势、新任务和新要求，仅靠行政手段控制总量排放、改善环境质量的难度大且进展慢，必须要充分运用信息化手段规范和创新环境保护管理工作。

（2）政府职能转变对环境信息化建设带来更高要求。广东省各级环保部门要切实推进落实行政体制改革、加快政府职能转变、提高行政审批效率和服务质量，就必须要进一步提升行政服务效能，而加强信息化建设是转变各级环保部门职能、提升环保部门执行力的最有效手段之一。通过加强信息化建设，可以加大环境信息公开力度，推进办事公开，才能切实保障公众对环境保护相关事务的参与权、知情权和监督权。通过进一步完善环境信息服务网络服务平台，才能方便人民群众通过互联网、移动客户端等方式办理更多的事务，提高办事的效率，提高环境管理的水平。

11.4 规划目标

“十三五”期间，广东省应以大幅提升县级及以下基层机构的环境监管能力为重点，优化省级监管能力、完善市级监管能力、提升县级监管能力、发展镇级监管能力。提升各级环境监测机构监测预警应急能力，强化环境监测预警网络建设，建全环境监测预警及应急响应体系，初步建成陆海统筹、天地一体、上下协同、信息共享的生态环境监测网络；加强对重点环境风险源的管控，提高环境风险防控能力，强化核与辐射安全监管监测与应急能力；加强环境监察队伍和能力建设，完善信息化手段的应用，全面增强环境监督执法的能力；提升基层环境信息化水平，推动环境信息资源的共享公用，全面提升环境行政管理效能。全面解决环境监管能力建设中所存在的区域差异大、基层能力弱等问题，推动全省环境管理工作上一个新的台阶，为改善全省环境质量、保障人民财产安全和身体健康提供支撑。

11.5 主要任务

11.5.1 完善环境质量监测体系

11.5.1.1 强化环境监测机构能力建设

（1）全面推进环境监测站基础能力建设。进一步增加投入，全面完成各级环境监测站标准化建设。根据监测站职能定位和属地污染特征，有针对性地提升各级监测站的监测能力建设。

大幅提升省监测中心的监测能力。重点拓展省环境监测中心持久性有机污染物（POPs）、持久性毒性物质（PTS）、重金属和土壤有机物监测能力。到 2020 年，通过计量认证的项目（参数）达到 1 200 项以上，具备所有环境质量和辖区内污染物排放标准所涉及所有因子的监测能力。建成智能化的实验室信息系统，提高实验室管理和质量控制水平。建设一个部级和一个省级重点实验室，将省环境监测中心打造成国内一流、与国际接轨的现代化区域环境监测中心。

强化区域站的区域辐射功能。强化五大区域站的区域辐射功能。结合区域发展特点和重大产业布局提升监测能力。广州、深圳站重点加强区域大气复合污染监测和人居环境监测能力，建成国内领先的区域中心站；韶关站重点加强重金属和生态环境监测能力，汕头站重点加强近岸海域环境监测能力，茂名站重点加强石化特征污染物和水生物监测能力。到 2020 年，所有区域站要具备地表水、地下水、空气、土壤等环境质量标准要求和区域内特征污染物的监测能力，其中，广州、深圳站通过计量认证的项目（参数）达到 1 000 项以上；其他区域站通过计量认证的项目（参数）达到 800 项以上。

全面提升地市级站监测能力。按照各地区域特点和环保重点，有针对性地充实环境监测设备，提升常规监测能力。到2020年，所有地市级站基本具备地表水、地下水、空气、土壤等环境质量标准要求和辖区内特征污染物的监测能力。其中，除广州、深圳以外的珠三角各地市级站通过计量认证的项目（参数）达到800项以上，非珠三角各地市级站通过计量认证的项目（参数）达到600项以上。

夯实县级站基础监测能力。对位于重金属污染重点防控区域的县级环境监测站重点配置重金属污染监测仪器设备，提升重金属环境监测能力。到2020年，各区县站要具备《地表水环境质量标准》（GB 3838—2002）表1和表2的指标要求、《城镇污水处理厂污染物排放标准》（GB 18918—2002）的指标要求（甲基汞除外）、《环境空气质量标准》（GB 3095—2012）中要求的常规6项因子以及地区特征污染物的监测能力。其中，珠三角各县级站通过计量认证的项目（参数）达到300项以上，非珠三角各县级站通过计量认证的项目（参数）达到200项以上。

（2）推进环境监测社会化工作。把政府直接向社会提供的部分环境监测公共服务事项，通过市场机制运作，交由具备条件的社会环境监测机构承担，逐步扩大环境监测社会化试点城市范围，引导社会力量参与环境监测。建立“政府监管、行业自律、社会监督”的监管机制，不断提升社会化环境监测机构服务水平和质量，构建规范有序的监测市场。

（3）着力加强环境监测队伍建设。完善环境监测人才培养机制，制订科学的人才成长计划，营造积极进取的职业氛围，进一步稳定人才队伍，优化人才结构，提升监测人员的综合素质。实施全省环境监测“十百千人”计划，即在全省培养10名国内知名的学术带头人，100名技术精英，1 000名技术骨干。到2020年，实现全省中高级职称比例提高10%。

完善人才培养机制。加强与省内高校大专和中职学校的合作交流，提前培养专业实干的环境监测储备人才。完善有效的人才引进、考核、管理、培训、交流、选拔任用和奖励机制。不断创新培养模式，通过科研和重点实验室建设等项目培养一批尖端人才；注重高端人才引进，打造一支人员数量充足、结构合理、技术精湛的专业化监测队伍，鼓励参加高学历、学位教育和科研工作，完善硕士、博士研究生联合培养机制。

制订人才培养计划。制订广东省培训计划，对全省环境监测人员实施各种专业技能培训和上岗考核，争取到2020年，培训各级环境监测行政管理和技术人员18 000人次，在全省范围开展3次监测技术比赛。力争所有业务骨干参加5次与岗位工作相关的业务培训。

建立人才培养和激励平台。以科研项目和重点实验室建设作为人才培养平台。建立人才奖励基金，每年对做出突出贡献的同志给予一定物质奖励。对在各级各类技术比武中获得了优异成绩的同志，予以表彰奖励。

建立环境监测能力数据库。到2020年，建立全省环境监测能力数据库，主要包括各级环境监测站的人员和仪器设备情况汇总，其中人员要包含学历、职位级别和持证情况等人才信息。

11.5.1.2 完善环境预警监测网络

（1）进一步优化大气环境质量监测预警网络。以现行城市空气质量监测网络为基础，逐步扩展全省空气质量自动监测系统的覆盖范围，将空气监控网监测点（位）扩大到县区及重点镇区。在非珠三角重要污染传输通道，新建 5 个空气质量区域监测站，分别位于汕头市、梅州市、云浮市、湛江市和韶关市。配置监测仪器设备包括 SO_2、NO_2、PM_{10}、O_3、CO、$PM_{2.5}$、PM_1、CH_4/NMHC、BC、能见度、气象参数等项目的在线分析仪，实现多种参数的在线监测。按《环境空气质量标准》（GB 3095—2012），新建 20 个县级空气自动监测站，力争做到全面覆盖全省所有县。由相关地级市环境监测站和县级环境监测站共同实施。现有的 36 个仅有老三项监测指标的县级空气自动站进行改造升级，实现按《环境空气质量标准》（GB 3095—2012）监测 SO_2、NO_2、CO、O_3、PM_{10} 和 $PM_{2.5}$ 六项指标的要求。由相关地级市环境监测站和县级环境监测站共同实施。

进一步推进广东省及珠三角空气质量预报预警系统建设，建立全省精细化环境空气质量预报预警体系，实现分时段［白天和夜晚相结合，短期（1～3 d）和长期（3～7 d）相结合］、分区域（可与各城市预报结果结合）及 AQI 指数预报等的综合性预报功能。完善全省空气质量预报预警信息发布平台，完善预报预警业务体系建设和管理机制与运行模式构建等工作，全面实现空气质量预警预报业务化运行。进一步健全与气象部门的数据共享和预报会商制度，提高预测精度。在构建全省空气质量预报预警体系的过程中，要同步开展专业技术培训，尽快提升相关技术人员的业务水平。

选择广州、深圳、韶关、茂名、汕头等部分监测能力较强的城市进一步拓展空气质量监测项目，结合区域空气污染特征研究成果，在空气质量达标管理的背景下，分析诊断广东省在空气质量监测网络发展中存在的主要问题，综合应用模型模拟、空间分析、气团来源追踪、聚类分析、印痕模型等技术手段，研究新一代大气复合污染成分监测网络的建设目标、功能定位、站点优化布局等内容。基于以上研究成果，开展各类监测站点及质量保证等相关配套实验室建设与升级，建成广东省大气复合污染成分监测网，形成 $PM_{2.5}$ 全组分与 VOCs 多物种监测能力，并实现业务化运行，为源解析工作的开展提供基础和支撑。在分析广东省空气污染状况和区域分布特征的基础上，参考美国、中国香港等国内外先进技术与经验，编制采样、分析过程的标准操作程序（SOP）和质量保证与质量控制（QA/QC）手册，建立二次组分监测数据的确认方法与审核流程，形成广东省大气复合污染成分监测网的监测方法体系和质量管理技术体系，保障监测网络长期、稳定、高效运行。不断完善粤北、粤东等典型地区大气重金属污染监测点及监控预警体系，加快惠州大亚湾、广州南沙小虎岛、湛江临港工业园三个试点化工园区有毒有害气体预警体系建设，逐步整体推动广东省化工园区及高风险企业开展有毒有害气体预警体系建设，建立“全覆盖、全天候、全过程”的有毒有害气体环境风险监测预警体系，提升环境风险防范水平。大气复合污染成分监测网建成后，将同时具备全省环境空气重金属监测能力，满足国家对大气重金属方面工作的要求。

（2）不断完善水环境质量监测预警网络建设。优化水环境质量监测预警网络的建设，持续推进主要江河干流和一级、二级支流、重点湖库水质自动监测站建设，在饮用水水源地逐步增加 VOCs、重金属和生物毒性等自动监测指标。根据管理需要适当在省界断面、重要跨市河流、重要湖库以及环境敏感区等区域新增水质自动监测站，逐步开展主要污染物通量实时监控，逐步推进重金属等特征污染物的在线监控，建立完善水质自动监测网络。重点加快西江、东江等主要流域内水质自动监测站的建设，扩充特征污染物监测指标，完善水环境综合管理信息系统平台和流域水污染风险预警决策支持系统，全面提高各主要流域水污染监测预警能力。

加强饮用水水源地环境监测，逐步开展农村集中式饮用水水源监测工作，对地级以上城市集中式饮用水水源地水质每年至少进行丰、枯两期全指标监测，县城集中式饮用水水源地每年至少进行一次全指标水质监测。逐步开展城市集中式饮用水水源地生物毒性实时监控系统建设，有条件的地区要开展集中式饮用水水源地持久性有机污染物、内分泌干扰物和湖库型水源藻毒素的项目监测，强化饮用水水源地的监测预警能力建设。

改进环境质量综合评价方法，提升环境质量状况分析与报告编制水平；强化监测数据综合分析和应用，客观反映环境质量状况，使环境质量评价结果与公众感受总体相一致。全力建设全省水环境信息管理与应用集成系统。重点集成全省省、市、区（县）三级控制断面、大中型重点湖库水质与富营养化监测点位、市、县、镇三级饮用水水源以及各专题监测水质数据库，实现全省水环境信息“一张图，一张表”的统筹管理。实现数据管理、评价分析、趋势预测与风险预警的有机融合，全面提升水环境管理的信息化和精细化水平。

（3）逐步完善生态和农村环境质量监测网络。加强各级环保、农业监测部门土壤环境常规监测能力建设，提升土壤环境监测能力，逐步建立省、市、县三级土壤环境质量监测网。科学规划和建设全省土壤环境监测站点和监控网络，建立耕地和集中式饮用水水源地土壤环境质量监测点位及土壤环境质量定期监测制度，定期对国家产粮（油）大县耕地、集中式饮用水水源地、排放重点防控污染物的工矿企业以及城镇生活污水、垃圾、危险废物等集中处理设施周边土壤开展环境质量监测，逐步扩大农村土壤环境质量监测范围和数量。在开展广东省土壤环境质量监测基础上，探索新型土壤监测手段和土壤污染预报预警机制，开发土壤污染源溯源方法，建立适合广东省实情的土壤污染物源汇体系，为广东省土壤污染综合防治和土壤环境保护管理提供技术支撑。

建立全省遥感动态监测与应用网络体系，构建多源卫星遥感影像数据库并形成定期更新机制，加强基础设施和人才队伍的建设力度，深化现有生态环境遥感监测业务，以满足广东省不同尺度、不同时相的监测需求。重点加强省中心和区域站的生态遥感观测能力建设，探索运用卫星遥感技术进行宏观自动监测，采用无人机进行重点生态功能区生态环境质量监测，逐步开展环境要素和生物要素监测。在典型生态系统和重要生态功能区建设生态环境质量地面监测站点，提升生态环境监测与评估水平。强化生态环境监测技术体系，针对生态环境遥感应用，结合国家要求和广东省特色，编制全省生态环境遥感调查与评估技术规范。开展面向业务化运行的生态参数遥感反演、生态系统分类等业务研究，及多源多尺度数据同化、高光谱生态遥感监测等前沿技术研究。

设立具有代表性的农村环境质量常规监测点，建立和完善农村环境监测评价体系，开展乡镇和农村集中式饮用水水源地水质、环境空气、地表水水质、土壤环境质量监测，逐步建立农村环境监测网络。建立以县（市、区）级环境监测机构为主的农村环境监测工作模式，加强县（市、区）级环境监测机构标准化建设。对基层环境监测技术人员加强业务培训，提高基层环境监测水平，加快形成覆盖农村地区的水、气、土壤常规监测能力。农村环境监测网络包括县域监测和村庄监测 2 个层次：在村庄监测层次，每个县域选择一定数量的代表性行政村庄（城中村不作为监测对象），以村庄为监测区域开展村庄背景调查、环境空气质量、饮用水水源地水质和土壤环境质量监测，参加“以奖促治”农村环境综合整治项目的村庄，需加测生活污水处理设施（含人工湿地）出水水质；在县域监测层次，开展地表水水质和生态环境质量监测与评价。

11.5.1.3 加强环境监测数据质控能力建设

（1）进一步加强环境监测质量管理。进一步加强环境监测质量管理，按照规范和标准要求加强质量保证和质量控制工作，确保监测数据准确可靠。全面加强监测数据质量控制，强化监测技术监管与数据审核，完善全省环境监测机构质量保证体系，使监测数据质量管理工作程序化、文件化、制度化，在布设点位、样品采集、运输保存、分析测试、数据处理以及数据分析全过程中采取有效的质量控制措施。加大环境监测数据质量监督检查力度，完善检查技术方法，采用飞行检查、交叉检查等方式，集中整治篡改和伪造监测数据等弄虚作假行为。对在环境监测工作中违反技术规程、弄虚作假、编造和篡改监测数据、使得监测数据质量不真实、不准确的行为，一经发现，对相关单位和责任人依法依规进行处理，提升监测数据权威性和公信力。

（2）加强社会监测机构监测质量管理。严格落实社会检测机构实验室计量认证和实验室认可，强化实验室硬件配置和技术人员的业务素质培训。加大对社会检测机构的技术指导和培训力度，切实推动环境监测社会化工作良性发展。严格实施社会检测机构质量核查，采取实验室检查、盲样考核、比对监测、现场监督等一系列措施对社会检测机构加强质量管理，对有严重质量问题的社会检测机构责令限期改正。规范社会检测机构监测行为，建立信用管理体系，按信用等级对社会环境监测机构进行差别化管理，建立投诉举报机制和市场退出机制，依法依规严查严惩各种违法违规行为。

11.5.1.4　强化污染源监测

（1）强化国控、省控污染源监督性监测。进一步完善污染源监测制度，规范污染源监测行为，增强打击弄虚作假行为力度，改变污染源监测数据不能客观反映企业排污状况的情况，增加污染源监督性监测覆盖面，把噪声监督性监测、上市企业监督性监测、生活垃圾处理企业监测逐步纳入污染源监测范围；向社会公布污染源超标排放企业名单；按照属地管理原则，明确污染源监督性监测责任，加强对国控、省控污染源监督性抽测及监督检查事权，确保废水、废气、污水处理厂、重金属、禽畜养殖业的抽查比例不低于各类企业的 10%。进一步健全社会检测机构参与污染源监测的工作机制，鼓励社会检测机构参与排污单位自测活动，加大对排污单位自行监测的监督力度。

（2）加强挥发性有机物（VOCs）监督性监测。建立省控重点企业污染源 VOCs 监督性监测制度，对 13 个重点行业主要 VOCs 排放企业进行监督性监测。地方各级环境监测部门应对重点企业每年进行一次监督性监测，重点企业应实时监控 VOCs 污染防治装置运行情况，确保 VOCs 处理装置稳定有效运行。要委托有资质的监测机构每半年至少进行一次监测，并将监测结果向社会公开。采用活性炭颗粒吸附治理技术的重点企业安装总挥发性有机物（TVOCs）在线连续监测系统，确保达到应有的治理效果。炼油与石化的重点企业有组织废气排放安装在线连续 VOCs 监测设备，与当地环保部门实行信息联网，定期进行比对监测，评估企业 VOCs 排放达标情况，说清重点企业污染源 VOCs 排放状况，为全省 VOCs 污染物减排提供基础数据和技术支持。开展环境质量特别是大气中臭氧浓度和 VOCs 总量数据相关性研究，运用环境监测数据校验污染减排成效。

11.5.1.5　开展环境与健康研究性监测

广东省应以环保部环境与健康专项调查为契机，以有机污染和复合污染重点地区调查为基础，依托省环境监测中心持久性有机污染物（POPs）、危险废物鉴别实验室，借助中挪合作不断提升的新 POPs 检测能力，全力投入环境与健康专项调查研究。支持、鼓励汕头、韶关、茂名、惠州等重点地区开展环境与健康监测、调查工作。通过研究，掌握广东省重点地区主要环境问题对人群健康影响的基本情况，研究污染排放与人群健康之间的关联，为全国同类型污染地区开展专项调查奠定坚实的工作基础，为广东省全面推进和开展环境与健康监测、调查培养和储备技术人才，建立系统技术规范和指导文件。

11.5.2 完善环境风险防控与管理体系

11.5.2.1 完善环境风险的防范机制与制度

制定环境风险源识别方法及规范，建立环境风险源分级分类标准，全面开展环境风险源调查和环境风险源评估分级工作，编制全省环境风险源区域等级划分图，实现环境风险源，尤其是重大环境风险源的分类、分级管理以及动态更新。严格落实环境安全隐患排查专项行动和风险防范措施专项整治活动，加强对辖区范围内重大环境风险源的动态监控与全过程监管，降低环境风险隐患。建立环保、安监、海事、交通、水利、农业、气象、渔业等部门的环境风险源联防联控机制，共同加强环境风险源风险防控管理。建立健全环境损害赔偿制度，促进环境损害赔偿责任承担方式的多元化转变，强化环境风险社会化治理。继续推进环境污染责任保险工作，提高企业防范环境风险能力，促进政府职能转变。继续推进企业环境风险隐患排查主体责任制度，落实企业环境信息公开和环境信用评价制度，全面开展企业环境风险评估工作，充分发挥社会监督作用。

11.5.2.2 强化重点环境风险源评估与管理

规范重点污染源企业内部环境管理，督促企业建立污染物排放台账。建立企业特征污染物监测报告制度，切实加强企业防范突发环境事件能力。持续开展环境安全检查，进一步加大环境安全专项检查力度，对问题较为突出的重点企业进行现场指导，责令企业制定整改方案报当地环保部门备案，并向当地政府和安委会报告督促整改，确保整改到位。进一步补充完善涉重金属、危险废物、危险化学品、持久性有机物等重点源环境风险名录与数据信息系统，全面实现对重点环境风险源的信息化管理，形成对重点环境风险源及环境敏感点的分级分类管理体系。加强重金属、危险废物、医疗废物、工业固体废物、污泥、电子废物等处理处置的监管体系建设，依托物联网和卫星遥感等技术实现对环境敏感区域和事故易发区域的全方位监控，强化相关行业的存储、运输、使用、处置的全过程环境风险监控，完善环境安全风险管理制度。全面落实危险化学品企业环境安全主体责任，制定环境安全隐患排查制度，强化自查自纠，建立环境风险隐患排查整改台账，加大对企业环境应急预案、风险评估、演练培训、物资储备的监督检查力度。以重点管理危险化学品和持久性有机污染物为重点，逐步推动高毒、难降解、高环境危害和高环境风险化学品的限制淘汰和环境风险防控。

11.5.2.3 确保核与辐射环境安全

（1）大幅提升环境监测监管基础能力。进一步提升省环境辐射监测中心监测能力，加快启动省环境辐射监测中心粤东和粤北分部建设，强化深圳和粤西分部监测设备配备和人员技术提升，完善珠海、阳江、江门核与辐射应急指挥中心，加快推进汕尾、惠州核与辐射应急指挥中心建设。完善地市级辐射环境监测实验室监测仪器、录音录像设备、移动监测、废源收贮及交通工具、办公设备、信息化设备、应急设备等基本仪器及设备的配置，力争广州、深圳、珠海、佛山、韶关、江门、河源、惠州、梅州、茂名、湛江、肇庆、阳江、汕头和东莞等重点地级市全面达标，其余地市达标率超过90%。有条件的地区加强县（区）站的监测能力建设。

按照国家辐射环境应急监测能力建设标准要求，全面提升省环境辐射监测中心及其分部、地级市环境监测站的应急能力建设，做到省环境辐射监测中心具备预警监测能力、地市级监测站具备较强的核与辐射现场应急监测能力，打造一支应急监测快速反应队伍，增强各类核与辐射环境突发事件快速应对能力。

加强省辐射环境监测中心及其分部、地级市三级监测站的信息网络硬件基础设施建设，实现省及其分部、地市三级监测站信息网络大联网，确保核与辐射环境监测信息传输的可靠性和安全性。建设全省监测数据管理系统，实现全省辐射环境监测数据统一传输平台、存储平台和应用平台，实现辐射环境监测信息的深度共享，为建立先进的核与辐射环境监测预警体系、"三个说清"提供信息支撑。建设省级及其分部、地级市三级核与辐射环境监测信息发布门户网站。实现向公众发布环境监测信息，保障公众对环境监测工作的知情权、监督权和参与权。

（2）不断完善辐射环境质量及污染源监控网络。深化辐射环境质量监测。加强省内饮用水水源和重大河流东江、北江、西江、珠江广州段和韩江等重要河流以及重点水源地的水环境辐射安全监测，加强地下水放射性污染监测并纳入省辐射环境监测网络，实施信息共享。在维护好现有辐射环境自动站的基础上，建成惠州市、中山市、珠海市和东莞市辐射环境自动监测站，逐步完善全省的空气辐射环境质量监测网络，到2020年年底前，省环境辐射监测中心进行国控点空气辐射环境质量例行监测，各地级市监测站开展辖区内非国控重点区域的γ辐射空气吸收剂量例行监测工作。到2020年年底前，省辐射监测中心及其分部在完成国控点陆地（含生物）辐射环境监测工作的基础上，协助开展区域内监测站负责的放射性土壤及生物样品分析与比对工作，各地级市开展辖区内国控点外的重要农产品基地、饮用水水源保护区、高本底地区重要工程、稀土开采区、采矿区等周边地区的土壤放射性污染状况水平调查工作。到2020年年底前，建成全省电磁辐射环境质量监测网络，地级市监测站对其辖区内县（区）以上城区进行每年1次的环境电磁辐射水平监测。

加强核与辐射污染源监测。加强核与辐射污染源监测网络构建，加大重点核与辐射污染源在线监控系统监控力度。到2020年，完成省内全部核电站污染源在线监控系统安装，并与环保部门核污染自动监控系统联网，实行实时监控。实现省内铀矿开采及冶炼、稀土矿重点开采区及伴生放射性企业等重点污染源监督性监测全覆盖，确保重点污染源周围辐射环境安全。开展电磁辐射源监测，实行重点源开展电磁辐射监督性监测，到2020年年末，全省县（区）以上城市城区电视发射塔建立自动监测系统。开展电磁辐射源监测质量管理支撑技术的研究工作，通过研究电磁辐射源监测质量保证技术，建立电磁辐射强度地图的制作技术，全面提高电磁辐射强度评价技术水平。

（3）建立先进的核与辐射环境监测预警与应急体系。建设核与辐射环境监测预警应急体系。建立先进的省级核与辐射环境预警与应急监测制度，完善以省环境辐射环境监测中心为龙头，分部为骨干，地级市监测站为支撑，县（区）监测站配合的核与辐射环境预警应急监测网络。建立核电站周围区域核辐射安全预警预报平台系统，在完成省环境辐射监测中心粤西分部建设基础上，加快启动粤东和粤北分部的建设，着力推动深圳、珠海、阳江、汕尾、惠州等地方核与辐射应急指挥中心建设，建立上下联动和区域协同的预警监测体系，加强各区域核与辐射环境预警信息共享与通报，及时发布核与辐射环境质量预警信息，保障公众核与辐射环境安全。建立突发核与辐射环境事件应急监测属地管理制度，完善跨行政区突发核与辐射环境事件联合监测制度和信息通报制度，确保信息渠道畅通。开展针对全省企业、放射性风险源及敏感目标等的详细调查，建立分级、分类、分段的突发核与辐射环境事件应急监测预案体系。以核设施和核利用源为重点，加强核与辐射环境风险源数据库建设并实施动态更新，加强核与辐射环境风险预警信息系统建设，建立健全专家会商制度，增强核与辐射环境风险综合分析和评估能力，提高核与辐射环境安全事件预测预警水平。

开展核与辐射环境预警监测。以重点流域和重要区域为重点，开展核与辐射环境预警监测试点。先在核电站及深圳微堆周围区域开展核辐射安全预警监测，实现核电站和深圳微堆周围区域核辐射安全预警监测的业务化运作，使得管理部门及时掌握核电站周围区域核辐射质量现况及未来预测结果。逐步在全省全面开展核与辐射预警监测工作，鼓励有条件的城市和区域提早实施，全面提升核与辐射环境管理以及公共突发事件应急决策和处置水平。

11.5.3 强化环境应急响应体系

11.5.3.1 加强应急基础能力建设

（1）积极推进各级应急机构标准化建设。根据《全国环保部门环境应急能力建设标准》，加强应急机构标准化建设，做强省级，强化省环境应急管理办公室统一协调指导作用；做大市级，着力解决机构人员编制问题，到2020年全省地级以上市均达到三级以上建设标准；做实重点县（区）级，环境应急管理重点县（区）设立专职机构、配置专职人员，形成省、市和重点县（市、区）统一指挥、上下协调联动的三级环境应急组织管理体系。加强环境应急工作人员环境应急管理等方面培训，积极开展环境应急处置演练，不断提高紧急情况下环境应急工作人员快速反应和处置突发重大环境污染事故的能力。

（2）提升环境应急监测能力。强化环境预警应急监测工作的常态化管理，进一步健全应急监测技术、方法和指标体系，建立突发环境事件应急监测属地管理制度。各地要进一步完善环境预警应急仪器设备的配备，特别是基层环保部门便携式环境预警应急仪器设备和应急监测车辆的配备，完善移动应急监测网络，提高应急监测快速响应能力。加强对应急监测人员的培训和日常演练，切实做好环境应急监测的准备。

强化环境应急监测预警工作的常态化管理，加大对重大风险源、重点流域（区域）监测预警，建立跨界环境应急联合监测预警工作机制。充分利用卫星遥感、移动监测等新技术的作用，健全全方位的动态立体监测预警体系。建立环境安全预警支持系统，包含突发环境事件预警系统、区域环境安全科学预警系统，并与有关单位实现互联互通。完善环境预警信息发布平台和预警信息快速发布机制，加强预警响应能力建设，规范和细化各类预警响应措施与协调联动机制。做到省环境监测中心具备预警监测能力、地市级监测站具备较强的应急监测能力。

11.5.3.2 强化环境应急管理体系建设

（1）不断完善应急预案体系。开展针对全省企业、风险源及敏感目标等的详细调查，建立分级、分类、分段的突发环境事件应急预案体系。及时修订《广东省突发环境事件应急监测预案》，推进环境应急监测响应的精细化管理，明确突发环境事件应对的责任体系、工作流程和处置措施。启动水污染应急处置方案、饮用水水源安全工作预案等的编制工作。完善东江、北江、西江、韩江等主要河流和高州、鹤地等重要水库应急监测预案的制定工作。进一步完善极端不利气象条件下的大气应急预警机制。推进各地级以上市、顺德区政府环境应急预案制定、修订工作，加强突发环境事件应急预案备案管理。督促企业在开展环境风险评估和应急资源调查的基础上，按照“情景—任务—能力”的要求，科学编制和修订可操作性和衔接性强的突发环境事件应急预案，并依法备案。做到省、市、县三级突发环境事件应急监测预案编制完成率达100%，省、地市级突发环境事件应急监测预案执行率达100%，进一步完善“横向到边，纵向到底”的环境应急预案体系。

（2）强化应急组织管理。构建统一指挥、上下联动的应急管理组织体系，积极推进市、县级环保部门成立环境应急管理专职机构，建立健全省、市、县三级的环境应急管理责任追究、分级负责制度。完善环境应急专家库，建立健全环境应急专家决策咨询制度，由专家组负责协助处理突发环境事件，指导和制定应急处置方案，提供决策建议。建立决策支持系统，包括环境应急管理知识库、突发环境事件案例库，实现资源共享，提高科学应对和处置突发环境事件决策水平，提高环境突发事件处理处置水平。开展特别重大或重大突发环境事件的环境污染损害评估，开展环境应急管理的重大课题研究、教育培训、学术交流。

（3）完善环境应急值守制度。按照环保部印发的《突发环境事件信息报告办法》规定，严格落实值班制度及突发环境事件信息报送制度，确保应急信息报送渠道畅通。继续完善环境应急接警制度，规范人员、车辆、物资、仪器设备等方面的应急准备。

11.5.3.3 完善环境应急处置体系

（1）强化环境应急指挥协调。加强环境应急指挥通信系统建设，完善环境应急综合指挥调度信息平台。推进省、市、区（县）三级环境应急指挥调度平台联网建设，实现上下级环境应急平台之间、同级环境应急平台与其他政府部门应急平台之间及与应用终端之间的互联互通和信息共享，逐步实现全省环境应急指挥调度平台形成"环保部—省环保厅—市环保局—区（县）环保局—指挥车—个人"的多级应急指挥网络体系。全面推进"政府主导、部门联动、政企合作、社会参与"的突发环境事件处置救援模式，强化省环保厅应急领导小组在处置突发环境污染事件中的指挥调度作用，规范厅属各部门在突发环境事件处置中的职责及工作程序，严格落实突发环境事件分级管理要求，积极妥善处置突发环境事件。

（2）健全环境应急联动机制。健全预防和处置跨界突发环境事件的长效联动机制，推动建立应对特别重大或重大突发环境事件的跨区域应急联动调查处置机制。建立健全东江、西江、北江、九洲江、韩江等跨省界流域环境应急联动机制，推进跨省水质联合监测、联合执法、应急联动、信息共享，加强对突发环境事件应急联合处置。强化珠三角区域水污染防治协作联动和重污染天气应急响应联动。加强部门联动，深化与公安消防、海事部门的合作，建立健全覆盖全省的突发环境事件应急救援网络；加强与交通、安监、卫生、水利、海洋、气象、住建等部门的应急联动，推动实现应急信息资源共享。

11.5.4 强化环境监督执法体系

11.5.4.1 继续加强环境监察机构能力建设

（1）推进环境监察机构的标准化建设。以粤东西北地区县（区）环境监察机构为重点，深入推进环境监察机构标准化建设，强化交通、取证和信息化等执法装备配置，全面提升环境监察机构的工作能力和标准化建设水平。在加大投入支持执法硬件设备标准化建设的同时，各地应安排专项资金配套落实车辆和仪器设备的运行维护费用。严格实行环境监督执法人员持证上岗和资格管理制度，继续加大各级环境监察人员的学习与培训力度，建立健全业务培训的长效机制，加强环境监察人员，特别是基层环境监察人员在环境监督执法程序、现场调查取证、执法设备使用等方面的业务培训，全面提升环境监察人员的执法水平。

（2）加强基层环境执法力量。落实《国务院办公厅关于加强环境监管执法的通知》的有关要求，努力加强环境保护领域的基层执法力量，借鉴深圳、顺德执法队伍改革的成功经验，推动执法重心下移，在基层建立综合执法队伍，并延伸到街道和乡镇，不断适应环境监管形势发展的需要。对于珠三角核心区，由于污染源众多、分别聚集，需逐步推动建立镇（街）一级的环境管理机构，强化对污染源的监督管理；对于珠三角外围地区和粤东西北地区，则可以通过建立县（区）环境监督管理机构的派出机构或设立环境监察专职人员，负责镇（街）的环境监督执法工作，优化环境监督管理的人员和资源配置。逐步建立省、市、县（区）、镇（街）各负其责、有效协作的"环境大监管体系"，实现监管权层层覆盖，编织纵向到底、横向到边的监管网络体系，更大地发挥环境监督执法的作用。

11.5.4.2 健全环境监督执法机制

（1）强化环境监督执法的部门合作机制。有序整合不同领域、不同部门、不同层次的监管力量，有效开展环境监管和行政执法。研究建立司法机关和环保部门协调配合机制和联络员制度，明确环保部门与公安机关、检察院、法院建立联合执法机制，进一步细化、明确环保、公安、检察院、法院等多部门环保执法实践中的工作安排，促进环保行政执法与刑事司法的高效衔接。为进一步提高环境监督执法的实际效能，对环境违法行为形成更有效的震慑力，强化环境监督执法的力度，在加强环保部门与公安机关联合执法的基础上，在省、市两级探索设立环保警察。由公安部门直接负责办理涉刑事环境污染案件，环保部门积极配合，充分发挥公安部门在侦查手段、证据取证、强制执行等方面的优势，以更好地应对各地环境刑事案件的处理。除加强环保与公安、检察院、法院等公检法系统部门的联合执法以外，进一步建立健全环保部门与其他部门之间的环境监督执法协作联动机制。要建立环保部门与其他部门之间的联席会议制度和信息通报制度，主动通报环境监督执法的相关情况，实现信息共享。要通过定期或不定期召开部门联席会议，通报各部门环境监督执法的工作情况，协调解决执法监管中遇到的困难。

(2) 落实环境监督执法责任追究。在全省范围内逐步推行环境保护监督管理"一岗双责"和属地管理为主，强化环保责任。各级各部门要严格按照"一岗双责"的要求，层层分解落实责任，建立"纵向到底"的环保责任体系。明确环境保护监督管理的责任追究制度，将各级人民政府及有关部门落实环境保护监督管理责任的情况纳入领导干部年度政绩考核的重要内容，作为对领导干部、领导班子领导能力的评价依据及提拔和使用干部的重要标准。对确实出现严重不负责任，导致年度环境保护工作目标没有完成，环保工作滞后的，发生环境事故造成恶劣影响或其他严重后果的，对违反环境保护法律法规行为不制止、不组织查处的或隐瞒不报的，要对相关领导和责任人员依法实行严肃问责。

（3）强化企业污染防治主体责任。加大监督执法、处罚力度，严厉查处企业超标排放、偷排偷放行为。严厉打击环境违法行为，对造成严重后果的企业直接责任人和相关负责人依法给予行政或刑事处罚，提高环境监督执法的震慑力。严格落实新《环境保护法》要求，建立环境违法企事业单位责任延伸追究制度，促使企业提高环境保护自律意识，规范自身环境行为。依法申报登记污染排放情况，开展清洁生产审核。加大污染防治投入，实施生产设备及污染防治设施的升级改造。积极防范环境风险，切实落实企业环境保护主体责任。充分发挥皮革、电镀、印染等行业协会或社会组织的协调功能和在企业信用评价中的作用，做好排污单位的行业监管。强化企业环境信息公开，让企业环境行为和信用透明化；实施企业环境信用评价，引导公众加强对企业环境行为的监督评价。逐步建立"政府监管、行业管理、社会监督、企业自律"的大环保监管格局。

11.5.4.3 创新环境监督执法的模式

（1）全面实施环境监察网格化管理。按照“属地管理”原则，以行政区域为主要依据划分为市、县（区）、镇（街）三级网格，全面实施环境监管网格化、全覆盖管理。各级网格应明确监管责任领导、主要负责人和直接责任人，并明确各自的职责。其中，网格责任领导由各级环保局分管领导担任，负责组织、指导、检查和督促网格环境监管工作落实情况，对重点环境监管工作和突出环境违法问题亲自部署和直接组织查处。网格主要负责人是各级环境监察负责人，负责组织制定网格环境监管工作落实的具体计划和措施，带领各网格环境执法人员落实环境监察制度和要求，具体组织实施网格内各项环境执法检查工作开展。网格直接责任人是相关执法人员，对管辖网格的环境监管负直接责任，负责开展负责落实各项环境监察制度，开展现场环境监察，完善环境监察记录，对环境违法案件及时调查取证，及时调查处理信访纠纷，做好环境污染事故调处工作，指导企业做好污染治理与环境管理工作。要逐步完善网格内排污单位的环境监察信息档案，建立“一源一档”的监管对象动态数据库，并实施动态更新。要落实并强化对网格监管对象的日常环境监管，强化日常或定期巡查。

（2）强化环境监督执法信息化手段的运用。在全省范围内全面推广应用环境监察移动执法系统，加快建设覆盖全省的统一高效的环境监察信息化平台，不断完善前端移动执法终端系统和后台移动执法业务管理支撑系统。逐步建立全省统一的环境监察移动执法系统运维管理体系，完善环境监察移动执法系统使用管理制度。全省各级环境监察机构和人员逐步通过环境监察移动执法系统开展环境监察工作，实现环境监察任务管理、污染源现场监察和环境违法行为调查取证等基本功能，全面提升广东省环境监察现场执法的效能。

进一步完善污染源在线监控网络，实施重金属和挥发性有机化合物等特征污染物在线监控，扩大污染源自动监控的覆盖范围。加强对污染源自动监控系统日常运行管理的监督检查，落实好排污企业、现场端自动监控设施建设及运行等各方的责任，督促排污企业做好污染源自动监控设施的日常运行管理，确保污染源自动监控设施长期稳定运行。各级环保部门要加强对污染源自动监控数据质量的管理，定期开展污染源自动监控数据有效性审核工作，保障数据准确、完整、有效，推动经有效性审核的污染源自动监控数据在总量减排、环境执法、排污收费与申报、环境统计等环境管理方面的应用，确保监控数据发挥实效。

卫星遥感、无人机拍摄等技术监控手段可以不受空间与地形条件的制约，森林盗伐、企业的大气污染物偷排偷放和秸秆焚烧等都可以一览无余，并能清晰准确地对违法排污行为进行取证。环保部采用无人机和卫星遥感手段进行执法检查的经验表明，信息技术手段能起到比现场暗查与突击检查更好的效果。广东省要全面落实《国务院办公厅关于加强环境监管执法的通知》的要求，逐步探索卫星遥感、无人机拍摄等非现场监控技术手段在生态破坏、大气污染源识别和取证等领域的运用，全面提升环境执法监察的效能。

（3）推动环境保护第三方监管。当前环境监管任务繁重，相较于门类繁杂的污染行业和量大面广的污染企业，基层环保监管人力欠缺，监管覆盖面不足，难以实现全面监管。通过充分发挥第三方机构人力和智力优势，可以很大程度上弥补目前环境监管所存在的短板，进一步提升监管执法的质量，实现对污染企业的精细化、专业化管理。在着力完善行政监管的同时，充分发挥和有效引导社会力量特别是具备环保专业素质的机构作为第三方参与环境保护监督，能有效提高环境管理效能。广东省需逐步建立环境保护第三方监管制度，通过采取政府采购、企业自主委托并进的推行方式，强化政策激励和制度约束的保障，充分调动政府、企业和第三方机构积极性，逐步培育建立特点鲜明、效果显著、运转顺畅、多方共赢的环境保护第三方监督市场。

11.5.5 完善环境保护信息体系

11.5.5.1 持续加强环境信息基础能力建设

（1）加强环境信息机构标准化建设。以粤东西北地区市、县（区）的环境信息化建设工作为重点，按照《关于全面加强环境信息基础能力规范化建设的意见》要求，继续推动市、县两级环境信息机构规范化建设。力争到2020年，全省地级以上市环境信息机构规范化建设100%达标，县级环境信息机构规范化建设达标率不低于50%（其中珠三角地区不低于80%）。持续抓好环境信息队伍业务能力建设，组织各市县信息工作技术交流，不断开展信息新技术的学习与培训，全面提升环境信息队伍的业务能力和水平。

（2）进一步加强全省环境信息网络建设。完善省、市两级网络中心，完善网络安全管理体系，形成全省环保“一张网”，提升全省环境信息化网络的稳定性、安全性和高效性。完善各级环保部门局域网建设，推进县（区）的网络信息化建设，提升基层的信息化水平，提高环境信息化支撑能力。完善省、市环保移动专网，更好地服务环境执法和应急管理。完善覆盖省、市、县以及重点污染源的网络传输系统、环境质量自动监测网络传输系统，形成“横向到边，纵向到底”的网络传输体系，为数据采集、传输和信息发布提供畅通的传输通道。

11.5.5.2 加快推进环境信息资源的共享共用

（1）加快建立环境信息数据中心。建立全省环境信息资源目录，建立完整的环境数据编码、存储、管理标准规范体系，按照统一标准和规范，加强环境信息资源的有效整合，加快建设省、市两级环境信息综合数据中心，确保各领域数据相互关联、相互弥补。开发数据集成、数据交换、数据共享、数据服务的接口，提高环境数据集成共享能力，确保省、市、县三级数据联动更新。以改善环境质量为根本目标，以源头控制污染为主要方向，开发环境信息综合数据库管理系统、环境信息数据综合分析系统，提高环境数据的管理和开发利用水平。

（2）深入实施环保大数据战略。全面推进环保大数据工程，整合各级环评审批、验收、排污许可、污染排放、质量现状等数据，强化环境统计与数据质量控制，通过移动互联网技术把各种环境信息孤岛串联起来，强化大数据在环境质量分析预测、污染源清单编制、环境风险预测评估等方面的作用。借助全省实施大数据战略的契机，强化跨部门、跨区域的政务协作，完善与发改、工商、税务、交通、银行、环保、公安等部门数据共享机制，进一步推动移动互联网、云计算、大数据等在环境保护监管中的应用，逐步实现跨行业、跨地域、跨部门的环境信息联动与资源共享，提升各部门的业务协同、数据共享、信息交换和数据综合利用能力，形成环境监管的合力。

11.5.5.3 不断提升环境信息服务水平

（1）完善环境信息服务平台。以建设服务型政府为根本目标，进一步推进电子政务系统建设，借助大数据和云计算等技术手段，推进市县的信息化建设，推进基层公众网站、协同办公平台的建设，拓宽电子政务的覆盖范围，打造高效便捷的环境信息网络服务平台，提高环保公共服务能力。完善公共服务体系，进一步提高环保数据自助查询、网上办事和政民互动服务能力，实现网上“一站式”办理审批、缴费、咨询、办证、监督以及联网核查等业务。将环境信息网络服务平台作为环境信息公开的主要渠道，完善信息发布机制，提高信息公开服务的时效性、完整性和便捷性，全面接受社会监督，促进各级政府环境保护工作的优质、高效、规范、透明。

（2）构建环境业务综合管理平台。进一步梳理环境管理业务，整合和集成现有环境业务管理系统，通过利用大数据和云计算等技术手段，将水、气、声、辐射、汽车尾气等和环保有关的数据进行集成，构建环境业务综合管理平台，实现覆盖“批、监、管”等业务全过程管理。通过构建环境业务综合管理平台，理顺业务管理关系，优化业务管理流程，规范业务管理行为。通过构建环境业务综合管理平台，深化电子政务应用，协调推进各业务部门重要业务系统建设，实现跨部门信息共享和业务协同，进一步提升环境管理的效能。

第 12 章

环境机制与政策创新研究

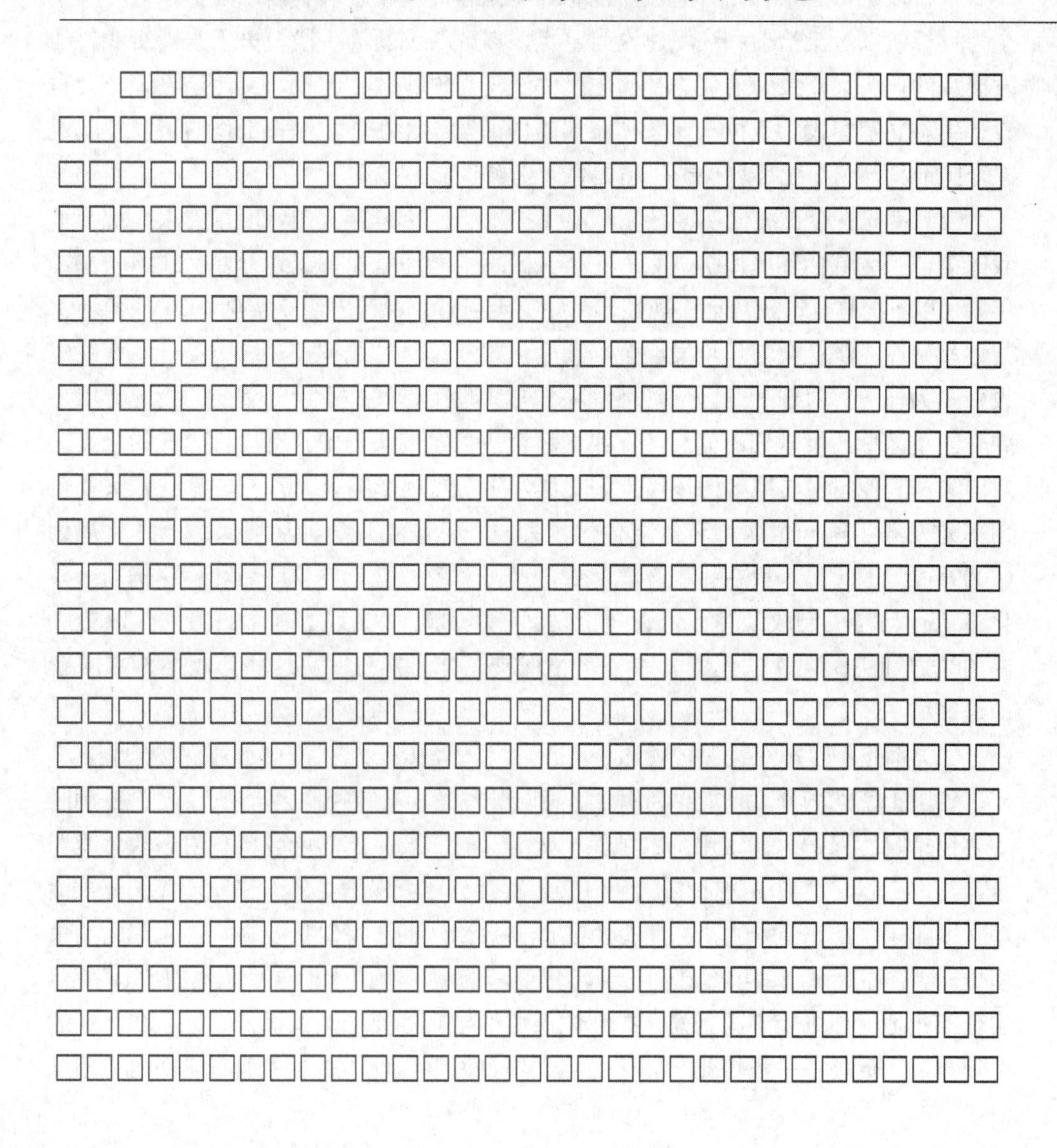

随着生态文明体制改革“1+6”方案的顶层设计落地，生态文明建设领域改革创新全面提速，为环境保护工作释放重大制度红利。目前环境保护体制机制与生态文明建设需求不相适应，全社会共同参与生态环境保护的机制仍不完善，为完善环境机制政策，本章系统评估广东省环境法规标准、管理制度及政策政策的实施情况，结合广东省发展实际，制定总体发展思路，以环境法治机制、污染源监管机制、污染防治机制、权责追究机制、市场化机制、公众参与机制等为切入点提出政策建议。

12.1 广东省环境保护政策措施实施情况评估

12.1.1 广东省环境保护政策措施回顾

一直以来，广东省始终把保护生态环境摆在高度重要位置，以维护地区环境安全为目标，以污染治理和环境建设为重点，以改革创新为手段，勇于争当实践科学发展观的排头兵，致力于促进社会主义“经济建设、政治建设、文化建设、社会建设、生态文明建设”五位一体总体布局的协调发展，在环境保护工作的诸多领域走在全国前列，为全国环境保护工新提供了新鲜经验，成绩斐然。

（1）率先在全国编制实施区域环境保护规划。2004 年 9 月，广东省人大批准了我国第一个区域性环境保护规划——《珠江三角洲环境保护规划纲要（2004—2020 年）》（以下简称《珠三角环保规划》），并决定由省人民政府组织实施。《珠三角环保规划》站在经济社会与环境发展全局高度，确立了“红线调控、绿线提升、蓝线建设”三大任务，对珠三角区域的环境保护与管理工作发挥了十分重要的指导作用，并开创了区域环境规划的先河，在我国环境规划发展历程中具有里程碑式的意义，对国家和其他省份与地区的环境规划工作产生了深远影响。2009 年，珠三角又在全国率先发布了第一个区域环保一体化规划——《珠江三角洲环境保护一体化规划（2009—2020 年）》，旨在打破环境保护的地方行政壁垒，建立区域环境保护的一体化治理行动与机制政策体系，进一步创新了区域环境规划的理念与方法，以更广阔的视野和更深层次的思索来审视环境保护工作，并为解决这些问题不断寻求新的途径。

（2）率先将生态红线保护理念运用于环境管理实践。《广东省环境保护规划》将广东省国土空间划分为“集约利用区、有限开发区和严控控制区”，其中严格控制区主要包括自然保护区、饮用水水源保护区等具有重要生态功能区域和生态敏感脆弱区，约占全省陆地面积的 18%，区内禁止所有与环境保护与生态建设无关的开发活动。多年来，广东省一直严格贯彻落实严格控制区的环境保护要求，强化空间约束引导。全省环保系统每年否定不符合环保要求的项目约占审批项目总数的 5%；并落实珠三角地区原则上不再新建、扩建燃煤燃油电厂等要求，积极引导行业和产业的合理布局，促使了中科炼化一体化等重大项目调整选址，引导大型石化基地、燃煤燃油火电机组向东西两翼等污染物扩散条件较好及大气环境容量相对充裕的沿海地区布局。可以说，实施生态分级控制、划定生态严格控制区是广东省率先将生态红线保护理念运用于环境管理的有益探索和成功实践，对优化国土空间开发格局和区域产业布局起到了极其重要的作用，为广东省在经济社会持续快速发展的过程中坚守生态环境底线提供了有力的制度保障。

（3）率先建立区域污染联防联控机制。环境污染问题成因复杂，仅靠某一个城市、某一个部门的单打独斗很难解决问题。正是认识到这一点，多年来广东省一直致力于探索建立区域污染联防联控机制。早在2008年，广东省就建立了由省政府主要领导同志担任召集人的大气污染联防联控领导机构——珠江三角洲区域大气污染防治联席会议制度，不断完善发改、经信、环保、质监、财政、公安等多个职能部门共同参与的部门联动机制。强化区域大气复合污染防治技术体系建设，成立区域大气质量科学研究中心，2010年在全国率先出台第一个清洁空气行动计划——《珠三角清洁空气行动计划》，并滚动实施，打响了区域大气复合污染综合防治攻坚战；建立了一套国内领先国际先进的区域大气复合污染立体监测网络，按照《环境空气质量标准》（GB 3095—2012），向公众发布了珠三角首批17个自动监测站点的空气质量监测数据，珠三角也成为全国第一个将 $PM_{2.5}$ 纳入空气质量评价并率先公布数据的城市群地区。经过努力，珠三角区域已建成全国首个大气污染联防联控技术示范区。水环境保护方面，注重跨界水体污染联合防治，先后印发《广东省跨行政区域河流交接断面水质保护管理条例》《广东省跨地级以上市河流交接断面水质达标管理方案》等法规和办法，对重点河流和重污染流域实施“河长制”，并由省人大进行重点督办；实施饮水水源保护区和重点生态功能区的生态补偿制度，发挥发挥政策的合力效果。2013年，广东省珠三角地区空气质量达标天数比例为76.3%，分别比长三角、京津冀区域高出12.1个和38.8个百分点；主要江河湖库监测断面水质优良比例为78.4%，高于北京、上海、山东、江苏、浙江等省市。

（4）率先建立具有地方特色的政府环保责任考核制度。1991年开始广东在全国率先开展地方政府环保责任考核工作，至今已有20多年历史，已逐步形成具有广东特色的政府环保责任考核制度。考核工作由当初省政府有关部门开展考核工作上升到由省委省政府联合开展考核工作，考核指标增加了珠江综合整治、污染减排等重要指标，考核结果每年向社会公布，并作为组织部门考察领导干部的重要内容。环保责任考核大大强化了各级地方领导的环保责任，促进各级党委、政府将环境保护摆上更重要位置，提高了环境与发展的综合决策能力。

在取得成绩的同时，必须清醒认识到随着改革开放步入深水区，广东省在许多领域的先发优势正在逐步丧失，更应该充分意识到当前广东省环境形势依然严峻，环境质量与人民群众期待仍有较大差距，环境保护工作仍面临着许多问题与不足亟待解决。

☞ 地方环境法规体系虽然不断完善，但是环境法治能力不足："十一五"以来，广东省大力推进地方环境立法，先后颁布实施了《广东省环境保护条例》等15项，《广东省排污许可证管理办法》等政府规章7项，地方环境标准规范20余项，内容涵盖了生态环境保护各主要要素与领域。随着环境法制体系的不断完善，依法治理与监管能力不足的问题日益暴露。广东省污染源数量众多，分布广泛，且大部分是中小企业，但是基层环境执法人员不足，许多乡镇还没有专门的环境监管机构，部分地区基层政府为了发展经济甚至还存在着对违法排污企业的地方保护主义行为。环境违法成本低、守法成本高的局面尚未彻底改变，环境依法严管的手段与能力严重不足。

☞ 环境污染综合整治力度虽然不断加强，但是全面改善环境质量的支撑能力依然不足："十一五"以来，环境保护的力度和措施不断加强，化学需氧量、二氧化硫等主要污染物总量减排指标首次纳入国民经济与社会发展规划的约束性指标，主要污染物总量控制制度正式确立，"十二五"期间又增加了氨氮和氮氧化物两种总量控制因子。先后出台多项产业准入及各要素污染防治行动计划，并在珠三角地区对造纸、制革、火电、钢铁等重污染行业实行国家标准特别排放限值，各种措施越来越严格。但是由于长期以来经济持续快速增长、产业结构与布局不尽合理，各种环境问题接踵而至并互相交织叠加：二氧化硫、氮氧化物等一次污染物尚未完全解决时，$PM_{2.5}$、臭氧等二次污染造成的雾霾天气已引发社会强烈关注；水体中化学需氧量、氨氮等常规污染物尚未得到完全有效控制，持久性有机物和重金属污染的风险日益突出；此外，土壤、农业农村环境污染日益严重，但是防治基础十分薄弱。环境保护工作与严格监管所有污染物排放的要求还有较大差距，全面改善环境质量的支撑体系基础尚不牢固。

☞ 环境保护机制政策措施虽然日益综合多样化，但是治污减排市场主体内生动力不足：近年来，广东省十分重视综合运用法律、经济、技术等手段推进环境保护工作，先后实施了一系列有利于环境保护的价格政策，推动建立重点生态功能区和饮用水水源保护区的生态补偿制度，开展重点企业环境信用评级及建立"黑名单"制度，积极试点环境污染责任保险、排污权有偿使用与交易等经济政策，改变了环境管理仅仅依靠单一行政手段的局面，取得了积极成效。但是，由于种种原因，在实施过程中部分政策创新措施的效果尚未完全发挥出来，特别是一些经济政策试点由于在国家层面缺乏法律法规的支持，各地试点工作的深入推进缺乏强制力。市场主体不活跃，激发企业自发参与减排的政策合力尚未体现，市场化减排机制亟待健全。

环境政策包含的范围十分广泛，其内涵在广义上和狭义上的理解也不相同，本研究将环境政策分为从环境法规标准、环境管理制度和环境经济政策三个方面，对

广东省环境政策实施及执行情况进行回顾。

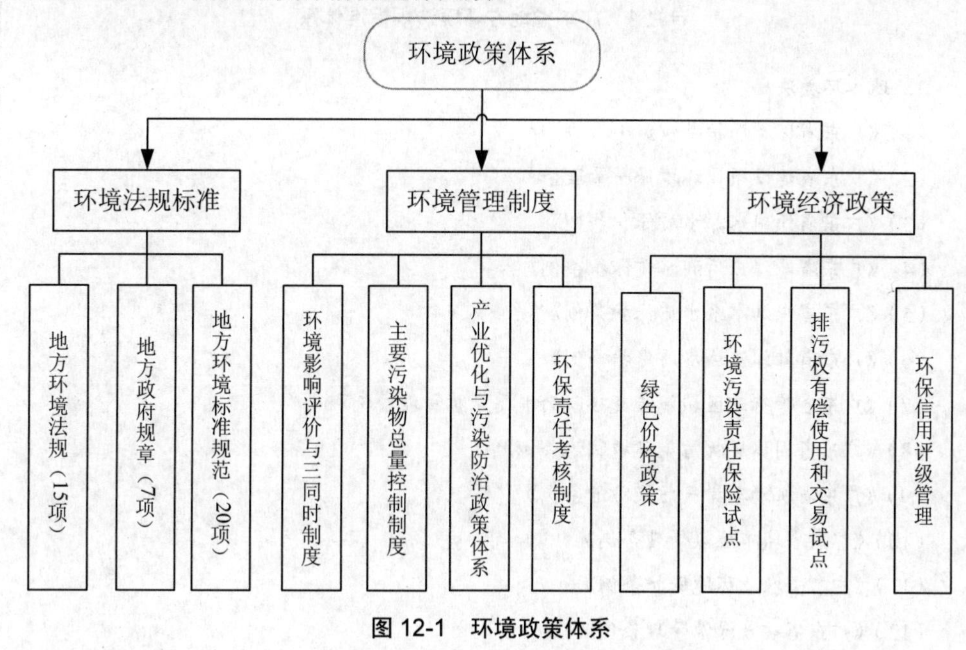

图 12-1　环境政策体系

12.1.2　环境法规标准：地方环境法规标准不断完善，初步形成体系

近年来，广东省大力推进地方环境立法，先后制定和修订了多部地方性环保法规、政府规章和环境标准，内容涵盖了生态环境保护各主要要素与领域，在地方环境立法方面走在全国前列。先后颁布实施了《广东省跨行政区域河流交接断面水质保护管理条例》《广东省饮用水水源水质保护条例》和《广东省机动车排气污染防治条例（修订）》等，正在修订广东省环境保护条例；颁布实施了《广东省严控废物处理行政许可实施办法》《广东省珠江三角洲大气污染防治办法》《广东省排污许可证管理办法》等政府规章；颁布了约 20 项地方环保标准，包括家具制造、水泥、锅炉、火电厂等 14 项行业污染物排放地方标准，以及饮用水水源保护区划分技术指引、环境噪声自动监测技术规范、印染废水治理工程技术规范、印制电路板行业废水治理工程技术规范等技术规范。在珠三角地区实施比其他地区更加严格的污染物排放标准，对珠三角地区造纸、制革、电镀等重污染行业执行国家标准特别排放限值。

通过不断完善地方法规和标准，为全省环境保护工作提供坚实的法治保障，对优化产业结构和促进经济社会可持续发展具有重要意义，并在环境管理工作中发挥了重要作用。

专栏1　广东省地方环境法规标准体系

1. 地方环境法规

（1）《广东省环境保护条例》

（2）《广东省建设项目环境保护管理条例》

（3）《广东省饮用水源水质保护条例》

（4）《广东省珠江三角洲水质保护条例》

（5）《广东省东江水系水质保护条例》

（6）《广东省韩江流域水质保护条例》

（7）《广东省跨行政区域河流交接断面水质保护管理条例》

（8）《广东省固体废物污染环境防治条例》

（9）《广东省机动车排气污染防治条例》

（10）《广东省城市垃圾管理条例》

（11）《广东省农业环境保护条例》

（12）《广东省矿产资源管理条例》

（13）《广东省民用核设施核事故预防和应急管理条例》

（14）《广东省实施〈中华人民共和国环境噪声污染防治法〉办法》

（15）《广东省实施〈中华人民共和国海洋环境保护法〉办法》

2. 地方政府规章

（1）《广东省排污费征收使用管理办法》

（2）《广东省珠江三角洲大气污染防治办法》

（3）《广东省严控废物处理行政许可实施办法》

（4）《广东省排污许可证管理办法》

（5）《广东省放射性废物管理办法》

（6）《广东省核电厂环境保护管理规定》

（7）《广东省建设项目环境影响评价文件分级审批管理规定》

3. 地方环境标准

（1）广东省《水污染物排放限值》（DB 44/26—2001）

（2）广东省《大气污染物排放限值》（DB 44/27—2001）

（3）广东省《火电厂大气污染物排放标准》（DB 44/612—2009）

（4）广东省《畜禽养殖业污染物排放标准》（DB 44/613—2009）

（5）广东省《锅炉大气污染物排放标准》（DB 44/765—2010）

（6）广东省《在用点燃式发动机轻型汽车排气污染物排放限值（简易瞬态工况法）》（DB 44/632—2009）

（7）广东省《在用点燃式发动机汽车排气污染物排放限值及测量方法（稳态工况法）》（DB 46/592—2009）

（8）广东省《车用柴油（仅用于实施第四阶段国家机动车污染物排放标准的车用柴油）》（DB 44/695—2009）

（9）广东省《车用汽油（仅用于实施第四阶段国家机动车污染物排放标准的车用汽油）》（DB 44/694—2009）

（10）广东省《水泥工业大气污染物排放标准》（DB 44/818—2010）

（11）广东省《印刷行业挥发性有机化合物排放标准》（DB 44/815—2010）

（12）广东省《制鞋行业挥发性有机化合物排放标准》（DB 44/817—2010）

（13）广东省《家具制造行业挥发性有机化合物排放标准》（DB 44/814—2010）

（14）广东省《表面涂装（汽车制造业）挥发性有机化合物排放标准》（DB 44/816—2010）

（15）广东省《印制电路板行业废水治理工程技术规范》（DB 44/T 622—2009）

（16）广东省《印染行业废水治理工程技术规范》（DB 44/T 621—2009）

（17）广东省《环境噪声自动监测技术规范》（DB 44/T 753—2010）

（18）广东省《在用汽车排气污染物限值及检测方法（遥测法）》（DB 44/T 594—2009）

（19）广东省《环境噪声自动监测系统安装、验收、运行与维护技术规范》（DB 44/T 975—2011）

（20）广东省《饮用水水源保护区划分技术指引》（DB 44/T 749—2010）

12.1.3 环境管理制度：建立比较完备的环境管理制度，但执行和监管配套能力不足

从环境管理制度上看，经过多年的发展和完善过程，目前国家和地方都建立了比较完善和严格的环境管理制度，从环评的源头准入，企业排污许可到末端治理和责任落实，形成了一套比较完整的制度体系。

（1）严格实行环评和“三同时”制度。广东省各级环保部门严格按照环保法律法规的要求，不断加大环境执法力度，切实加强建设项目的环境影响评价工作和日常监督管理。统计数据显示，近年来向有关部门办理申报手续的建设项目环评执行率和“三同时”执行率基本达到 100%。同时，制定出台了广东省人民政府《关于进一步做好我省规划环境影响评价工作的通知》，建立规划环评与项目环评联动机制，将区域和产业规划环评作为受理审批区域内项目环评文件的重要依据，对未纳入规划且未开展规划环评的单个建设项目，环保部门不再受理或批准其环评文件。

（2）建立污染物排放总量控制制度。自“十一五”开始，国家实行自上而下的主要污染物总量控制制度，主要污染总量指标经国家下达各省后再逐层分解到各市县，并将减排任务落实到重点环保工程项目及重点排污单位，由各级政府强力推动。广东省严格执行国家总量控制制度，并科学分配各地级以上市“十一五”总量控制

指标，通过制定年度总量减排实施方案，将污染减排任务进行逐一落实。并印发实施《关于实行建设项目环保管理主要污染物排放总量前置审核制度的通知》，将主要污染物排放总量指标作为建设项目环评审批的前置条件。对未取得总量控制指标的项目，不予批准建设；未达到总量控制目标要求的项目，不得投入生产；新增污染物排放量不允许突破总量控制指标。

（3）出台了一系列优化产业发展和污染防治的政策措施。环境保护与产业结构和发展状况紧密相关，必须从源头上严格环保准入门槛要求，优化产业结构与布局。依据主体功能分区情况，根据各区域资源禀赋条件和环境敏感性，出台了《主体功能区配套环境政策》《广东省区域差别化环保准入指导意见》，实施分区域、差异化的环境管理与准入政策，提升环境管理的“精细化”水平。此外，“十二五”以来不断强化了大气、水、土壤、农村等环境要素的污染防治力度，出台了《广东省大气污染防治行动方案》《广东省珠三角清洁空气行动计划》《南粤水更清行动计划（2013—2020 年）》《广东省土壤环境保护和综合治理方案》《广东省农村环境保护行动计划》等一系列污染防治计划和方案，政策措施十分严格，治污力度大幅加强。

但是，在环境管理制度方面，存在的主要问题是“重事前审批、轻事后监管”，虽然设立了一系列严格完整的管理制度，但是在企业审批通过后，对企业的排污行为日常监管重视不够；主要污染物总量控制制度也主要落实在政府层面，尚未逐一分解落实到每一个排污单位；而且目前环保部门普遍存在能力不足的情况，导致许多企业存在偷排漏排行为，加重污染负荷。

12.1.4 环境经济政策：环境经济政策取得积极进展，但激励措施力度有待加大

环境经济政策近年来越来越受重视，许多省份正在推行一系列的环境经济政策试点。广东省近年来也加大了环境经济政策实施力度，主要表现在几个方面。

（1）大力推行绿色价格政策。推行燃煤火电机组脱硫脱硝电价管理，截至 2013 年年底，全省累计有 128 台合计 4 750 万 kW 的燃煤机组获批脱硫电价补助，63 台合计 2 654 万 kW 的燃煤机组获批脱硝电价补助。在全省范围内对钢铁、水泥等行业落后产能实施差别电价，珠三角地区试点对焦炭、铜冶炼等 11 个行业的淘汰类和限制类企业提高用电价格，形成覆盖 19 个行业、比较完善的差别电价体系，有效遏制了高耗能和高污染行业的发展。在确保电力需求的前提下，不断提高已安装脱硝设施火电机组的运行时间。据测算，在现有减排措施的基础上，将已安装脱硝设施火电机组的发电负荷提高到 70%，即可削减氮氧化物排放 1.52 万 t。

（2）积极推进环境污染责任保险试点。制定《关于开展环境污染责任保险试点工作的指导意见》，在全省范围内对潜在环境风险程度高、易发生环境污染事故的重

点行业企业实施环境污染责任保险试点，截至2013年12月底，全省已有约480家企业投保，保险金额约为7.7亿元，保费约为1 360万元。

（3）启动排污权有偿使用和交易试点。印发实施《关于在我省开展排污权有偿使用和交易试点工作的实施意见》，制定《广东省排污权有偿使用和交易试点管理办法》《关于试点实行排污权有偿使用和交易价格管理问题的通知》等文件。2013年12月18日，省政府举行了排污权有偿使用和交易试点启动仪式，当日完成SO_2成交量13 023.4 t、总成交金额为2 083.744万元。

（4）深入实施环保信用评级管理。出台《重点污染源环境保护信用管理办法》，对重点污染源环境保护信用每年进行评价并向社会公开。建立环境管理与金融机构信息互通机制，将企业环境信用评级情况与企业信贷相挂钩，利用经济手段，督促企业主动改进其环境行为。

在环境经济政策推行过程中，目前取得较好效果的主要是差别电价政策和环境信用评价制度，通过对不同行业实施不同的差别电价政策，对高污染、高耗能行业取到了有利的遏制作用；环境信用评级制度通过对重点污染源实行环境信用分级评价，并在信息公开的作用下，也对重污染企业形成了威慑作用。而环境污染责任保险、排污权交易等政策试点工作，由于在国家层面缺乏法律法规的支持，各地试点工作的深入推进缺乏强制力，市场主体不活跃，多是政府部门充当“拉郎配”的角色，其经济手段的作用尚未完全发挥出来。

12.2 广东省“十三五”环境机制政策发展总体思路

“十三五”时期，广东省环境机制政策领域发展方向要以着重解决现行环境政策体系中的监管不到位、手段单一、激励与约束机制不足等突出问题为导向，建立行政命令控制与经济法律技术手段相结合、激励与约束并举的环境机制政策体系，构建从源头到末端的全过程污染源排污监管体系，形成政府、企业、公民权责明确、互相监督的良性互动机制，最终目的是要形成与生态文明建设相适应的环境保护管理机制政策体系。

以党的十八届三中全会关于建设生态文明、完善环境保护制度的要求为指导思想，结合广东发展和环境保护中面临的实际问题，基于保护优先、预防为主、综合治理、公众参与、损害担责的原则，提出了广东省“十三五”环境政策发展方向和对策措施，着重建立完善六大机制、包括20条的政策组合工具包。

专栏2　广东省“十三五”环境政策组合工具包

目标：建立运转顺畅、全程监管、约束激励并举的适应生态文明建设的环境机制政策体系。

主要任务：建立完善六大机制：

1. 环境法治机制

（1）完善环境法规体系

（2）强化环境司法建设及环境执法力度

2. 污染源监管机制

（3）全面实施排污许可证制度

（4）推动执法重心下移

（5）强化环境违法处罚力度

3. 污染防治机制

（6）完善区域大气联防联控机制

（7）全面推行河长制

（8）完善土壤污染防治机制

（9）完善农村环境保护机制

4. 权责追究及考核机制

（10）建立责任追究机制

（11）推进环境损害赔偿制度

（12）深化环境污染责任保险

（13）完善生态补偿机制

5. 市场减排机制

（14）加大环境价格政策实施力度

（15）着力培育排污交易市场

（16）加快推进污染第三方治理

（17）积极推进环境监测社会化

6. 公众参与机制

（18）强化环境信息公开

（19）依法推进环境公益诉讼

（20）完善公众投诉举报制度

12.3 完善广东省环境政策机制的对策建议

12.3.1 强化环境法治机制

（1）继续完善地方环境法规体系。根据新的形势对环境保护工作的要求，继续完善广东省地方环境法规体系。制定《广东省珠江三角洲大气污染防治条例》《广东省土壤污染防治条例》。加快修订《广东省环境保护条例》《广东省饮用水源水质保护条例》《广东省固体废物污染环境防治条例》等地方环境法规。

（2）加强环境司法建设。全面落实《环境保护法》的各项要求，研究落实按日计罚、查封扣押等新要求的实施办法及配套措施，加快推进公益诉讼、行政问责、行政拘留、环境刑事案件办理等工作的协调和衔接，实现环境行政执法与刑事司法有效衔接模式。鼓励有条件的地市探索设立环保法庭，实行环保行政、刑事、民事案件“三审合一”，建立环境案件专业化审判队伍，实行环境案件专属管辖。

（3）强化环境执法力量。当前，环境监察执法能力尤其是基层环境监管能力严重不足，人力物力不够，大部分精力都用在陪同上级检查接待方面，根本没时间用于进行日常执法抽查监管等工作。必须彻底改变这一被动局面，加强环境执法能力建设，推动环境执法重心下移。①要推动执法重心下移，大幅增强镇级环境监察执法能力，“十三五”时期珠三角地区所有镇和东西北地区中心镇基本都覆盖环境监察派出机构。②实施环境保护监督管理“一岗双责”制。③研究在公安部门增加环境警察力量，加强与公安执法联勤，力争“十三五”所有地市均成立环境警察。

（4）强化环境违法处罚力度。长期以来，“违法成本低，守法成本高”的不合理现象一直是环境保护工作亟待破解的难题，这次新修订的《环境保护法》顺应经济社会发展趋势和民众对环保工作的期待，在环境违法处罚方面进行了大幅改进，被誉为一部“长牙齿的法律”和“史上最严的环保法”。①赋予了环保部门“渴望已久”的行政强制措施权。根据新《环境保护法》规定，违法排放污染物造成严重污染的，环保部门可以查封、扣押造成污染物排放的设施和设备。②提高了罚款标准，增加了按日连续处罚的条款。在实践中，超标超总量排污、偷排漏排的现象比较普遍，这类环境违法行为具有一个共同特性，即持续性，表现为企业的同一环境违法行为持续多日，甚至长达数月乃至数年。对这类具有持续性的违法行为，环保执法如果只认定为一个违法行为予以处罚，有违过罚相当的原则；如果认定为多个违法行为予以处罚，又缺乏法律依据。为解决这一问题，新《环境保护法》中规定了按日计罚制度，对于违法排污的，受到罚款处罚，被责令改正，拒不改正的，可以自责令改正之日的次日起，按照原处罚数额按日连续处罚。

有了法律的保障，环保部门相当于具备了向违法排污行为宣战的有力武器。“十三五”期间，应按照新《环境保护法》的要求，加大违法排污的查处及打击力度，对违法排放污染物并拒不改正的，依法实施按日处罚；造成严重污染的，依法查封、扣押造成污染物排放的设施和设备；对严重的环境违法行为，对相关责任人员进行行政拘留，构成污染环境罪的，依法严格追究刑事责任。

（5）依法推进公益诉讼。新《环境保护法》已经明确了环境公益诉讼的法律地位，并将公益诉讼主体扩大到“设区的市级以上政府民政部门登记的相关社会组织”。根据不完全统计，目前全国 5 年以上没有违法记录、市以上民政部门登记的环保组织国内有 300 家左右。可以预见，随着新《环境保护法》的实施，环境公益诉讼将成为遏制环境污染和生态破坏行为的有力武器之一。

鼓励环境公益组织依法开展环境公益诉讼，向破坏环境和损害社会公共利益的行为宣战。

12.3.2 强化污染源监管机制

目前，对污染源监管主要存在两个方面的问题：①环境执法力度偏软，处罚力度不够。很多企业宁愿违法排污接受处罚也不愿意进行污染治理，造成“违法成本低，守法成本高”的不合理局面，随着新《环境保护法》的实施，引入环保部门执法强制权、按日处罚、罚不封顶等措施后，这一状况可望逐步得到解决。②由于污染源数量众多、分布广泛，环保部门监管能力不足，尚不能对企业实施有效监管，一些企业存在偷排漏排情况，解决这个问题有赖于环保部门加强自身能力建设，加强基层环境执法力量，推动执法重心下移，建立以排污许可证为载体的污染源监管体系，并大力推行信息公开，让排污企业的排污信息暴露在阳光下，接受公众监督。

（1）全面实施排污许可证制度。新《环境保护法》明确了排污许可证的法律地位，并明确指出“企事业单位在执行国家和地方污染物排放标准的同时，应当遵守分解落实到本单位的重点污染物排放总量控制指标。”可以说新《环境保护法》真正确立了排污企业的排放浓度和总量双约束制度。下一步，环保部门要加快制定企事业单位排污总量指标的分配方法，将总量目标分解落实到逐个排污单位，并加强监管执法，对超总量排污行为依法进行严格处罚。

（2）建立污染源数字地图。全面系统整合各级环评审批、排污许可证、污染排放数据，建立所有排污企业的数字档案，并对重点排污单位实施实时监控。

12.3.3 健全污染防治机制

目前，在大气、水、土壤、农村等主要要素的污染防治领域，各领域的污染防治机制政策需要进一步完善，如区域大气联防联控和跨界水体污染的合作治理机制需要继续强化，土壤和农村等领域污染防治工作基础仍然比较薄弱，亟须完善其保护与治理的工作机制，形成统筹协调和动员各方面资源进行环境保护的合力。

（1）深化区域大气污染联防联控。深化区域大气污染联防联控需要依靠区域内地方政府间对区域整体利益达成的共识，以解决区域复合型大气污染问题为目标，运用组织和制度资源打破行政界限，让区域内城市共同规划和实施大气污染控制方案，互相监督，互相协调，以最终实现改善区域整体大气环境质量的目标。

广东省深化区域大气污染联防联控的重点区域是珠三角地区。自《国务院办公厅转发环境保护部等部门关于推进大气污染联防联控工作改善区域空气质量指导意见的通知》（国办发〔2010〕33 号）发布以来，广东省通过“以点带线、以线带面”的工作思路，本着“抓重点、求实效”的原则，从立法、行动计划、科研、机构建设、能力建设等方向建立了珠江三角洲大气污染联防联控体系。珠三角大气污染联防联控体系的建设情况如下。

制定大气污染联防联控政府规章。为保护和改善珠江三角洲区域大气环境、保障人体健康，根据《大气污染防治法》及有关法律、法规的规定，广东省于 2009 年 3 月 30 日颁布了《广东省珠江三角洲大气污染防治办法》，并于 2009 年 5 月 1 日开始实施。该办法第五条明确规定：“省人民政府建立区域大气污染防治联防联控监督协作机制，采取以下措施对区域内大气污染防治实施监督：（一）检查区域内大气污染防治规划实施情况，组织考核区域内各级人民政府大气污染防治工作；（二）定期通报区域内大气污染防治规划实施进展、大气环境质量、重大建设项目等情况；（三）协调解决跨地市行政区域大气污染纠纷；（四）协调各地、各部门建立区域统一的环境保护政策。”

印发大气污染联防联控行动计划。为有效贯彻落实《广东省珠江三角洲大气污染防治办法》，经省政府批准，由省环境保护厅牵头，省发展改革委、省经济和信息化委、公安厅、财政厅、质监局六部门于 2010 年 2 月 8 日联合印发了《广东省珠江三角洲清洁空气行动计划》，该计划明确了珠江三角洲地区联防联控工作思路，树立了“一年打好基础，三年初见成效，十年明显改善”的区域大气污染治理目标，采取严格环境准入、改善能源结构、多污染物联合减排、机动车污染控制等措施，全面推进大气复合污染防治。该计划共附表 16 张，形成了环境标准、管理体制、环境监管、环境经济政策、科技支持和宣传教育等综合防治决策支持体系，具有较强的可操作性与执行力。

建立大气污染联防联控领导机构。为加强对珠江三角洲区域大气污染联防联控的管理，省政府办公厅印发了《关于建立珠江三角洲区域大气污染防治联席会议的通知》，建立了以分管副省长为第一召集人，省政府分管副秘书长和省环境保护厅主要负责人为第二召集人，由珠江三角洲地区九个地级以上市政府主管市长，以及省环境保护厅、省发展改革委、省经济和信息化委、科技厅、公安厅、财政厅、住房和城乡建设厅、交通运输厅、农业厅、物价局、工商局、海洋渔业局、质监局、广东银监局、中国人民银行广州分行、南方电监局、省气象局、广东海事局等 27 个单位有关负责人参加的大气污染防治联席会议制度。在第一次珠江三角洲区域大气污染防治联席会议上，审议通过了《珠江三角洲区域大气污染防治联席会议议事规则》，该规则明确了联席会议成员、议事范围、日常工作、议事原则、议事程序等具体内容，确保联席会议能够高效、有序、公平的推进大气污染联防联控工作。

成立区域大气质量科学研究中心。根据《珠江三角洲区域大气污染防治联席会议议事规则》的要求，联席会议下设区域大气质量科学研究中心，作为大气污染联防联控的科研机构。科学研究中心设在广东省环境科学研究院，该机构在编制大气污染物排放总量控制目标、区域大气污染治理计划，各城市大气污染削减总量分配方案、提供和推荐大气污染控制技术方案，统一技术标准等方面为联席会议提供科技支撑。

推动区域空气质量监测网络建设。广东省环境监测中心和香港特别行政区政府环境保护署于2003—2005年联合构建了“粤港珠江三角洲区域空气监控网络”。监控网络由16个空气质量自动监测子站组成，分布于整个珠江三角洲地区。其中10个监测子站由广东省境内有关城市的环境监测站运作，3个位于香港境内的子站由环境保护署负责，另外有3个区域子站则由广东省环境监测中心运作。

可见，广东省珠三角片区的大气污染联防联控工作机制已初步建立。为了进一步深化区域大气污染联防联控，推动区域内各城市、重点企业履行大气污染联防联控的责任与义务，改善区域环境空气质量，“十三五”期间，大气污染联防联控的重点工作有以下几点。

☞ 建立区域大气环境联合执法监管机制：开展环境联合执法，统一区域环境执法尺度，建立跨界污染防治协调处理机制和区域性污染应急处理机制。加强区域环境执法监管，确定并公布区域重点企业名单，开展区域大气环境联合执法检查，集中整治违法排污企业。经过限期治理仍达不到排放要求的重污染企业予以关停。切实发挥各区域环境督查派出机构的职能，加强对区域和重点城市大气污染防治工作的监督检查和考核，定期开展重点行业、企业大气污染专项检查，组织查处重大大气环境污染案件，协调处理跨市区域重大污染纠纷，打击行政区边界大气污染违法行为。强化区域内工业项目搬迁的环境监管，搬迁项目要严格执行区域对新建项目的环境保护要求。

☞ 建立重大项目环境影响评价会商机制：对区域大气环境有重大影响的火电、石化、钢铁、水泥、有色、化工等项目，要以区域规划环境影响评价、区域重点产业环境影响评价为依据，综合评价其对区域大气环境质量的影响，评价结果向社会公开，并征求项目影响范围内公众和相关地市环保部门意见，作为环评审批的重要依据。

☞ 建立环境信息共享机制：围绕区域大气环境管理要求，依托已有网站设施，促进区域环境信息共享。集成区域内各地环境空气质量监测、重点源大气污染排放、重点建设项目、机动车环保标志等信息，建立区域环境信息共享机制，促进区域内各地市之间的环境信息交流。

☞ 建立区域大气污染预警应急机制：加强极端不利气象条件下大气污染预警

体系建设，加强区域大气环境质量预报，实现风险信息研判和预警。建立区域重污染天气应急预案，构建区域、市联动一体的应急响应体系，将保障任务层层分解。当出现极端不利气象条件时，所在区域及时启动应急预案，实行重点大气污染物排放源限产、建筑工地停止土方作业、机动车限行等紧急控制措施。

（2）完善流域水环境保护管理机制。流域水环境管理仅靠一个地方政府或部门的力量是难以解决的，需要流域层面的统筹，尽快加强重污染流域水环境保护统一协调管理机制。

严格落实领导责任制和考核机制。根据环境保护“党政一把手亲自抓，负总责”的要求，建立起“政府主要领导负责、环保部门统一监管、各部门齐抓共管、全社会共同参与”的工作机制。市政府主要领导为流域水环境保护工作的第一责任人，政府分管领导为主要责任人，并根据实际情况把重污染流域保护责任分解到各镇（街）、部门和厂企，以确保责任目标的实现。各级政府要加强对水环境保护工作的督促检查，并每年向省人大、省政府报告重污染流域水环境保护工作完成情况。建立健全重污染流域水环境保护目标管理考核制度，把考核结果作为领导干部政绩考核、选拔任用和奖惩的重要依据之一。

加强流域规划引导和调控。坚持规划先行，认真贯彻实施各重污染流域水资源保护规划，组织编制流域综合整治技术研究报告，突出保护优先和统一协调，充分考虑生态环境容量和资源承载能力，合理分配水环境容量资源和合理调配水资源。加快产业转型升级与布局调整，坚持“在保护中发展，在发展中保护”的原则，加强潭江水污染控制措施，制定相应的区域开发和环保政策，努力实现经济发展和环境保护双赢。

完善流域水环境保护情况报告和预测预警制度。流域内的各市、区政府及有关部门要依法加强环境监管，建立健全环境保护情况报告制度和预测预警制度，积极推进流域水环境保护工作。各级环保部门要制定完善环境保护应急预案，加大日常巡查力度，及时报告流域水环境污染情况，认真处置，依法查处。

健全水环境保护的协调机制。建立重污染流域水环境保护综合决策机制，加强协调，密切协作，形成合力。环保部门要积极做好水环境保护工作的统一监督管理，主动加强与有关部门的沟通协调，严格把好项目环评审批和环保“三同时”验收关；发展改革、财政、国土资源、住房和城乡建设、交通运输、水务、农业、卫生、海洋渔业、城管、工商等有关部门要依法在各自的职责范围内对环境污染防治实施监督管理。

（3）健全土壤污染防治机制。近年来，各地市积极开展土壤污染状况调查，实施综合整治，土壤环境保护取得积极进展。但广东省土壤环境状况总体仍不容乐观，必须引起高度重视。为切实保护土壤环境，防治和减少土壤污染，需要建立长效的土壤污染防治机制。

- ☞ 建立农用土壤环境保护监督管理制度：以基本农田、重要农产品产地特别是“菜篮子”基地为监管重点，开展农用土壤环境监测、评估与安全性划分。加强影响土壤环境的重点污染源监管，严格控制主要粮食产地和蔬菜基地的污水灌溉，强化对农药、化肥及其废弃包装物，以及农膜使用的环境管理。对污染严重难以修复的耕地提出调整用途的意见，严格执行耕地保护制度。积极引导和推动生态农业、有机农业，规范有机食品发展，组织开展有机食品生产示范县建设，预防和控制农业生产活动对土壤环境的污染。
- ☞ 建立污染土壤风险评估和污染土壤修复制度：对污染企业搬迁后的厂址和其他可能受到污染的土地进行开发利用的，环保部门应督促有关责任单位或个人开展污染土壤风险评估，明确修复和治理的责任主体和技术要求，监督污染场地土壤治理和修复，降低土地再利用特别是改为居住用地对人体健康影响的风险。对遗留污染物造成的土壤及地下水污染等环境问题，由原生产经营单位负责治理并恢复土壤使用功能。加强对化工、电镀、油料存储等重点行业、企业的监督检查，发现土壤污染问题，要及时进行处理。区域性或集中式工业用地拟规划改变其用途的，所在地环保部门要督促有关单位对污染场地进行风险评估，并将风险评估的结论作为规划环评的重要依据。同时，要积极推动有关部门依法开展规划环境影响评价，并按规定程序组织审查规划环评文件；对未依法开展规划环评的区域，环保部门依法不得批准该区域内新建项目环境影响评价文件。
- ☞ 健全土壤污染防治法律法规和标准体系：抓紧研究、制定有关土壤污染防治的法律法规和政策措施。加快制定污染场地土壤环境保护监督管理办法，并组织好实施。组织制修订有关土壤环境质量、污染土壤修复、污染场地判别、土壤环境监测方法等标准，不断完善土壤环境保护标准体系。鼓励地方因地制宜，积极探索制定切实可行的土壤污染防治地方性法规、标准和政策措施。
- ☞ 加强土壤环境监管能力建设：把土壤环境质量监测纳入先进的环境监测预警体系建设，制定土壤环境监测计划并组织落实。进一步加大投入，不断提高环境监测能力，逐步建立和完善省、市、县级土壤环境监测网络，定期公布全省和区域土壤环境质量状况。加强土壤环境保护队伍建设，加大培训力度，培养和引进一批专门人才。制定土壤污染事故应急处理处置预案。编制土壤污染防治专项规划，并组织实施。各地市环境保护规划应包括土壤污染防治的内容，并提出具体的目标、任务和措施。

（4）强化农村环境保护机制。1998 年《广东省农业环境保护条例》发布并实施，有力地促进了农村环境保护工作。《广东省环境保护和生态建设“十二五”规划》（粤府办〔2011〕48 号）及《广东省农村环境保护行动计划（2014—2017 年）》相继出台，但方案的实施需要强有力的管理制度保证。

- ☞ 建立健全农村环境监控与管理体系：构建与完善监测、控制、管理、执法一体化的农村环境保护体系。监测网络是加强农村环境管理，实现农村生态环境保护的前提和必要手段，要保护好广东省的农村生态环境，必须不断健全和完善畜牧养殖废物污染、检疫与病虫害预测预报、耕地地力、基本农田环境质量等监测网络，增强对农村生态环境污染的科学防御和管理能力。针对污染源和控制目标，建立健全畜牧养殖废物污染监管体系、疫情和病虫害防御与控制管理体系、耕地地力维护与管理体系、基本农田环境质量控制体系以及污染预警和污染事故应急处理机制，由此构成广东省完整的农村环境保护体系，从而全面实现对广东农村环境的监测、控制和管理，逐步实现农村的洁净生产，促进农村可持续发展。
- ☞ 建立农村生活污染防治机制：因地制宜开展农村污水、垃圾污染治理。逐步推进县域污水和垃圾处理设施的统一规划、统一建设、统一管理。有条件的小城镇和规模较大村庄应建设污水处理设施，城市周边村镇的污水可纳入城市污水收集管网，对居住比较分散、经济条件较差村庄的生活污水，可采取分散式、低成本、易管理的方式进行处理。

  逐步推广户分类、村收集、乡运输、县处理的方式，提高垃圾无害化处理水平。加强粪便的无害化处理，按照国家农村户厕卫生标准，推广无害化卫生厕所。把农村污染治理和废弃物资源化利用同发展清洁能源结合起来，大力发展农村户用沼气，综合利用作物秸秆，推广“猪—沼—果”“四位（沼气池、畜禽舍、厕所、日光温室）一体”等能源生态模式，推行秸秆机械化还田、秸秆气化、秸秆发电等措施，逐步改善农村能源结构。
- ☞ 完善广东省农业环境安全评估体系：应积极争取条件，加强农业环境、渔业水域和草原牧区的监测体系建设，应加大工作力度，对大中城市郊区、工矿企业周围和重点流域开展污染监测，对重点渔业水域环境进行常规性监测和渔业污染事故、赤潮等应急监测，掌握渔业环境状况。对主要农业产品区的环境安全进行评估，及时发现问题并修复环境。

12.3.4 建立权责追究机制

严格的责任追究机制是确保制度有序运行的重要保障，针对当前严峻的环境形势，必须理顺政府、企业和公民的环境保护责任义务，明确权责，确立严格的权责追究机制，依法保障公众的环境权益不受侵害。

（1）建立责任追究机制。探索领导干部自然资源资产离任审计，逐步推进生态环境损害责任终身追究制的建立。

在政绩考核中必须全面考核区域环保发展规划的制定、执行和结果评估等前端、中端和后端的工作。考核的周期包括环保规划制定、执行、最终结果等全过程。通过分析哪个环节出了问题，以区分谁在任时出的问题，实行生态环境损害责任终身追究，把考事和考人相结合，以防止在追责过程中出现“谁赶上谁倒霉、谁躲过谁侥幸”的现象。

（2）推进环境损害赔偿制度。实施环境损害赔偿制度。完善环境损害鉴定评估技术规范，加强环境损害鉴定评估能力建设，建立广东省专业的环境损害评估技术队伍。完善环境损害赔偿制度，对人身健康、公民财产和生态环境造成损害的行为，依法追责赔偿。

推行环境损害赔偿制度，需要加强环境损害鉴定评估能力建设。

☞ 进行环境损害赔偿制度的理论研究和现实调研，厘清基本的理论问题：目前，对环境赔偿的根本目的、环境损害的界定、赔偿原则、赔偿范围、免赔条件、追溯时限等一些基本理论还没有具体界定；因果关系的确认、举证责任、赔偿程序、赔偿数额的计算等基本的政策、标准、规范尚未建立；对无法确定环境侵权人的环境损害如何赔偿、损害后果超过环境侵权人赔偿能力时如何赔偿等无法回避的现实问题还没有形成共识，更没有操作依据。

☞ 加紧建立广东省专业的环境损害评估第三方鉴定、评估机构，培训专门技术人员：环境损害鉴定、评估工作具有很强的专业性。当前，广东省乃至于全国都缺少认定的权威资质的环境损害司法鉴定机构。健全环境损害赔偿制度，必须建立环境损害司法鉴定评估机制，培育具有相关部门授予资质的、专门的环境损害鉴定评估机构。

（3）深化环境污染责任保险。目前，广东省也已经开展环境污染责任保险试点。首先，在上一阶段试点工作取得的成绩的基础上，扩大环境污染责任保险试点范围，在要求涉重金属污染防控重点行业强制投保外，积极鼓励其他高环境风险企业参保。其次，要强化市场规范，确保环境污染责任保险业务有序开展。保险监管部门要对组织企业参与环境污染责任保险的保险经纪公司和承保环境污染责任保险的保险公司依法加强监管，维护正常的市场秩序，最大限度保障投保企业的合法权益。再次，加强环保、保险公司、保险监管部门之间的信息沟通，建立准确、畅通的信息交换渠道。

（4）完善生态补偿机制。坚持“谁受益、谁补偿”原则，建立健全生态补偿制度，通过转移支付加大对重点生态功能区和农产品主产区的补偿力度，增强其基本公共服务供给能力。推动地区之间建立横向生态补偿制度，完善流域上下游之间双向补偿机制。

12.3.5 建立市场化减排机制

党的十八届三中全会明确指出，市场在资源配置中起决定性作用，利用市场的经济手段是环境政策中必不可少的工具。运用得好的话，可以激发市场活力，发挥自主减排的激励作用，用较小的成本取得较大的政策受益。

（1）完善环境价格政策。环境价格政策在“十一五”和“十二五”时期内已经积累了比较好的基础和经验，并取得了明显成效。下一步要继续加大环境价格政策实施力度，为产业结构调整提供经济杠杆效应。

继续完善燃煤火电机组脱硫脱硝电价政策，加强火电机组脱硫脱硝运行环保监管。实施火电绿色调度，在确保电力需求的前提下，优先提高已安装脱硝设施火电机组的运行时间。加大差别价格政策实施力度，扩大行业范围，在全省范围内对钢铁、水泥、焦炭等19个高耗能高污染行业全面推行差别电价和差别水价政策，并提高加价标准。

（2）培育排污交易市场。深入推进排污权有偿使用和交易试点。完善初始排污权分配机制，加快建立排污权交易一级市场；完善交易规则，着力培育壮大排污权二级交易市场。

（3）加快推进污染第三方治理。加快建立环境污染第三方治理制度，推进污染治理设施建设和运营市场化，确立“污染者付费、专业化治理”新模式。

12.3.6　强化公众参与机制

环境保护人人有责，必须充分调动一切因素，动员全社会力量共同参与。要广泛深入地宣传生态文明理念和环境保护知识，使其上课本、进社区、入工厂，提高全民环境意识。强化环境信息公开，扩大公开范围，完善公开方式，保障公众环境知情权、参与权和监督权。

（1）强化环境信息公开。各级环境保护相关管理部门要依法公开环境质量、环境监测、突发环境事件、环境行政许可及处罚等信息，确保公众畅通获取环境信息的权利。国控和省控企业必须如实公开主要污染物排放情况和污染治理设施建设运行情况，广泛接受社会监督。完善企业环境信用评价体系，将排污企业的环境违法信息及行为记入社会诚信档案，及时向全社会公布违法排污者名单。

（2）健全投诉举报制度。鼓励全社会积极行动起来，向一切污染环境和破坏生态的行为斗争。各市要建立环境举报奖励制度，设立环境投诉举报热线电话，鼓励公民举报环境违法行为。建立举报人保密制度，保护举报人合法权益。环保部门接到举报电话后，要立即依法进行查处，不得推诿不作为，经查实后给予举报者一定奖励。

参考文献

[1] 李鲁云，谭炳才，孙天宇. 广东未来经济增长潜力研判[J]. 广东经济，2014（3）：12-17.

[2] 国务院发展研究中心. 中国经济潜在增长速度转折的时间窗口测算[J]. 发展研究，2011（10）：4-9.

[3] 周丽旋，许振成，郭梅. 基于主体功能区战略的差异化环境政策——以广东省为例[J]. 四川环境，2010，29（1）：65-69，83.

[4] 王家庭，王璇. 我国城市化与环境污染的关系研究——基于28个省市面板数据的实证分析[J]. 城市问题，2010（10）：9-15.

[5] 李鲁云. “十二五”时期广东经济增长周期研究[J]. 南方金融，2011（5）：4-9.

[6] 易明翔. 环境库兹涅茨曲线在广东省的实证研究[J]. 经济视角，2011（7）：16-18.

[7] 刘磊，张敏，喻元秀. 中国主要污染物排放的环境库兹涅茨特征及其影响因素分析[J]. 2010，32（11）：107-112.

[8] 国家环保总局环境规划院. 2008—2020年中国环境经济形势分析与预测[M]. 北京：中国环境科学出版社，2008.

[9] 蒋洪强，王金南，张伟，等. 2011—2020年非常规性控制污染物排放清单分析与预测研究报告[M]. 北京：中国环境科学出版社，2011.

[10] 蒋洪强，刘年磊，卢亚灵，等. 2012—2020年我国四大区域环境经济形势分析与预测研究报告[M]. 北京：中国环境科学出版社，2013.

[11] 环境保护部环境规划院. 2009—2020年中国节能减排重点行业环境经济形势分析与预测[M]. 北京：中国环境科学出版社，2009.

[12] 李瑛珊. 区域经济增长与环境质量耦合协调发展研究[J]. 科技管理研究，2016（9）：248-252.

[13] 杨林，贾绳之. 广东省产业结构的空间格局：基于GIS的分析[J]. 城市观察，2013（5）：122-129.

[14] 沈静，向澄，柳意云. 广东省污染密集型产业转移机制——基于2000—2009年面板数据模型的实证[J]. 地理研究，2012，31（2）：357-368.

[15] 胡春春. 广东省四大区域人口与区域经济协调发展研究[J]. 统计科学与实践，2012（10）：31-33.

[16] 潘月云，李楠，郑君瑜. 广东省人为源大气污染物排放清单及特征研究[J]. 环境科学学报，2015，35（9）：2655-2669.

[17] 卢强，吴清华，周永章. 广东省工业绿色转型升级评价的研究[J]. 中国人口·资源与环境，2013，23（7）：34-41.

[18] 郝吉明，万本太，侯立安，等. 新时期国家环境保护战略研究[J]. 中国工程科学，2015（8）：30-38.

[19] 张晶，李云生，梁涛，等. 中国水质“拐点”分析及水环境保护战略制定[J]. 环境污染与防治，2012（8）：94-98.

[20] 周宏春. 新常态下我国环境保护的战略与原则[J]. 环境保护，2015（1）：16-20.

[21] 谢阳村，张艳，路瑞，等. 美国水环境保护战略规划经验与启示研究[J]. 环境科学与管理，2013（11）：25-29.

[22] 李瑛珊. 广东经济与环境协调发展指标体系构建及实证分析[J]. 商业经济研究，2015（21）：143-145.

[23] 马建强，彭惜君，周媛媛. “十三五”广东区域协调发展研究[J]. 广东经济，2015（11）：19-33.

[24] 赵卉卉，王明旭，张永波. 广东省“十三五”环境保护战略思考[J]. 环境保护科学，2016（1）：28-32.

[25] 俞海，张永亮，任勇，等. “十三五”时期中国的环境保护形势与政策方向[J]. 城市与环境研究，2015（4）：75-86.

[26] 常纪文，张俊杰. “十三五”期间中国的环境保护形势[J]. 环境保护，2016（Z1）：39-42.

[27] 卢山. 浅谈农村环境保护和生态保护的形势与任务[J]. 资源节约与环保，2016（7）：163.

[28] 蒋晓璐. 新常态下广东省“十三五”环境保护的新挑战[J]. 广东化工，2016（14）：187-188.

[29] “生态文明建设若干战略问题研究”综合组. 生态文明建设若干战略研究[J]. 中国工程科学，2015（8）：1-7.

[30] 王金南，蒋洪强，刘年磊. 关于国家环境保护“十三五”规划的战略思考[J]. 中国环境管理，2015（2）：1-7.

[31] 董元华. 中国畜禽养殖业产生的环境问题与对策[M]. 北京：科学出版社，2015.

[32] 张齐生. 中国农村生活污水处理[M]. 南京：江苏科学技术出版社，2013.

[33] 鲁勇. 和谐发展论：新型工业化与新型城市化契合[M]. 北京：清华大学出版社，2007.

[34] 吴舜泽，徐敏，马乐宽，等. 重点流域“十三五”规划落实“水十条”的思路与重点[J]. 环境保护，2015（18）：14-17.

[35] 唐畅. 珠三角产业转移对广东流域水环境影响研究[D]. 暨南大学，2012.

[36] 王益平. 珠江流域广东段河水水质和重金属污染特征研究[D]. 华南理工大学，2012.

[37] 陈逊志，王日强. 广东猪禽规模养殖的格局分析——基于广东主要畜禽监测调查数据[J]. 南方农村，2015（3）：46-51.

[38] 仇焕广，廖绍攀，井月，等. 我国畜禽粪便污染的区域差异与发展趋势分析[J]. 环境科学，2013（7）：2766-2774.

[39] 乔梦，安太成，曾祥英，等. 广东西江流域饮用水水源中典型持久性有机污染物的含量与来源[J]. 生态环境学报，2010（3）：556-561.

[40] 刘昕宇，汤嘉骏，张荧，等. 粤桂琼区域水源地有机磷农药的生态风险评价[J]. 环境科学研究，2015（7）：1130-1137.

[41] 姚普，刘华，支兵发. 珠江三角洲地区地下水污染调查内容综述[J]. 地下水，2009（4）：74-75.

[42] 李斌，杨扬，乔永民，等. 广东省 6 座水库及其入库河流底栖动物调查与综合评价[J]. 生态科学，2012（3）：324-329.